I0779077

El almanaque literario

Claudia Lora Márquez

El almanaque literario

Aspectos editoriales y textuales de la producción en España, Italia y Portugal durante el siglo XVIII

PETER LANG

Lausanne - Berlin - Bruxelles - Chennai - New York - Oxford

Library of Congress Cataloging-in-Publication Data
A CIP catalog record for this book has been applied for at the
Library of Congress.

**Bibliographic Information published by the
Deutsche Nationalbibliothek**
The Deutsche Nationalbibliothek lists this publication in the
Deutsche Nationalbibliografie; detailed bibliographic data is
available online at http://dnb.d-nb.de.

La publicación de este libro ha contado con la financiación
del Departamento de Filología y del Grupo de Estudios del Siglo XVIII
de la Universidad de Cádiz

Cover Image:
Detalle del Cielo de Salamanca (Fernando Gallego, siglo XV)

ISBN 978-3-631-88896-4 (Print)
E-ISBN 978-3-631-89169-8 (E-PDF)
E-ISBN 978-3-631-89170-4 (EPUB)
DOI 10.3726/b20278

© 2023 Peter Lang Group AG, Lausanne
Published by:
Peter Lang GmbH, Berlin, Deutschland

info@peterlang.com - www.peterlang.com

A mi madre

Índice

Siglas de las bibliotecas y archivos

AST	Archivio Storico di Torino
ATM	Archivio Storico Civico e Biblioteca Trivulziana
BAl	Biblioteca Alessandrina di Roma
BAV	Biblioteca Apostolica Vaticana
BBdG	Biblioteca Civica di Bassano del Grappa
BC	Biblioteca Colombina de Sevilla
BCa	Biblioteca Casanatense di Roma
BCABo	Biblioteca Comunale del Archiginnasio di Bologna
BCAl	Biblioteca Comunale di Alba
BCat	Biblioteca de Catalunya
BCB	Biblioteca Civica Bertoliana
BCCF	Biblioteca Comunale Centrale di Firenze
BCF	Biblioteca Comunale di Forlì
BCiA	Biblioteca Civica Aprosiana di Ventimiglia
BCPJ	Biblioteca Comunale Planettiana di Jesi
BCT	Biblioteca Comunale di Treviso
BCTr	Biblioteca Comunale di Trento
BCUB	Biblioteca dell'Università Cattolica di Brescia
BDPZ	Biblioteca de la Diputación de Zaragoza
BEIC	Biblioteca Europea d'Informazione e Cultura
BEsc	Biblioteca de San Lorenzo de El Escorial
BGH	Biblioteca Guido Horn d'Arturo di Bologna
BGUC	Biblioteca Geral da Universidade de Coimbra
BHMM	Biblioteca Histórica Municipal de Madrid
BiASA	Biblioteca di Archeologia di Roma
BL	British Library
BLabr	Biblioteca Labronica
BLFi	Biblioteca della Facoltà di Lettere di Firenze
BNCh	Biblioteca Nacional de Chile
BNCR	Biblioteca Nazionale Centrale di Roma
BNE	Biblioteca Nacional de España
BNF	Bibliothèque Nationale de France
BNN	Biblioteca Nazionale di Napoli
BNP	Biblioteca Nacional de Portugal
BNUT	Biblioteca Nazionale Universitaria di Torino

BPE	Biblioteca Pública de Évora
BPP	Biblioteca Palatina di Parma
BRAH	Biblioteca de la Real Academia de la Historia
BRos	Biblioteca Rosminiana
BSB	Bayerische Staatsbibliothek
BSFGu	Biblioteca San Francesco di Gubbio
BTO	Biblioteca Tommaso de Ocheda di Tortona
BUAB	Biblioteca de la Universidad Autónoma de Barcelona
BUB	Biblioteca de la Universidad de Barcelona
BUCLM	Biblioteca de la Universidad de Castilla La Mancha
BUN	Biblioteca de la Universidad de Navarra
BUPi	Biblioteca dell'Università di Pisa
BUS	Biblioteca de la Universidad de Sevilla
BUSC	Biblioteca de la Universidade de Santiago de Compostela
BUZ	Biblioteca de la Universidad de Zaragoza
BV	Biblioteca Vallicelliana
CALTECH	California Institute of Technology
CRB	Civiche Raccolte Bertarelli
DSB	Deutsche Staatsbibliothek
FiBN	Biblioteca Nazionale di Firenze
IFESXVIII	Instituto Feijoo de Estudios del Siglo XVIII
IMSS	Istituto e Museo di Storia della Scienza (Museo Galileo)
IU	Indiana University Library
MFM	Museu Frederic Marès
MiBNB	Biblioteca Nazionale Braidense di Milano
MiU	University of Michigan Library
NL	Newberry Library
NLS	National Library of Scotland
RBMM	Biblioteca dell'Osservatorio Astronomico
SB	Staatsbibliothek zu Berlin
SNSP	Società Nazionale di Storia Patria di Napoli
SSL	Società Storica Lombarda
UB	Basel Universitätsbibliothek Basel
UCLA	University of California Library
VeBNM	Biblioteca Nazionale Marciana di Venezia
WU	University of Wisconsin Library

Primer capítulo: El almanaque de amplia difusión en un panorama transnacional

1. Definición y conceptos conexos

El almanaque, como instrumento destinado al provecho de la especie humana, nace unido a la idea de régimen, regla o distribución configuradora del orden del antiguo *orbis terrarum*. En sus orígenes desempeñaba una función organizativa, orientada a establecer equinoccios, solsticios, fases lunares, eclipses y ciclos planetarios. Para ello, se realizaban cálculos sujetos a una base astronómica, es decir, concerniente al movimiento de los cuerpos celestes, la cual es inseparable de la astrología, que equivale a los efectos que producen dichos desplazamientos. Todo influye en las dinámicas comunitarias e individuales del Antiguo Régimen, disponiendo las épocas de siembra, el periodo de recolección de los frutos, el momento idóneo para realizar el aseo personal, talar árboles o cortarse el cabello, la correcta aplicación de las purgas y sangrías, etc. El conjunto de estas medidas está ordenado de acuerdo con un sentido de «programación económica» sustentado en la oscilación pendular entre etapas de carestía y etapas de abundancia —*praecognitio copiae aut paupertatis futurae*—, de cuya inteligencia depende «la supervivencia o extinción del grupo» (Camporesi, 1991: 9–10).

Estas evidencias no niegan que «la posesión de la medición del tiempo es un hecho político antes incluso que cultural», en atención a lo cual, además del «arcaico tiempo agrario», entran en juego factores seculares, ajenos al curso de la naturaleza (Camporesi, 1991: 18). En la tradición cristiana, la incorporación del santoral, con los ritos y las fiestas que le son propios, implica considerar no solo el calendario astronómico, que comienza el 20 de marzo coincidiendo con la entrada del Sol en el signo de Aries, sino también el calendario civil y eclesiástico, oficial desde el 1 de enero. Por consiguiente, la representación cuantitativa del tiempo convive con aquella que atiende a los valores cualitativos atribuidos a jornadas específicas. Ambas tareas, contabilización del ritmo natural y biológico y disposición de las celebraciones de la liturgia, están presentes en la formulación primigenia del almanaque.

Los avisos ligados a la interpretación del cosmos están unidos a la medición del tiempo, puesto que tan importante es saber reconocer las señales del cielo como tener la capacidad de enunciar suposiciones a partir de ellas. Esta clase de discursos solía estar dirigida a predecir acontecimientos futuros, y de ella se ocuparon los adivinos de las antiguas civilizaciones orientales. Pero es en la Grecia helénica cuando la actividad pronosticadora adquiere coherencia, trasmutada en saber astrológico, cuya máxima expresión se cifra en el *Tetrabiblos* de Claudio Tolomeo (ca. 90–168 d.C.):

> Among the early systems of explanation was the cult of the stars, which was to grow in the course of time into the complex science of astrology. The obvious link between the sun's movements and the changing rhythms of the seasons led very naturally to an interest in the heavens. [...] A sophisticated science of astrology evolved among the Babylonians, and was taken over and modified by the Greeks and Romans. In the second century A.D. the Egyptian astronomer Ptolemy, reduced astrology to a clear set of laws which provided —with additions by early mediaeval Arab astronomers— the basis of European astrology for many centuries to come (Capp, 1979: 15).

Antes de la ciencia moderna, la distinción entre astronomía y astrología separaba dos planos de la misma realidad. En cambio, sí era precisa la diferenciación entre *astrologia naturalis* y *astrologia iudiciaria,* dicotomía implantada por los teólogos en el Concilio de Trento (1545–1563). Según recoge la bula *Coeli et terrae creator* (1586), la primera de estas formas es lícita y su uso está permitido siempre y cuando se limite a augurar sucesos relacionados con la navegación, la medicina y la meteorología. Lasegunda, en cambio, que presagia el porvenir de naciones, provincias e individuos, es ilícita porque cuestiona la infalibilidad de Dios y el principio del libre albedrío. Los autores de almanaques se adaptan al mandato tridentino, terminándose de constituir así una «astrología cristianizada» sustentada, si no en la total supresión de los vaticinios mundanos, sí en el ocultamiento de su significación y en el acatamiento *expressis verbis* del decreto conciliar.

El documento pontificio condena los «giudizi, pronostici, predizioni e precognizioni»[1], provocando que las palabras de los almanaqueros mereciesen la misma credibilidad que la verborrea insustancial de los charlatanes de las plazas, ferias y mercados. La imagen del «astrólogo charlatán» o del «astrólogo mentiroso» prolifera durante los siglos XVII y XVIII en la literatura europea. En este sentido, habrá quien se apropie de ella para, con la excusa de la autoparodia, sortear los mecanismos censorios, aunque también son frecuentes las diatribas que atacan al autor sacacuartos. El *Tratado de la naturaleza, origen y causas de los cometas* del jesuita José Cassani es un muestra palpable de la autenticidad de este último parecer:

---

1   Reproducción de la traducción al vernáculo de la bula publicada en Roma en 1586.

Yo creo que estos hombres [los astrólogos] conocen muy bien ser solo fantásticos sus vaticinios, pero les sucede lo que a los charlatanes, que en sus juegos de manos ponen toda la ganancia en admirar a los oyentes y comer con su admiración. Acuérdome de haber oído contar a un maestro mío, que en su tierra llegó en una ocasión un niño a una librería pidiendo el pronóstico de aquel año; pero añadió: «dice mi padre que no me dé usted el de N.». Estaba a la sazón en la librería el tal astrólogo, cuyo pronóstico se excluía, y con enfado, o con curiosidad, preguntó al niño: «¿Por qué no quiere tu padre este pronóstico?». A que el inocente respondió: «Señor, dice, que miente mucho». Entonces, riéndose el astrólogo, le dijo: «Anda, niño, dile a tu padre, que digo yo, que qué verdades piensa encontrar por ocho cuartos. Que me avise dónde se venden tan baratas, que yo le doy palabra de mudar de oficio». [...] Este es nuevo modo de vivir: unos se bandean con buena mercadería para ganar de comer; otros, con chucherías para engañar: y hay tantos modos de vivir en este mundo ya, que hasta de las mentiras se hace logro (1737: 176–177).

Al descrédito ocasionado por el dictamen eclesiástico se suma el decaimiento de la filosofía natural aristotélica, luego de haber sido revisada por Tolomeo. El «mundo cerrado» presente invariablemente en el almanaque se transforma en «universo infinito», cuya materialización se patentiza en la sustitución de los principios teóricos por los prácticos o, dicho de otro modo, en el reemplazo de la *scientia contemplativa* por la *scientia activa et operativa* (Koyré, 1984: 3).

El pensamiento ilustrado recela del almanaque al hacerlo depositario de una ciencia vetusta ligada a la mentalidad escolástica. Por añadidura, el nacimiento de la prensa periódica favorece la inclusión de informaciones de tipo histórico en detrimento de las atemporales (Durán López, 2020: 19–20). Estos factores combinados con las tensiones entre los monopolios y las dinámicas capitalistas en el mercado editorial promueven durante el siglo XVIII la creación de una tipología de imprenta comparable al almanaque su factura externa, pero diferente en el fondo. Como ha manifestado Gabriella Solari,

si rifletterà anche nella stessa produzione a stampa oscilante tra al fedeltà alla scienza divinatrice e l'esigenza di trasfondere il pensiero astrologico in una forma più consona al passare dei tempi e alle trasformazioni concrete e spirituali della società. Più si avanzerà nel corso dei secoli, più l'almanacco dovrà cambiare forma e contenuti per la necessità di annettersi altri temi come l'attualità, la storia, la scienza. Gli almanacchi francesi, inglesi e italiani mostrano a questo proposito di seguire un'evoluzione sostanzialmente omogenea (1989a: XVI).

Así pues, en el Siglo ilustrado se incorporarán al almanaque materias literarias, artísticas, religiosas, científicas, históricas, geográficas, satíricas....

Las varias etimologías que han sido propuestas para el término «almanaque» en las lenguas romances evocan su vinculación primigenia con los procesos naturales. La entrada correspondiente en el *Diccionario de literatura popular,* a cargo de Julio Caro Baroja, brinda no pocos datos que arrojan luz acerca de su eventual procedencia en castellano:

> Según el *Diccionario* de la Academia Española la palabra «almanaque» viene del árabe *al-manaj*, pero este, a su vez, arrancaría de una palabra latina, *monachus*, que significa círculo de los meses. La etimología la propuso F. Javier Simonet al que siguió Leopoldo de Eguilaz. Esta etimología se halla también en el imponente *Diccionario histórico de la lengua española* de la misma Academia, en el que hay gran cantidad de referencias al uso de la voz. La etimología se halla, pues, muy apoyada, pero conviene advertir que se han propuesto otras [...]. Corominas dice que «almanaque» viene del hispanoárabe *manâh*, con la misma significación, aunque de *origen incierto* pero relacionable probablemente con *manâh, parada en un viaje*. La primera aparición castellana de la palabra la halla en tres poesías del *Cancionero de Baena*, una de Villasandino y otras de dos anónimos contemporáneos a este. Es decir, a fines del siglo XIV o comienzos del siglo XV (1997a: 26–27).

La opinión contenida en el párrafo anterior contrasta con la que ofrece el *Diccionario de Autoridades*, que había atribuido una proveniencia hebrea a la voz, aunque el significado que se le imputa es similar:

> Diario o índice donde están escritos los días, y porque para el orden y gobierno eclesiástico y también para el político se notan en él todos los días distintos, según la división en meses, empezando a contar desde el día primero de cada mes, que en latín se llama *Calendas*, se llamó también *Calendario*. Es voz de la astronomía compuesta del artículo Al, y del verbo hebreo *ManaK*, que vale numerar, de donde se formó almanak, dicho y pronunciado comúnmente almanaque (tomo I, 1726 s.v. almanak).

Federico Corriente, en el *Dictionary of Arabic and allied loanwords*, certificó que la palabra deriva del árabe «munāx», con el sentido de 'parada', «a transparent metaphor of the stars stations» (2008: 142).

Isidoro Baroni propone una explicación singular para el caso italiano («almanacco, -chi»), según la cual el vocablo resulta de una adaptación del sajón *al-monaght*, contracción de *all-moon-held*, que literalmente quiere decir 'las lunas contenidas' (1903: 61). Baroni tampoco descarta que la fuente verdadera esté en el árabe *al-manha*, si bien le adjudica el significado de 'regalo' o 'don' (1903: 60).

Teorías recientes reflejan una indeterminación parecida a la hora de señalar el origen del término en italiano:

> Diverse sono le ipotesi etimologiche sulla parola «almanacco». La più accreditata rinvia all'arabo *al-manakh* (il tempo) o *al-manneh* (computare i giorni e i mesi). Altre ipotesi fanno riferimento al vocabolo sassone *al-monaght* (contenente tutte le lune). Costante è comunque il riferimento al conteggio e alla organizzazione del tempo (Chiari, 2011: 36).

Pietro Riccardi, en la monumental *Biblioteca matematica italiana*, afirma que la designación aparece por primera vez en un *Almanacco* compuesto por Pietro Pitati para el decenio 1552–1562 (1876: 286).

En el *Vocabulário português e latino* (1712), el padre Rafael Bluteau se decanta por el arabismo para el idioma portugués, aunque se abstiene de especificar cuándo acontece la acuñación:

> Almanach ou almanaque. Derivase do arábico *Monach,* que significa *calendário.* É o que vulgarmente chamamos *folhinha do ano.* Vejase em Vossio no livro das *Etymologias latinas* na palavra *Manacus.* Numa palavra grega latina, de que usa Cicero, poderás dizer *Ephemeris, idis. Fem.* Porém como no dito orador, esta palavra sô significa Diário, em que se escrevem os sucessos de cada dia, bom será acrescentar alguma cousa a *Ephemeris,* para mais especificar a significação de um almanaque (citado en Anastácio, 2012: 58).

Pese a que «almanaque» es el vocablo más extendido en la actualidad, durante la Edad Moderna coexistieron varias nomenclaturas que aludían a objetos tipográficos que comenzaron transitando sendas distintas, pero que acabaron convergiendo en una sola realidad editorial. La lengua italiana dispone de numerosas piezas léxicas, aunque las cuatro principales son «almanacco», «pronostico», «lunario» y «calendario». Para Lodovica Braida, el almanaque surge a partir de

> la fusion du calendrier lunaire et du calendrier des saints avec le pronostic sur le cours général de l'année calculé à partir de l'équinoxe de printemps. Il y a ainsi, de cette manière, une récupération de la structure du *prognosticon* dont on imite le discours initial sur l'année et les différents saisons […] et sur les «affaires du monde», mais sans la précision de ce dernier. […] L'*almanach* est donc plus complexe que le *calendrier lunaire,* mais beaucoup plus simple que le *iudicium* érudit, qui est, de loin, plus précis dans l'explication de tous les mouvements des astres, des conjonctions, et dans la lecture des maisons. Un tel affaiblissement de l'astrologie rendait l'almanach accesible à un public plus vaste (1996: 186–187).

Así pues, el almanaque aglutina unascualidades semánticas pertenecientes al calendario, como es la división del año de acuerdo con factores naturales (calendario lunar) y político-religiosos (calendario de los santos), con otras provenientes del pronóstico *stricto sensu,* donde se deposita el contenido astrológico. A su vez, Elide Casali establece una distinción entre el almanaque y el *iudicium,* que junto al *taccuinus* conforma el *prognosticon* medieval de las universidades[2].

---

2   Ana Avalos ha explicado cuál es el origen del *taccuino*: «As early as the fourteenth century, the words *tacuinum* and almanac were considered synonymous, and used simultaneously in different texts. Traditionally the word *taqwin* was translated into

Redactado en latín, el pronóstico utilizaba el pergamino como soporte material y era leído por unos pocos hombres cultos. En cuanto a las temáticas, el *iudicium* estaba consagrado a la ciencia uránica, mientras que el *taccuinus* presentaba indicaciones médicas. El almanaque supondría una simplificación del *prognosticon* con vistas a ser accesible a un mayor número de personas.

Casali también propone una desambiguación terminológica en función de la etapa histórica; de este modo, durante los siglos XV y XVI se hablaría de «pronosticon», en el XVII se emplearía preferentemente la expresión «discorso astrologico», y solamente a partir del setecientos se generalizaría el uso de la voz «almanacco» (2005: 485). El cambio de una a otra forma estaría motivado por la reducción y el aligeramiento de la materia astrológica, especialmente en el paso del «pronosticon» al «discorso»:

> Nel passaggio dal *Pronostico* cinquecentesco al *Discorso astrologico,* cambiano le dinamiche e gli equilibri che si istaurano inevitabilmente tra titolo e contenuto fino a capovolgersi. Se la stereotipia e la genericità del titolo nel *Pronostico* Quattro-cinquecentesco sono bilanciate dalla ricchezza, varietà, particolarità e complessità delle previsioni, tale rapporto si rovescia nel *Discorso astrologico* nel quale la genericità, l'aprossimazione e la stereotipia delle pronosticazioni appaiono compensante da titoli che si fanno sempre più originali e insoliti, stravaganti ed eccentrici, «soglie» (Genette) accattivanti cariche di significanti (2005: 487).

En el siglo XIX aflora en el panorama editorial italiano un sustantivo que implica novedad: la «strenna». Significa 'regalo de fin de año' porque se convirtió en costumbre dar un almanaque como muestra de afecto durante esta festividad, en especial a las mujeres. La estrena es ya un formato manifiestamente literario, dirigido a una clientela selecta con pretensiones de acceder a una porción de arte refinada:

> «Commuovere» e «dilettare», «istruire» e «divertire», unire «utile» e «dolce», essere «varie» ed «amene» insieme. Questi gli scopi delle strenne, un genere di pubblicazioni assai vario per toni e argomenti (artistici, letterari, umoristici, dialettali, a tema, commemorativi…), nella maggior parte dei casi, indirizzate alle «belle», «colte» ,

---

Latin as *dispositio per tabellas,* which expresses the action of precising something and establishing it in the right manner. It was used to designate tables that presented knowledge of a certain subject in a clear and synoptic way. This idea was probably inspired by the astronomical and trigonometrical tables for which the use of tables was fundamental. However there is no evidence of the word *taqwin* being used to designate astronomical tables. In modern usage *taqawim* means almanac and this word is commonly used in Arabic, Persian, Hindustani and Turkish» (2007: 280).

«amabili» e «gentili» lettrici, benché adatte ad un pubblico davvero composito per età e censo, e tutte accomunate da alcuni elementi tipografici, quali eleganza e preziosità delle legature, cura e nitidezza dei caratteri da stampa, ricercatezza e pregio delle incisioni, varietà e ricchezza delle illustrazioni (Landi, 2012: 98–99).

La estrena guarda parecidos razonables con el *Forget me not* —en italiano, *Non ti scordar di me*—, una suerte de antología con composiciones en prosa y verso que se entregaba como obsequio en Año Nuevo.

El proceso por el cual todos estos términos confluyen en un único concepto se considera cumplido en el Siglo de las Luces. Así lo constata Franco Bisi, para quien «"lunari", "calendari", "almanacchi" e talvolta anche "strenne" non costituiscono differenze sostanziali» (1978: 156). Gabriella Solari llega a la misma conclusión —«a livello tipográfico le voci *almanacco, lunari* o *calendario* vengono utilizzate per designare gli stessi testi» (1989b: 490)—, juntamente con Gabriele Turi, para quien la estrena es la culminación de las metamorfosis que sufre el almanaque: «in quegli stessi anni [siglos XVIII y XIX], come notava Tommaseo nel *Dizionario dei sinonimi* del 1838, l'almanacco appariva, soprattutto in area milanese, uno sviluppo, nella forma antologica della strenna, del calendario ad uso ecclesiastico e del lunario ad uso civile» (1990: 352). Los mismos almanaqueros refrendan este dictamen; Bonaventura Porro, editor de una serie de almanaques literarios titulada *Capricci,* revelaba la arbitrariedad que le había guiado a la hora de elegir el nombre: «Lunario ci piace nominar questo calendario piuttosto che almanacco, o effemeride o taccuino; e lunario lo nominiamo, perchè ci piace così» (1783: 3).

En el contexto español, Francisco Aguilar Piñal diferenciaba

los almanaques o calendarios de los pronósticos propiamente dichos. En los primeros se limita el autor a señalar las festividades y las estaciones del año basándose en el cómputo de las lunaciones, mientras que en los segundos se incluyen predicciones de acontecimientos futuros que entran de lleno en el arte adivinatoria. Pueden ir unidos o no, según los autores (1978: XV).

Lo mismo Iris M. Zavala, a cuyo juicio los pronósticos «se ocupan de eclipses, lunaciones, lluvias, truenos, cosechas, carestías», al tiempo que los calendarios «son patrimonio de la Iglesia y deciden fiestas y vigilias» (1984: 200–201).

Sin embargo, un análisis atento muestra cómo en España las palabras también pierden paulatinamente sus matices semánticos. La descripción del calendario recogida en el *Diccionario de Autoridades* resulta sumamente explicativa en este sentido: 'distribución o asignación de los días del año, y se llama también almanak' (tomo IV, 1734 s.v. kalendario). Caro Baroja confirmaba la identificación, señalando que «en épocas muy anteriores hay publicaciones que llevan

la palabra calendario en el título que se asemejan mucho a los "almanaques"»
(1997b: 45). A cuenta de los lunarios, había puntualizado:

> El *Diccionario de Autoridades* dice que se llama así al «kalendario que cuenta el año
> por lunas». [...] La palabra es técnica (no aparece en los vocabularios de Cervantes
> y Lope de Vega). Pero en la época en la que se escribe el texto citado se multiplica la
> impresión de obras populares que se llaman «lunarios» y que contienen algo parecido,
> en conjunto, a los almanaques y calendarios (1997c: 197).

La crítica actual ha asumido que los respectivos significados son
intercambiables:

> En principio es una distinción pertinente, pues podían venderse, y de hecho se ven-
> dieron, por separado; también podían integrar un único volumen. Pero los términos
> parecen ser sinónimos y la relevancia de cada uno de ellos fue variando a lo largo del
> tiempo (Velasco, 2000: 125).

> Aunque durante las primeras décadas de la imprenta esta definición se ajusta bastante
> a aquello que se entendía por pronóstico; sin embargo, debido al parecido tanto formal
> y de difusión como al de contenido que compartía con los *calendarios*, y *almana-
> ques*, y debido también al hecho indiscutible de que en ocasiones se vendían conjunta-
> mente, integrando un único volumen, en la segunda mitad del siglo XVI comenzaron
> a editarse numerosos impresos de este género con diferentes títulos («pronóstico»,
> «lunario», «almanak», «calendario», «juicio», «vaticinio», e incluso «almanak o
> calendario»), pero mezclando contenidos antes distintivos de unos y otros impresos
> (Gonzalez-Sarasa Hernáez, 2013: 654).

> En principio, cada uno de ellos se refiere a un impreso particular: los calendarios mos-
> traban los días de la semana, los meses y las fiestas cristianas, los almanaques ofre-
> cían los acontecimientos astrológicos del año entrante, eclipses, conjunciones y fiestas
> movibles, y los pronósticos predecían los acontecimientos destacables del año. Ade-
> más, los diferencian ciertos aspectos materiales: por ejemplo, los calendarios se com-
> ponían de dos hojas impresas a una sola cara, en apaisado, para colgar de la pared, y su
> privilegio de impresión se concedía a un solo beneficiario. No obstante, las variaciones
> en el tiempo fueron continuas y frecuentemente unos y otros términos se emplearon
> como sinónimos (Gomis Coloma, 2015: 80–81).

Es de reseñar que en español existe una denominación complementaria, la de
«piscator», proveniente del italiano «pescatore» ('pescador'), en referencia al
Gran Pescatore di Chiaravalle, traducido al castellano como *Gran Piscator de
Sarrabal de Milán* porque se imprimía en la capital lombarda. Aunque el *Chiaravalle* representa una tipología textual concreta, pronto el término «piscator»
se empleará para titular cualquier almanaque, tal y como explicita el *Diccionario de Autoridades*: 'Pronóstico general, que suele salir cada año. Tomó el
nombre de un astrólogo antiguo de Milán, que sacaba a la luz su pronóstico

debajo del nombre de Piscator de Sarrabal, y se distinguen hoy con el nombre de Piscator de Andalucía, de Salamanca, etc.' (tomo V, 1737 s.v. piscator).

Los *No me olvides* se comercializaron con composiciones escritas en lengua española entre 1824 y 1829. Rudolph Ackermann, el empresario alemán afincado en Londres que ideó lamarca, seleccionó como antólogo a José Joaquín de Mora, luego relevado por Pablo Mendíbil. Los *No me olvides* fueron redescubiertos por Vicente Llorens en el siglo XX (1953), y hace unos pocos años, Fernando Durán López ha vuelto a escribir sobre ellos en *Versiones de un exilio. Los traductores españoles de la casa Ackermann (Londres, 1823–1830)* (2015b).

Los portugueses tienen en su haber una plétora de designaciones para referirse al almanaque. Un buen número se identifican con sellos editoriales, a saber: «seringador» (por el almanaque *O Seringador*), «saragoçano» (*Almanaque Saragoçano*) y «borda de agua» (*Borda d'Água*). De nuevo, los críticos coinciden en que todas remiten a un objeto tipográfico semejante «Denominadas de muitas maneiras, as mais comuns das quais são *reportórios, calendários, efémerides, prognósticos, anuarios, diários, folhinhas, lunários, planetários, seringadores, saragoçanos, almanaques, bordas de agua*» (Carneiro da Silva: 1955: 13); «Um tipo de publicação vulgarmente designada por almanaque, mas que pode aprensentar-se sob variados nomes: almanaque, folhinha, repertório, calendário perpétuo, lunário, sarrabal, diario eclesiástico, entre outros» (Galvão, 2002: 29). La palabra «repertório» o «reportório», se ha adaptado alespañol como «reportorio». El *Diccionario de Autoridades* señala que es 'lo mismo que kalendario o tratado de los tiempos' (tomo V, 1737 s.v. reportorio). Aparte, el término «sarrabal» en portugués no es privativo de la traducción del original italiano, ya que hay varios almanaques dieciochescos que portan este apelativo, como el *Sarrabal Lusitano* de Leonardo Vas de Brito, el *Sarrabal Saloio* de Cosme Francês o el *Sarrabal Ratinho* de Crispim Roberto Reimão, entre otros.

2. Teoría e historia

El origen del almanaque es incierto, precisamente porque el propósito para el que fue creado responde a un interés por satisfacer necesidades humanas universales. Es sabido que «desde que el mundo es mundo [...] se ha percibido la utilidad, y hasta la necesidad de saber medir el tiempo», razón por la cual su proliferación se advierte incluso en las modernas sociedades industriales:

En nuestros días, al acercarse el final de cada año solemos comprar —o nos regalan— almanaques de pared, calendarios de bolsillo y agendas de mesa, instrumentos que nos permiten saber con plena seguridad en qué día vivimos, cuándo caen las vacaciones de Semana Santa, de qué puentes podemos disfrutar, etc. Aunque en el pasado no hubiera vacaciones ni gollerías semejantes, las obras de cómputos del tiempo como calendarios y almanaques han sido siempre muy populares (Mendoza Díaz-Maroto, 2011: 5).

Así, si Philippe Ariès pensaba que antaño «entre los objetos familiares» de cualquier casa debía haber un almanaque (1987: 46), llegado el siglo XXI, Joaquín Díaz recuerda «haber tenido ocasión de ver, en desvanes y sobrados de muchas casas aldeanas, colecciones de treinta o cuarenta pliegos atados, formando un cuaderno, o alineados en la estantería de alguna alcoba junto a algún "repertorio", almanaque o pronóstico perpetuo» (2004: 65).

La incertidumbre que rodea las apariciones primigenias del almanaque justifica que se hayan divulgado hipótesis más o menos plausibles acerca de cuál pudo haber sido el primer objeto merecedor de recibir ese nombre. El escritor portugués Eça de Queirós, al hilo de las *Antigüedades judías* de Flavio Josefo, aseguraba que el Libro de Todo el Saber grabado en la roca por los hijos de Set justo antes del diluvio universal «era na realidade e simplesmente um almanaque». También pertenecen a este grupo ciertos hallazgos primitivos con que tropiezan los arqueólogos en las excavaciones:

> Entre os lixos pré-históricos que cada dia se desenterram, muitas vezes se encontra um pedaço de dente de mamute, onde algum ousado artista, que floresceu há duzentos mil anos, gravou uma imagem da Lua, ora redonda como um escudo, ora arqueada como um batel. São rudimentos de almanaques (Queirós, 2011: 252–53).

A estas muestras siguieron las de civilizaciones con un nivel de refinamiento cultural mayor, como caldea y la etrusca. Igualmente, las cenizas de Pompeya han conservado evidencias que demuestran que los antiguos romanos construyeron instrumentos para medir el tiempo asimilables al almanaque (Baroni, 1903: 58). Hebreos y musulmanes compusieron cantidad de almanaques manuscritos repletos de noticias sobre matemáticas, astronomía y astrología. En cuanto a los que utilizaban el latín, destaca el que redactaba el titular de la cátedra de astronomía del Estudio de Bolonia, que después era expuesto a la vista de profesores y alumnos (Barillà, 2002: 19).

Pero es con la invención de la imprenta de tipos móviles cuando el almanaque inaugura un capítulo inolvidable de la Historia de la edición y de la lectura en Europa. La sustitución del formato manuscrito por el impreso no se realiza de forma abrupta, sino gradual, tanto que a comienzos del siglo XVII sigue habiendo quien confecciona almanaques autógrafos (Capp, 1979: 26). El principal cometido de los almanaques en letras de molde sigue siendo la organización y el cómputo del transcurso del tiempo. Pero, si durante el Medievo los manuscritos habían estado vinculados a la cultura letrada, la creación de un mecanismo de producción masivo amplía alcance del producto, lo que a la postre equivale a introducir profundas modificaciones en su contenido.

Víctor Infantes define el almanaque como «un producto editorial típico de la imprenta europea desde el periodo incunable», a la vez que enfatiza su trascendencia en el seno de la cultura impresa europea: «Probablemente solo sea posible entender su presencia debido a la realidad de la imprenta, con su capacidad de crear formas editoriales que promueven el consumo masivo de determinados productos» (2003: 44). En lo tocante a los temas tratados, forma parte de las obras astrológicas, junto con los textos sobre cometas, eclipses, conjunciones, los tratados de fisiognómica, las defensas de la astrología y la literatura antiastrológica (Lanuza Navarro, 2009: 119). Si lo que se tiene en consideración es «su origen editorial, su finalidad y sus funciones», hablamos de un «impreso recurrente», esto es, aquella publicación que presenta «una determinada periodicidad, almanaques, calendarios, pronósticos y, posteriormente, las nuevas, noticias, gacetas y otras publicaciones seriadas» (Moll, 1994: 49). En efecto, la vigencia anual constituye uno de los rasgos más reconocibles del almanaque, cuya consecuencia inmediata es que los impresos se despachan en una época determinada, normalmente finales del otoño, y que su eficacia práctica se da por terminada en el momento mismo en el que el año llega a su fin. Por este motivo, en cada ejemplar aparecen dos fechas que puedencoincidir o no: una correspondiente a la data en la que salió de la tipografía y otra representativa al periodo de validez de los cálculos y los sucesos referenciados. Con arreglo a lo dicho, quedan excluidos tanto los pronósticos perpetuos, una especie de manuales donde se compendiaban vaticinios para varios años, como los «impresos ocurrentes» de carácter astronómico-astrológico, caso de los juicios de los cometas y los eclipses.

En *L'apparition du livre*, Lucien Febvre y Henri-Jean Martin afirmaban que «l'examen [...] des calendriers astronomiques allemands incite à penser que l'on imprimait déjà, et déjà de façon industrielle, dès 1450 au plus tard» (1999: 78). Justamente, en su taller de Maguncia, Johannes Gutenberg empezó tirando pequeños almanaques antes de atreverse con piezas de mayor envergadura. Al menos editó cuatro tipologías: el *Türkenkalender* (1445), una suerte de lunario; otro, el *Aderlaß- und Laxierkalender* (1456), de carácter médico, prescribía los mejores días para sangrar a los pacientes; el *Cisianus ze dutsche* (1457) traía inserto un santoral; y, por último, el *Astronomischerkalender* (1458), estaba dedicado a la horoscopia. El proyecto de Gutenberg anticipa el que sería el almanaque prototípico durante siglos, ya que los temas que aborda por separado convergen poco después en una única estructura editorial (Mollier, 2003: 17).

En términos de rentabilidad económica, los datos evidencian tiradas descomunales que hacen del almanaque uno de los objetos tipográficos más ampliamente difundidos durante la Edad Moderna. En la Inglaterra del seiscientos, el astrólogo William Lilly vendía anualmente 30 000 copias de su *Merlinus Angelicus,* pero si nos atenemos al cómputo global, el número asciende a 400 000 (Capp, 1979: 44). En el catálogo *Les almanachs français* (1896), John Grand-Carteret estima en 3622 los rótulos que ven la luz en Francia desde el 1600 hasta 1895.

No ha sido posible realizar una estimación similar para los Estados italianos ya que,   mientras que los almanaques estampados en la zona centro-septentrional de la península han sido estudiados con una sistematicidad notable, para el sur todavía faltan exámenes concienzudos que ofrezcan informaciones verídicas acerca de los niveles de producción. No obstante, hay quien se ha encargado de efectuar una aproximación numérica a lo que debió ser un panorama nutrido a la par que competitivo, especialmente en el siglo XVIII, cuando el plantel de títulos se incrementa exponencialmente:

> In Italia manca ancora un censimento degli almanacchi. Per dare però un'idea dell'importanza di queste pubblicazioni si possono ricordare le segnalazioni di Lodovica Braida e Marco Cuaz che riportano i dati di produzione di almanacchi nel corso del Settecento per le seguenti località: 96 a Torino, 95 a Venezia, 24 a Bergamo, 273 a Milano, 23 a Cremona, 27 in Toscana, 58 nello Stato della Chiesa di cui 47 stampati nella sola Bologna. Nel ducato di Parma e Piacenza Cuaz segnala 20 titoli, ma la lacunosità dell'elenco fa ritenere utile un censimento più capillare della produzione locale (Chiari, 2011: 36).

Los almanaques españoles gozaron del favor del público de la misma manera. Una tirada estándar oscilaba entre los 1000 y los 3000 impresos, «cifra nada deleznable que alcanzaban las obras de seguro éxito editorial» (Zavala, 1978: 204). Jesús T. Álvarez pone de manifiesto que «los 452 pronósticos que aparecen entre 1708 y 1800[3], superan, con mucho, en número, a los alrededor de 135 periódicos que se ponen a la venta a lo largo de todo el siglo» (1983: 494). La diferencia resulta aún más notable comparada con las entregas de la prensa periódica, porque «frente a los 1000 o 1500 de la prensa privada e incluso 40 000 o 50 000 de *La Gaceta de Madrid,* la tirada media de los almanaques de don

---

3   Es la cifra ofrecida por Francisco Aguilar Piñal en la *Bibliografía de autores españoles del siglo XVIII* (1981–2001).

Diego de Torres Villarroel entre 1719 y 1761 fue de unos 121 428 ejemplares»
(1983: 494)[4].

A los datos aportados por las fuentes secundarias debemos incorporar los
testimonios de los contemporáneos, quienes también se admiraban del auge del
mercado almanaquero. Es célebre la frase pronunciada por Gregorio Mayans
cuando, sorprendido por el buen recibimiento que había tenido su *Vida de
Miguel de Cervantes* (1737) declaró: «No hay tal cosa como escribir sobre asuntos populares. Es lástima que no nos hagamos escritores de pronósticos» (citado
en Aguilar Piñal, 1978: XIV). El propio Torres se jactó de los emolumentos que
le proporcionaba su labor como componedor de pronósticos. En un soneto
incluido en los *Ocios políticos,* una voz en primera persona identificada con el
autor histórico se regocija en dar detalles sobre su opulenta vida en la corte:

> Dan las doce del día y yo me paro
> a escoger entre veinte y aún más ollas
> al mejor perdigón, mejores pollas,
> y esto es, Antonio, que me vendo caro.
>
> Yo logro treinta amigos y, en su amparo,
> fundo (sin ser pegote) estas bambollas;
> logro en sus coches las alegres follas
> sin que nadie me ponga algún reparo:
>
> debo a mis almanaques mi vestido
> y me paga la musa mi techado;
> cuatro libros me dan gusto crecido.
>
> Y, estando de fortuna mejorado,
> dicen en mi país que estoy perdido;
> pero mienten, que estoy muy bien hallado.

(1726a: 12–13)

La situación en Portugal no debió ser distinta de la de otros lugares de Europa,
si bien no es fácil hallar noticias concretas acerca deeste asunto particular. Partiendo de aproximaciones generales, se ha sabido que la proliferación de los
almanaques fue abundante: «A publicação em larga escala dos pequenos e económicos almanaques astrológicos constituiu, portanto, uma peça importante,

---

4	La cantidad sugerida por Álvarez ha sido puesta en entredicho debido a que «la
	manera en que obtiene esa cifra resulta cuestionable, "traduciendo" en ejemplares los
	900 000 reales que Torres afirma en 1761 llevar ganados, pero no está lejos de lo que el
	escritor cuantificaba en 1756 al hablar de los "diez mil ejemplares que regularmente
	se imprimen" de sus almanaques» (Durán López, 2013: 190).

por vezes mesmo determinante, para as tipografias lusitanas dos séculos XVII e XVIII» (Carolino, 2002: 62).

Lo cierto es que, en el Antiguo Régimen tipográfico, el éxito del almanaque es tal que solamente los textos piadosos consiguen hacerle sombra. Este dictamen, que adquiere celebridad desde que aparece en la *Histoire des livres populaires ou de la littérature de colportage* de Charles Nisard (1854), ha sido retomado por los críticos actuales:

> L'apparition de l'imprimé au sein des couches populaires se fit essentiellement à travers deux genres: l'imprimé religieux, d'une part, sous la forme du catéchisme, de la Bible ou de l'hagiographie; et l'almanach, d'autre part, qui était, en règle générale, le seul imprimé non religieux de très large diffusion présent au sein des sociétés traditionnelles (Lüsebrink, 2000a: 47).

En el setecientos, la demanda se incrementa hasta que la fama del producto deja de ser relevante para convertirse en sencillamente rutilante. Así lo han hecho constar quienes han estudiado el almanaque dieciochesco: «Le XVIIIe siècle est bien la grande époque de l'almanach», decretaba Bollème a propósito de Francia (1969: 38). «Tipica del Settecento è la produzione degli almanacchi» (Bonomelli, 2010: 308), «l'almanacco [...] ebbe nel Settecento il suo periodo di massima diffusione» (Chiari, 2011: 19), reconocen los investigadores italianos, quienes se han atrevido a rebautizar el Siglo de las Luces como «il secolo degli almanacchi» (Casali, 2005: 488). Guy Mercadier creía ver en él «la Edad de Oro del almanaque español» (1979: 605), y en esta misma dirección siguen apuntando las indagaciones actuales (Durán López, 2015a: 24). Luís Miguel Carolino certifica que en el antiguo reino de Portugal «o almanaque sofreu tantas alterações que, quando, em finais do século XVIII, um leitor comprava estas pequenas peças, ele procurava algo bem diferente do que um seu congénere duzentos anos antes» (2002: 73).

Pero, pese a los altos niveles de producción y consumo, cuando se emprende una investigación sobre estas piezas, hay que contar con su falta de disponibilidad real, ya que al deterioro externo que provoca la ausencia de guardas y cubiertas se suma la incuria con la que estas han sido manipuladas. Ciertamente, algunas personas, convencidas del supuesto carácter iliterario que se les imputaba, no hallaban razones que justificasen la conservación de los reportorios:

> Exceptuando el interés que ciertos pliegos sueltos, excepcionales por su rareza o antigüedad (de finales del XV o del XVI), despertaban entre los bibliófilos, la masa impresa constituida por romances de ciego, relaciones de comedia, historias, almanaques, estampas o relaciones de sucesos permanecía ignorada en los fondos de archivos y bibliotecas (Gomis Coloma, 2015: 11).

Surge aquí una paradoja, pues las ventas contrastan con la condición de «rareza bibliográfica» que ostenta el almanaque. Lo efímero, aun siendo una condición que afecta a múltiples clases de materiales impresos, adquiere aquí una importancia mayor puesto que, a las particularidades mencionadas anteriormente, hay que añadir que pasado un año, el producto deja de ser útil, por lo que acostumbra a ser desechado. Luego el almanaque tiene el dudoso honor de ocupar un sitio privilegiado en la «biblioteca ausente» que imaginó Víctor Infantes, adonde iban a parar aquellos documentos que no figuran en los inventarios ni en los catálogos de libros (1997: 288).

Los almanaques fueron elididos de las iniciativas puestas en marcha por los gobiernos europeos ilustrados para preservar la cultura escrita, de tal forma que los testimonios que se publicaron en el setecientos son a veces inencontrables. Y esto a pesar de que, como se ha demostrado, es en este periodo cuando más abundancia hubo de ellos: «Quando si voglia studiare il Settecento, che è poi il periodo chiave per comprendere il genere che qui ci interessa, ci si trova di fronte ad una riduzione sensibile del materiale conservato en el caso degli almanacchi questo impoverimento dei cataloghi è repentino e spesso radicale» (Sobrero, 1983: sin numerar). En el mejor de los casos, el papel era reutilizado para fines prácticos, como envolver alimentos. Sin ir más lejos, Torres Villarroel, conocedor del destino que le esperaba a sus folletos, se dirigía al lector para procurar evitarles este final tan poco honroso: «Si te parece bien la idea, da dinero a los ciegos; si no, servirán mis kalendarios para encorozar confites o arropar cohetes» (1724a: sin numerar). Por si esto fuera poco, los agentes involucrados en el proceso de fabricación y distribución no se molestaron en dejar rastro, pues a menudo desestimaban la legalidad de imprenta, cuya documentación, de haberse salvado, serviría para llenar de significado muchas lagunas historiográficas. Bollème pensaba que en el origen de la desaparición de muchos ejemplares franceses del siglo XVIII podía encontrarse una prohibición o la mala gestión del depósito legal en Francia (1969: 23). En tal sentido, Michele Chiari determina que en los Estados italianos «gli stessi tipografi per gli almanacchi rispettavano raramente gli obblighi di deposito legale» (2011: 10–11). Esto mismo comentaba Jean-François Botrel a propósito de la situación española en el ochocientos, aunque sus palabras quizá puedan ser extrapolables a épocas anteriores:

> Por tratarse de publicaciones útiles y de escaso alcance ideológico aparente, aún en tiempos de control de la imprenta, las autoridades y los impresores del siglo XIX no se cuidaron mucho del cumplimiento de los requisitos legales —inclusive el depósito legal— y como se trata por esencia de algo efímero y perecedero —tiene la vigencia del

año de referencia, se sustituye por otro nuevo—, no suele guardarse ni conservarse y, por ende, catalogarse (2006: 35).

No es común hallar alusiones al almanaque ni en los testamentos ni en las memorias, y su cauce de distribución primordial, a través de la venta ambulante o de los puestos de libros especializados en literatura de gran difusión, no favorece la búsqueda de trazas documentales que rescaten del olvido títulos o autores.

Así pues, no debe extrañar que los estudiosos del almanaque hayan tenido que arrostrar toda especie de adversidades para llevar a cabo su labor. El reconocido bibliógrafo italiano Carlo Piancastelli admitía la enorme dedicación que había consagrado al libro *Pronostici ed almanacchi. Studio di bibliografia romagnola* dada la dificultad intrínseca que acarreaba la localización de los materiales, y recalcaba que estos eran «di così difficile ricerca, che per ritrovarli occorrono grande costanza e pazienza, e direi quasi degli scavi bibliografici» (2013: 11). Marina Formica también critica su paupérrima situación documentaria, alegando que, con demasiada frecuencia, los estudiosos basan sus juicios en ejemplares «en noticia», pues es imposible dar con los testimonios originales debido a la existencia de «una documentazione disomogenea e lacunosa: e se in alcuni casi abbiamo notizia di almanacchi soltanto attraverso fonti indirette, senza cioè che sia possibile esaminare gli esemplari, per quanto riguarda altre testate ci si trova di fronte ora ad annate discontinue» (1995: 137). Chiari se queja de las complicada accesibilidad, al tiempo que enumera algunas de las posibles causas del problema:

> Pur avendo avuto nei secoli passati alte tirature e un numero considerevole di titoli in tutti i principali paesi europei, gli almanacchi, per svariati motivi, non sono documenti agevoli da reperire, e anzi, in diversi casi, paiono quasi inafferrabili. Oggetti di facile deterioramento per la povertà dei materiali con cui sono realizzati (carta scadente e copertine di cartone), ripetitivi spesso nelle previsioni e considerati già da tipografi e autori pubblicazioni minori rispetto alla produzione di testi per la cultura alta [...], declassati nei giudizi degli intellettuali di provenienza illuministica che per lo più li vedevano come strumenti di diffusione di idee arretrate e superstiziose, essi erano intrinsecamente destinati a essere utilizzati in un arco di tempo limitato, per presto invecchiare ed essere buttati con l'avvento del nuovo anno e l'acquisto di nuovi lunari (2011: 10–11).

El autor denuncia la negligencia de las bibliotecas en el manejo de la documentación, porque tanto las nacionales, como las municipales, universitarias y eclesiásticas han incurrido en las mismas faltas: «difficilmente nelle biblioteche esistono raccolte complete degli almanacchi più poveri, e solitamente quelle presenti sono parte di fondi giunti tramite donazioni da parte di collezionisti privati» (2011: 11). Carlo Pazzagli se muestra bastante pesimista al respecto, y piensa que el hecho de que el almanaque se salga de los circuitos oficiales hace de él «un genere editoriale che appare tra i più diffusi ma che lascia di sé tracce modestissime, così da porre in difficoltà gli studiosi costretti il più delle volte a farne un uso sporadico e casuale e a rinunciare a un impiego sistematico di esso nel contesto organico della serie» (1989: V-VI). Hay regiones geográficas en las que el fenómeno de la desaparición o el deterioro se vuelve realmente preocupante. Esto es lo que ocurre en Italia, donde «per il Sud mancano ancora ricerche, anche per la difficoltà di reperire almanacchi nelle biblioteche meridionali» (Braida, 1995: 39).

Las fatigas sufridas por los italianos son trasladables a España. Francisco Aguilar Piñal fue pionero en compilar las series de estos folletos de forma exhaustiva, y aunque pudo cumplir en gran medida su objetivo, sostenía que «como en el caso de los romances y restante literatura "de cordel", la dificultad del hallazgo bibliográfico es grande» (1978: XIII). Si para Mercadier los almanaques españoles se habían preservado «de milagro» (1979: 599), Víctor Infantes decía a propósito de los impresos «recurrentes»:

> De un consumo lector inmediato y de una casi segura destrucción; en este caso parece poco menos que imposible encontrar en los inventarios unos productos impresos destinados desde su propia creación tanto a una difusión masiva, como a una desaparición constante. Resulta más difícil de localizar un *calendario* que un incunable desconocido, pues al menos del segundo es más que probable que aparezca su cita en el inventario de alguna biblioteca (1997: 290–291).

Rosa Galvão, comisaria de una exposición celebrada en el año 2002 en la Biblioteca Nacional de Portugal sobre almanaques lusos, confesaba los inconvenientes a los que tanto su equipo como ella misma tuvieron que hacer frente para realizar su trabajo:

> Apesar da grande divulgação e procura que estas publicações tiveram ao longo dos séculos, a sua identificação encontra-se omissa em catálogos e inventários, talvez devido ao conteúdo ser considerado, segundo a opinião dos seus críticos, de cariz pouco erudito. [...] Tentou fazer-se um levantamento exaustivo da Colecção de Almanaques da BN [Biblioteca Nacional de Portugal]; há, no entanto, a consciencia de que alguma falha pode surgir, dada a imaginação fértil dos autores, designando as suas obras por títulos sugestivos mas de difícil pesquisa e identificação quando não se conhecem de antemão (2002: 29–30).

Galvão se lamenta de que los materiales están repartidos entre bibliotecas generales, fondos periódicos y reservados, sin que exista una denominación unívoca para identificarlos (2002: 29).

Según los criterios bibliológicos, el almanaque, al ser considerado un impreso «popular», entra a formar parte de los géneros editoriales «menores», pues si su valor mercantil asegura sustanciales ganancias a quienes lo editan, también le otorga unos atributos que han sido valorados desfavorablemente al ser vistos como «para», «infra» o «subliterarios». Además, durante varios siglos, el almanaque es descrito en tanto que representación material de una visión del mundo anticuada. Su identificación con la superstición y las falsas creencias alcanza el cénit en la Ilustración, cuando los *philosophes* se proponen hacer «tabla rasa» de la mentalidad que había estado vigente hasta ese momento. Los compendios imprescindibles del pensamiento ilustrado, la *Encyclopédie* (1751–1772) de Denis Diderot y Jean le Rond d'Alembert, el *Dictionnaire philosophique* de Voltaire (1764) y la *Encyclopædia Britannica* (1768), coinciden en el escaso crédito que merece el almanaque y en la ridiculez de sus predicciones. Los ataques a la literatura astrológica son extensibles a lugares como España, donde se suscitaron enconadas polémicas —véase la controversia que concita al médico Martín Martínez, al padre Benito Jerónimo Feijoo y al catedrático de Matemáticas de la Universidad de Salamanca Diego de Torres Villarroel—, o a Portugal, donde los pronostiqueros fueron objeto de burlas crueles al no haber sido capaces de prever el terremoto que destruyó la ciudad de Lisboa en el año 1755.

Envuelto en esta tesitura, Charles Nisard, a pesar de reservar una sección de su estudio a los almanaques, se muestra cauto a la hora de concederles algún valor. En el prólogo, el que fuese secretario-adjunto de una comisión que aspiraba a someter a examen los libros de la *bibliothèque bleue*, reconocía la particular circunstancia que había condicionado la escritura del ensayo:

> Je dois l'idée de cet ouvrage à une circonstance toute fortuite. Lorsque, frappé de l'influence désastreuse qu'avait exercée jusqu'alors sur tous les esprits cette quantité de mauvais livres que le colportage répandait presque sans obstacle dans la France entière. M. Charles de Maupas, ministre de la policie générale, eut conçu et exécuté le sage dessein d'établir une commission permanente pour l'examen de ces livres, il eut la bonté de m'appeler à en faire partie, avec le titre de secrétaire adjoint. Cela me donna l'occasion et de rassembler ces petits livres et de les étudier avec le soin le plus scrupuleux. C'est le résultat de ces études que je publiai pour la première fois en 1854, et que je publie pour la seconde aujourd'hui (1864: 10).

La temática es presentada como «un chapitre de notre histoire littéraire que personne jusqu'ici n'avait sogné à écrire: il est vrai qu'il n'est pas le plus beau; il en est certainement le plus singulier» (1864: 9). Pese a todo, la *Histoire des livres populaires* aporta gran cantidad de informaciones acerca de estos libritos, ilustrando al lector acerca de sus tamaños y extensiones, reproduciendo sus icónicos grabados y comentando cuál era el sistema de comercialización que seguían.

En los años sesenta y setenta del siglo XX, Europa asiste a una revitalización del interés por la cultura y las tradiciones llamadas «populares». En particular, es a propósito revisar la obra de dos historiadores pertenecientes a la *École des Annales* inaugurada por Marc Bloch y Lucien Febvre. El primero, Robert Mandrou, publica en 1964 *De la culture populaire en France aux XVIIe et XVIIIe siècles. La bibliothèque bleue de Troyes,* donde defiende que el conjunto editorial mencionado se dirigía de manera preferente al campesinado, siendo su cometido primordial el de reflejar sus gustos, aversiones y creencias. Las ideas expuestas por Mandrou coinciden plenamente con aquello que venía afirmándose desde el centro de determinadas corrientes historiográficas como la «historia de las mentalidades», la «historia social de las ideas» o la «psicología histórica», que promovían la búsqueda de testimonios que permitiesen reconstruir la historia en consonancia con la visión de «los de abajo» (Andries, 2003: 9–10). La segunda personalidad aludida es Geneviève Bollème, autora de *Les almanachs populaires aux XVII et XVIII siècles. Essai d'histoire sociale* (1969). En sus textos académicos, Bollème determina que el almanaque es un «sirviente» de la «biblioteca azul», destinado a la clase «más modesta y la que menos lee», es decir, los campesinos (1971: 63).

Después de que estas investigaciones hubiesen visto la luz, varias aportaciones críticas novedosas han puesto en cuestión los resultados obtenidos por Mandrou y Bollème. La premisa de la que parten es la idea de que la cultura «oficial» y la cultura «extraoficial» no pertenecen a dimensiones tan separadas entre sí como tradicionalmente se ha pensado. La división sin derecho a réplica de las manifestaciones culturales «altas» y «bajas» se nutre de la dicotomía romántica que distingue entre la «cultura de las élites» (*Kultur der Gelehrten*) y la «cultura del pueblo» (*Kultur des Volkes*), empleando la terminología original herderiana. Trasladadas al terreno de la literatura, estas expresiones se identifican respectivamente con la «poesía artística» (*Kunstpoesie*) y con la «poesía popular» u «oral» (*Naturpoesie*). Bien es cierto que la teoría de los historiógrafos franceses destruye algunos fundamentos del sistema de pensamiento de Herder, como que la cultura popular es ajena a cualquier intento de reproducción industrial, verbigracia, la imprenta. Ni Herder en sus *Volkslieder* (1778), ni Walter Scott en *Minstrelsy of the Scottish Border* (1802), como tampoco los hermanos Jacob y Wihelm Grimm en *Kinder- und Hausmärchen* (1812) —la lista podría engrosarse con otros títulos—, incorporan en sus antologías y colecciones literarias ejemplar alguno de la literatura popular impresa. Sin embargo, Mandrou y Bollème asumen que la cultura del pueblo se desenvuelve mayormente en ambientes rurales y, además, formulan sus reflexiones partiendo de la tradicional separación romántica entre representaciones cultas y populares.

En los últimos años se ha cuestionado la equiparación del almanaque con la literatura de cordel, ya que esto implicaría asumir unos presupuestos inexactos, como que sus lectores pertenecían en exclusiva a las clases bajas o que no existen interferencias entre la literatura de «los sabios» y la de «los iletrados». Las modernas tendencias historiográficas catalogan el concepto de «pueblo» como intrínsecamente problemático, negándole el carácter ahistórico que por convención ha recibido. Para evidenciar este cambio de paradigma, Eric Hobsbawm y Terence Ranger acuñaron la expresión *The Invention of Tradition* (1983), que ha hecho fortuna en los estudios sobre antropología y folklore. Por su parte, Jacques Revel restringe la capacidad de influencia de la cultura popular a la de «un outil historiographique» (1986), mientras que, en opinión de Peter Burke, los románticos llevaron a cabo una labor de «descubrimiento del pueblo», lo que equivale a decir que resemantizaron unas realidades que gozaban de existencia antes de que ellos se dignasen a nombrarlas (2014: 367–368). En España se han puesto en circulación expresiones análogas, tales como «invención y cultivo de [...] la cultura del pueblo» (Botrel, 2011: 15–30) o «ilusión de la literatura popular» (Puerto Moro y Cortijo Ocaña, 2012: 1–21).

El proceso de deconstrucción del pensamiento romántico sobre el pueblo y su supuesta autonomía está conformado por varios hitos, los cuales a su vez guardan una estrecha conexión con las nuevas metodologías de análisis de las lecturas «populares». A grandes rasgos, el argumento nuclear de las teorías contemporáneas radica en reconocer las interferencias en la interfaz cultural establecida entre lo culto y lo popular. Este esquema interpretativo ha recibido el nombre genérico de «circularidad cultural». El primer intento en este sentido lo constituyen los apuntes contenidos en los *Quaderni del carcere* (concretamente en el apartado «Letteratura e vita nazionale») que Antonio Gramsci escribe entre 1929 y 1935. En ellos se dibuja una imagen de las clases subalternas contraria a la que se había venido perfilando hasta entonces, en la que estas eran retratadas como una unidad homogénea e inmutable. Por el contrario, el pensador sardo considera que el pueblo está formado por un conglomerado de nociones pertenecientes a diversos niveles culturales que establecen entre sí relaciones de coincidencia y oposición.

A Gramsci y a sus pensamientos le sigue el magistral ensayo de Mijaíl Bajtín sobre el carnaval, *La cultura popular en la Edad Media y el Renacimiento: el contexto de François Rabelais*, publicado originalmente en la antigua Unión Soviética en 1941, aunque había sido redactado años antes. Sostiene Bajtín que la cultura carnavalesca, término que asimila al de «cultura cómica», se reconoce por ser, además de «popular» y «ambivalente», «universal», es decir, que participan de ella tanto los aristócratas como los plebeyos (1995: 17). En este sentido, su presencia es perceptible en «obras cómicas verbales […] de diversa naturaleza: orales y escritas, en latín o en lengua vulgar», de entre las cuales sobresalen los textos del escritor francés François Rabelais, máximo exponente del «realismo grotesco» (1995: 10). Ahora bien, durante los siglos XVII y XVIII, coincidiendo con el asentamiento de los principios reformistas y contrarreformistas y de las monarquías absolutas en Europa, los estratos sociales privilegiados se desligan de la cultura de la plaza pública, declarándose un cisma entre el «canon grotesco» y el «canon clásico», vinculados de manera respectiva a las clases populares y a las educadas.

Peter Burke acepta la fórmula bajtiniana combinándola con el método de clasificación enunciado por Robert Redfield, en virtud del cual traza una línea divisoria entre la «gran» y la «pequeña» tradición. El historiador británico es partidario de hablar de una «cultura común» presente en el momento en el que las élites son «biculturales» o «anfibias», pero determina que después del 1650 debemos asumir el esquema de Redfield (2014: 28, 273–316).

Más interesante resulta la visión propuesta por Carlo Ginzburg en *I formaggio e i vermi. Il cosmo di un mugnaio del '500* (1976). En las páginas del libro se narra un episodio de la vida de Domenico Scandella, un molinero que habitó la actual región de Friuli durante el siglo XVI y que fue apresado, procesado y encarcelado por la Inquisición tras ser acusado de difundir pensamientos heréticos. A Ginzburg le intriga la forma en que Menocchio, apodo con el que el molinero era conocido familiarmente, construye una cosmovisión tremendamente personal en la que el mundo es equiparado a un queso y sus habitantes a los gusanos, como tuvo el valor de declarar ante el Santo Oficio. A instancia de los archivos inquisitoriales, Ginzburg examina cuáles eran las lecturas a las que Menocchio había tenido acceso, algo que en primera instancia supone un gesto provocador pues los historiadores son reacios a acudir a fuentes escritas para analizar las culturas populares. Sus pesquisas revelan que la actividad lectora de Menocchio reposa en una red de intercambios mutuos entre la oralidad y la escritura, a partir de los cuales un hombre de mediados del quinientos fabrica una original interpretación del universo. Aislar las fuentes orales de las de procedencia escrita entorpece de un modo palpable la labor de reconstrucción de su pasado. Asumiendo este principio, Ginzburg arremete contra la *École des Annales*, declarándose partidario de aplicar la propuesta de Bajtín a la Historia de la lectura:

> Lo que hemos dicho hasta ahora demuestra con amplitud la ambigüedad del concepto de «cultura popular». Se atribuye a las clases subalternas de la sociedad preindustrial una adaptación pasiva a los subproductos culturales excedentes de las clases dominantes (Mandrou), o una tácita propuesta de valores, si acaso parcialmente autónomos respecto a la cultura de aquellas (Bollème) [...]. Es mucho más valiosa la hipótesis formulada por Bajtin de una influencia recíproca entre la cultura de las clases subalternas y la cultura dominante (1981: 18–19).

Termina enunciando la hipótesis de la «circularidad cultural», a la que él mismo se adhiere:

> ¿Hasta qué punto es en realidad la primera subalterna de la segunda? O, por el contrario, ¿en qué medida expresa contenidos cuando menos parcialmente alternativos? ¿Podemos hablar de circularidad entre ambos niveles de cultura? [...] dicotomía cultural, pero también circularidad, influencia recíproca –especialmente intensa durante la primera mitad del siglo XVI- entre cultura subalterna y cultura hegemónica (1981: 11, 15).

El siguiente asalto a la «historia de las mentalidades» proviene del corazón mismo de los *Annales* y tiene a Roger Chartier en el papel protagonista. Sus trabajos, al igual que los de Michel Foucault y Pierre Bourdieu, se integran dentro de la «Nueva Historia Cultural», cuyo propósito consiste en servir de remplazo a la antigua «Historia Cultural» de 1970 otorgándole una mayor preponderancia a las «prácticas culturales» en las investigaciones históricas. Si trasladamos los términos de la disquisición al ámbito literario, conlleva sustituir la «Historia del libro» por la «Historia de la cultura escrita» o por la «Historia de la lectura». El marco epistemológico cuantitativo se transforma en cualitativo, lo que implica dejar de discriminar datos inventariables para en su lugar plantear hipótesis que expliquen de qué forma las obras son recibidas por una comunidad interpretativa. Chartier se basa en la «construcción o producción [...] de la realidad por medio de representaciones» (Burke, 2006: 97), o sea, que su meta consiste en observar «las prácticas populares de lo impreso», no estatuir taxonomías (Chartier, 2011: 341). Cuestiona la «cultura popular», que considera «una categoría culta destinada a describir unas producciones y unas conductas situadas más allá de la cultura letrada» (1994: 43). Después critica el razonamiento de Bajtín sobre que a partir del siglo XVII se hubiese instaurado una época de censuras que promovía una «bifurcación cultural» irremediable (1994: 48). El núcleo mollar de la propuesta charteriana reside en el concepto de «apropiación», entendido como la operación por la cual los lectores participan activamente en la construcción del discurso, despojando al acto de leer de la impasibilidad de la que teóricamente va acompañado. Consiguientemente, es forzoso rechazar la tesis de Mandrou y Bollème acerca de la literatura popular impresa «porque siempre hay una distancia que separa aquello que propone el texto de lo que toma su lector» (1994: 54).

A su vez, el planteamiento de Chartier es deudor de los planteamientos de Michel de Certeau en torno a los usos y consumos en la cotidianidad. En *L'invention du quotidien* (1980), el crítico francés esboza una sociología de las «artes de hacer» donde el consumo de los objetos cotidianos esconde dentro de sí múltiples formas de producción de sentido. Para ello, sugiere remplazar las tácticas por estrategias, entendiendo que estas últimas son el mecanismo del que se vale el consumidor para engendrar nuevas realidades. En un ensayo escrito en colaboración con Jacques Revel y Dominique Julia, elocuentemente titulado «La beauté du mort» por la afición vehemente que los románticos tuvieron por un patrimonio que creían a punto de desaparecer, Certeau reprueba el modo en el que Geneviève Bollème concibe el almanaque,ya que, a su modo de ver, esta se empeña en propugnar la inmutabilidad del objeto tipográfico (1974: 56-57). Quienes en las últimas décadas se han acercado a examinar el plantel de las lecturas «populares» han constatado la necesidad de dejar atrás la «historia de las mentalidades» para proponer interpretaciones acordes con las formas actuales de entender lo «popular». Respecto al almanaque, ha quedado demostrado que su principal pretensión es conquistar a «un lectorat diversifié et hétérogène, socialment parlant»:

> Les travaux de Robert Mandrou, de Geneviève Bollème et des historiens qui s'étaient emparés de cette question centrale d'une forme spécifique de culture émergeant des couches populaires et se nourrisant d'ouvrages ou de récits hermétiques aux autres catégories sociales de leur époque, ont été très nettement critiqués après 1980 et ont donné lieu à d'autres approches. Avec Roger Chartier, c'est l'appropiation différenciée des littératures ou des cultures qui est devenue la question centrale pour qui s'intéresse à la *bibliothèque bleue* française ou à la littérature de cordel circulant en Espagne et en Amérique du Sud (Mollier, 2003: 11–12).

El *Calendrier des bergers,* un almanaque francés estampado a finales del siglo XV, había sido descrito por Bollème como el epítome de la mentalidad de los campesinos franceses del Antiguo Régimen. Sin embargo, Natalie Zemon Davis ha cuestionado que fuese adquirido únicamente por rústicos, pues la forma en la que se reconstruye la vida en el campo rezuma un idealismo que conduce a pensar que quizá sus lectores tuviesen una mayor capacidad económica, como los terratenientes (1982: 119). Lodovica Braida, al analizar los almanaques impresos en el siglo XVIII en el reino de Piamonte, verifica que solamente una parte reducida del total se identifica con la literatura popular, lo que la lleva a reflexionar acerca de si de verdad «gli almanacchi italiani sono popolari» (1997: 193). En esta línea, estudios recientes plantean la transformación del almanaque «de la menudencia de imprenta al libro», en referencia a la evolución en el estatus bibliológico del género (Durán López, 2022a). Exámenes de esta clase han hecho que cobren fuerza peticiones como las de Roger Chartier (1996: 11) y Hans-Jürgen Lüsebrink (1998: 143), que exigen integrar tales manifestaciones dentro de la actividad editorial en general. Todo ello les ha hecho acuñar un término novedoso, el de literatura «de gran difusión» o «de amplia difusión», con el que se prescinde de la diferenciación entre la cultura «alta» y «baja». Chartier define la expresión de la siguiente manera: «Les imprimés de large circulation ne sont ni seulement livres, ni seulement des textes. L'attention doit donc être portée sur les multiples objets (placards, chansons, libelles, jeux de cartes ou jeux de l'oie, images volantes, etc.), qui, plus que le livre, constituent la culture "populaire" de l'imprimé» (1996: 12). Se trata, pues, de una categoría dilatada y comprensiva, que abarca fondos que difícilmente podrían considerarse literarios, pero también determinados libros que, desde una óptica convencional, se encuadrarían dentro de la «gran tradición». En este marco de referencia, los críticos indican que *almanach de large circulation* («almanaque de amplia difusión») es la fórmula adecuada para calificar esta fracción de la imprenta del Antiguo Régimen (Lüsebrink, 2000b: 6).

3. Influencias multiculturales y transnacionalidad

La obstinada búsqueda del *Volksgeist* o «espíritu nacional» emprendida por los románticos favorece que los acercamientos a la literatura popular apliquen un enfoque localista al asumir que el «alma del pueblo» habita en ella (Lüsebrink, 1996: 425). Sin embargo, un examen concienzudo de este principio ha mostrado la necesidad de adoptar un criterio transnacional[5] para analizar las realizaciones textuales denominadas «populares», pues si bien estas comportan «especificidades nacionales» (Chartier, 1996: 18), no es menos cierto que sus peculiaridades encuentran un correlato total o parcial en las producciones extranjeras. Así pues, urge reconocer que la literatura de amplia difusión posee «un ancrage non pas national, mais européen» (Lüsebrink, 1998: 143).

---

5   La definición del concepto de «transnational history» propuesta por Akira Iriye y Pierre-Yves Saunier en *Palgrave Dictionary of Transnational History* recoge que esta tiene como objeto de estudio «the links and flows, and want to track people, ideas, products, processes and patterns that operate over, across, through, beyond, above, under, or in-between polities and societies» (2009: XVIII).

En las últimas décadas ha ido incrementándose el número de académicos que han estimado oportuno enmarcar sus hipótesis en un contexto global. Entre los motivos que justifican este interés por las influencias multiculturales se hallan

> the research policies promoted by the European Union, but also the gradual development of the digital humanities, which permit Access to an ever greater volumen of digitalized printed material, and also, possibly, a desire on the part of the research community to adopt new focuses for an object to study that has been worked on extensively in the framework of national frontiers (Botrel y Gomis, 2019: 132).

En España también se ha avanzado por esta senda. En el *Ensayo sobre la literatura de cordel,* Julio Caro Baroja introducía algunas apreciaciones embrionarias sobre el asunto:

> Italia y España, el ámbito del idioma español, el del francés, italiano, portugués y catalán ofrecen vastas perspectivas para comparaciones temáticas. [...] Acaso no sea tan interesante la catalogación de temas y motivos, como el estudio de los medios en que tales temas y motivos se desarrollan y el de las variaciones que presentan en el tiempo y en el espacio (1969: 32).

Desde una perspectiva europea, el almanaque se presenta como una realidad editorial privilegiada ya que sus cultivadores se dispersan por el continente a lo largo de siglos. En virtud de la «attuale impossibilità di trattare tali tematiche in un contesto unicamente nazionale», en palabras de Jean-Yves Mollier (2011: 317), se han organizado multitud de congresos y encuentros internacionales orientados a poner en común los datos recabados en torno al género. Por su carácter pionero, destaca el simposio coordinado por Roger Chartier y Hans-Jürgen Lüsebrink durante el mes de abril de 1991 en la Universidad de Wolfenbüttel (Alemania), que resultó en la monografía *Colportage et lecture populaire. Imprimés de large diffusion en Europe, XVIe-XIXe siècles* (1996). A raíz de haberse celebrado el encuentro, se desarrolló un proyecto de investigación colaborativo entre las universidades de Saarbrücken (Alemania) y Versailles Saint-Quentin-en-Yvelines (Francia) centrado en la serie de almanaques *Messager boiteux / Hinkenden Boten,* que alumbraban simultáneamente las prensas francesas, alemanas y suizas. Los resultados obtenidos pueden verse en el volumen *Populäre Kalender im vorindustriellen Europa: der «Hikenden Boten / Messager boiteux». Kulturwissenschaftliche Analysen und bibliographisches Repertorium* (Greilich y Mix, 2006).

En marzo de 1998 tiene lugar una reunión más, esta vez en la Universidad de Saarbrücken, a la que sigue la publicación de *Presse et événement: journaux, gazettes, almanachs (XVIIIe-XIXe siècles).* Si el libro *Colportage et lecture populaire* había incorporado una cantidad considerable de capítulos sobre el almanaque, aquí aumenta el espacio que se le consagra. . Asimismo, los autores y autoras aprovechan la ocasión para realizar una acusación explícita del hecho de que el almanaque no haya sido a menudo examinado «dans une perspective comparatiste et interculturelle» (Lüsebrink, 2000b: 1).

Les Lectures du peuple en Europe et dans les Amériques (XVIIIe-XXe siècles) son las actas de un coloquio internacional acogido por la Universidad de Versailles Saint-Quentin-en-Yvelines entre el 13 y el 16 de octubre de 1999. Su relevancia para el estudio del almanaque es máxima, puesto que se adentra en las relaciones interculturales que le afectan.

Inserta en este marco referencial, la presente investigación se propone acometer una lectura comparada de los almanaques impresos en España, los Estados italianos y Portugal durante el siglo XVIII. Su principal interés radica en indagar acerca de las transferencias e influencias observables en una tipología concreta, la literaria, que prospera en el ámbito español de la mano de Diego de Torres Villarroel entre 1719 y 1767. Con ello, aspira a dar una respuesta satisfactoria a la pregunta de si la idea de combinar las ficciones con la utilidad surge *ex novo* en la mente de Torres, o si se trata de un formato foráneo trasplantado entierras españolas. Las modernas investigaciones indican que el hallazgo de la fórmula «tuvo su cuesta arriba, no fue una creación repentina ni un golpe de genio» (Durán López, 2015: 50), aun cuando durante años se pensó que el modelo literario torresiano fue un hallazgo genialfalto de antecedentes. Iris M. Zavala había asegurado que Torres fue el «creador de un nuevo género» (1987: 70), al tiempo que Guy Mercadier veía en él «l'artisan d'une transformation du genre que personne n'avait imaginée avant lui» (2000: 335).

La suposición de que más allá de las fronteras españolas se publicaban almanaques que podían ser semejantes a los patrios ha venido planteándose desde hace tiempo, aunque escasean los estudios que hayan intentado poner de manifiesto esos vínculos:

> Il est bien connu que l'almanach apparaît en Europe dès les débuts de l'imprimerie, et l'on en metionne souvent quelques berceaux traditionnels, comme Mayence et Bologne. Ce que l'on sait moins, c'est que l'Espagne n'est pas en reste. En effet, surtout dans les dernières décennies du XVe siècle, la pronostication connaît outre-Pyrénées un essor comparable à celui que l'on observe ailleurs, et il en reste des traces significatives (Mercadier, 2003: 97).

Al igual que Mercadier, Fernando Durán López ha constatado que «poco de lo predicable de los almanaques españoles carecerá de correlato parcial o total en otros países, con autores como Francis Moore y su vendidísima *Vox stellarum* desde 1699 o Benjamin Franklin y sus *Poor Richard's Almanacks*, e infinidad de obreros de la pluma y el compás en Italia, Francia, Inglaterra, Portugal, Norteamérica, etc.» (2015a: 13). A esta afirmación, agrega que el almanaque representa «una textualidad panoccidental», de modo que no tendría que ser complicado advertir «tipologías, paquetes de contenidos y evoluciones desparejas en cada país, que de momento nadie se ha preocupado de concertar o discriminar» (2015a: 13).

De acuerdo con Lüsebrink, la transculturación saca a relucir seis aspectos vinculados al almanaque de gran difusión: en primer lugar, permite abordar «dans une optique comparatiste, des spécificités d'almanachs populaires parus dans les aires culturelles et linguistiques très diferentes [...], d'en décrire et d'en analyser les contenus, les éditeurs, les stratégies editoriales et les voies de diffusion». Secundariamente, posibilita «detectar» y «analizar» las «filiations interculturelles, des modes de transfert culturel et d'appropriation transnationale». En tercer lugar, señala que la finalidad del almanaque se escinde en tres vertientes: «orienter, instruire et divertir le public». Cuarto, pone de manfiesto la enorme heterogeneidad de su lectorado. En quinto y sexto puesto, Lüsebrink determina que, en las sociedades del Antiguo Régimen, el almanaque ejerce una «fonction antropologique» que alberga en su interior «rapport à l'oralité, à la communication orale et ses formes d'expression fictionnelle» (2003a: 343–344).

Una lectura intercultural promueve que el estudio de los textos se acometa mediante la identificación de las «filiaciones textuales» y las «homologías estructurales» o «culturales» reconocibles. Siguiendo a Lüsebrink nuevamente, el término «filiación textual» remite a

> l'étroite imbrication intertextuelle des littératures de large circulation à l'époque moderne, sous leurs différentes formes: traductions, plus ou moins modifiées, de textes [...] d'une aire culturelle à une autre [...]; réceptions productives de textes et de motifs qui font subir de fortes modifications au texte originel (1996 : 425).

Las «homologías estructurales» muestran un «signe d'une homologie culturelle, l'émergence à la même époque, dans des aires linguistiques et culturelles différentes, de genres et de formes d'écritures semblables» (1996: 426).

Tomando como punto de partida las premisas expuestas por Lüsebrink, se tratará de dar una respuesta a la pregunta enunciada por Guy Mercadier, que planteaba la posibilidad de encontrar una «peculiaridad hispánica» en el conjunto de los almanaques europeos del siglo XVIII (1979: 602). Asimismo, se determinará si existen concomitancias entre diferentes tradiciones bibliográficas. En cuanto a Torres Villarroel, personaje principal de la actividad almanaquera desarrollada en el ámbito hispánico, no solo importa descubrir cuáles son las fuentes de las que se nutre, sino también esclarecer si su forma de confeccionar piscatores fue exportada a otros lugares.

El análisis planteado no ambiciona contabilizar de manera exhaustiva la totalidad de los calendarios, almanaques y pronósticos astrológicos impresos en España, Italia y Portugal en el setecientos, puesto que, con el objeto de resolver esta cuestión, se han elaborado valiosos catálogos y obras de referencia. En su lugar, aspira a trazar un análisis cualitativo en clave transnacional que otorgue prevalencia a los contenidos ficcionales.

Segundo capítulo: Auge y decaimiento de la «ciencia de los astros»

2.1. Astronomía, astrología y almanaques

El eje en torno al cual gravitan las informaciones contenidas en el almanaque es el astronómico-astrológico. Durante siglos, este se consideró un conocimiento indispensable para disponer la organización de los ciclos naturales y de la vida cotidiana, aunque el pensamiento racionalista fue arrinconando algunas de las supuestas verdades fundamentales que servían de base a la prognosis. Al decaimiento de la doctrina de la pronosticación astral contribuyen el método experimental galileano, así como la férrea oposición al determinismo de las estrellas ejercida por la religión. En contra de lo que pudiera parecer en un primer momento, la pérdida de credibilidad de la astrología no conduce a la desaparición del género del almanaque, sino que, muy al contrario, propicia la introducción de fórmulas de carácter literario que favorecen la creación de un producto editorial novedoso a la par que atractivo en términos de mercado.

Los términos ἀστρονομία (astronomía) y ἀστρολογία (astrología) eran sinónimos en griego antiguo puesto que representaban dos partes indivisibles de la disciplina científica correspondiente al estudio de los cuerpos celestes. El primero estaba asociado a la práctica y el segundo a la teoría. Así, si la astronomía se ocupaba de los aspectos relativos a la posición y al movimiento de los astros, la astrología atendía a sus influjos en la Tierra. El modelo cosmológico en el que se sustentan estas averiguaciones es el que Aristóteles plantea en *De caelo, De generatione et corruptione* y *Meteorologica,* escritas alrededor del 350 a.C. Colocando a la Tierra en el centro del universo, la filosofía natural aristotélica establece la existencia de dos dimensiones diferenciadas: la supralunar, estable y acabada, y la sublunar, corrupta y cambiante. El primer espacio está ocupado por los planetas[6] y las estrellas fijas (un total de 1022), y le rodea el éter, donde se engastan unas esferas giratorias que hacen que los cuerpos se desplacen en movimientos circulares. La segunda ubicación está formada por los cuatro elementos —agua, fuego, tierra y aire—, a la vez que los cambios de posición de los objetos astronómicos siguen un orden ascendente o descendente. Dado que los planetas estaban hechos de una sustancia perfecta e inmarcesible, se daba

---

6   En el antiguo sistema cosmológico, la Luna y el Sol son planetas. El término «estrella» sirve para designar tanto a las estrellas propiamente dichas como a los planetas.

por cierta su intervención en la vida terrestre. Comenzando por aquellos cuyo poder era mayor, la Luna y el Sol, el Estagirita determina el grado de influencia del resto.

Cabe precisar que Aristóteles no detalló en qué se materializaban los influjos, sino que fueron sus comentaristas, y en particular el astrónomo griego Claudio Tolomeo, quienes se encargaron de hacerlo. En efecto, en el *Tetrabiblos* (siglo II d.C.), Tolomeo conjuga la doctrina aristotélica con las enseñanzas de origen babilónico para acabar de configurar la teoría de la influencia celeste. De acuerdo con la misma, el cielo se divide en doce casas o domicilios de 30 grados, identificándose cada uno de ellos con un signo del Zodiaco, a saber: Aries, Tauro, Géminis, Cáncer, Leo, Virgo, Libra, Escorpio, Sagitario, Capricornio, Acuario y Piscis. Tolomeo incorpora una división en aspectos, entendidos como los ángulos geométricos que forman los planetas al posicionarse los unos con respecto a los otros. Existen cuatro tipos: «oposición» (180°), «trígono» (120°), «cuadratura» (90°) y «sextil» (60°). Los siete planetas se vinculan con las cualidades elementales, es decir, calor, frío, sequedad y humedad:

> Thus the sun warms and to some extent dries, for the nearer it comes to our pole the more heat and drought it produces. The moon is moist, since it is close to the earth and is affected by the vapors from the latter [...]. It also warms a little owing to the rays it receives from the sun. Saturn chills and to some extent dries, for it is remote from the sun's heat amd earth's damp vapors. Mars emits a parching heat, as its color and proximity to the sun indicate. Jupiter, situated between cold Saturn and burning Mars, is of a rather lukewarm nature but tends more to warmth and moisture than to their opposites. So does Venus, but conversely, for it warm less than Jupiter dpes but moistens more, its large Surface catching many vapors from the neighboring earth. In Mercury, situated near sun, moon and earth alike, neither drough nor dampness predominates, but the velocity of that planet makes it a potent caise pf sudden changes (Thorndike, 1923: 113).

El calor y la humedad son atributos propicios, mientras que la sequedad y el frío son funestos, aunque en realidad su efectividad varía según el modo en el que se combinen. Esta clasificación posibilita asignar a un sexo a los cuerpos celestes, de modo que Venus, caliente e impregnado de agua, es un planeta femenino y favorecedor. Saturno, glacial y seco, se supone masculino y capaz de transmitir influencias negativas, exactamente igual que Marte. Júpiter, seco y cálido, es benéfico, mientras que la Luna, aunque también hace el bien, es húmedo y frío, además de femenino. El Sol y Mercurio, considerados masculino y neutro respectivamente, ven modificadas sus atribuciones dependiendo del lugar que ocupen las demás figuras. En función de su posición respecto al Sol y al horizonte, las propiedades se incrementan o disminuyen (Thorndike, 1923: 113).

La filosofía medieval de raíz aristotélico-tolemaica fue utilizada para trazar cartas natales o para descubrir en qué planeta iba a recaer el desempeño de ser el «Señor del año», como se llamaba a aquel que retenía un mayor dominio en una anualidad:

> They [the astrologers] assumed a division of the universe whereby the superior, immutable bodies of the celestial world ruled over the terrestrial or sublunary sphere, where all was mortality and change. It was assumed that the stars had special qualities and influences which were transmitted downwards upon the passive earth, and which varied in their effects, according to the changing relationship of the heavenly bodies to each other. Owing to their inadequate techniques of astronomical observation, the early scientifics had no conception of the infinite number of existing solar systems nor of the vast distances which separate the visible stars from each other. They were thus led to postulate a single system in which the seven moving stars or planets —Sun, Moon, Saturn, Jupiter, Mars, Venus and Mercury— shifted their position in relation to the earth and each other, against a fixed backcloth of the twelve signs of the zodiac. The nature of the influence exerted by the heavens at any one moment thus depended upon the situation of the various celestial bodies. By drawing a map of the heavens, or horoscope, the astrologer could analyse this situation and assess its implications. By an extension of the same principle, he could, given the necessary astronomical knowledge, construct a horoscope for some future point of time, and thus predict the influence which the heavens would exert on that occasion (Thomas, 1971: 337).

Las aportaciones de los filósofos árabes, entre las cuales merece la pena señalar el *Introductoriam in Astronomium* de Abu Ma'shar (ca. siglo IX), enriquecieron y conservaron las creencias astrológicas durante la Edad Media (Bezza, 2012: 39–51). En aquel entonces, la astrología era un saber reputado que formaba parte de la cultura académica. Su enseñanza, que integraba el *quadrivium* de la Facultad de Artes, se impartía en los centros universitarios más reputados de Europa, como los Estudios de Padua y de Bolonia. Desde las cátedras de Matemáticas o Astronomía —ambas designaciones son intercambiables— se divulgaba el sistema cosmográfico tolemaico:

> From the establishment of medieval university, which coincided with the introduction of Aristotle's teatrise on philosophy and the study of nature into Western Europe, astrology was taught in three distinct disciplinary locations: in mathematics, in the natural philosophy and in the medicine. In the matemathical curriculum, astrology was taught with astronomy as *sister sciences of the stars,* after propaedeutic work in arithmetic and geometry. In the natural philosophy course, astrology was considered in relation to core texts of Aristotelian physics and cosmology, most notably, *De caelo* and *De generatione et corruptione.* In the medical faculty, astrology was also taught as a necessary tool of the physician's practice [...]. The general European scheme for the teaching of astronomy from the Middle Ages to the seventeenth century included the study of the *Sphere,* the *Theoretica planetarum* and the Alfonsine Tables. Astrological

teaching, often using Ptolemy's *Quadripartitum* and the pseudo-Ptolemy *Centiloquium,* was usually included in the curriculum (Avalos, 2008: 49).

Desde el siglo XIV, el catedrático de Matemáticas de la Universidad de Bolonia estaba obligado a componer un pronóstico anual[7]:

> Il *tacuinus* veniva affisso ogni anno nella stanza dei bidelli dello Studio per poter essere consultato o copiato. Attraverso questa pubblicazione annuale, il matematico o il medico oppure il filosofo incaricato della sua compilazione, segnalando la situazione astrale mese per pese, informava i medici dello Studio sui giorni propizi per effettuare le terapie e i salassi, indicando anche l'effetto degli «aspetti» astrali più importanti, su clima, agricultura e navegazione. Si tratta di una pubblicazione di natura colta che si sviluppa in ambito accademico ed è riservata ad un pubblico d'elite anche se col tempo essa viene ad aver una sorta di duplicazione in ambito popolare (Marchi, 2000: 554–555).

La disposición continúa recogiéndose en los estatutos de 1799 (Barillà, 2002: 20). Este tipo de almanaque, redactado casi siempre en latín, representa un nivel de astrología docta divulgada en un espacio elitista (Casali, 1977: 517). A tenor de las noticias que han llegado hasta nuestros días, la norma era replicada en otras universidades de Europa, como las españolas (Lanuza Navarro, 2017: 201–202). Precisamente, Torres Villarroel justifica su consagración al oficio de almanaquero aduciendo que era una responsabilidad inherente a su cargo de profesor de Astronomías:

> Los pronósticos que puse en el público en el tiempo que fui catedrático actual, los trabajé para ganar dinero y por cumplir en parte con las obligaciones y leyes de la universidad, pues los estatutos de ella, desde el Título 11 hasta el 23, se manda a todos los catedráticos que lean en cada año las materiales que se les prescriben a cada uno en su respectiva facultad; y en la Constitución 13, de *repetitionibus faciendis, se* le condena en 12 francos al que no tuviere leída y entregada antes del día de san Juan la materia o tratado que le asignan los estatutos. Es cierto que, en el tiempo que fui catedrático, no escribí las materias que tiene asignada en cada curso la universidad a la cátedra de Astrología, pero no dejé de dar al público las equivalentes; y finalmente, hice algo y bastante en dar el pronóstico anual, porque ningún asunto es más propio, más nuevo, ni más de obligación al catedrático de Matemáticas que este, pues en él están resumidos los principales tratados de la astronomía y la astrología. No me avergüenzo ni me pesa haberlos escrito mal, porque mi ignorancia no tiene facultades para desmejorar los cumplimientos de mi oficio y de mis obligaciones, y nuestros estatutos

---

7   Algunos de los encargados de redactar el *pronosticon* fueron Girolamo Manfredi, Domenico Maria Novara, Antonio Arquato, Girolamo Pietramellara, Giacomo Benacci, Lodovico Vitali, Antonio Magini y Floriano Turchi, «tutti celebri professori allo Studio Felsineo» (Casali, 2012b: 273).

no nos mandan que escribamos bien, sino que escribamos. [...] Después que la piedad del rey me mandó descansar sobre mi jubilación, escribo por costumbre, por codicia o por diversión; y con estos influjos y persuasiones he dado a las imprentas, antes y después, mucha filosofía de todas castas, mucha medicina práctica, alguna teología moral, mística, cómputos eclesiásticos, astronomía, astrología y poesía. Y creo que, en los anales de estas escuelas, no hallará V.S. otro maestro de Matemáticas que haya dejado tanta memoria, ni tantas señales de haberlo sido como yo. Y lo que no tiene disputa ni contradicción es que en dedicatorias, prólogos, introducciones, almanaques y coplas excedo en muchos cartapacios a todos los doctores, licenciados y bachilleres de este siglo (citado en Mercadier, 2009: 432).

Esta idea también la enuncia su sobrino Isidoro Ortiz Gallardo de Villarroel en la dedicatoria del almanaque de *Los ciegos*:

Por catedrático de la Universidad de Salamanca, vivo (como todos) con la obligación de escribir todos los años un tratado de mi facultad, que por acá llaman la materia; y ninguna es más oportuna, más trabajosa ni más útil para la enseñanza y para la diversión del público que el pronóstico anual (1759: sin numerar)[8].

Asimismo, durante las clases se pondrían a disposición del alumnado las técnicas básicas para componer uno (Mercadier, 2009: 48).

Además de participar activamente en el ámbito universitario, los astrólogos eran personas cotizadas en las cortes y en los círculos áulicos porque su capacidad de prever el futuro era imprescindible a la hora tomar decisiones políticas: «L'astrologo genetliaco si delineava, pertanto, come una figura polivalente, confessore e consigliere, medico e psicologo, investito di carisma particolare come depositario delle verità scritte in cielo, detentore della chiave degli scrigni astrali, divino interprete dei misteri celeste» (Casali, 2003: 13). María de Medicis instaló «à la Cour de France tout un personnel d'astrologues» (Mandrou, 1964: 69). Michel de Notre-Dame, conocido popularmente como *Nostradamus*, ejerció el papel de astrólogo-médico en la corte de Charles IX, donde llegó a alcanzar enormes cotas de poder. Keith Thomas ha documentado que, al menos hasta el siglo XVII, en Inglaterra podía hablarse de «astrónomos reales» que aconsejaban a los reyes y a sus ministros:

Despite the lack of a vernacular literature, most Tudor monarchs and their advisers encouraged astrologers and drew upon their advice. Both Henry VII and those engaged in plotting against him maintained relations with the Italian astrologer William Parron. Henry VIII patronized the German, Nicholas Kratzer, prevented his bishops from censuring astrology, and received astrological advice from John Robins, the only

---

8   Por mediación de su tío, desde el 1752 Ortiz es catedrático de Matemáticas en la Universidad de Salamanca, cuando contaba con 20 años de edad.

contemporary English writer on the subject of any importance [...]. Similar enthusiasm was displayed by the courtiers of Elizabeth I. The Earl of Leicester employed Richard Foster as his astrological physician and commissioned Thomas Allen to set horoscopes. [...] It was at Leicester's invitation that John Dee chose an astrologically propitious day for the coronation of Elizabeth I [...]. It was customary for aristocratic families to have horoscopes cast at the birth of their children, and more or less unavoidable for them to have recourse to doctors who used semi-astrological methods (1971: 340, 343–344).

Todavía Vincenzo Giobbi Fortebracci, astrólogo en la corte de Vittorio Amedeo II de Saboya, consigue ser nombrado «caballero de los santos Mauricio y Lázaro», y en el 1717, «mayordomo de Su Majestad» (Braida, 1989: 79–80).

La confianza en la astrología era perceptible también dentro de la curia eclesiástica. Es bien sabido que papas como Sixto IV o Pío II se interesaron por los horóscopos (Capp, 1979: 17). La leyenda cuenta que al astrólogo Luca Gaurico le fue encomendado el deber de establecer la localización adecuada para construir un edificio religioso. El día señalado, en una ceremonia con boato, un asistente señaló en voz alta el sitio escogido, y ante la vista de todos los cardenales allí reunidos, se colocó la primera piedra del templo (Capp, 1979: 18). Inclusive cuando la astrología perdió su lustre, sus oficiantes continuaron recorriendo los pasillos de los palacios y casas reales, aunque ocupando un lugar secundario. Andrea Albini evoca la historia del astrólogo Morin, que presenció el nacimiento del futuro rey Luis XVI de Francia oculto tras un biombo (2010: 58).

La crisis del geocentrismo coadyuva al declive de la astrología. En realidad, hacía tiempo que los peritos en la materia habían detectado que la traslación de los astros no era perfecta ni circular, tanto que habían inventado formas de medición como la estación o la retrogración con las que corregían los desajustes (Albini, 2010: 15). De este modo, la Revolución científica no hizo más que adelantar un proceso que de una u otra forma hubiese acontecido. Nicolás Copérnico, en *De revolutionibus orbium coelestium* (1543), postula la existencia de un sistema en el que los planetas dan vueltas alrededor del Sol, incluida la Tierra. Tycho Brahe crea la técnica de la paralaje con la que se medía la distancia entre los planetas y la región terrestre, gracias a la cual pudo demostrarse que la trayectoria de un cometa era irregular y acaecía por encima de la Luna. En 1572, en *De stella nova*, Brahe da muestras claras de haber hallado una estrella desconocida en la constelación de Casiopea. Johannes Kepler, seguidor de Copérnico y discípulo de Tycho Brahe, manifiesta que los planetas trazan órbitas elípticas y no circulares en su desplazamiento. Con la invención del telescopio refractor, Galileo Galilei descubre las imperfecciones de la superficie lunar e identifica cuerpos celestes nunca antes vistos. En el *Siderius Nuncius* (1610) proclama la infinitud del universo, descartando la armonía cosmológica que hasta entonces había defendido el pensamiento cientificista. A todo esto, hay que sumar la novedad que supuso la enunciación de las leyes de la gravedad y de la mecánica celeste por Isaac Newton en los *Principia mathematica naturalis philosophiae* (1687). Newton también rebate la teoría aristotélica sobre los cometas, estableciendo que estos son «cuerpos sólidos que giran en torno a los planetas según leyes constantes», y no la señal de la ira divina (Casali, 2003: 118). A comienzos del siglo XVIII, esta suposición es confirmada por Edmond Halley, quien predice la próxima aparición de un cometa —después bautizado como «cometa Halley»— en el año 1758, luego de haber calculado la órbita de sus tres anteriores escenificaciones. En 1781, William Herschel descubre el planeta Urano y, a finales de siglo, los catálogos estelares relevan a los atlas celestes que unían las estrellas fijas en constelaciones zodiacales[9].

El método científico experimental se demora en hacer su aparición en el *curriculum studii* universitario pues, al contrario de lo que ocurrió en ámbitos como «el ejército, la marina, los salones y en las academias», estas estaban apegadas a formas de saber tradicionales (Pope, 1996: 409). En setecientos se aprecian indicios que indican un cambio de actitud, al menos en algunas facultades. Keith Thomas piensa que es en siglo XVII cuando la filosofía natural entra en una situación crítica en las universidades inglesas, las cuales atacaron con acerbidad la *sciencia iudiciorum*. Numerosos testimonios muestran cómo la astrología especulativa quedaba asimilada a un arte y no a una disciplina científica: «In 1659 John Gadbury complained that "your freshmen and junior sophist at Oxford and Cambridge [...] bawl aloud in the schools *astrologia non est scientia*". "Do you hear the news from Alma Mater" wrote John Butler to Ashmole in 1680, "all astrology must be banished» (Thomas, 1971: 420). En 1619, la cátedra de Astronomía de la Universidad de Oxford prohíbe a sus titulares impartir la teoría, aunque esta seguiría estando vigente en niveles menos formales (Thomas, 1971: 420).

La introducción de la epistemología experimental moderna en las universidades del mediodía europeo no se ajusta a un paradigma fijo. En Italia, el profesor tenía la potestad de elegir entre el conservadurismo o la innovación en sus lecciones (Grendler, 2002: 237). En España, la situación de las ciencias en las universidades del XVIII ha sido calificada de «desastrosa» (Aguilar Piñal,

---

9   Un resumen de la historia de estos avances en «El descubrimiento del universo en los siglos XVIII y XIX: doscientos años de avances en las observaciones astronómicas» (González González, 2011).

1991: 89). Hay varias causas que justifican este estado de las cosas: por un lado, la Teología tenía una excesiva preponderancia en los programas de estudio, con el consiguiente mantenimiento de la metodología escolástica. El sistema adolecía además de una enorme falta de regulación en cuanto a los sueldos, de modo que, si un catedrático de la Universidad de Salamanca cobraba 20 000 reales, uno de Zaragoza solo alcanzaría a ganar 150 (Aguilar Piñal, 1991: 85–86). Jovellanos, en el «Plan de reforma de las universidades» (1798), censuraba este penoso estado, que era especialmente sangrante en lo tocante a las matemáticas, las cuales, a su modo de ver, eran tan básicas que solo valían para confeccionar pronósticos:

> Si en alguna universidad se estableció la enseñanza de las matemáticas, la predilección de otros estudios y el predominio del escolasticismo las hizo luego caer en desprecio; y si fue cultivada la física, lo fue solo especulativamente y para perpetuar unos principios que la experiencia debía calificar de vanos y ridículos. En suma, la matemática de nuestras universidades solo sirvió para hacer almanaques, y su física, para reducir a nada la materia prima (citado en Álvarez Barrientos, 2020a: 28).

A finales del siglo XVI, las matemáticas, la astronomía y la astrología se enseñaban en Salamanca, Valencia, Alcalá y Sevilla (Navarro-Brotons, 2006: 83). Debido a la importancia de las expediciones de ultramar, también podían impartirse en otros centros, como la sevillana Casa de la Contratación, la Academia de Madrid, algunas academias navales y escuelas jesuitas (Navarro-Brotons, 2006: 83). Tanto en España como en otros lugares, la cátedra de Astronomía estaba en clara desventaja, pues había una menor oferta de plazas, los salarios eran bajos y sus profesores tenían una representación menos notable en los órganos constitutivos (Peset, 2006: 232). De acuerdo con Torres, la cátedra salmantina «estuvo sin maestro treinta años y sin enseñanza más de ciento cincuenta» (citado Mercadier, 2009: 112). Si bien los investigadores opinan que es necesario poner en cuarentena esta afirmación (Mercadier, 2009: 112), sin duda refleja la escasa atención que las autoridades académicas dispensaban a estos estudios. El acceso al cargo estaba restringido a aquellos que hubiesen obtenido el grado de bachiller en Artes. Para aligerar el proceso era habitual acudir a universidades menores, como hizo Torres, que fue a la de Santo Tomás de Ávila (Mercadier, 2009: 50).

En cuanto a la penetración de la *nova scientia*, es una cuestión que los especialistas no han terminado de dilucidar. Si atendemos a la documentación oficial, a comienzos del XVIII

> las instituciones docentes más tradicionales, como las universidades, no se sumaron, en general, a este movimiento de progreso científico y prefirieron seguir manteniendo

sus inveterados defectos pedagógicos y posturas ideológicas, con alergia institucional a todo lo nuevo. Además, su atraso era evidente en comparación con las universidades europeas [...]. Al comenzar el XVIII, la de Cambridge impartía clases de matemáticas, astronomía, química, botánica y geología, ciencias todas ellas extrañas a nuestros planes de estudio. [...] La holandesa de Leyden tenía observatorio astronómico desde 1706, con profesores de la talla de Huyghens. [...] En Alemania, Celsius creó en 1738 el gran observatorio de Upsala (Aguilar Piñal, 1996: 19–20).

La puesta en funcionamiento de los principios de la Revolución científica tuvo lugar durante la época ilustrada, cuando el galenismo fue apartado de las facultades de Medicina y los nombres de Copérnico y Newton empezaron a resonar en el terreno de la física (Peset, 2006: 232). La cátedra de Astronomía no desaparece de la Universidad de Salamanca hasta 1816, fecha de la muerte de Judas Tadeo Ortiz Gallardo, sobrino de Diego de Torres Villarroel que sustituyó en el cargo a Isidoro Ortiz tras su repentino deceso en noviembre de 1767.

Desde 1537, Portugal cuenta con una cátedra de Matemáticas donde se imparte la filosofía de Aristóteles (Carolino, 2002: 21). Existía en el Colégio das Artes de Coímbra y en la Universidad de Évora, así como en el Colégio de Santo Antão de Braga (Carolino y Leitão, 2006: 153–154). En Santo Antão, sin embargo, no se explicaba la astrología judiciaria, de manera que cabe pensar que quienes allí la practicaban eran autodidactas (Carolino, 2002: 209). La educación estaba controlada por los jesuitas, destacando los *conimbricenses*, que divulgaron el escolasticismo por el continente europeo (Carolino y Leitão, 2006: 155). Aunque se ha recalcado el carácter tradicionalista de las instituciones académicas lusas, ahora se tiene constancia de que estas no fueron impermeables al cambio, y que los nuevos planteamientos se tuvieron en cuenta en los planes de estudio:

Thus it seems clear that Portuguese philosophical teaching was grounded in the context of the Aristotelianism typical in the Late Scholastic period, both strongly speculative as well as eclectic. As has been stressed in recent historiography, this philosophical teaching was far from barren and was still demonstrating a significant dynamism and capacity to integrate different, recent, and non-Aristotelian aspects in the first half of the 17th century. In fact, abandoning a strictly Thomist basis that characterized 16th century philosophical teaching —singularly materialized in the commentaries to Aristotle's books produced in the College of Arts at the end of 16th century— it will turn into a rich synthesis that assimilated, under an Aristotelian influence, a number of important and decisive cosmological theses such as those of Tycho Brahe on the celestial location of comets (Carolino y Leitão, 2006: 157).

La cátedra de Matemática de la Universidad de Coímbra estuvo vacante durante largos periodos de tiempo (Queiró, 1997: 767–777). Por eso, no es del todo descabellado prestar oídos a Torres Villarroel cuando en la *Vida* atestigua que durante su destierro en Portugal esta le fue ofrecida:

> Bautizado tercera vez con el nombre de Francisco Bermúdez, hablé de mi verdadero nombre y persona con varios sujetos de la primera distinción, gobierno y sabiduría de aquella escuela, y me significaron el especial honor que lograrían en que el doctor don Diego de Torres fuese a servir la cátedra de Matemáticas, que tenían vacante muchos años por falta de opositor y pretendiente (1972: 160)[10].

Conviene tener presente que, al menos durante un tiempo, el mundo antiguo y el mundo moderno comparten un mismo espacio dentro del paradigma científico y que, en la medida de lo posible, las modernas teorías intentaron acomodarse a la base epistemológica anterior:

> È convinzione diffusa che il declino dell'astrologia come disciplina scientificamente legittima, e l'ascesa dell'eliocentrismo, siano in qualche modo legati. In realtà, quando il canonico polaco Niccolò Copernico formulò la sua famosa ipotesi secondo il Sole e non la Terra stava al centro del cosmo e i pianeti vi ruotavano attorno, la maggior parte dei professionisti delle stelle —matematici e astronomi che erano anche in parte astrologhi— non si scomposero più di tanto. Copernico indicò chiaramente la sua preferenza per l'eliocentrismo, ma offrì il suo sistema come un'ipotesi di lavoro che forniva un metodo per facilitare i conti. Molti colleghi «matematici» (termine entro cui erano genericamente inclusi coloro che compivano osservazioni astronomiche per compilare le effemeridi da cui si ricavavano gli oroscopi), presero alla lettera questo suggerimento e usarono la teoria copernicana semplicemente come uno strumento tecnico che facilitava i calcoli astronomici. Solo successivamente l'eliocentrismo iniziò a minare la visione del mondo di Aristotele e Tolomeo su cui —ovviamente— anche l'astrologia si basava. Ma questo proceso di sgretolamento della credibilità avvenne dopo la morte del canonico polaco, principalmente a partire dall'opera scientifica di Galileo e dei suoi successori (Albini, 2010: 13).

Los religiosos habían asistido con cierta suspicacia al nacimiento de las corrientes de pensamiento observacionales. No obstante, si bien la Iglesia católica había condenado el heliocentrismo por herético en 1616, toleraba otros aspectos del copernicanismo que resultaron sumamente valiosos para los astrónomos del momento. Los cálculos de Copérnico le permitieron a Erasmo Reinhold elaborar unas tablas astronómicas —las *Prutenicae Tabulae* o «Tablas

---

10 En la dedicatoria de *Los sopones de Salamanca* (1734) insiste en la misma idea (1733: sin numerar). Mercadier quiso verificar esta información rebuscando en los legajos de la Universidad de Coímbra, pero sus esfuerzos no dieron frutos (2009: 99). Mientras se escribían estas líneas, el prof. Luís Miguel Carolino volvió a intentar recabar algún dato concluyente, pero tampoco obtuvo resultados.

prusianas»— que después fueron utilizadas por muchos compañeros de oficio. De la misma manera, las tesis de Galileo fueron reprobadas en el año 1633 por la Inquisición, pero en el 1737 se celebró una «ceremonia solemne» donde sus cenizas fueron trasladadas «a Santa Croce, la iglesia florentina donde Italia celebra el culto de sus muertos ilustres» (Hazard, 1985: 120).

En la actualidad, los especialistas coinciden en afirmar que el asentamiento de la «Revolución científica» consistió en un proceso gradual marcado por el eclecticismo. Descartan que hubiese una sustitución absoluta de la visión escolástica del mundo por la empirista, sino que en la *forma mentis* de los científicos del XVIII convivieron ciertas convicciones que a primera vista son difíciles de casar. Respecto al caso español, vale la pena resaltar el papel desempeñado por los novatores, un grupo cohesionado de hombres que desarrollaron su actividad científica entre 1675 y 1725 y que, en la estela de sus contemporáneos europeos, rompieron «con el galenismo y aristotelismo escolástico, se acercaron a las nuevas aportaciones científicas de Descartes, Gassendi, Galileo, Willis o Boyle» (Pérez-Magallón, 2002: 34–35)[11]. Un ejemplo de la combinación de los distintos sistemas es el *Compendio filosófico* de Tomás Vicente Tosca (1721) que, a pesar de ser una obra de naturaleza prenewtoniana, difunde el mecanicismo apoyándose en Galileo y en Descartes (Lafuente, Puig-Samper, Hidalgo Cámara, Peset, Pelayo y Sellés, 1996: 971).

En el plano literario, ha sido puesto en entredicho que los autores del «Bajo Barroco» (1650–1750) nunca hubiesen tenido noticia de los descubrimientos astronómicos:

El impacto de Bacon, Descartes, Gassendi o Newton no se tradujo en los territorios de la monarquía hispana en una revolución, tal como pudiera suceder en otros ámbitos europeos. Su penetración en el pensamiento español no se hizo sin conflicto, y es difícil sostener que la obra de estos innovadores llegara a asentarse plenamente. No obstante, también es difícil sustentar que la cultura española permaneció completamente impermeable al cambio de paradigma que se apuntaba con el desplazamiento de la metafísica a la física que autores como los mencionados introdujeron en la filosofía europea. En España no se abandonó del todo la visión de un mundo de sombras

---

11 Para saber algo más sobre el movimiento novator, es imprescindible consultar el ensayo de Jesús Pérez-Magallón *La cultura española en el tiempo de los novatores (1675–1725)* (2002). Antes se habían dado a conocer otros trabajos interesantes, como los de Pedro Álvarez de Miranda (1993 y 1996), François Lopez (1996 y 1997) y Antonio Mestre (1996 y 1998). Pérez-Magallón vuelve a abordar el tema en «Modernidades divergentes: la cultura de los novatores» (2006).

y sueños, propio del alto barroco, en favor de un universo regido por las leyes de la matemática (Ruiz Pérez, 2012a: 19).

En *Religion and the Decline of Magic,* Keith Thomas razona que estos hallazgos dificultarían la tarea del astrólogo, pero no la harían del todo imposible, pues la consecuencia de asumir que la Tierra gira alrededor del Sol es tener que repetir los cálculos (1971: 414). Desde su punto de vista, el factor que dinamitó los pilares de la astrología fue la negación de la distinción aristotélica entre el mundo sublunar y el supralunar, ya que aceptar que la materia terrestre no difiere de la del resto de cuerpos implica impugnar la existencia de un «mundo cerrado»:

> What really destroyed the possibility of scientific astrology was the undermining of the Aristotelian distinction between terrestrial and celestial bodies [...]. On the one hand the earth was revealed as a planet of the same quality as any other and subject to the same laws of motions; on the other, the heavens were robbed of their former perfection [...]. The world could no longer envisaged as a compact interlocking organism; it was now a mechanism of infinite dimensions, from which the old hierarchical subordination of earth and heavens had irretrievably disappeared (1971: 415).

El almanaque dieciochista meridional no es un vehículo de difusión de la nueva ciencia como en Inglaterra (Capp, 1979: 180). No obstante, es evidente que tampoco responden a la imagen inmovilista que a veces ha querido imputársele, como hace Eça de Queirós en el siguiente fragmento:

> Já a maçã (essa mediocre fruta que tanto tem feito pela Ciência desde os dias do Paraíso) revelara a Newton a gravitação dos corpos, e já Newton morrera deixando a Astronomia constituída, e ainda o almanaque, fiel a Ptolomeu, ou com medo do defunto cardeal Bellarmin, ensina aos camponeses e à fidalguia de provincia que a Terra está fixa, e em volta dela, numa marcha respeitosa, gira o Sol com todos os seus Astros, e o Céu com todos os seus santos. Já Torricelli descobrira o barómetro e a pressão do ar, e Higgens formulara a teoria da luz como movimiento, e ainda o nosso querido almanaque teimava numa vetusta física do tempo de Arquímedes explicava que a *agua sobe nas bombas porque a naturaleza tem horror do vácuo,* e forçava povos estimáveis a viver no constante horror deste vácuo de que até se horrorizava a Natureza! Já Harvey achara a circulação do sangue a Medicina se ia metendo pelas estradas do raciocínio, e ainda o bom almanaque corre todos os anos, alvoroçado, pela cidade e pelo campo, a espalhar a certeza imensa de que doença e saúde dependem de termos o fígado de compleição húmida...Assim disserta o almanaque, no século XVIII, nas vésperas da Enciclopédia! (2011: 262–263).

El padre Carlo Antonio Cacciardi, a quien se le atribuye la compilación de *La sibilla celeste* (1751–1885), se abstiene de tratar en sus textos el sistema de Newton hasta 1778, por más que este fuese conocido en Italia al menos desde la década de los años 30 (Braida, 1989: 161). Sin embargo, hay contraejemplos que desdicen el desinterés del almanaque por las novedades científicas, de manera que, aunque la mayoría de los autores se contentasen con plasmar la visión escolástica, algunos recurren a las modernas teorías astronómicas, e incluso se atreven con la combinación de sistemas. En el *Discorso astrologico* que Antonio Magini publica en 1607 bajo el seudónimo de Lodovico Bonhombra se enseña a cómo redactar un pronóstico que no se parezca a «quella facil cosa ch'ognuno crede» (citado en Casali, 2003: 27). Para lograrlo, el autor sugiere llevar a cabo una observación directa de los efectos producidos por las estrellas fijas en el nacer y ocultarse del Sol en el meridiano de Bolonia a lo largo de cuatro años. Más tarde, sería conveniente rectificar «il tempo dell'equinozio primaverile secondo il calcolo di Ticho Brahe, l'unico che fornisse il corretto movimiento del sole, con uno scarto quindici ore rispetto all'errato calcolo delle Tavole Alfonsine, Pruteniche e di Copernico» (Casali, 2003: 28).

Antonio Carnevale alumbra entre 1639 y 1678 unos pronósticos en los que aplica el método de Tycho Brahe:

> La production de pronostics en langue vulgaire au XVIIe siècle est très abondante, en particulier à Bologne et en Romagne. Antonio Carnevale, de la Congrégation du Bon Jésus à Ravenne, avait compilé sans interruption pedant quarante ans (de 1639 à 1678) un *discorso astrologico* fondé sur le système de Ticho-Brahé intitulé *Gli arcani delle stelle intorno ai più notabili eventi nelle cose del mondo* (Braida, 1996: 187).

Para Roberto Marchi, es el proyecto de «divulgación científica» ejecutado por Ovidio Montalbani, profesor en Bolonia, el que merece la pena destacar:

> Con Aristotele, Galeno, Ippocrate le varie materie sono analizzate traendo spunti da autori in qualche modo lontani dall'ortodossia quali Nicolò Cusano, Copernico, Giovanbattista Della Porta, Oswald Croll, Galilei e lo stesso Bruno. Sembra quasi che, dietro il tentativo enciclopedico del dotto bolognese, a volte si celi un progetto di sintesi e di incontro tra universi intellettuali e sistemi di pensiero affatto differenti (2000: 556).

Iris M. Zavala planteó la posibilidad de que los pronósticos españoles dieciochistas hubiesen albergado expresiones de la renovación científica: «A veces, entre textos burlescos y chistes de taberna, se desliza una defensa de la nueva ciencia. Estos elementos textuales y contextuales nos indican hoy que algunos almanaques y pronósticos estaban animados por el deseo de desmontar los mecanismos de la superstición y la fábula» (1987: 64). Actualmente, el almanaque es concebido como una fuente preciosa para el historiador de la ciencia: «Quien diga que estos papeles sueltos eran de baja calidad, "populares" frente a lo "erudito", y en base a ello los aparte de sus investigaciones estará obviando que muchos autores de las llamadas élites intelectuales los escribieron» (Galech Amillano, 2010: 39).

La verdad es que los nombres de los astrónomos más innovadores raramente emergen en el corpus de las pronosticaciones, pero hay excepciones: en el *Pronóstico y diario de cuartos de luna para el año de 1745* de Gómez Arias, un estudiante confiesa haberse pasado al bando de Descartes, Gassendi y Newton, a quienes llama «filósofos sensatos, cuerdos, doctos y experimentales» (1744: 12). En *Claras enigmas de Urania y preguntón instruido*, Francisco Horta Aguilera describe a la diosa de los astros mostrando «las obras de Tolomeo, Athlas, Meris, Copérnico, Quilquerio, Campano, Sihoflerino, Albategni y otros computistas y astrólogos» (1743: 5). En el almanaque del año 1757 de Isidoro Ortiz, dos muchachos «aficionados a las Facultades de matemáticas» espetan: «Lo que ha que el señor Newton nos salió con la novedad de no ser la tierra redonda, sino es elíptica. Se han hecho de su bando las damas, y en sus estrados no se habla de otra cosa que de sistemas, y el que no sabe defender y explicar el de Copérnico, pasa por hombre rudo y sin noticia, aunque antes por un Séneca» (1756: 5–6).

Las defensas del sistema tradicional son, en cambio, muy habituales. Pedro Sanz sentencia que «las ciencias son como las aguas de las fuentes, mientras más se apartan de su origen, más turbias y groseras se van haciendo», para seguidamente ponderar la filosofía aristotélica por encima de la cartesiana (1745: 9). Por boca del dios Apolo critica el esnobismo de los promotores de la nueva ciencia, propugnando una vuelta al pensamiento escolástico:

Así sucede al modernismo o mecanismo, de que está tan inficionada gran parte de la filosofía de este tiempo. Piensan estos, y aun se alaban, de haber descubierto y sistematizado las obras de la naturaleza, y para hacerlo creer a muchos ignorantes, dicen y no acaban de la doctrina de Aristóteles y sus secuaces. ¿Sabéis estos lo que hacen? Lo que los ratones: entre un ratón por el esquinazo de un pan, y después de haberle comido todo el meollo, viendo que no pueden roer el duro de la corteza, se ciscan en él y lo dejan. Pues así estos, después que han sacado lo que saben (si algo saben) de la doctrina de Aristóteles, Santo Tomás y demás doctores, sus discípulos, viendo que no pueden roer la solidez de sus conceptos ni rumiar lo profundo de sus principios, dicen mal de ella, fundando en voluntariedades nuevo parecer (1745: 8)[12].

En Portugal, «estas publicações não foram espaço eleito para a apresentação e difusão dos novos sistemas cosmológicos de Copérnico ou de Brahe nem das recentes teorías de Kepler» (Carolino, 2003: 223). En el curso de los siglos XVII y XVIII, «as referências a Ptolomeu são muitíssimo frequentes nestas

---

12 Reúno otros testimonios que constatan la presencia del discurso científico en los almanaques literarios españoles en Lora Márquez, 2022d.

publicações, estando presentes em quase todas elas» (Carolino, 2003: 232). Todavía en el *Reportório Mór para o ano de 1755* (Lisboa, 1754) se ve un grabado donde una multitud de astrólogos observan el cosmos fragmentado según el paradigma aristotélico-tolemaico (Carolino, 2002: 21). Es probable que muchos astrólogos lusos fuesen partidarios de los nuevos enfoques científicos, pero que por respeto a la doctrina católica evitasen abordarlos (Carolino, 2002: 37). A veces llaman la atención acerca de una teoría cosmológica, aunque en el interior del opúsculo no haya nada que indique que efectivamente esta ha servido de sustento para la redacción del papel. Esto es exactamente lo que ocurre en el *Discurso universal e pronóstico lunário do ano de Nossa Redençáo 1605* de Diogo Borges, el cual asegura estar «calculado conforme as observações de Nicolau Copérnico», afirmación que queda desacreditada al leer el folleto. Es más, el pronóstico concluye con una xilografía donde se representa el sistema geocéntrico (1605: sin numerar). Solamente Francisco Carlos da Silva en el almanaque del año 1745 da muestras de ser un verdadero partidario de Tycho Brahe (Carolino, 2003: 222–223).

En el setecientos, las lenguas europeas establecen distinciones entre las nomenclaturas «astronomía» y «astrología». Precedentemente, los diccionarios agrupaban estas disciplinas en una sola definición. De este modo, el *Tesoro de la lengua castellana* de Sebastián de Covarrubias se limita a recoger el término «astrología»: 'ciencia que trata del movimiento de los astros y de los efectos que de ellos proceden, cerca de las cosas inferiores y sus impresiones, que por otro nombre dicen astronomía' (1611: 99 s.v. astrología). La urgencia de decretar una desambiguación terminológica precisa está motivada por el rechazo de los presupuestos especulativos en beneficio de la observación directa de la realidad, lo que supone diferenciar los aspectos operativos de los teóricos. Sin embargo, durante el Siglo ilustrado todavía son bastantes los que emplean indistintamente los dos nombres, lo cual revela que, enaquel entonces, «la astronomía aún no se ha emancipado totalmente de la astrología» (De Beni, 2014: 275). Para demostrarlo, Matteo De Beni cita el *Diccionario castellano con las voces de ciencias y artes* (1786), en el que Estaban de Terreros declara que «en la antigüedad se tomaba por lo mismo Astrología que astronomía, y astrónomo que astrólogo; pero hoy se distinguien sumamente, como se ve en las definiciones» (2014: 280). A juicio de De Beni, «el ahínco de Terreros en subrayar la escisión entre los respectivos campos de la astronomía y la Astrología sugiere que dicha distinción todavía no estaba lo suficientemente marcada en 1767, año en que este autor termina su obra antes de su expulsión por jesuita» (2014: 280–281). En contraposición, la primera edición del *Diccionario de Autoridades* adjudica una entrada a cada palabra. La definición de «astronomía» pone de manifiesto que esta es la 'ciencia que trata del movimiento de los cielos y astros, prediciéndolos en lo futuro, en que procede por cálculos aritméticos y trigonométricos, fundados en las repetidas observaciones de los fenómenos o apariencias que suceden siempre' (tomo I, 1726 s.v. astronomía). La «astrología», en cambio, es descrita como 'tratado o sermocinación de los astros. La facultad que discurre y trata de sus influencias y predicción de lo venidero' (tomo I, 1726 s.v. astrología).

Los pronósticos dan cuenta de este solapamiento en la concepción del «estudio de los astros». Por ejemplo, en la censura del *Ramillete de los astros* de Diego de Torres Villarroel, el padre Manuel José de Herrera, que según Mercadier es quien le inicia en la «ciencia de Urania» (2009: 49), habla de «astronomía» refiriéndose en realidad a la doctrina astrológica:

> Me he alegrado de haber visto un almanac ajustado al meridiano de esta ciudad, pues era infelicidad que esta Atenas ilustre, donde se enseñan y practican todas las ciencias con tanto acierto, esta de la astronomía (no la menos noble) fuese tan desgraciada, que anduviesen los curiosos todos mendigando pronósticos de otros meridianos, que por falsos desacreditaban la facultad, como forasteros, a nuestro horizonte [...]. Con lo ajustado de las constelaciones, lunaciones y asterismos descubre y predice las alteraciones del aire, da luz a los médicos para el acierto de sus medicinas; a los labradores para el feliz logro de su trabajo y sudor, y a los curiosos y noveleros da entretenimiento (1719, sin numerar)[13].

Por contra, Torres es tajante cuando se trata de establecer diferenciaciones entre las designaciones, y así en el almanaque del año 1722 aclara que

> La ciencia de estos pronósticos tiene dos partes, una demostrativa, que es el conocimiento práctico de las mansiones de los cuerpos celestes, llámase astronomía, otra conjetural, y es judiciar de sus disposiciones e influjos, y esta se dice astrología: con aquella se sabe con certeza física, los eclipses, los aspectos y toda la división de las doce estaciones cuspidales sucedentes, cadentes de los asterismos meridionales y boreales, y como dice Argolio *omne id quod ad statum Coeli pertinet*. Con esta otra se previenen las enfermedades, pestes, nublados, carestías y abundancias de los años [...]. Conjeturan los políticos del estado de las monarquías paseándose y cavilando con su genio del ingenio de los que gobiernan y de otras antecedentes y subsecuentes noticias (1722: 5).

No menos convencido está Gómez Arias, quien sostiene que en las matemáticas se observan «dos partes [...]: una espuria, que es la astrología; otra verdadera, que es la astronomía», para más adelante volver a incidir en que solo la astronomía merece el calificativo de «científica» (1747: 13, 20). Ahora bien, Jerónimo

---

13 Censura del padre Manuel José de Herrera al *Ramillete de los astros* de Diego de Torres Villarroel para el año 1719.

Argenti cree ineficaz «la distinción que quieren algunos dar entre la astrología y astronomía, diciendo que el texto habla solo de la segunda: porque astronomía y astrología solo se distinguen entre sí, como física y filosofía, y cuando más, como práctico y especulativo de una misma facultad» (1734a: sin numerar).

En los almanaques italianos la deslindación de los términos se constata desde el siglo XVII. Valga de ejemplo la dedicatoria del ejemplar para el año 1630 que Cornelio Ghirardelli dirige al marqués Guido Bagni, donde hace ver que para él la temática astronómica difiere respecto de la astrológica, por más que en su almanaque no deje de lado ninguna de las dos:

> Io non so (Eccellentissimo Signore) se come astrologo o come astronomo me le presento avanti con questo mio *Discorso*. Se l'astrologia specula (come è vero) intorno alla sostanza sempiterna, che è il Cielo, trovo haverne detto qualche cosa, ma non come vorrebbe la curiosità di questi tempi; e se l'astronomica ricerca i movimenti, il sito, la distanza e gli aspetti delle stelle, pur credo averle considerate (1630, sin numerar).

Las pronosticaciones portuguesas no contienen alusiones explícitas al asunto, si bien atendiendo a las muestras es posible colegir que había quienes entendían algo distinto en función de la palabra utilizada. Rodrigo de Sousa Alcoforado acentúa «o especulativo desta ciência» en referencia a la astrología, al tiempo que alaba sus virtudes para los consejos agrícolas (1742: 3). Otros autores prefieren hablar de «observações astronómicas» (Casmach, 1646; Fialho, 1751), lo cual revela su deseo de resaltar el papel de la experiencia frente ala conjetura.

La disciplina de la astrología es susceptible de ser analizadaen sus vertientes teórica y práctica:

> La astrología, tomada como el arte o la ciencia que estudia la influencia de los astros y sus movimientos sobre la Tierra y todo lo que esta contiene, presenta dos caras: la teórica y la práctica. El aspecto práctico sería el concerniente a la creación e interpretación de pronósticos y horóscopos, mientras que la parte teórica es algo más compleja de detallar, pues varía mucho en su estructura dependiendo de la orientación que se le de a la teorización. Por ejemplo, puede estar dirigida a la aplicación posterior en cuestiones prácticas, a conocer el caracter o naturaleza de un planeta, una casa astrológica o un signo zodiacal, o a aspectos más relacionados con los fundamentos de la disciplina, como sería el estudio de la naturaleza de las influencias astrales o de cómo funcionan (Galech Amillano, 2010: 53).

Una disparidad adicional es la que se decreta entre la *astrologia naturalis* (astrología natural) y la *astrologia iudiciaria* (astrología judiciaria). Como se ha explicado antes, es en el seno de la Iglesia donde se decreta esta distinción, al autorizar la praxis de la astrología natural, mientras que se veta el ejercicio de la judiciaria (Galech Amillano, 2010: 53). Esta separación se explicita en el *Diccionario de Autoridades*, donde viene dispuesto que la astrología está estructurada en dos partes: la que solo se emplea en el conocimiento de las influencias celestes por observaciones de cosas naturales, como el cortar la madera en ciertas lunas, para que no se carcoma, y otras cosas semejantes, tiene el nombre de Astrología natural, y es lícito usar de ella. La que quiere elevarse a la adivinación de los casos futuros y fortuitos se llama Astrología judiciaria, y esta en todo o la mayor parte es incierta, ilícita, vana y supersticiosa (tomo I, 1726 s.v. astrología).

Los efectos de la «astrología racional» tienen que ver con la medicina, la agricultura y la prognosis de los sucesos climáticos. En relación con el primero de estos aspectos, es bien sabido que los médicos debían haber recibido unas mínimas nociones de astrología para poder ejercer: «Desde Hipócrates en adelante la astrología fue una parte importante de la medicina y hasta el siglo XVIII la formación del médico requería algunos conocimientos astrológicos» (Galech Amillano, 2010: 58). En el 1437, la Universidad de París obligaba a los médicos y cirujanos a tener en su haber un ejemplar del almanaque para el año corriente (Capp, 1979: 17). Es más, al menos en el siglo XV, la sede donde se enseñaban ambas disciplinas en París tenía el nombre de *facultad in medicina et astrologia* (Capp, 1979: 17). En el Estudio de Bolonia, los encargados de elaborar el pronóstico ostentaban el título de *doctores in artium et medicinae* (Casali, 2003: 41, 148). Cuando en el siglo XVIII la astrología judiciaria desaparece de los programas de estudio de Bolonia, la costumbre de redactar un almanaque anual permanecerá, pero este pasará a estar centrado íntegramente en la astrología médica (Casali, 2003: 60).

El almanaque de amplia difusión hereda el interés por los temas médicos. En *Entierro del Juicio final,* Torres Villarroel admite que los almanaqueros trabajan «como filósofos, astrónomos y médicos» (1727a: sin numerar). El sistema sobre el cual los astrólogos fundan sus predicciones en torno a la preservación de la salud se nutre de la teoría de los cuatro humores enunciada por Hipócrates en el siglo V a.C. Luego, el médico y cirujano griego Galeno, que vivió en Roma torno al siglo II d.C., reinterpretaría estos postulados dando origen a un método curativo ampliamente difundido en la tradición occidental. La medicina astrológica se inspira en «la metáfora antigua […] reforzada por Paracelso de la correspondencia entre el macrocosmos y el microcosmos como símbolo de unidad de la creación» (Galech Amillano, 2010: 58), de ahí que las cualidades de los planetas se trasplanten inmediatamente a la fisiología humana. Los humores se relacionan con los cuatro elementos naturales: el comportamiento flemático se asocia al agua, así como el melancólico a la tierra. La personalidad sanguínea pertenece al aire y la colérica al fuego. La causa de la enfermedad deriva de un desequilibrio entre los humores corporales, de manera que, para reinstaurar la proporción, es necesario analizar el estado de los cielos. Es por ello que tener conocimiento de los atributos de los planetas se consideraba fundamental para favorecer la recuperación del paciente.

La hipótesis de la analogía entre el macrocosmos y el microcosmos tiene dos implicaciones más en el campo médico. La primera, que dispone las partes del cuerpo humano están gobernadas por los planetas, se representa en el almanaque mediante la imagen del «hombre zodiacal». En ocasiones los pronostiqueros prescinden del grabado y simplemente enumeran el elenco de correspondencias:

> *Los signos que dominan los cuerpos humanos son*:
>
> Aries domina la cabeza.
> Tauro en el cuello.
> Géminis en los brazos.
> Cáncer en el pecho.
> Leo en el corazón.
> Virgo en los intestinos.
> Libra en las partes viriles.
> Escorpio en las partes de la cintura.
> Sagitario en las piernas.
> Capricornio en las rodillas.
> Acuario en las espinillas.
> Piscis en los pies.
>
> (Gran Piscator de Sarrabal de Milán, 1709, sin numerar)

La segunda implicación tiene que ver con la forma de distribución del *regimen sanitatis*, esto es, la elección de los días para realizar sangrías y purgas, administrar vomitivos y practicar operaciones quirúrgicas. Esta clasificación, también conocida como «teoría de los días críticos» o de los *dies felices* e *infelices*, emana de la suposición de que la evolución de las dolencias depende de los ciclos solares y lunares, así que para predecir una sanación solo hay que comparar el estado de los cielos con el de la persona en cuestión. Los días críticos «los marcaba el paso de la Luna por la cúspide de cada casa astrológica», tal y como había dictado Galeno en *De diebus decretoriis* (Galech Amillano, 2010: 59). Al principio, estas indicaciones podían estar dirigidas a personajes políticos, aunque después de Trento la costumbre se olvida y en su lugar se colocan alusiones veladas.

La temática médica está muy presente en el almanaque, tanto es así que podemos decir que en ellas reside buena parte de su utilidad como producto. Algunos autores eran galenos, por lo que no es de extrañar que consagrasen un espacio de su trabajo a la prevención y a la curación de los males. Tampoco hay que pasar por alto el beneficio económico que reportaba la incorporación de temas altamente demandados como la medicina, en un momento en el que la divulgación científica penetra en el conjunto de las lecturas «populares» (Álvarez Barrientos, 2020a: 10–12). El criterio que sigue el almanaque es, por lo general, el de la medicina antigua sistematizada por Hipócrates, Galeno y Avicena, y solo en contadas ocasiones afloran menciones a las modernas fórmulas de curación.

Los pronósticos italianos elementales de los siglos XV y XVI agregaban una sección tocante a las enfermedades («Delle infermità»):

> Quest'anno più del solito causaranno le infermità dove in più diverse terre molti dei nobili alle ripe di Caronte converanno andar, ma più saranno nei luoghi sottoposti a Scorpione, che molto causaranno le febbre acute e pestilenziale e molte incurabili e difficili da sanare, e mal mazucchi, doglie nelle giunture, mal francese e mali nascenti come bognoni, anghi, fistole, foruncoli, posteme, cancri e simili mali, quali per la malignità di Giove e Mercurio congionti con la Luna si havrà a sfocare molte donne nel partorire questa misera vita abbandoneranno, e molti putti per il motto ordinato molti mali scopriraronsi e i vecchi avranno buona sorte di essere sani (Girardelli, 1555: sin numerar).

En línea con la astrología docta, los discursos compuestos por Giovanni Antonio Roffeni (1609–1644) y Lorenzo Grimaldi (1646–1652) traen una *Regula dierum in quibus nec medicina, nec venae sectio aegrotis concedenda est in quolibet mense anni*. Asimismo, uno de los rasgos más reconocibles de los almanaques que siguen el estilo del *Pescatore di Chiaravalle* es la inclusión al final del opúsculo de una sección destinada a la conservación de la salud que forma parte de la «letteratura medico-astrologica ciarlatanesca» (Casali, 2003: 172). Normalmente, esta se concreta en reglas acerca de cuándo sacar sangre, además de en variados consejos higiénico-alimentarios, algunos razonables, como el uso medido de la sal en las comidas, y otros sorprendentes, como la idea de que lavarse las manos y los ojos con agua helada sirve para limpiar el cerebro (1730: sin numerar).

Elide Casali conecta las mutaciones que experimenta el pronóstico dieciochesco con la inserción de formas diferentes de presentar los contenidos médicos, y pone como ejemplo la serie compuesta por Carlo Cesare Scaletta entre 1722 y 1748:

> Nella letteratura almanacchistica settecentesca che aveva acquistato un carattere di piú ampia divulgazione rispetto a quella dei secoli precedenti, l'astrologo non si limitava piú ad annunciare infermità e a consigliari rimedi adeguati, ma si faceva portatore di saperi medicinali in evoluzione: illustrava i meandri delle parti del corpo umano, comunicando ai lettori i segreti racchiusi in quella nobile e meravigliosa fabbrica. Nei primi decenni del XVIII secolo, ad esempio, oltre a prevedere le malattie secondo le

tradizionali regole astrologiche, Carlo Cesare Scaletta dava al lettore qualche informazione in piú, illustrando la natura e la fisiologia di infermità quali il vomito o la follia, mentre a proposito del mal di denti aggiungeva precisazioni e forniva dettagli conugando con disinvoltura l'astrologia con l'anatomia oltre che con la terapeutica (Casali, 2003: 154–155).

La unión entre los pronósticos astrológicos y la medicina en el contexto español «siempre fue estrecha: las predicciones de salud son constantes y un gancho principal para el público, así que muchos profesionales o aficionados de la medicina fungieron como almanaqueros» (Durán López, 2015a: 103). Los primeros almanaques publicados no rehúsan añadir avisos sanitarios: el «Juicio del año» que Ginés Rodríguez redacta para 1626 pronostica «dolores de cabeza, mal de ojos y oídos, reúmas que bajen a los ojos, cataratas y cáncer de la boca, frialdad de hígado y estómago, fístulas de la madre y partes bajas y en los genitales» (1626: sin numerar). Un astrólogo llamado Juan de Casanova estampa en Valencia un lunario para 1663 donde incorpora «los buenos días para sangrarse y medicinarse», según consta en el título. Más relevante es la traducción al castellano del *Sarrabal* que, como la versión italiana, plasma unos «útiles avisos para vivir largo tiempo sanos» basados en los remedios de Avicena. Otros modelos de almanaques del XVIII recogen de manera sucinta referencias sanitarias en el «Juicio del año» —«Saturno anuncia las enfermedades, que generalmente serán melancólicas, obstrucciones, crónicas fiebres, tercianas y cuartanas» (Serrano, 1743: 7)— o, en su defecto, en el diario de cuartos de Luna —«purga y sangra», «dolores de costado con buenas terminaciones por sudor» (Serrano, 1743: 14, 16)—.

La amplitud o la frecuencia de aparición de las noticias puede estar condicionada por el interés particular que el autor tuviese en el asunto. Jerónimo Argenti dispone en su almanaque para el 1731 el apartado «De la elección y curso que hace la luna por los doce signos celestes cada día, adonde verán el día que será bueno para tomar medicamentos, baños, sangrarse y para usar de cualquiera otra medicina». El de 1733 presenta una «Tabla para la elección de purgas y sangrías, estando la luna en cada uno de los doce signos», una «Elección necesaria del tiempo de observarse para ordenar medicinas a los enfermos» y «Otra regla de mucha utilidad a la salud para este año de 1733 acerca de tomar medicamentos». A Pedro Sanz, profesor de Filosofía, Medicina y Matemáticas y que trabajaba en el Hospital del Rey en Burgos, no le duelen prendas en lanzar invectivas contra sus compañeros de profesión, quienes, en su opinión, han concentrado sus esfuerzos en ganar dinero, «sin saber cuándo ni dónde la han estudiado [la medicina]», pues «ayer no tenían otro oficio que limpiar un caballo a su amo, ir por recado a la plaza, etc.» (1749: sin numerar).

El primer almanaque de Isidoro Ortiz resulta ser un folleto utilitario alejado del propósito de entretenimiento que se había marcado su tío. El propio Diego de Torres tuvo a bien alabar la decisión de su sobrino en la aprobación:

> Tiene una particularidad en que excede a los míos y a los de los demás astrólogos, y es que no se mete en las pataratas de los juicios políticos, ni en los embustes y adivinanzas de las coplas, sino solamente en pronosticar de las carestías y abundancias de frutos, de las enfermedades y otros asuntos muy útiles para los médicos y labradores (1751: sin numerar).

La actitud de Ortiz respecto a la medicina se caracteriza por dudar de la capacidad de los galenos para sanar a los enfermos, así que, en lugar de recetar ungüentos y medicinas, solicita que los pacientes se concentren en «el ejercicio y el esparcimiento en el campo en los días alegres, el trato y la compañía con personas de buen humor, y todo lo que apetezcan en las diversiones puras, inocentes y sencillas» (1751: 3–4). Al año siguiente recomienda tomar «agua blanca de Tomás de Sidenan […] para enmendar la malignidad de las diarreas», mientras que, para paliar los efectos de la diabetes, aconseja ingerir «leche acerada, porque esta nutre y dulcifica lo acre y cáustico del material diabético» (1752: 35–37). Un tipo de medicina como la que vemos reflejada en las pronosticaciones de Ortiz aparece en el pronóstico dieciochesco en consonancia con la tendencia a simplificar los contenidos del *iudicium docto* de los siglos precedentes:

> Quanto piú il pronostico e il discorso astrologico si vestono di abiti dimessi —andando ad alimentare una letteratura meno colta e specialistica e ad acquistare una maggiore diffusione presso un pubblico sempre piú numeroso e composito, comprendendo sia i ceti di media cultura sia il popolo minuto—, tanto piú le previsioni e i consigli medicinali si articolano, rivolgendosi non solo all'esperto di medicina ma anche al lettore generico che diventa cosí medico di se stesso (Casali, 2003: 160–161).

Sin embargo, el decaimiento de la astrología en el contexto hispánico es en parte una consecuencia del rechazo de parte de un sector de la medicina a perpetuar el sistema galénico (Galech Amillano, 2010). En el prólogo del pronóstico para el año 1733, Diego González Gómez hace una defensa de la astrología natural decretando «que la astrología sea útil a la agricultura, náutica y medicina no lo dudará quien tomare la bula», para a continuación citar un largo pasaje tomado del *Diebus Decret* de Galeno con el que prueba que los médicos necesitan aprender astrología (1732: sin numerar).

Gómez Arias ataca sin piedad a los medicastros en «No es prólogo segundo, que es una palabrita dicha en caridad de los señores médicos»:

> Ustedes no quieren conocer que sin astronomía son médicos como cirujanos sin latín: ¿es posible que el haber en esto el buen Hipócrates hecho tanta fuerza, y estudio

y el decir *huiusmodi medicus est, qui astronomiam ignorat nemo* no les ha de convencer a ustedes? En fin, yo por caridad les aviso sepan los influjos celestes, las calidades
del aire y sus partidas, las especiales influencias de los elementos, si dio un afecto
escorbútico debajo de qué signo o aspecto celeste para poder arreglarse a la curación,
y lo mismo de otro cualquier accidente: de lo contrario, ustedes, ni cumplen con Dios,
ni con los pareceres de los príncipes de la medicina, no serán médicos, enterrarán a
muchos, y poco a poco irán acabando el mundo (1735: sin numerar).

Es común que la literatura pronosticante parodie el oficio del médico en consonancia con una tradición satírica cultivada los Siglos de Oro. Las invenciones de Diego Torres de Villarroel están trufadas de referencias al mal hacer
de los galenos, que son retratados como verdaderos matasanos que aspiran al
rédito económico, no a la curación de los enfermos. En vida publicó varios
acercamientos al tema sanitario, actuando, al decir de José Luis y Mariano
Peset, como un «divertido divulgador» (1973: 520): la *Cartilla astrológica y
médica* (1727b), la *Vida natural y católica* (1730a) y el *Médico para el bolsillo,
doctor a pie, Hipócrates chiquito* (1737a). Es visible, por tanto, el apego del
autor a la iatromatemática:

Ya gracias a Dios hemos visto este cuerpo orgánico de la Tierra, especialmente su
media región, y hemos anatomizado sus principales cavidades, que sin duda tienen
grandísima semejanza con el cuerpo del hombre [...]. Los cuatro humores que nacen
en la humanidad aquí se encuentran; porque, ¿qué otra cosa es el agua salada que una
flema? ¿Qué este sulfur, que una cólera? ¿Qué estas porciones negras y tostadas que la
melancolía? (1738a: 40).

Si hemos de confiar en sus palabras, habría trabajado como médico en la ciudad
de Coímbra, como él mismo relata en *El ermitaño y Torres*:

Hasta esta ciudad llegamos, trazando, para buscar nuestra vida, hacerme yo
estudiante médico y él maestro de otra habilidad, que también ejercitaba yo. [...]
Valíme de un recetario que yo había leído en los médicos franceses y lo que yo había
leído, observado y visto practicar a los médicos de Salamanca. [...] Yo curaba con
un recetario que yo había entresacado (de puro curioso) de entre infinitas farma-
copeas, y en especial de los dos médicos franceses, el uno Carlos Esteban y el otro
Juan Libaut y así hacía prodigios. Yo me vestí como un duque, me sobraban cincuenta monedas de oro y tenía las casas de todos, y esto sin más ciencia que el dicho
memorial de recetas [...]. A ninguno sangré, y fui tan feliz que no maté uno, porque
los remedios, como te iré diciendo, eran suaves y fáciles. [...] Y si algún médico dice
que sabe más, se engaña; y si lo sabe, no es razón que lo ejercite, porque debe curar
con lo ya experimentado; y si quiere de su capricho hacer experiencias, aventura
nuestra vida; y así, mejor es que sirvan de experiencias los ya muertos que los que
viven. ¡Mira la escasa ciencia de los médicos, y la infelicidad a que nos sujetamos!
(1726b: 33–34).

A este respecto, se preguntaba un contemporáneo suyo: «Pues señores, ¿tan mentecatos son los portugueses que no conocieron al médico los de Coímbra, ni le pidieron los títulos de tal profesor? ¿No concurrió en alguna junta donde le sacaran por la pinta? Parece que no, porque solo curó en los arrabales de Coímbra» (citado en Mercadier, 2009: 41)[14].

Conforme avanza el siglo XVIII, surgen especies de almanaques que combinan el estilo de Torres Villarroel con la divulgación médica. Durán López alude a dos de ellos, el *Piscator de la Mancha y Sarrabal de Cuenca* de Juan de Fuentes (1731), «que sigue la senda marcada por Torres Villarroel pero solo aplica la información de los astros a la materia médica, y posee asimismo rasgos didácticos y burlescos», y el *El jardín de curiosas cuestiones y ramillete de los mejores remedios médicos* de Ignacio José Serrano Palacios para el año 1759 (2015a: 103–104).

En las pronosticaciones portuguesas, el apartado misceláneo seiscentista consiste en introducir noticias curiosas de tipo histórico, político o geográfico, pero no médico. Los datos de esta índole se muestran en el «Juicio del año» y ocasionalmente en las lunaciones. Diogo Martins da Veiga predice que el otoño de 1606 estará libre de «infirmidades e males contagiosos» gracias al tiempo fresco (1605: sin numerar), pero en el diario de cuartos de Luna solo se recogen al clima. El «Juízo particular da primavera» del año 1654 escrito por António Pais Ferraz promete «oftalmias, dores de costas, doenças do fígado e alguns fleimãos. Porém Júpiter, como é planeta benévolo e amigo da natureza humana não causarão as infermidades muita moléstia» (1653: sin numerar). Manuel Galhano Lourosa fue médico, algo que resulta obvio cuando se examina la larga serie de pronósticos que dio a la imprenta entre 1637 y 1675[15]. Sus apreciaciones resultan curiosas, como esta que copiamos del ejemplar para 1653, donde después de haber advertido acerca de los posibles efectos adversos que conlleva comer excesivas cantidades de fruta, critica la avaricia de los de su gremio: «A fruta será quasi na quantidade igual a do ano passado de 1652, porém sua excessiva cópia é muito prejudicial para a saúde por causar muitos humores no corpo humano [...]. El insaciável ambição dos nossos irmãos medicos, mais amigos de amontoar dinheiro do que a conservação da saúde dos enfermos» (1652: sin numerar). Sorprende el caso de Francisco Guilherme Casmach que, pese a

---

14 El autor de la cita es Salvador José Mañer y la referencia puede leerse en el *Repaso general de todos los escritos del bachiller D. Diego de Torres* (1728: 6).

15 Un acercamiento a esta poliédrica personalidad en Camenietzki y Carolino, 2009: 63–85.

haber ejercido la misma profesión —pide perdón por imprimir su pronóstico más tarde de lo habitual al haber sido requerido por el rey para ir a Elvas a brindar asistencia sanitaria al ejército (1645: sin numerar)—, no muestra demasiado interés en ofrecer consejos médicos.

En el modelo dieciochista de almanaque portugués vuelve a ser frecuente encontrar unidas la astrología y la medicina. Damião Francês termina sus pronósticos con un elenco de «Regras medicinais» que dependen de la casa zodiacal en la que esté la Luna:

> Estando a Lua no signo de Aquário será proveitosa a sangria e purga, como também os mais medicamentos, com tanto que não sejam nas pernas [...]. Estando a Lua em Peixes seram boas as purgas que não sejam vomitórios, como também aos mais potagems pela boca. Também se podem aplicar medicinas, mas não aos pés. Estando a Lua em Áries é bom aplicar medicamentos, mais não para a cólera ou cabeça, ou tocar esta com ferro. Estando a Lua em Tauro não e bom sangrar nem tocar com ferro a garganta (1731: 43).

Es tentador fantasear con la idea de que realmente estos consejos fuesen tenidos en cuenta por los doctores de la época, aunque lo cierto es que no se han hallado demasiadas evidencias al respecto. Elide Casali menciona un ejemplar para el año 1665 de la *Gerarchia dei cieli* compuesta por Andrea Alibani, localizada en la Biblioteca Comunale Aurelio Saffi de Forlì (Bolonia), donde se aprecian anotaciones en el margen hechas por alguien que manejaba con soltura el argot y las técnicas de la medicina, probablemente un médico (2003: 158).

La astrometeorología, en tanto que parcela de la astrología natural, es consustancial al almanaque. Acostumbra a emerger en las cuartas de las estaciones integradas en el «Juicio general del año» y, de manera abreviada, en los cuartos de Luna. Tommaso Girardelli auguraba importantes nevadas para el invierno del año 1556 que harían que los ríos se desbordasen y destrozasen los cultivos, mientras que las temperaturas cálidas del estío contribuirían a hacer que cesaran ciertas dolencias (1555: sin numerar). Carlo Guglielmo Ingegneri profetizaba que el 1641 iba a ser un año poco afable en cuanto a la meteorología, puesto que Mercurio, al ser el «Señor del año» y dejarse influenciar por el Sol, tendría efectos nocivos:

> Avendo io per tanto considerato il stato del cielo e dei pianeti in questo punto dell'ingresso del Sole nell'Ariete, ritrovo eccedere nelle prerogative Mercurio, che dimora in mezzo all'angolo dell'Ascendente sul principio dell'Ariete, che per essere di natura promiscua s'accosta alla natura di chi lo risguarda [...]. Se ho dire la verità, io lo vedo molto mal condizionato, essendo peregrino in quanto alle dignità essenziali, combusto e occidentale rispetto al Sole [...]. Onde se io ho da diffinire questa sua accidentale natura posso dire che egli sia di temperamento caldo e secco, e molto più per la

vicinanza del Sole eccede nella qualità ultima passiva, che perciò non possiamo spe-
rare molto buon esito in quest'anno dalle sue influenze, poiché provaremmo un anno
molto ventoso e pieno di varie e spesse mutazioni inordinate. Il quadrato della Luna
col luogo in che dimora rispetto all'Asterismo delle parti medie di Pesci lo rendono
alquanto umido per darci manifieste piogge e tempi stravaganti, accoppiati con tuoni,
fulmini, esalationi, tempeste e terremoti (1640: 7–8).

Roffeni va más allá e incluye en sus pronósticos breves disertaciones que el
lector podía coleccionar para reunir las doctrinas aristotélicas sobre el clima
(1620: 5). En *Il Mercurio celeste* de 1706, Giovanni Domenico Martelli especifica que los habitantes de la Toscana sufrirán un invierno «rigido e tenebroso
con venti e nevi [...], e potrebbe seguitar così anche qualche parte della primavera» (1705: 6). En las lunaciones hay datos del tipo: «la Luna in Aquario seguita
Venere a dominar la figura con varietà di tempo, ma per lo più caldo e umido
para tutto il resto del mese», «la stagione è per passare caldissima e caliginosa,
con poche mutazioni di venti», «una congiunzione di Marte e Venere suol far
piogge copiose e lampi o tuoni» (1705: 17, 23, 27).

En España se aprecia un estado de las cosas similar al italiano durante los
siglos XVII y XVIII. Felipe Bravo augura una primavera «algo inquieta», un
estío «cálido», un otoño «templado» y un invierno «muy frío y borrascoso, con
nieves y lluvias» (1683: sin numerar). Las predicciones de los cuartos de Luna
se caracterizan por la brevedad: el 18 de marzo se indica que será «húmedo», y
el 21 del mismo mes, «templado» (1683: sin numerar). Para el día 16 de mayo se
pronostica «agua y vario», pero en el lugar del 4 de noviembre simplemente se
dice que habrá «aire» (1683: sin numerar). En el siglo XVIII el esquema se mantiene: según Antonio Romero Martínez Álvaro, la primavera de 1760 se espera
«muy húmeda y favorable a los vivientes», pero el verano vendría a ser seco
(1759: 16–17). El otoño, «según el aspecto de los planetas será caluroso, pero *Deo
volente,* al fin de dicha estación se templará el tiempo» (1759: 19). La estación
del invierno acabaría siendo «muy fría, lluviosa, oscura y con muchos hielos y
nieves» (1759: 20–21). Más tarde, en la línea de lo visto hasta este momento, por
cada día del mes el autor presenta una sencilla precognición climática: «calor»,
«bochorno», «truenos», «Sol» (1759: 36–37).

Las publicaciones lusas no divergen demasiado de las italianas y las españolas ya que las noticias sobre el tiempo están repartidas entre los mismos apartados. Diogo Borges manifiesta en el «Juízo universal» que en el año «ainda que
a secura de Saturno tenha algum domínio no ar, no faltarão com tudo as agoas
necesarias à multiplicação dos fruitos da terra» (1604: sin numerar). En el diario
de cuartos de Luna coloca otras informaciones meteorológicas, como «tempo
revolto» y «tempo húmido e sadio» (1604: sin numerar).

Damião Francês dictamina que para el año 1733

> A parte das chuvas mostra que parte do tempo serão molestas e importunas com enchentes, frialdades, névoas, tempos obscuros e tenebrosos, prevalecendo umas vezes os ventos Nortes e Nordestes, outras os ventos Austraes que se lhe opponhão. E nos outros tempos prevalecerá em alguns paises alguma secura e calor (1732: 8).

En las lunaciones se leen datos parecidos a los anteriores, perode manera condensada : «nuvens com frialdade, névoa e neve», «Sol entre chuvosos nublados», «chuva e tempestade» (1732: 13, 16, 22).

Dada la importancia de la agricultura en las sociedades europeas del Antiguo Régimen, el cultivo de la tierra ocupa un lugar fundamental en el cuerpo del almanaque, ya en el espacio del «Juicio», ya en el del «Diario». De este modo explicitan los astrólogos la carestía y fertilidad de los frutos para la anualidad de 1737:

> Lo stato di queste stagioni causerà una mediocre raccolta di frumento e di uve con pochi frutti, abbondanza però di cerase e fieno, come anche di marzatelli, lino e canepa [...]. I frumenti saranno assai danneggiati dai vermi, come anche molto partiranno i vegetabili per causa della quantità delle rughe. I seminati si drovanno piuttosto differire che sollecitarli, potendo in tal guisa riuscire meglio. Chi è dedito alla pesca avrà tutto il suo contento perchè ve ne saranno in abbondanza (Scaletta, 1736: 13–14).

> Para las mudanzas del aire concurren fuertes aspectos en el mes de abril, como son el cuadrado de Mercurio con Marte y el de Venus y Júpiter, y la conjunción de Venus con Saturno, pero la disposición de la tierra templará la mayor parte del rigor de estos aspectos. La cosecha de trigo, cebada y centeno será más que mediana generalmente. De hierbas no será tan abundante como la del año pasado. De todas las demás semillas es buena. La cosecha de uvas será grande generalmente, pero es posible que se coja poco vino (Torres Villarroel, 1736: 8).

> Combinadas pois as qualidades destes planetas, vejo se temperará o calor de Marte com a frialdade de Venus, e desta humidade com a secura de Marte de que se resultará abundância e fertilidade com muito trigo, centeio, cevada bastante, muito vinho, mediano azeite e por partes muito mel [...], muito linho e abundância de frutas de toda casta, medianos legumes. Muito mel e muitos enxames. Pouco peixe fresco, porém muitas carnes e boas (Do Ó, 1736: 6–7).

En algunas fases lunares, el autor informa acerca de cuál es el periodo idóneo para la siembra.

El almanaque con compendio, como el que sigue el patrón del *Pescatore di Chiaravalle*, presenta advertencias en torno a los trabajos agrícolas en las últimas páginas. En el texto italiano, estas se exponen bajo el marbete «Regola particolare per coltivare orti, giardini, in che tempo e stagione si debe seminare e ripiantare ogni sorte di sementi».

Los portugueses sienten una especial inclinación por divulgar avisos agrícolas. En este caso, los anuncios se intercalan dentro del «Diario», uno por cada mes del año, resaltados por el epígrafe «Aviso aos lavradores»: «No crescente enxertarás de escudo todo o genero de pevides e arvores de espinho. No minguante limparás as vinhas da rama, pulgão e lagarta, e castrarás o gado», informa Cosme Francês para mayo (Costa, 1739: sin numerar). Hay pronostiqueros que se detienen algo más en enunciar sus observaciones:

> No cresciente deste mês semeão-se as sementes das arvores nomeadas no mês pasado, e também se plantão as mesmas, e enxertão durázios em terras quentes. Semea-se trigo, cevada, centeio e as mais sementes, hervas e hortaliças de que se faz menção no mes passado, e se estercão as vinhas. No minguante cortão-se madeiras, vimes, cortiços, escavar oliveiras, desempão-se vinhas, desbastão-se videiras em terras quentes, semeão-se cebolas em dia claro e depois do meio dia espinafres, alfaces, couves, borragens e hortaliças para se plantarem em Maio (Pequeno, 1738: 26–27).

A finales de siglo, coincidiendo con la etapa de máxima diversificación del género, se estampan títulos en lengua portuguesa consagrados por entero a la agricultura, como el *Agricultor perfeito* de Custodio de Barros (1773) y el *Tratado para lavradores, pescadores, caçadores, hortelãos e jardineiros* de Pedro Coutinho (1790–1791), si bien estos son «almanaques didácticos».

Las cuestiones relativas a la navegación no comparecen con tanta recurrencia, aunque eso no equivale a decir que estén totalmente ausentes. Bartolomeo Albizzini adjunta a su *Trattato astrologico di quanto influiscono le stelle dal cielo a pro, e danno delle cose inferiori per tutto l'anno 1682* una «Nota dei giorni perniziosi al cavar sangue, pigliar medicine e navigare» (1681: 36–38). En los años 1745 y 1746, Fuas Feio Fialho coloca dos tablas para saber cuándo y de qué manera serán las mareas en función de la posición lunar (1744: 8–9; 1745: 8–9).

Para lo que a la presente investigación se refiere, el tratamiento que recibe la astrología judiciaria es, con mucho, más interesante que el que se le otorga a la natural. La doctrina de la pronosticación astral se ramifica en cuatro vertientes: las predicciones generales, la «astrología genetliaca» o «de nacimientos», determinante para conocer el destino del individuo, la «astrología electiva» o «catárquica», que refiere cuándo deben acometerse ciertas acciones, y la astrología horaria, cuyo fin es dar respuesta a una situación dada.Las previsiones podían estar pensadas para una persona (*ad personam*) o para un punto de referencia geográfico (*ad locum*). Es en el 1586 cuando, mediante la bula *Coeli et terrae creator,* la Iglesia católica decreta una interdicción oficial en contra de la judiciaria, considerada un arte mágica equiparable a la quiromancia u otras formas de hechicería. Amparándose en autoridades como san Agustín, santo Tomás, san Ambrosio y Gregorio Magno, el papa Sixto V resuelve que adivinar

el futuro en casos de «onori, ricchezze, prole, salute, morte, viaggi, combatti-
menti, inimicizie, carceri, uccisioni, vari pericoli», es vanidad y obra del demonio: «E per antivedere i futuri avvenimenti e fortuiti casi [...] non si hanno
alcune vere arti o scienze, ma solo fallaci e vane per astuzia degli uomini scele-
rati e fraudi dei demoni introdotti» (1586: sin numerar). Asegura que la única
profecía cierta es la de la *Biblia*, siendo la astrología una ciencia pagana: «Non si
trova augurio in Iacob, ne divinazione in Israele» (1586: sin numerar). Finaliza
sentenciando que los astros «non commandono, ma servono», e insta a los man-
dos de la Iglesia a castigar a quienes escriban o lean obras sobre la *genethliaca
philosophia*, permitiendo, eso sí, la natural:

> E se bene gran tempo fa nelle regole dell'indice dei libri prohibiti fatto per decreto del
> Sacro General Concilio di Trento, tra l'altre cose fu ordinato che i vescovi provvedes-
> sero diligentemente che simili libri d'Astrologia giudiziaria, trattati e indici, i quali
> hanno ardire d'affermare delle cose future che hanno d'accadere, avvenimenti, casi
> fortuiti, ovvero che di certo abbia d'avvenire qualche cosa di quella azioni che dipen-
> dono dalla volontà umana, non si leggessero, ovvero si tenessero: eccetuando però
> quei giudizi e naturali osservazioni, le quali si fossero scritte per aiutare l'arte della
> navigazione, agricoltura o medicina (1586: sin numerar).

Merece la pena recordar que, con anterioridad a la promulgación del documento pontificio, los argumentos que buscaban desprestigiar la astrología judiciaria ya eran comunes, hasta el punto de que el mismo Tolomeo dedica parte
del *Tetrabiblos* a defenderse de sus detractores (Thorndike, 1923: 111). La oposición ejercida por la religión cristiana nace de la convicción de que la influencia de los cuerpos celestes en la toma de decisiones humanas («determinismo
astral») contradice el principio del libre albedrío por el cual los hombres y las
mujeres tienen la potestad de decidir entre la salvación o la condena de su alma.
El ascendiente de las estrellas también niega la omnipotencia divina, pues se
entiende que hay conductas que quedan al margen de la voluntad de Dios. La
actitud de rechazo a la astrología adivinatoria está encabezada por algunos de
los llamados «padres de la Iglesia», como san Agustín, que lanza firmes anate-
mas en su contra en el capítulo V de *De Civitate Dei* (Thomas, 1971: 429). Tomás
de Aquino suscribe punto por punto las bases de la cosmología tolemaica, pero
ha pasado a la historia como un férreo defensor de la facultad de decisión de los
humanos. Así pues, reconoce la perfección de los cielos y su capacidad de influir
en los sucesos naturales, pero condena taxativamente la predicción del destino
de los seres racionales (Thorndike, 1923: 605–608).

Los religiosos afirmaban que, si astrólogos acertaban, lo hacían guiados por
el demonio o, en el mejor de los casos, de pura casualidad o después de haber
estado largo rato observando las costumbres de las gentes sobre las que vertían

sus presagios. Con antelación a la promulgación de la bula sixtina, la Iglesia había puesto en marcha medidas alternativas para contener la propagación del arte de la pronosticación. El obispo de París Étienne Tempier lo había condenado en el 1277 (Casali, 2012a: 157). Las bulas de Honorio II (1225), Juan XXII (*Super illus specula*, 1326) e Inocencio VIII (*Summis desiderates affectibus*, 1485) lo relegaban a la esfera del mal empleando razonamientos semejantes a los que más tarde iban a esgrimirse para decretar su condena definitiva (Montenegro de Castro Neves, 2017: 106). En noviembre de 1556 se publica una orden en Roma por la cual se ordenaba el destierro de todos aquellos que, habitando en los Estados gobernados por el pontífice, calculasen horóscopos, «sub poena triremium, iniucta poenitentia salutari» (Casali, 2003: 61). El *Index Librorum Prohibitorum* elaborado por los padres del Concilio de Trento (1557) conminaba a los obispos a vigilar que ninguna lectura reflejase contenidos ilícitos de esta clase (Casali, 2003: 61). Este mismo apercibimiento torna a aparecer en el *Índice* de 1559 y en la regla IX contenida en el de 1564 (Baldini, 2001: 89). Después de que Sixto V hubiese dado a conocer su texto, el papa Urbano VIII, que había sido objeto de sucesivos augurios de muerte por parte de los astrólogos, dicta la bula *Inscrutabilis iudicorum* (1631) donde prevé la confiscación de los bienes y, *a fortiriori*, la pena capital para quien tuviese el valor de anunciar eventos futuros sobre personas (Ernst y Giglioni, 2012: 11). El 13 de abril de 1744, Benedicto XIV reclama una vez más la prohibición de la astrología supersticiosa en el texto *Pastor bonis*. A juzgar por los testimonios de los contemporáneos, nuevos vetos se dispusieron a lo largo del siglo XVIII. Así lo deja entrever Gerónimo Aleoti, firmante de la aprobación de *La Galería de las estrellas* de Argenti:

> La astrología propiamente judiciaria [...] está del todo prohibida por las bulas de Sixto V, Urbano VIII, Alejandro IV, Inocencio VIII, León X y Adriano VI y los Concilios Toledanos I y Bracharense I, por los santos padres Ambrosio, Augustino, Gregorio y Gerónimo, por el Derecho Civil, *leg. Nemo, Cod. de Mathemat.* y por el Canónico Decreto, *cap. Nec nimirum, quaest.5* (1734a: sin numerar).

La última vez que el catolicismo hizo manifiesta su desaprobación de la adivinación fue en el Concilio Vaticano II celebrado entre 1962 y 1965.

Las conjeturas de los astrólogos se equiparán a vergonzantes yerros, a la vez que se reprueba la candidez de aquellos que continúan confiando en ellas.

> San Ambrosio pone el ejemplo de un astrólogo de su tiempo, que prometió cierta lluvia que era sumamente deseada para el día de la Neomenia, y no vino, hasta que finalmente se alcanzó por los ruegos de la Iglesia. El Pico pone otro que en Bolonia (madre de los astrólogos) dijo, había de llover grandemente cierto día señalado, habiendo sido el más sereno que jamás se vio. También apunta por singular el ejemplo de Gerónimo

Manfredo, único astrólogo que pronosticó a Pino Ordelaso, príncipe de Forlì, en aquel año que él murió, una vida larguísima. [...] Así es de notar ser supersticioso el querer juzgar de los actos y advenimientos con firme certeza por vía de constelaciones, como dice san Antonino: porque quita la libertad del albedrío, y las estrellas no tienen ningún influjo sobre nuestras almas derechamente para mover la voluntad o entendimiento del hombre (Garzoni, 1615: 187–188).

Pero, a pesar de toda esta situación, la religión y la astrología se necesitaban mutuamente, puesto que, si la primera aspiraba a hallar una disciplina que estudiase «la creación de Dios» desde postulados pretendidamente científicos, para la segunda era forzoso saber de teología para interpretar el *liber naturae* con propiedad (Álvarez Barrientos, 2020a: 16–25). Toda vez que no se pusiese en duda que el firmamento era una creación divina, los movimientos de los planetas y el resto de fenómenos astronómicos podían ser interpretadoscomo una manifestación del poder de la deidad. Porsi fueran pocos motivos, el almanaque no había dejado de ser una herramienta imprescindible para situar correctamente las festividades cristianas, como anota Torres Villarroel:

El principal argumento de nuestros kalendarios y pronósticos es dar a la Santa Iglesia Católica Romana un cálculo fiel de los movimientos de la Luna, para que encontrada la de marzo, a quien los griegos llaman Nisán, establezca en su menguante la Pascua del Cordero. Y después de esta todas las demás fiestas movibles en que hacemos los católicos sagrada memoria de la vida, milagros y misterios de Nuestro Señor Jesús Cristo (1737: sin numerar).

Cuando se habla de la astrología como «ciencia del cielo», no es únicamente porque se analizan las leyes y los influjos de los planetas, sino también porque no es una «ciencia laica» (Rodríguez de la Flor, 1996: 93). Por tanto, como consecuencia de la reforma tridentina se crea una «teocosmología» o una «astrología cristianizada» cuyo fin es armonizar el sistema aristotélico-tolemaico con la tesis del libre albedrío. La confluencia de ambas dimensiones consistió en aceptar a Dios como primera causa y en repetir la opinión, ya expresada por Tolomeo, de que los astros inclinan, pero no determinan:

Astrology was incorporated into the belief-system of mediaeval Christendom with little difficulty. Astrologers taught that God was the first cause, and defined the stars as secondary causes operating by divine permission. They argued that the stars inclined man's will without compelling it, and were therefore able to claim that their science did not destroy moral responsibility. With this accomodation, few people seem to have been conscious of any real conflict between the two systems of supernatural explanation. Very many of the greatest mediaeval astrologers were indeed churchmen, sometimes high in the ecclesiastical hierarchy, such as the fifteenth-century French cardinal, Pierre d'Ailly (Capp, 1979: 17).

Los autores de los almanaques asumen el papel de «astrólogos de Dios» (Casali, 2003: XVII), trasladando a sus opúsculos la noción de la *religio astrorum*. A la figura del «astrólogo católico», consonante con la ortodoxia tridentina, se opone la del «astrólogo judiciario», juzgado un émulo de Satán (Casali, 2003: VII).

La doctrina de la pronosticación astral es excluida de los pronósticos con escasa frecuencia, pero sí se ponen en práctica diversas estrategias para difuminar el contenido de los vaticinios mundanos. Antes de Trento, los astrólogos discurrían sin tapujos sobre el futuro de personajes ilustres, como vemos en la pronosticación de Lodovico Vitali para el año 1536, donde se dirige al rey de Francia y a los potentados de Bolonia, Florencia y Venecia (1535: sin numerar). Con la implantación del dogma contrarreformista, tanto en los pronósticos italianos como en los españoles y portugueses, se pone en uso una «astrología judiciaria genérica» que propugna la supresión de las predicciones sobre gentes concretas, y en su lugar, se disponen precogniciones compuestas con una deliberada ambigüedad. Al decir de Elide Casali,

> all'interno del *Discorso astrologico*, la giudiziaria sopravvive annacquata, stemperata, insípida, espressa in previsioni generiche sospese tra il detto e il non detto, malamente celate dietro una maschera volutamente imperfetta. [...] Tutti, in genere, affidano le loro previsioni a una sorta di linguaggio cifrato, quello proprio della dottrina dei figli dei pianeti, di semplice lettura da parte degli interessati, i quali riconoscendosi nelle rispettive categorie astrologiche e fisiognomiche dei lunari, mercuriali, venerei, solari, marziali, gioviali e saturnini, aggiungevano ai *puzzles* incompleti delle pronosticazioni le tessere mancanti [...]. Il successo di una pronosticazione approssimativa, allusiva, senza precisi riferimenti a persone, a città, a paesi, dipendeva dalla natura stessa dell'almanacco che si configurava come una sorta di confuso specchio della realtà, annunciando tanti eventi e tutti possibili. [...] Non faceva che riprodurre momenti essenziali dell'eterna legge della natura e della vita, in un alternarsi di luci e di tenebre, di sole e di pioggia, di riso e di pianto, di carnevale e di quaresima. Si pronosticava tutto e il contrario di tutto (2003: 70–71, 198).

Giovanni Capponi detalla concienzudamente la posición astronómica de los cuerpos celestes durante el primer cuarto de Luna del año 1624, pero llegado el momento de plantear las cuestiones judiciarias, elige proposiciones inexactas:

> Primo quarto ai 25 in domenica ore 10 e minuti 45 della notte seguente, che sarà a hore 16 e minuti 9 dopo mezzo giorno, in gradi 6 e minuti 6 di Gemini; ascendendo gradi 15 e minuti 31 di Capricornio con gradi 13 di Scorpione nel mezzo cielo. Ne saranno signori Marte e Mercurio, che metteranno forse in campo negoziazioni marziali fra togati pacifici (1623: 10).

Francesco Moneti, un cura de Cortona que entre finales del XVII y comienzos del XVIII da en confeccionar piscatores, predice para el año 1699 batallas navales, además de muertes de potentados, mujeres y niños, pero lo hace decantándose por un estilo encriptado:

> Gl accidenti del mondo procederanno per lo più dalla prudenza di Giove, dalla lentezza di Saturno, e dalle furie di Marte, onde tutto il trigono aereo si faranno gran consigli, ma con poco frutto, e nel trigono acqueo l'Armigero Pianeta va sollecitando un armamento navale per provedere a suo tempo i pesci di carne humana, acciò li possino ingrassare. Saturno che riceve il Sole nell'ottava accompagna gente nobile, e signori grandi e potenti alla sepoltura, come ancora molte donne e fanciulli (1698: 44).

En 1704 concibe un alegato en favor del libre albedrío: «Per quanto poi le stelle, che vanno girando sopra i cervelli degli uomini, i quali mossi dal proprio capriccio fanno o bene, o male come gli pare senza consiglio» (1703: 13). En un almanaque posterior, luego de haber predicho no pocas calamidades, torna a resguardarse en la voluntad divina:

> Del resto preghiamo Dio che ce la mandi buona, ed in particolare, che ci salvi la campagna, l'aria, le viti e gli arbori dall'unghie rapaci del mal villano, il quale sulla roba del padrone suol fare da accurato, acciocchè, se non la metà, almeno un terzo di tutto quello si raccoglie, ne pervenga nelle mani del padrone (1712: 12).

Al resto de almanaques italianos dieciochistas pueden aplicársele consideraciones equivalentes:

> Giove ci da avviso, che per esser in trino a Marte vorrebbe la pace o armistizio con i rebelli; ma il misero non s'avvede, ch'egli è nell'ottava retrogr. I luminari nella prima fanno vita religiosa e quieta, con ricorrere all'orazioni divine. Marte e Venere nella 12 con la Coda del Drago poi fanno mille strazi e oscenità al povero sesso femminile. Omicidi e risse a causa di donne. Mercurio nella seconda assiste ai poveri mercanti, ma poco (Martelli, 1703: 22).

> Nell'universale de gli affari politici, inclinazioni degli uomini e loro ministeri e arti, l'influsso più forte da Giove in casa di Mercurio a pronosticare mi avanzo, d'indi a quelli di Mercurio e Saturno più deboli per la sola concomitanza di participazione. Il primo gonfierà la mente di molti gioviali ben stanti e denariosi con pensieri ambiziosi di acquistarsi titoli, gradi e dignità per maggiormente nobilitare la loro discendenza e prosapia, e perciò li farà dare in grandezze di dispendi. Se questo benefico pianeta fosse in sua propria casa e in buon aspetto del Sole direi che sarebbe per giovare molto a virtuosi legisti, avvocati, giudici, fiscali, ministri e suditi politici e amministratori di Giustizia (Tolomeo Rabi d'Astripoli, 1716: 8–9).

Hermete Peregrino —con toda probabilidad un seudónimo— utiliza puntos suspensivos para evitar dar nombres: «Quanto alle curiosità, scorgo ambasciarie, che riportano da......... aiuti di considerazione per......... paese quasi distrutto. I dispendi sono grandi nella Catalogna. Il merito di......... ministro

lo dovrebbe far cadere, ma la sua fortuna lo trattiene in posto. Seguita la prigionia.........» (1648: 41).

También el pronóstico de la Universidad de Bolonia adopta este camuflaje
«persuasivo e inoffensivo» (Casali, 2012b: 282). Se trata de un cambio determinante respecto al modelo vigente en las primeras décadas del siglo XVI, en el
que había vaticinios sobre personalidades insignes: «Delle guerre e della pace
e dei soldati», «Dei signori veneziani», «Dei signori fiorentini» (Pietramellara,
1510: sin numerar). Ovidio Montalbani, a pesar de insertar referencias a los
«affari del mondo» y a la «giudiziaria riflessione delle stelle» (1659), consigue
que las valoraciones políticas permanezcan ocultas en fórmulas vagas: «Fuggi
le risse, e non principiare negozi grandi», «da concludere negoziati domestici
ottimamente», «fortunato per le facende studiose e letterarie», «si cammina per
incertezze» (1647: 33–38).

La inserción de la genericidad en el almanaque español se ha entendido como
un intento de burlar a los inquisidores:

> El Santo Oficio no se fijó solamente en el aspecto semántico de las predicciones sino
> también en la fuerza pragmática de las mismas, concretamente, en el grado de pro-
> babilidad que el pronosticador daba a sus previsiones. La Inquisición desaprobaba las
> modalidades de pronosticación en términos tajantes, que anulaban cualquier margen
> de probabilidad (Albisson, 2019: 265).

Fernando Durán López opina que «la inconcreción y la impersonalidad de
lo que se predice está orientada a desgajar el vaticinio de cualquier realidad
específica, de modo que todos puedan darse por aludidos, pero nadie en particular lo haga» (2020: 22). El censor del almanaque del año 1729 de Diego de
Torres Villarroel animaba a que «el político» se regocijase en «concretar los
sucesos que acaecieren» (1728: sin numerar), una clara alusión a la inconsis-
tencia del significado de los mismos. Varias muestras extraídas de las precogniciones genéricas aportadas por los autores son las siguientes: «la fidelidad de
un importante secreto naufraga en los brindis de un banquete», «renuncia los
estudios profanos un docto, a quien he tratado, y se aplica a lo moral y mís-
tico, con ruido universal de la Europa» (Torres Villarroel, 1728: 5); «Novedades
políticas se divulgan en los dominios de Sagitario. En territorio de Géminis
se finalizan placeres y regocijos con muchos lloros y llantos a causa de Baco.
Madama, contristada a causa del influjo melancólico de Saturno» (González
Gómez, 1733: 41). Algunos comentan más por extenso los futuros contingentes:

> En el jardín de los murmuradores para los mundanos accidentes políticos y militares
> se halla mucha controversia, principalmente en las regiones orientales y septentriona-
> les, que no faltarán inquietudes marciales, movimientos militares y funciones, siendo
> los principales motivos pretextos de religión y restitución de una corona; pues si el

monarca del Oriente no les apaga con sus máximas el incendio de Marte, será feroz el
destrozo belicoso contra aquellos infelices (Argenti, 1732: 9).

Los almanaques lusos conservan «de forma muito residual a herança astrológica através de alusões geralmente vagas às qualidades dos planetas e, naturalmente, através também do recurso genérico ao mesmo proceso de adivinação»
(Carolino, 2003: 326):

> Conforme o comum sentir dos antigos astrólogos principia este presente ano de 1729
> na entrada do Sol no signo de Áries, que será no dia de segunda feira 21 dias do mês de
> Março. Porém segundo a Igreja Católica Romana e a corrente dos astrólogos moder-
> nos [...] principia na estância do Sol no signo de Capricórnio e a Lua no mesmo signo
> sábado o primero do mês de Janeiro [...]. It este planeta Saturno velho rabugento, que
> será o almuadem ou dominador deste ano com participação da luminosa Lua [...]. O
> planeta Saturno [...] é pouco favorável a natureza humana. Causa trabalhos, fomes,
> aflições, esterilidades nos anos e carestia nos mantimentos. Indica choros, suspiros,
> cárceres, destruições, peregrinações e mortes [...]. Pelas más influenças deste planeta
> não nos indica ano muito favorável se a Lua sua participadora se lhe não temperar as
> má qualidade como esperamos em Deos (Sousa Alcoforado, 1728: sin numerar).

> Também querem alguns que morrem mulheres principais per se achar Saturno em
> conversação com Venus, e que os homens tenhão saúde e prosperidades porque se
> achar Júpiter na primeira casa do Ceo. E que haja guerras aqui ou ali, novas descon-
> fianças, etiquetas e máximas, e total perturbação nas negociaçõens políticas (Pequeno,
> 1737: 9).

La tendencia a la imprecisión es observable también en Francia, donde en los
siglos XVII y XVIII «la littérature astrologique est vague, prudente, évitant à
peine les lapalissades, brodant autor d'observations très générales» (Bollème,
1969: 51).

Una táctica adicional para esquivar los mecanismos de control es acudir a
citas de autoridades religiosas. Estas referencias se vuelven «quasi maniacali
dopo la metà del XVI secolo, quando l'astrologia viene a trovarsi in una posi-
zione difensiva. Mai come in quella stagione i libretti annuali furono cosí fit-
tamente intarsiati di corsivi, costellati di citazioni, annotati ai margini dagli
autori» (Casali, 2003: 26). Las *Sagradas Escrituras* ofrecían ejemplos que ani-
maban a confiar en el poder de las estrellas, como cuando una de ellas guio a
los Reyes Magos al portal de Belén.Pero, al mismo tiempo, también recogían
contraejemplos, como la diatriba en su contra que contiene el «Libro de Isaías»
(XLVII, 13) (Thomas, 1971: 427). Para preservar sus intereses, los pronostiqueros seleccionaban los pasajes que mejor se ajustaban a su modo de ver las cosas:

> Toda esta contemplación del cielo formal y elementos es el objeto de esta ciencia: son
> pues los cielos unas criaturas purísimas, que un instante no han faltado a la voluntad

> de su Creador: y siendo cierto que a estos astros les dio su autor determinado movimiento, y que su ciencia se la comunicó a Adán, Adán a Seth, Seth a otros hasta nosotros, y hasta hoy hemos observado, que no hay error sensible, es claro que conocen los hombres desde la Tierra los movimientos de los astros en sus cielos, luego en cuanto a esta indubitable parte, quedan desairados tan inútiles refranes con que los aprendices críticos pretenden maltratar la más elevada de las ciencias [...]. Dios creó a las estrellas no solo para cabal hermosura del cielo, sino es como dice el Génesis, cap. 1, *ut sint signa in tempora dies et annos, ut luceant in firmamento Coeli et illuminent terram* (Torres Villarroel, 1721: 3).

Francisco León y Ortega acude al «Libro de Isaías» y al versículo «anunciadnos las cosas venideras, y sabremos que sois dioses» para confirmar que los humanos no pueden adivinar nada que tenga que ver con las acciones buenas o malas de sus congéneres (1732: 11).

Las interpelaciones a Dios y el reconocimiento expreso por parte del astrólogo de cumplir con la voluntad divina pueblan las páginas del almanaque. En estas circunstancias, queda expuesta la falibilidad de la naturaleza humana en contraposición a la omnisciencia del Creador: «Esta é a minha conjectura, segundo as influências dos astros, Deus nosso Senhor que domina sobre todos elles lhes confortará as qualidades e mandará que influem cousas melhores» (Sousa Alcoforado, 1728: sin numerar); «Seja o que Deus quiser, que nunca poderá ser outra cousa» (Fialho, 1740: 8). «No hay más astrólogo que Dios» (Gómez Arias, 1749: sin numerar); «los efectos de este eclipse darán principio dentro de dos meses y doce días que haya habido el eclipse, y permanecerán más de dos meses, o lo que fuera Dios servido» (Romero Martínez Álvaro, 1759: 24). En reiteradas ocasiones, los pronostiqueros se acogen al veredicto de la Iglesia, si no es que apelan directamente a la bula papal para decir que únicamente practican la astrología natural, aunque no sea del todo cierto:

> Eso no es de juicio astrólogos, es solo para Dios, que nosotros no podemos asegurar nada por ser tan variables los signos, los planetas y complexiones de los sujetos, y a veces aunque se diga siguiendo la constelación e influjo del astro, lo que puede suceder no es tan fijo como artículo, por suceder las más veces al revés. Y así señor mío, no podemos asegurar más que los eclipses, los vientos, las lluvias, los granizos, los hielos, los truenos, las nieves y tempestades (Martín, 1762: sin numerar).

«Que la astrología sea útil a la agricultura, náutica y medicina no lo dudará quien tomare la bula» (González Gómez, 1732: sin numerar); «Advierta cada cual, que no entiendo dar estos futuros por ciertos en ningún modo, porque soy hijo de la Santa Iglesia Romana Católica y Apostólica» (Argenti, 1734a: sin numerar); «Em tudo o sujeito ao sentir da Santa Igreja Católica Romana» (Costa, 1734: 31); «Quanto em tudo e por tudo o sujeito ao sentir puríssimo da Santa Madre Igreja Romana nossa verdadeira mestra e amorissima mãe» (Fialho, 1746: 24).

Los pronósticos astrológicos italianos anexan al término del folleto una «protesta» donde el astrólogo proclama en público su acatamiento de la disciplina eclesiástica (Formica, 1995: 128). La fórmula de presentación no cambia: debajo de un rótulo donde se lee «Protesta» o «Protesta dell'autore», el piscator se encomienda a Dios y a la Iglesia y esgrime un alegato en favor del libre albedrío. Es una cláusula típica del siglo XVIII, aunque esto no significa que los reportorios seiscentistas careciesen de ella:

> La pura inclinazione che hanno le cause seconde in queste cose sublunari, avendo detto più volte, che l'huomo vive libero di volontà, e che le stelle nulla possono sopra di essa, ratificandolo anco nel fine di questo mio *Discorso*; protestandoti, che io non pretendo di avere scritto cosa alcuna, che possi disonare punto alle sacre constitutioni e precetti della Santa Romana Chiesa, alla quale professo di volere viviere e morire ubbidientissimo (Carnevale, 1654: 49).

> Le parole fato, destino, fortuna, sorte, nume, deità, e simili, che sono traboccate dalla poetica penna, non già dal cuore del cristiano, non devono offendere l'orecchio fedele, e se come astrologo, sembrase essermi indecenti, si sappia, che io con la volubilità della fortuna ho voluto solo esporre a gli occhi l'incertezza dell'astrologia (Martinelli, 1658: sin numerar).

Comúnmente, la «Protesta» se encuentra al lado de las licencias de impresión y las censuras:

> Prima di tutti la formula della *Protesta* che, a partire dal secondo decennio del secolo, compare in modo abbastanza regolare accanto a quella dell'*Imprimatur* e del *Privilegio di stampa*. Si tratta di una sorta di avviso preliminare al lettore in cui l'autore — confessando di non poter presagire con certezza [...] metteva le mani avanti per il caso di un mancato avverarsi delle sue predizioni— (Bonomelli, 2010: 310).

«Qui termino tutte le mie predizioni, protestandomi che quanto ho scritto intendo solamente di havere accenato le semplici inclinationi delle Stelle, e circa le humane attioni, che dependono dal libero arbitrio» (Moneti, 1698: 118); «L'autore si protesta non predire con certeza li futuri contingenti, non tutto ciò che depende immediatamente da Dio e dal libero arbitrio umano» (Anónimo, 1716: 32). Ocasionalmente, es el censor quien justifica la aprobación de la impresión enfatizando la intención supuestamente inocua del almanaquero.

En España, los pronostiqueros se sirven de la expresión *Dios sobre todo* como medio de «cristianizar» los folletos. Así lo explica León y Ortega en una de las «Introducciones» de su *Pronóstico entretenido*: «Es verdad que son inciertas las imaginaciones de los hombres, pero ponen a Dios sobre sus pensamientos»

(1732: 13). Los españoles sitúan la sentencia en la última página del almanaque o dentro del artificio ficcional, bien en prosa, bien en verso: «Y poniéndome al poste hicieron conmigo mil ignominias, ceremonias todas del Colegio para con los nuevos. Yo no hacía más que bajar la cabeza, sin que mis labios se despegasen para decir otra palabra más que DIOS SOBRE TODO» (Sanz, 1746a: 60); «Nunca se computa sin / que creas de cualquier modo / el que *Dios es sobre todo* / por principio, medio y / FIN» (Horta Aguilera, 1740: 38); «Este no es modo, / mas *sobre todo* niñas, / Dios sobre todo» (López de Castro, 1753: 24).

Los aprobantes eran conscientes de que el *Deus super omnia* disimulaba contenidos perseguidos, como da a conocer el firmante de la censura del pronóstico de 1725 de Torres: «Cuando yerre, con el *Dios sobre todo* se compone» (1724: sin numerar). Esta permisividad molestaba a los detractores de la literatura pronosticante. En los pronósticos burlescos, la ridiculización del hábito se convierte en un rasgo inherente al género (Hurtado Torres, 1980: 57). José Pinto, en su «impugnación graciosa» de los reportorios, se chancea de los que se valen del dicho para minimizar sus fallos:

> No puedo contener la risa cuando advierto que nos adivinan un temporal templado en la primavera, caluroso en el verano, celebrando con extremos los acertijos de las tempestades, que fácil y naturalmente origina esta estación. En el otoño, caluroso, revoltoso y fresco, porque participa (digámoslo así a nuestro modo de entender) de verano e invierno, y en el invierno un temporal copioso de aguas, hielos y nieves, aunque no llueva, hiele ni nieve, como ha sucedido estos años; y ellos dándole ha, que ha de llover y nevar, y salga lo que saliere, disculpándose con el DIOS SOBRE TODO (1755: 27).

En los escritos de Benito Jerónimo Feijoo y Martín Martínez también se recalca la necesidad de dejar de dar fe a cualquier pensamiento que vaya seguido de estas palabras. Feijoo dictamina: «Y así, en pasando de esta raya, deben proceder contra ellos los Superiores, por más que en el principio de sus libros, y almanaques protesten que su arte es falible, y en el fin de ellos pongan: *Dios sobre todo,* por sánalo todo», setencia Feijoo (1778: 216). Por su parte, el médico arguye que las adivinaciones de los accidentes del mundo no son más que «boberías, que aunque para los ignorantes tienen mucho de cebo, no tienen más de verdad que el último *Dios sobre todo,* que las honesta» (1779: 329).

Torres se ríe de sí mismo poniendo en boca de un médico una perorata que bien podría haber firmadocualquiera de sus enemigos:

> El nombre de astrológico había de sonar peor que boca de pedigüeño, si no entraran en el torneo de sus almanaques, como príncipes encubiertos, enmascarando sus conjeturas, y tapándoles la cara a sus juicios con el capirote de la ambigüedad; y así escriben ordinariamente en una jerigonza, debajo de la cual, como no entendida, dicen cuanto se les viene a la pluma, sin el riesgo de que por la falibilidad de tales juicios, les pongan

la calza de embusteros. [...] Y para que no parezcan gentiles sus pronósticos, les echan el agua del bautismo con el *Dios sobre todo*, que es un buen pasaporte para hablar de lo futuro, con la seguridad de que no los descamine la ronda de la fe (1730: 2–3).

Los almanaqueros portugueses disponen expresiones idénticas al final del «Juicio anual» o en la conclusión del librito —«a prudência tem diversos recursos, de que o primeiro é a invocação de Deus: "como Deus quiser", "Deus sobre tudo", "Deus super omnia"» (Radich, 1981: 67)—, aunque no inventan los juegos de palabras de los españoles.

El reconocimiento del decreto conciliar viene expresado mediante enunciados como «stellae inclinant sed non cogunt» o «sapiens dominabitur astris». William Lilly, uno de los astrólogos europeos más famosos, hizo del dictum «non cogunt» su divisa al hacer que este figurase al lado del retrato de sí mismo que ilustraba la portada del *Merlini Anglici ephemeris* (Thomas, 1971: 397). En la tradición almanaquera de Europa del sur no es infrecuente descubrir dichos parecidos: «Sed Deus astra moves» (Mota, 1607: sin numerar); «sapendo molto bene che *Astra inclinant, sed non cogunt; e che De futuris contingentibus non datur determinata veritas*. E così credo e tengo come buon cattolico» (Moneti, 1698: 118); «Astra regunt homines, sed regit astra Deus» (Scaletta, 1721: 8); «Se protesta el autor en todos estos discursos no entenderse de sujetar el libre albedrío a los influjos celestes, ni en ningún modo querer certificar algunas de sus predicciones, mientras: *Astra regunt homines, sed regit astra Deus*» (Argenti, 1731: 30); «De que consta por razón católica y natural, que los cuerpos celestes en nosotros inclinan, y no necesitan» (Martín, 1754: 5).

Es pertinente hacer constar que, si la cultura de la Contrarreforma atacó las bases del arte astrológico, los protestantes nose quedaron atrás en esto. Es más, la posición de los católicos fue más laxa que la de los reformistas, a tal punto que estos últimos explicaban su animadversión por las prácticas astrológicas por su presunta identificación con el papado (Thomas, 1971: 435). Calvino fue uno de sus más firmes detractores desde san Agustín, llegando incluso a redactar una *Advertencia contra la astrología que se llama judiciaria* (Thomas, 1971: 425). Lutero empezó defendiendo las pronosticaciones porque algunas anunciaban el advenimiento de un nuevo profeta, pero con el paso del tiempo cambió de opinión y sugirió que se trataba de una «superstición diabólica» (Ernst y Giglioni, 2012: 16). El hecho de que la población pudiera creer que las verdades reveladas existían fuera de las *Sagradas Escrituras* era algo que preocupaba significativamente a los ideólogos de la Reforma; así, a mediados del siglo XVII, el clérigo puritano John Gaule se dolía de que los ingleses prefiriesen prestar atención «into and commune of their almanacs, before the Bible» (Thomas, 1971: 353).

Concluido el auge del racionalismo quinientista, es durante el Siglo de las Luces cuando el debate en torno a la licitud de la astrología alcanza más altos vuelos. A ello contribuyen tanto la recuperación de autores del pasado, como los modernos descubrimientos astronómicos. La implantación de la «nueva ciencia» no tenía por qué conducir de un modo inexorable a la desaparición de la astrología del campo de los saberes científicos, aunque lo cierto es que la historia demuestra que terminó siendo así. Según Jim Tester, es en el siglo XVIII cuando la parte especulativa de la ciencia uránica se despoja de su prestigio y reputación anteriores, recibiendo un golpe mortal de necesidad (1990: 285). En este sentido, Bollème recuerda que los ilustrados habían asimilado el almanaque dieciochista a un apagacandelas, pues este extinguía las luces de la razón (1971: 83)[16].

Las diatribas ilustradas fueron muchas y muy variadas: Voltaire, en el *Traité sur la tolérance*, defendía que «la superstición es a la religión lo que la astrología a la astronomía: la hija muy loca de una madre muy cuerda» (2018: 99). Pierre Bayle fue un opositor convencido del *ars prognosticandi*, como patentiza la *Lettre où est prové par pluisieurs raison tirées de la Philosophie et de la Théologie que les comètes ne sont point le présage d'aucun malheur*. D'Alembert y Diderot aprovechan cualquier ocasión para burlarse de los astrólogos y sus almanaques en la *Encyclopédie*, mientras que en la *Encyclopedia Britannica*, la astrología se asimila a «un argumento de desprecio y ridículo» (citado en Albini, 2010: 106). Tissot se quejaba en su *Médecin des Pauvres* (1740) de las malas enseñanzas transmitidas por estos impresos: «Dans les almanachs ces contes ridicules, ces aventures extraordinaires, ces pernicieux conseils d'astrologie qui ne servent qu'à entretenir l'ignorance, la credulité, la superstition et les préjugés les plus faux sur la santé, les maladies et les remèdes» (citado en Mandrou, 1964: 68). Carlo Goldoni, que dio a la estampa un almanaque que le reportó suculentas ganancias, no se mostraba benévolo a la hora de juzgar el género:

> Nell'attesa, passavo il tempo nel mio studio, solo,o mal accompagnato, e facevo degli almanacchi. Far degli almanacchi vuol dire, di solito, correr dietro a fantasie inutili. Ma questa volta il senso era diverso. Io feci veramente un almanacco che fu dato alle stampe, fu apprezzato e applaudito. Lo intitolai: *L'esperienza del passato, fatta astrologa del futuro. Almanacco critico per l'anno 1732* (citado en Braida, 1989: 138–139).

Por último, en el *Saggio sugli errori popolari degli antichi* (1815), Giacomo Leopardi arremete contra el uso de publicar almanaques, definiéndolo como

---

16 «L'éteignoir des lumières» en el original.

«l'alimento annuale dei pregiudizi e il baluardo in qualche modo dell'errore» (citado en Braida, 2003: 262).

En Portugal, Miguel Tiberio Pedegache, seguidor del newtonianismo, mantiene en sus *Conjecturas de varios filósofos acerca dos cometas* (1757) que la astrología especulativa es un «arte enganosa e vana, que não tem de sciencia mais do que o nome, só entre os homens simples e ignorantes pode ter hoje crédito; porque a sua credulidade os induz a se persuadirem das opiniões mais errôneas, e menos verosímeis» (citado en Carolino, 2003: 317).

Mención aparte merece la polémica que concitó a Benito Jerónimo Feijoo, aMartín Martínez y a Diego de Torres Villarroel entre 1727 y 1728[17]. En el centro de la controversia se halla, una vez más, la ilicitud de la astrología judiciaria y la conveniencia, en opinión de Feijoo y Martínez, de implementar una vigilancia más estricta en lo relativo a la publicación de los pronósticos.

Feijoo, que es quien da comienzo al debate con el texto «Astrología judiciaria y almanaques» incluido en el *Teatro crítico universal*, admite la pertinencia de la astrología operativa, así como el calendario que contiene el santoral, pero desaprueba la previsión de los futuros contingentes:

> No pretendo desterrar del mundo los almanaques, sino la vana estimación de sus predicciones, pues sin ellas tienen sus utilidades, que valen por lo menos aquello poco que cuestan. La devoción, y el culto se interesan en la asignación de fiestas, y Santos en sus propios días: el Comercio en la noticia de las ferias francas: la agricultura, y acaso también la medicina, en la determinación de las lunaciones. Esto es cuanto pueden servir los Almanaques; pero la parte judiciaria que hay en ellos, sin embargo de hacer su principal fondo en la aprehensión común, es una apariencia ostentosa, sin substancia alguna: y esto no solo en cuanto predice los sucesos humanos, que dependen del libre albedrío; más aún en cuanto señala las mudanzas del tiempo, o varias impresiones del aire (1778: 190).

Para fundamentar su crítica acude fuentes bíblicas y filosóficas, y hasta se apoya en la nueva ciencia demostrar la falsedad de la judiciaria:

> Añadiré una reflexión de las más eficaces, para convencer de vanas todas las observaciones Astrológicas que se hicieron en todos los pasados siglos; y es, que desde que se inventaron los telescopios, se han descubierto tantas estrellas, ya fijas, ya errantes, que exceden en número a las que observaban los Astrólogos anteriores, que miraban el cielo con los ojos desnudos. [...] La ignorancia de los astros nuevamente descubiertos,

---

17 Un resumen de la «querella astrológica», a la que se fueron sumando otras figuras destacadas, en Zavala, 1978: 282–286. Como visión de conjunto es interesante consultar la tesis de Galech Amillano (2010).

traía consigo necesariamente la ignorancia de sus influjos; y la combinación de los influjos de estos con los de los demás que estaban patentes, infería otros efectos muy diferentes de los que tuvieran estos, si obraban por sí solos. Luego todas las observaciones astrológicas, que se hicieron antes de la invención del telescopio, fueron inútiles, y vanas, porque iban sobre el supuesto falso, de que no influían otros Astros, que los que se descubrían entonces. El telescopio fue inventado el año de 1609 por el Holandés Jacobo Mecio, y perfeccionado poco después por el insigne matemático florentín Galileo Galilei. Todos los grandes maestros de la judiciaria, por quienes se gobiernan los astrólogos modernos, son anteriores. De que se infiere, que unos ciegos guían a otros ciegos (1778: 214–215).

En el año de publicación del escrito feijoniano, Martín Martínez manda imprimir una *Carta defensiva* en la que revela su conformidad con el benedictino, arremetiendo él también contra la astrología adivinatoria, esta vez en relación con las aplicaciones médicas que se le atribuían. Sintiéndose interpelado, Torres redacta unas *Posdatas de Torres a Martínez* con las que pretende poner en evidencia al médico recordando la cantidad de autores sagrados que bendicen la práctica de la iatromatemática (1726c: 18), una actitud similar a la que vemos en el *Montante:* «¿Cómo han de vivir arregladas las ciencias si el teólogo se mete a barajar medicinas y a estropear almanaques? Lo mismo digo a los oyentes: el médico cure, el músico taña y cada uno hará lo que le toca» (1726d: 7). Martínez contesta en el *Juicio final de la astrología,* insistiendo en sancionar la astrología por «vana y ridícula […], falsa y peligrosa […], inútil y perjudicial» (1727: 7, 41). El *Entierro del Juicio final* le sirve a Torres para ponerse a bien con la religión, declarándose un fiel adepto de la bula de Sixto V y acogiéndose al dictamen de los diferentes teólogos que permiten usos concretos de la astrología, lo que en último término le autoriza para exponer tres verdades: «la astrología y cierta en lo natural», «la astrología es buena y segura en lo moral» y «la astrología es útil y provechosa en lo político» (1727: 4).

En cualquier caso, no es infrecuente leer vituperios en los propios almanaques y pronósticos astrológicos ya que

el acoso a este producto cultural es una manifestación más de la querella entre tradición y modernidad, del momento de cambio que se vivía y ejemplo del modo en que la sabiduría tradicional se adapta en medio de novedades científicas y críticas novatoras. El desprestigio por la astrología se percibe en los mismos almanaques, en el modo ambiguo y burlesco de referirse a ella; declive lógico si se piensa en los procesos de secularización, en la paulatina diferenciación que se dio entre cultura «sabia» y «popular», en cómo conductas, actitudes y saberes quedaban caracterizados por esa diferencia, y si se aprecia la progresiva implantación de una antropología subjetiva que potenciaba la singularidad. Procesos todos, junto al racionalismo y sentimentalismo imperantes, que daban mayor independencia al individuo (Álvarez Barrientos, 2020a: 9).

En la segunda mitad del siglo XVIII, surge un tipo específico de pronóstico cuya finalidad radica en proveer de una instrucción básica a las clases subalternas, pasando de ser un «vehículo de falsos prejuicios» a convertirse en un «poderoso medio de educación» (Braida, 2003). Estas ediciones fueron impulsadas por defensores de los valores de la Ilustración, que veían en el almanaque un cauce adecuado para difundir su ideario debido a lo mucho que gustaba a la mayoría de la población:

> Durante il XVIII secolo, infatti, in concomitanza con la politica paternalistica e illuministica rivolta alle popolazioni delle campagne, astrologia lunaristica e agronomia s'intessono secondo trame sempre piú fitte e varie nella produzione del libro per il nuovo anno. Il diario dei lavori dei campi, ad esempio, compare con sempre maggior frequenza insime alla «Regola in ristretto per l'agricoltura» nel celebre *Casamia Veneziano* fin dal 1764 (Casali, 2003: 132–133).

La torta dell'astrologo stellario exhibe «una vera e propria istruzione» de agronomía con los «Dialoghi sopra la pratica agraria, insegnata da un padre a due suoi figliuoli, l'uno Mingone e l'altro Ceccone appellati» (Casali, 2003: 133). Los pronósticos de Custodio de Barros (1773), Pedro Coutinho (1790–1791) y Damião Francês (1791) entran dentro de esta corriente. Otros intentos por renovar el género, como los del ilustrado milanés Pietro Verri, pasan por componer almanaques concebidos para inocular la creencia en el progreso. Para Verri, la astrología era una «antica barbarie» (citado en Formica, 1995: 115), pero, sin embargo, la demanda de *La pellegrina celeste*, capaz de dar a la imprenta 3000 copias anuales, le conduce a pensar que un tipo de discurso tan bien recibido por el público valdría para dar a alas «alla sua battaglia contro le vecchie idee» (Bonomelli, 2010: 311). Publica tres almanaques, *Il gran Zoroastro* (1757 y 1762) y *Il mal di milza* (1764), donde ridiculiza las tradiciones anticuadas (Bonomelli, 2010: 311). Acogiéndose a esta estrategia, entre 1775 y 1805 Isidoro Bianchi edita en la imprenta de Lorenzo Manini en Cremona una serie compuesta por veintiún almanaques (Braida, 1996: 199). La parte principal de la obra se compone de varios fragmentos que conectan con cuestiones de actualidad vinculadas a temas educativos, por ejemplo, la fundación de gimnasios, sociedades literarias y academias en la recién constituida República Cisalpina.

En realidad, estas publicaciones están más cerca de un panfleto escrito por Voltaire que de un almanaque (Sobrero, 1983: sin numerar), ya que el armazón tradicional es utilizado como un pretexto para dar cabida a propuestas políticas y culturales transformadoras.

2.2. Ridentur astrologi

La sátira es una de las formas de representación más fructíferas del antiastrologismo. En ella, las faltas de los astrólogos y de sus obras se ponen en evidencia mediante el empleo de recursos burlescos. Se produce entonces una inversión cómica por la cual el pronosticador abandona los salones y las academias para confundirse con las figuras en la plaza pública: «Gli astrologi della piazza avevano i loro più acerrimi nemici e i più inflessibili fustigatori nei professori delle università, templi del sapere ufficiale [...]. Nella piazza universale di tutte le professioni del mondo [...] finisce per caratterizarsi come il formatore di pronostici, taccuni, lunari e almanacchi» (Casali, 2003: IX, 209–210). Emulando a la típica pareja carnavalesca, opuesta y complementaria, el catedrático de universidad y el consejero se transmutan en un charlatán cuyos vaticinios resultan risibles a ojos del público: «da professori e intellettuali curiosi a ciarlatani senza scrupoli; da eclettici saceroti a prolifici cantastorie, fino agli anonimi poligrafi e ai tipografi almanacchisti del Settecento» (Casali, 2003: IX). De acuerdo con la terminología propuesta por Mijaíl Bajtín, acontece un «destronamiento» por el que la profesión de astrólogo queda despojada de todo atisbo de reverencialidad (1995: 195). Tal desplazamiento perceptivo lleva aparejada la idea de que los bufones y los locos poseen una peculiar clarividencia que les permite ver cosas que pasan desapercibidas para las personas inteligentes: «La tontería es profundamente ambivalente: tiene un lado negativo: rebajamiento y aniquilación [...], y un lado positivo: renovación y verdad. La tontería es el reverso de la sabiduría, el reverso de la verdad» (Bajtín, 1995: 233–234).

Un charlatán es un embaucador y un falsario, alguien que, valiéndose de palabras bien sonantes, elabora un discurso huero, pero atractivo. Por extensión, el término designa a los vendedores ambulantes de mercancías dispares —a veces papeles sueltos— y a quienes realizan espectáculos parecidos a los circenses. La voz proviene del italiano *ciarlatano,* pero desde el siglo XVI su uso está documentado en la mayoría de lenguas europeas:

En Italia, la palabra *ciarlatano* (o *ciurmatore*) podía significar al mismo tiempo vendedor ambulante de medicinas o actor callejero. A los *ciarlatani* que actuaban en las plazas se les distinguía de los *comedianti* que gozaban de un estatus más elevado y que actuaban en casas particulares. El «saltimbanqui» era el charlatán que se subía a una tarima o escenario rodeado de elaborados accesorios. Había también *saltimbanchi,* acróbatas sobre bancos, y *cantimbanchi,* cantantes sobre palestras (los alemanes *Bänkelsänger*). Estos cantantes solían ir provistos de una serie de ilustraciones sobre sus baladas y un puntero para dirigir la atención de su audiencia. Tras su actuación vendían las baladas, eran una especie de vendedores ambulantes, «tratantes de baladas». [...] Los charlatanes también vendían baladas. En Alemania, estos cantantes eran conocidos como *Gassensänger* o *Marktsänger* porque cantaban en las calles o en los mercados, o como *Avisensänger* (cantantes de noticias), cuando se especializaban en canciones que hacían referencia a hechos reales. A veces eran mujeres, en Viena estaban en activo unas cincuenta *Liederweiber* o «mujeres cantantes» en 1797 (Burke, 2014: 145–146).

Peter Burke sugiere que, desde aquella época, los nombres «"charlatán", "saltimbanqui" y "curandero" parecen haber adquirido ese tono peyorativo que han mantenido desde entonces» (2014: 351).

El escritor italiano Tommaso Garzoni, en la *Piazza universale di tutte le professioni del mondo,* había dicho que los charlatanes fueron «llamados así por haber tenido su origen de Cereto castillo de la Umbria, adquirieron con el vulgo tal crédito y aplauso, que tienen mayor concurso que excelentes predicadores o doctos catedráticos» (1615: 324), remitiendo a la dicotomía que contrapone la universidad al mentidero. En España, el significado que le otorga Sebastián de Covarrubias aduna los rasgos semánticos de habla insustancial, embuste y venta de productos poco valiosos:

> Es vocablo italiano, *ciarattane* [...][18]. Díjose de la palabra *charlar,* que vale hablar mucho y fuera de propósito, y hablar de papo. O de la palabra *ciancie,* que vale *mentira* en italiano, y nosotros la decimos *chancha.* [...] Los charlatanes son cierta gente que anda por el mundo; por otro nombre dichos *saltaembanqui* porque en las plazas se suben encima de una mesa de las que están para vender alguna cosa, y a veces con una guitarra o vihuela de arco cantan alguna canción y acostumbran a traer consigo un can, que es como en España el bobo Juan, y con media máscara y un vestido de lienzo, danza, y tiene algunos diálogos graciosos con su amo. Y después que con esto ha llegado gente, el charlatán abre su caja y saca diferentes botecillos de aceites y ungüentos, yerbas, raíces y piedras, y no hay enfermedad que no curen (1611: 291–292 s.v. charlatán).

En la segunda mitad del setecientos, el término español designa la falsa erudición, entrando en una relación de sinonimia con «filósofo», que tenía un sentido negativo , y con «violeto» (Álvarez Barrientos, 2006: 71–79).

La locura es una de las manifestaciones del charlatanismo. Los astrólogos son retratados como locos en *Das Narrenschiff* de Sebastian Brant (1494), en el *Moriae Encomium, sive Stultitiae Laus* de Erasmo de Rotterdam (1511) y en *De sensu rerum et magia* de Tommaso Campanella (1590). «Ridentur astrologi»,

---

18 La etimología no parece del todo clara, pues en el *Diccionario de Autoridades* se explicita que 'es palabra tomada de los franceses, o nosotros de ellos' (tomo II, 1729 s.v. charlatán).

incitaba Erasmo en el *Encomium moriae*[19], pues la vanidad de quienes piensan tener la capacidad de antever el futuro hace que los cuerdos los miren con una sonrisa compasiva. La mentira y el dinero son otros de los temas atañederos al tratamiento paródico de los astrólogos, pues para conseguir vender sus fraudes, estos recurren a cualquier engaño. El jesuita genovés Giambattista Noceto, que publicó varias obras de carácter antiastrológico durante el siglo XVII, declaraba que la astrología era sencillamente «una trufferia per buscar quattrini» (citado en Braida, 1989: 132). El autor del *Amico degli uomini* (1780) confesaba que redactar un almanaque no era más que «una trappola per far quattrini» (citado en Solari, 1992: 14). Para el español Ángel de Fábrega, el astrólogo se equiparaba a «un profeta falso, hechizo, contrahecho y suplantado», e incluía en su sátira una breve pieza teatral titulada *La astrología, la madre de la mentira* con la que pretendía probar la falta de verdad de la adivinación (1767: 13, 16). Fábrega también era crítico con quienes gastaban su hacienda tontamente en hacerse con semejantes disparates: «nunca fue tan voraz y comilón [el vulgo], ni tuvo las tragaderas de ahora [...], creyendo a macha martillo, y a lo herrero, cual si fueran decisiones pontificias, las ilusiones, sueños y entusiasmos que la astrología anuncia» (1767: 11).

La asociación entre astrologismo y charlatanería ha sido subrayadapor varioscríticos: «Les premiers almanachs sont une sorte de composé de charlatanisme astrologique» (Bollème, 1969: 18); «Everyone knew that some practitioners were better than others and that the profession was infested by charlatans and quacks» (Thomas, 1971: 401); «Daqui decorre a acusação tradicional de charlatanismo com que a astrologia era secularmente atingida nas sociedades ocidentais» (Carolino, 2003: 100); «ciarlatanesca più di ogni altra arte sembrava la scienza que pretendeva di prevedere il futuro» (Casali, 2003: 203). Pero, como se hacomprobado, son los propios contemporáneos quienes empiezan a sancionar dicha identificación. En concreto, la *Piazza universale di tutte le professioni del mondo* de Tommaso Garzoni (1585)[20] será la fuente de inspiración de numerosos autores europeos que desean dar forma a sus versiones del astrólogo ridículo. En el discurso «De los formadores de pronósticos, almanaques, reportorios y lunarios», Garzoni determina que «es menester dar corto crédito a esta ciencia, siendo por extremo inestable, tanto más publicando sus profesores infinitos dislates» (1615: 50). Los almanaques le parecen «falsos en proposiciones,

---

mentirosos en palabras y menguados en sus juicios», cuando no simples perogrulladas:

> Pronostican pues, por no mentir, que al año siguiente será de 365 días, que comenzará a primero de enero y tendrá doce meses, según lo común. [...] Que los señores mandarán y los súbditos obedecerán, que los soldados armarán guerras, los mercaderos tráfagos y los usureros ganancias. Que los adulterios andarán válidos entre los sensuales, las ambiciones entre soberbios, los homicidios entre valientes, el juego entre ociosos, las faltas entre oficiales, las tretas entre cortesanas, los engaños entre alcahuetas, los embelecos entre habladores, las ignorancias entre ricos, los robos entre ladrones y las ternezas entre lindos (1615: 50–51).

Los inicios de Diego de Torres Villarroel en la Universidad de Salamanca no fueron del todo fáciles pues, según él mismo confiesa en el «Prólogo general» del tomo primero de sus *Obras,* se sentía desautorizado para impartir su materia puesto que «unos sostenían que la matemática era un cuadernillo de enredos y adivinaciones, como la jerga de los gitanos, las charlatanerías de los titiriteros y los deslumbramientos de los Maese-Corrales» (citado en Mercadier, 1978: 144). El autor del *Tratado de la naturaleza,* José Cassani, sentencia que a los astrológos les sucedía «lo que a los charlatanes, que en sus juegos de manos ponen toda la ganancia en admirar a los oyentes y comer con su admiración» (1737: 176). También los relega al mundo de la farándula una orden del gobernador de Turín publicada los días 2 y 7 de enero del año 1789, donde se prohíbe «ai cerretani[21], saltimbanchi, comici, ballerini in corda, astrologi e simili di esercitare i loro professioni sia in pubblico che in privato senza la nostra permissione» (citado en Braida, 1989: 216).

La imagen bufa del astrólogo emerge con asiduidad en la literatura europea moderna, especialmente en el género del teatro:

> Quella che viene a profilarsi è la maschera dell'astrologo alla rovescia, inscritta nell'immagine del dottore, dell'accademico, del profesionista dell'astrolabio, la quale asume ora i contorni del maestro di tutte le arti, ora i tratti di Cappone e di Berlingaccio, ora i lineamenti di Jachelino del *Negromante* di Ariosto, di Pasquino e di Belindro, personaggio della commedia secentesca di Ottone Lazaro Scacco, *L'Astrologo non astrologo, e gl'Amori sturbati,* ora si concretizza nella fisionomia degli autori dei pronostici burleschi della stirpe del Duttour Truvlin. Si tratta di una rappresentazione letteraria parodistica che prolifica nei secoli fino a Sidone, l'astrologo del teatro goldoniano (Casali, 2003: 229).

---

21 «Cerretano» es sinónimo de «ciarlatano». Véase Salzberg, 2010: 640.

En la escena dramática hispánica «también es común la figura cómica del astrólogo "tunante" o "fingido"» (Vélez-Sáinz, 2016: sin numerar). Josep Maria Sala Valldaura cree reconocerla en los textos de Gil Vicente (1999: 434), estando presente también en los *Triunfos de locura* de López de Yanguas y en la *Comedia trofea* de Torres Naharro, las cuales «indican un cambio de tendencia con respecto al tratamiento en el teatro renacentista pues enfatizan el carácter cómico de los astrólogos» (Vélez-Sáinz, 2016: sin numerar). «Dentro del teatro breve áureo» es posible dar con «astrólogos burlescos en *La cueva de Salamanca* de Cervantes, en *Los refranes del viejo celoso* de atribución quevedesca, en los anónimos *La burla más sazonada*, *El estudiante*, *Las alforjas*, *El muerto*, *Eufrasia y Tronera* entre muchos otros» (Vélez-Sáinz, 2016: sin numerar). Otra obra sugerente desde este punto de vista es *La encantada Melisendra y Piscator de Toledo* de Tomás de Añorbe y Corregel (1769), donde torna a dibujarse este perfil degradado de la astrología.

Los narradores y poetas no dudan en hacerse eco del motivo. En el emblema «Sobre los astrólogos» (n.º 104), Andrea Alciato los compara con Ícaro, pues la soberbia les hace envanecerse y fingir que traspasan metas inalcanzables:

> Ícaro, que subiste por los aires y a las
> regiones celestes hasta que la cera al
> derretirse te hizo caer al mar, ahora esa
> misma cera y el fuego ardiente te resucitan
> para que enseñes las verdades con
> tu historia. Que el astrólogo tenga cuidado de
> lo que predice, pues el impostor cae de
> cabeza mientras vuela por encima de los astros
>
> (1993: 137)[22].

El poeta satírico Gian Carlo Passeroni, en *Il Cicerone* (1755), afirmaba que no había diferencia entre un mentiroso y un astrólogo (citado en Casali, 2003: 236).

Con el fin de atacar a Torres, Martín Martínez tradujo un poema de Ennio en contra de los vaticinadores:

> Que no son adivinos por arte o ciencia,
> sí supersticiosos y andaces hariolos,
> o flojos, o locos o necesitados,
> que por ganar sacan fingida sentencia
> que para sí nunca saben el camino,

---

22 Sigo la traducción de Pilar Pedraza contenida en la edición de los *Emblemas* a cargo
    de Santiago Sebastián.

y a otros le muestran, mostrando el destino.
Prometen riquezas a aquel que les llama,
y a aquel mismo, luego piden una dragma:
De aquestas riquezas tomen para sí
esa dragma, y dejen lo demás para sí

(1727: 44).

«Costumbre ha sido poner / por cabeza de almanak / lo que muchos llaman *juicio* / y yo llamo *necedad*», entonaba Leandro Fernández de Moratín (1846: 604).

José de Cadalso no quiso dejar pasar la oportunidad de hacer escarnio él también de las pronosticaciones, como atestigua este pasaje tomado de las *Cartas marruecas*:

YDecir si ha de llover por marzo, ha de hacer frío por diciembre, si han de morir algunas personas en este año y nacer otras en el que viene, decir que tal planeta tiene tal influjo, que el comer melones ha de dar tercianas, que el nacer en tal día, a tal hora significa tal o tal serie de acontecimientos es, sin duda, un despreciable delirio (1983: 272–273).

Los escritos no literarios ayudan a perpetuar el prototipo del adivino extravagante. Sin ir más lejos, Sixto V les califica de «hombres locos» y de «maestros de la mentira» (1585: sin numerar). En este sentido, es oportuno traer a colación las palabras de Paolo Toschi en *Le origini del teatro italiano*, donde establece que la figura del bufón se configura como «una *editio minor* del diavolo considerato nel suo prevalente aspetto comico e burlesco» (citado en Camporesi, 1976: 35). Por este motivo, el papa no tarda en prevenir a los creyentes acerca de Satanás, que influía determinantemente en el modo de actuar de los astrólogos: «lo stesso padre della menzogna, [...] lo stesso architetto di tutti gli inganni» (1585: sin numerar). En una línea argumental distinta, pero coincidente cuando se trata de poner de relieve los vínculos entre astrologismo y charlatanería, Descartes incluye el *ars prognosticandi* dentro de las «ciencias mentirosas» en el *Discours de la methóde* (Casali, 2003: 17). Según cuenta Torres Villarroel, el obispo de Sigüenza le habría instado a parar de escribir «inutilidades y burlas para emborrachar al público», pues pensaba que estas perjudicaban su reputación (1971: 132). Martín Martínez, en el *Juicio final de la astrología*, describe una escena en la que un personaje llamado Marcial lee el almanaque del año 1727 del Gran Piscator de Salamanca sin poder evitar desternillarse de risa con las sandeces que ve allí reproducidas:

Marcial estaba a un lado remeciéndose en el asiento y de cuando en cuando daba una palmada en el brazo de la silla. Tenía un librillo en la mano, y por lo que dijo después se conoció que era el *Gran Piscator del año 1727* [...]. En los movimientos convulsivos que hacían las clavículas y en el tijereteo de las quijadas daba muestras de que se reía, aunque por falta de pulmón y laringe no sonaban las carcajadas. Todo el asunto era celebrar tantos disparates en un cuerpo tan chico y se atragantaba con las muchas gracias que se le venían a la boca (1727: 33).

El barón Giuseppe Vernazza, que vivió en Piamonte entre los años 1745 y 1822, garantizaba conocer a muchos almanaqueros que desarrollaban su actividad como un divertimento, sabiendo que no iban a obtener por ello ninguna clase de reconocimiento (citado en Braida, 1990: 342). En el prólogo de un *Antireportório ou impugnação dos reportórios* (1757), el firmante, que se presenta a sí mismo como «um amante do público», dedica su discurso a los lectores, a los que pretende sacar de su «nimia credulidade» haciéndoles ver que los pronostiqueros solo buscan quedarse con sus ahorros cada anualidad:

> Não faço pequeno favor, pois ao mesmo passo que removo infinitos erros do teu entendimento, também te poupo os vinténs que anualmente dispendes na compra dos almanaques de Damião Francês, de Manoel de Violas, do Ermitão da Senhora da Hora, e d'outros ignorantes que tanto abusam da tua liberalidade (1759: sin numerar).

Actualmente, en el idioma italiano perviven dichos y sentencias que evidencian la unión entre astrología, mendacidad y chiste[23].

De vez en cuando, los pronostiqueros autoparodian su propia condición. Diego de Torres Villarroel encarna a la perfección el arquetipo del charlatán de feria pues, mientras estuvo con vida, representó «el papel de bobo en los entremeses de mi astrología» (1726c: sin numerar),utilizando sus mismas palabras. El haber sido profesor en Salamanca hace aún más interesante su caso, pues en su persona coexisten las facetas de catedrático y churrullero. En una fecha tan temprana como es 1726, se retrataba como «un estudiante entre herbolario y astrólogo, con una ciencia mulata, ni bien prieta, ni bien blanca [...]. Nunca soñé en docto, ni tengo traza de doctor, ni soy para ello» (1726e: 228). Años después, el género de la autobiografía le valió para exponer sin tapujos el contraste existente entre ocupar un puesto en la universidad y poseer el título de «Gran Piscator»:

> Yo quería esconder el hediondo nombre de astrólogo con el apreciable apellido de catedrático de otra cualquiera de las disciplinas liberales; pero contemplando utilidad más honrada la de no servir de estorbo al que ilustró con los primeros principios de la

---

23 «Più bugiardo di un lunario», «al lunari piasentein, quand a piova metta srein» ('el lunario piacentino, cuando llueve indica sereno') (Casali, 2003: 25). También existe el verbo «almanaccare», que literalmente significa 'creare artificiosi arzigogoli e stupefacenti piani privi di credibilità' (Bisi, 1978: 160).

latinidad y las buenas costumbres, me rendí a quedarme atollado en el cenagoso mote de *Piscator*. Por este cortesano motivo determiné a leer a la cátedra de Matemáticas (1971: 135).

En la comedia *El Hospital en que cura Amor de amor la locura*, se pinta «en traje de astrólogo ridículo» (Sala Valldaura, 1999: 434).

En cuanto a la relación entre burla y astrología, es pertinente hacer mención a la sonada chacota ideada por Geminiano Montanari, discípulo de Galileo y profesor de Astronomía en Bolonia y en Padua. En el curso de nueve años, los que van desde 1674 hasta 1685, Montanari estuvo imprimiendo el *Frugnolo degli influssi del Gran Cacciatore di Lagoscuro*. Con la finalidad de denunciar el carácter perjudicial de los pronósticos, Montanari no solo recurre al clásico argumentario, sino que esgrime «un'arma nuova, e sotto certi aspetti più efficace: quella del ridicolo» (Piancastelli, 2014: 84). Pese a que las predicciones eran escogidas al azar por él mismo y por sus colaboradores[24], el almanaque gozó de gran éxito editorial, pues fueron muchos los que creyeron ver escritos en él eventos que más tarde acaecieron. Montanari acaba dando a la estampa *L'astrologia convinta di falso* (1685), donde se excusa por haber llevado a cabo la farsa aduciendo que quería hacer reconocer el error a las gentes que todavía tenían por ciertos los augurios de los almanaques. En otros términos, su intención era «disingannare la maggior parte degli uomini» de una estafa acometida por «le imposture e le fraudi» de los astrólogos (1685: 1–2)[25].

El adjetivo «charlatanesco» aplicado a la astrología simboliza su alejamiento del saber académico, al igual que enfatiza el proceso por el cual el pronóstico «docto» se transforma en el almanaque de amplia difusión característico del Siglo de las Luces:

Una volta uscita dall'accademia e dai palazzi del potere, la letteratura pronosticante conosce una rinnovata stagione: si registra una più ampia diffusione dei libretti redatti in latino e in volgare e compilati dai filosofi della natura, dai dottori in arti e medicina delle università. Nello stesso tempo si determina un'articolata diversificazione del prodotto astrologico, che da sicentifico e specialistico si fa divulgativo, semplificato nella forma e nella lingua, destinato a lettori comuni. Il panorama dei libretti pronosticanti offre scritti in prosa e in versi, in latino e in volgare, compilati da *doctores* e da ciarlatani e poeti di piazza, redatti per ogni nuovo anno o per più anni consecutivi dino a quelli che valgono in perpetuo (Casali, 2012b: 175).

---

24 Han trascendido algunos nombres: Ulisse Giuseppe Gozzadini, Prospero Filippo Castelli, Girolamo Bentivogli y Domenico Guglielmini (Marchesini, 1940: 181).

25 Un resumen del episodio en el libro de Andrea Albini, *L'autunno dell'astrologia. Il declino scientifico del discorso sulle stelle da Copernico ai nostri giorni*, pp. 149–165.

Esto significa que la inserción del almanaque en el circuito de la literatura de gran difusión conecta con el decaimiento de la astrología como sistema de conocimiento válido; es decir, el género se consolida cuando «la puissance magique attachée a l'astrologie va être dénoncée comme abusive» (Bollème, 1969: 19). Casali imagina la astrología como una pirámide en cuyo vértice están los «dottori dell'università, i quali esercitavano la divinazione degli astri alla luce delle discipline per tradizione ad essa ffini: astronomia, matematica, filosofia e medicina» (2003: 20). En la base es donde permanecen «gli "astrologastri", mediocri avventureri della penna, frequentatori dei generi della letteratura di *colportage* che predicavano un'astrologia semplificata, annacquata e approssimativa» (2003: 20–21).

La visión satírica de la astrología se concreta en dos formatos de pronóstico bien distintos entre sí: el burlesco y el jocoserio. En ambos casos, los vaticinios no son enunciados por sesudos académicos, sino por personajes irrisorios que profanan la doctrina astrológica. Algunas veces se presentan como campesinos; otras son doctores incompetentes, simples locos en general, que a menudo portan un apodo jocoso. Se trata, en definitiva, de una representación de la «grottesca comicità del copione» (Camporesi, 1976: 88) presente en la degradación del referente que lleva intrínseca la parodia. Ahora bien, aunque existan elementos comunes, cada una de estas modalidades debe entenderse como un género autónomo. Delimitarlos con exactitud resulta fundamental para evitar confusiones. El pronóstico burlesco es reconocible en las tradiciones literarias europeas al menos desde el siglo XV (Chevalier, 1992: 94), o sea, que sus inicios corren parejos al nacimiento de la vertiene «ortodoxa» de la pronosticación. Cabe definirlo como un «ejercicio retórico» porque remeda la estructura tradicional del género en clave farsesca (Camporesi, 1976: 193). Plasma el «Juicio del año», las cuartas de las estaciones y las lunaciones, pero no hay en él ninguna información de utilidad. Es una «contrafacción» de la versión «oficial» del almanaque o, en otros términos, un «topos paródico» (Camporesi, 1976: 194, 205). Un rasgo adicional de estos pronósticos, llamados «de Pero Grullo» porque acumulanverdades triviales, es que suelen estar escritos en verso.

En la teoría bajtiniana, el pronóstico paródico se entiende como un intento por disolver el fatalismo de las pronosticaciones «serias», que continuamente anunciaban epidemias y desastres naturales (Bajtín, 1995: 209). En contraposición, la mofa de los presagios es una exhortación a los lectores al disfrute de la vida:

> En aquel tiempo, las predicciones serias eran muy apreciadas. [...] En la mayoría de los casos, tenían un carácter sombrío y escatológico. [...] Estas obras, típicamente recreativas y populares, no iban dirigidas principalmente contra la credulidad y la ingenua

confianza de la gente que cree en predicciones y profecías serias, sino contra su tono, su manera de ver y de interpretar la vida, la historia y el tiempo. Las bromas y la alegría se oponen a las ideas sombrías y serias; lo ordinario y cotidiano a lo imprevisto y extraño; las cosas materiales y corporales a las ideas abstractas y elevadas [...]. El objetivo artístico esencial de los pastiches de predicciones, profecías y adivinaciones es el de derrocar el sombrío tiempo escatológico de las concepciones medievales del mundo, de renovarlo desde el plano material y corporal, de hacerlo concreto, materializándolo y transformándolo en un *tiempo benigno y alegre* (1995: 209, 214).

François Rabelais es el máximo exponente de esta tendencia gracias a su *Pantagrueline prognostication,* impresa en 1533 y reeditada en sucesivas ocasiones a lo largo del siglo XVI[26]. En la literatura italiana es célebre el *Iudicio over pronostico de Maestro Pasquino Quinto evangelista del anno 1527* de Pietro Aretino, un ataque contra quienes habían vaticinado para el año 1524 una conjunción universal de los planetas en el signo de Piscis que desataría un fatal diluvio (Piancastelli, 2014: 66). El escritor cumbre de la literatura carnavalesca Giulio Cesare Croce inventó varias pronosticaciones perogrullescas: *Pronsotico almanacco taccuino calcolato per il dottissimo astrologo Maestro Braga Bollita dalle Calcette* (1575), *Pronostico perpetuo et infallibile composto per l'eccellente astrologo detto il Capriccioso* (1575) y el *Pronostico perpetuo sopra l'anno presente, calcolato al meridiano della fiera d'Agosto, ad instanza del mese di Settembre. A 25 dell'Estate, all'incontro dei salciccioni da Bologna, si vende come si trova a due soldi il boccale* (1600).

La muestra más antigua en español es el *Juicio sacado de lo más cierto de toda la astrología* de Juan del Encina:

Respecto al contenido debemos relacionar el *Juyzio* de Juan del Encina con otros pronósticos burlescos posteriores, pero especialmente con las *Profecías de Pero Grullo* [...]. A nosotros quien realmente nos interesa es el Pero Grullo metido a astrólogo, que pensamos se origina a partir del Pero Grullo de las verdades «que a la mano cerrada llamaba puño» [...]. Junto a la que podemos denominar *literatura antisupersticiosa,* constituida por las obras doctas que critican y atacan la astrología (pensemos en obras como las de Pedro Ciruelo, Juan de Horozco y Covarrubias, Martín del Río, Gaspar Navarro, etc.), Juan del Encina se sitúa en el origen de un tipo de poesía que adopta la actitud de las obras que satiriza, pero con un tono paródico (Hurtado Torres y García de Enterría, 1981: 23, 29).

---

26 No es el único pronóstico rabelaisiano: se sabe que los compuso durante los años 1535, 1541, 1546 y 1556, aunque no es descartable que haya ejemplares perdidos ejemplares (Bajtín, 1995: 142). Contamos con una edición moderna de los mismos (1974).

Se repiten con frecuencia obviedades como que la semana tiene siete días, enero es el primer mes del año y el invierno es la estación más fría (Hurtado Torres y García de Enterría, 1981: 25–28). Determinadas fórmulas han hecho fortuna en el marco de esta particular tradición literaria, como aquella que apela irónicamente a la voluntad de Dios para el asegurar el cumplimiento de los presagios:

> Mas quiero, como supiere,
> declarar las profecías
> que dicen que en nuestros días:
> Será lo que Dios quisiere
>
> (citado en Hurtado Torres y García de Enterría, 1981: 25).

Con Encina como referente, en los siglos XVI y XVII vieron la luz 33 pronósticos paródicos cuyos títulos compendió Antonio Hurtado Torres en un índice bibliográfico (1980). Todavía en el siglo XVIII se constata la sobrevivencia de la modalidad. Antonio Muñoz, «catedrático de prima de Buen Humor», concibió tres pronósticos «al revés» (1746, 1750 y 1752): «Estando yo un día cavilando sobre el dificultoso alivio que tenían mis continuas y crecidas dificultades discurrí que hacer un pronóstico sería de algún provecho y de poco trabajo, y su acierto no se podía errar, dando frío en el invierno, calor en verano, y en la luna cuartos crecientes y menguantes» (1746: 1). En sus publicaciones afloran frases del estilo: «Saturno el tragador pronostica ganas de comer en los hambrientos», «los ciegos no se podrán ver unos a otros, por más que se quieran», «dos eclipses habrá desde aquí hasta el fin del mundo: uno de bolsa, cuando no hay blanca, y otro de tripas, cuando no hay qué comer» (1746: 2, 4, 8). Simón de la Herradura, que dice llamarse así porque enmienda los yerros de los astrólogos, estampa en 1745 un *Pronóstico de burla y burla de pronósticos*. Ridiculiza los grados con los que los astrólogos adornan sus portadas fingiendo filiaciones con instituciones inventadas, como la «Universidad de Brutamonte» y la «Academia de Alfarache». Otras parodias dieciochescas de los almanaques son aquellas pergeñadas por un desconocido «Licenciado Lampiño» (1728), Juan de Arreaga (1746) y Antonio Ángel de Fábrega (1764 y 1767).

El almanaque jocoserio representa una vía intermedia entre la utilidad y la diversión que, según el parecer de Mercadier, es el sendero predilecto por el que transita el género en el XVIII (1995: 140). A diferencia del pronóstico burlesco, preserva los apartados funcionales aportando datos provechosos. Además, el tratamiento festivo de la astrología, en lugar de extenderse a la totalidad del opúsculo, está reservado a un espacio concreto. Generalmente, este consiste una breve ficción literaria en la que un personaje principal risible hace las veces de astrólogo proporcionando las noticias y las recomendaciones prácticas.

La vertiente jocoseria también comparte con las pronosticaciones «serias» la modalidad de publicación anual.

La burla de la astrología es una casuística a partir de la cual los escritores realizan variantes. Es decir, no es necesario comulgar punto por punto con esta actitud para sentir atracción por su vertiente literaria:

> Nella dinamica della produzione e della diffusione dei libretti per l'anno nuovo pronostico serio e pronostico burlesco non si pongono tanto in un rapporto di contrapposizione, quanto in uno di complementarità. Non si escludono a vicenda, richiamandosi l'un l'altro come risposte difformi, e solo apparentemente contrastanti, alle diversificate esigenze dei lettori, all'interno delle quali la richiesta di una guida pratica s'accompagnava al bisogno dell'evasione carnevalesca (Casali, 2003: 244).

Muestra de ello es la cantidad de almanaqueros que compusieron textos que difamaban su propio arte. Vitorino José da Costa, *Sarrabal Saloio*, publica en 1742 un papel de carácter antiastrológico, el *Prognóstico novo do cometa e mais impressões meteorológicas do ano de 1737 até o presente de 1742* (Lisboa, imprenta de Miguel Rodrigues). La obra recoge afirmaciones como la que sigue: «na verdade, que os almanaques, excepto as festas, feiras, lunações, eclipses e algumas conjecturas de políticas congruencias, são umas patranhas bem mal ordenadas para divertir o tempo a costa de um vintém» (citado en Carolino, 2003: 323, 325). Baldassarre Dall'Acqua, que rubrica el curioso almanaque *La Giostra de' pianeti* (1777), dejó escritos versos en dialecto mantuano donde se burla del vulgo iluso que compra los piscatores: «Vidi alcun lume ancor d'Astrologia, / sebbene il vulgo acclamila mendace, / e piacquemi seguirla; or ecco appunto / nel mille settecensattatasei / che un frutto di lei tratto offrisco al mondo» (citado en Giusti, 2005: 107).

En España, Gómez Arias da a la imprenta algunas pronosticaciones burlescas: *El piscator arrepentido, penitente y delatado por sí mismo* (1746), el *Pronóstico evidente* (1750), *El piscator para el año de 1751. Claro, porque no tiene eclipses; cuerdo, porque está sin lunas; y alegre, porque va en verso* (1750) y *El pronóstico seguro* (1753). En ellas asegura estar arrepentido de haberse dedicado a adivinar el futuro —«ya era tiempo que yo fuese apóstata de los errores y derrengado de las mentiras. Es, además de esto, este escrito un desengaño para todos los que me creían asido a las condenadas máximas de la astrología judiciaria» (1746: 11)—, al tiempo que juega con la idea de que, pese a su disparatada apariencia, los burlescos son sus pronósticos más serios: «Debajo de las verdades experimentales o de Pero Grullo que encierra, es el más juicioso de los siete que tengo publicados, y es un colirio para aquellos que, por estar ciegos, no ven las supersticiones y errores de la astrología, a quien infinitos dan crédito por ser bobos» (1746: 11); «Entre catorce almanaques en los que he vertido más embustes o tantos como los demás, razón era hacer uno sin embustes: él se fabricó en hospital de locos, y así es preciso que solo tenga verdades. Parecerán de Pero Grullo a los mentecatos presumidos e idiotas, pero yo sé que para los discretos tiene la cosa bastante alma y alusión» (1749: sin numerar).

Un cierto número de pronostiqueros mezclan adrede las burlas con las veras, de manera que es difícil determinar si se trata de almanaques burlescos o si, con base a las escasas referencias válidas que traen, pueden considerarse jocoserios. Un ejemplo es la serie de «el pobrecito Manuel Pascual» de Francisco de la Justicia y Cárdenas para los años 1739, 1740 y 1745 (Martín Puya, 2019), así como las publicaciones de Jorge de Cárdenas para 1740, 1750 y 1751, quien era del todo consciente de la ambigüedad que impregnaba su discurso: «¿Qué te parece lector, / miento, o digo la verdad? / Merece mi habilidad / más que el que acierte mejor, / tus cuartos en realidad» (1739: 11).

Los almanaques del mediodía europeo están plagados de alusiones que los vinculan al universo de lo charlatanesco. Esto ocurre no solo con los que son burlescos o jocoserios, sino incluso con los ortodoxos. La atribución de estos rasgos funciona como una estratagema para burlar las prohibiciones contenidas en los decretos eclesiales dado que, al asimilar los vaticinios a la pura palabrería, estos se desprenden de su poder aleccionador. La inserción de la doctrina astrológica en el paradigma de la comicidad patentiza la pérdida de respetabilidad de la disciplina, a la vez que reduce los efectos de las predicciones políticas al presentarlas como un pasatiempo. El proceso de redacción es concebido como una actividad que se ejecuta durante el tiempo libre, ya que, al tratarse de un asunto liviano, no requiere la atención de otra clase de negocios: «Scrivere il pronostico per il nuovo anno per "diporto", per "trastullo", per "scherzo", durante il tempo della villeggiatura estiva o in periodi non sovraccarichi di "negozi", è un *topos* letterario frequentemente utilizzato» (Casali, 2003: 20). Las cuestiones astrológicas se descubren como «un vago e inoffensivo racconto capace solo di nutrire la curiosità e il piacere della lettura» (Solari, 1989: XVIII).

Esta situación es perceptible en los títulos, como se confirma al desviar la mirada hacia el panorama francés, donde abundan fórmulas similares a «"sérieux et facétieux", "facétieux, sérieux, drolifique", "facétieux poétique et véritable", "crostilleux, plaisant et récréatif", "pièce galante et facétieuse, jeu…"» (Bollème, 1969: 30). El astrólogo boloñés Silvio Bongiovane es el responsable de la serie *Scherzi astrologici* (1664–1680), que significa «bromas astrológicas». En el ejemplar del 1660 declara que ha dado en escribir almanaques para colmar el tiempo de ocio durante los largos días de verano —«breve trattenimento di villa nella lunghezza dei giorni estivi»— (citado en Casali, 2003: 20). Giovanni Capponi, en una dedicatoria a Francesco Lomellini, recordaba cómo este, «nelle passate vacanze estive», había estado tratando de redactar un almanaque «casi en broma» («quasi scherzando») (citado en Casali, 2003: 123). Guglielmo Benincasa adereza su folleto casi por obligación: «più per sottrarmi dall'ozio dei tempi fastidiosi, che per diletto dell'animo» (citado en Bisi, 1978: 156). El autor de *Il Giano Celeste* (1682), que encubre su identidad bajo el apodo revelador de «Accademico Ozioso», insiste en que sus precogniciones provienen «da penna erudita (di soggetto mascherato) scherzandosi sopra fogli, intorno agli eventi più rivelanti dell'anno presente» (1682: sin numerar). Carlo Cesare Scaletta, en su primer almanaque, determina que sus pronósticos «sono figli di mera curiosità e piacere per divertire le notti e i giorni noiosi» (1721: sin numerar). En el 1784 sale a la luz *Il Gran Mirandolano. Astrologo per divertimento.*

El padre Pedro de Lissa, censor de *El jardinero de los planetas* de 1732, dictamina que «las predicciones astrológicas son buenas para divertir la ociosidad y pasar el tiempo» (Argenti, 1731: sin numerar). Entre 1733 y 1745, Francisco León y Ortega idea unos almanaques en cuya portada siempre puede leerse el título *El pronóstico entretenido*. Gómez Arias adopta una táctica comparable al bautizar el suyo como *Pronóstico divertido* (1735) y, luego, *Pronóstico entretenido* (1737).

Con respecto a Portugal, Afonso Castanho piensa que su almanaque es una «aplicação divertida» o una «travessura de génio» (1737: 1). Protásio Apiano denomina a su reportorio para 1738 *Sarrabal ocioso*. Cosme Francês juzga que ser astrólogo es un «divertimento para a nossa ociosidade» (1738: 9). «Isto foi por entretener ociosidades», había confesado Endimião Português en el 1736 (1736: 27).

El desprestigio provoca que el almanaque se presente bien como un fruto de la fantasía del autor, bien como un producto pensado principalmente para divertir a los compradores. Los españoles son muy prolijos a la hora de proporcionar detalles de este tipo. Para Francisco de la Justicia y Cárdenas, sus almanaques no son más que «patrañas» y «pataratas» (1738c: sin numerar). Cuando imprime *Los platicantes del Hospital General de Madrid*, Gómez Arias califica el papel de «disparate de pronóstico» (1745: 2). Pedro Sanz sabe que habrá quien encuentre alguna utilidad en sus cálculos, mientras que otros solamente leerán el reportorio para pasar un buen rato: «Estos borrones, que a expensas de una tal cual idea salen a la luz pública para ser norma del año venidero a unos y entretenimiento y juguete a otros» (1746: sin numerar). La dedicatoria de *El soto de Luzón* (1763) contiene esta confesión torresiana: «Yo no tengo entre mis cartapacios uno solo, que no esté cuajado de ideas, fantasías y voces extravagantes y enfadosas, y ya estoy sin esperanzas de poderme dedicar a los argumentos sublimes» (1762: sin numerar). En su penúltimo piscator, *El santero de*

Majalahonda y el sopista perdulario (1766), Torres describe los pronósticos que ha publicado durante su vida como «afortunados disparates» (1765: 8).

La ambición de Fuas Feio Fialho no consiste en ofrecer contenidos aprovechables, sino en hacer de su pronóstico una lectura recreativa: «quem se quiser divertir, fale comigo; quem quiser instruir-se em astrologias, leia por outros» (1744: 15). «Patranhas almanakeiras» son, para Cosme Francês, sus pronosticaciones (1739: sin numerar), así como la labor que él mismo desempeña, no es a su modo de ver otra cosa que una «jocosa aplicação» (1739: sin numerar).

En la *Musica delle sfere nell'anno MDCLVIII*, Tommaso Maria Martinelli se enfrenta a quienes defienden que la astrología constituye «giochi di passatempo, per non dire pazzie di elezione» (1658: sin numerar). Bongiovane se acoge al dictamen de la Iglesia, declarando su acatamiento de la doctrina del libre albedrío y afirmando que los asuntos políticos se tratan en su *Discurso astrologico* con la única intención de burlarse de ellos: «ha per vano e per fallace tutto quello che si dice dei casi futuri e contingenti in cose dipendenti dal libero arbitrio dell'uomo, e solo per scherzo, e non altrimenti in questo mio "Discorso" ho toccato alla sfuggita qualche cosa delle umane vicende» (1674: sin numerar). Uno que se hace llamar «Il valletto d'Urania», cuyo nombre real parece ser que fue Paolo Castelli, escribe que su intención es «scherzare, perchè tu nell'ore di ricreazione possi sollevarti con quelle mie ciancie» (citado en Cantamessa, n.º 1543). Por su parte, Francesco Moneti manifiesta que la influencia astral debe interpretarse como un simple capricho de las estrellas (1704: 13).

Tanto en el corpus español como en el portugués y en el italiano proliferan los comentarios acerca de «el mentir por las estrellas», como se refería Torres Villarroel al trabajo de preparar pronósticos (1721: 1). A propósito de este particular, Mercadier había decretado que «la naturaleza mentirosa del almanaque aparece presentada por todas partes, a veces de una manera vertiginosa» (2009: 280). Siguiendo con el ejemplo torresiano, una lectura somera de sus escritos revela las veces en las que iguala la astrología judiciaria a un cuento para engañar bobos. En el «Prólogo, no es para todos: habla solamente con algunos presumidos, perdularios, que andan muertos de hambre y de envidia hablando mal de cuanto ven, oyen y no entienden», dice sin más preámbulos: «Este pronóstico es como los demás un rebujón de disparates y mentiras. Los príncipes, que mueren, los potentados, que enferman, las casas, que se caen, y los navíos que se hunden, todos se fabrican y se hacen en la cabeza de los astrólogos, y de allí no salen las desgracias, ni las felicidades» (1738: sin numerar). «¿En orden a mis calendarios? Digo que hay en ellos verdades y mentiras», ratifica en *La junta de médicos* (1739b: 14). «Kalendarios o mentiras (que todo es uno)», arguye en *La nueva ciudad de San Fernando* (1748: 2).

Muchos pronostiqueros deciden imitarle: «No es mucho mentir una vez para todo el año», se burla León y Ortega (1735: sin número), para luego convenir: «¿Qué es hacer un pronóstico? Qué ha de ser: es mentir a boca llena [...]. No es otra cosa, más que un seminario de embustes, una Puerta del Sol de patrañas y unas Gradas de San Felipe de embolismos» (1735: 13). En su primer prólogo, Jerónimo Audije de la Fuente reflexiona acerca de lo que comentarán los murmuradores cuando vean su piscator saliendo de las prensas: «¿Quién será este nuevo kalendariero, que con la aritmética de sus embustes pretende aumentar el número de los mentirosos? [...] ¿Quién es este brujuleador de influencias, que solo tienen dominio en nuestras bolsas?» (1751: sin numerar). Con bastante asiduidad los astrólogos excusan su manía de no decir la verdad alegando que no son los únicos que mienten: «Todos mentimos, y venda cada pobre sus mentiras como pudiere» (Torres Villarroel, 1723: 3); «Si todo está sujeto a embustes, falencias y conjeturas, ¿por qué al pobre astrólogo se le ha de achacar tan solamente que miente?» (Gómez Arias, 1738: 2); «El mundo está lleno de maniáticos; démonos todos por buenos, ya que somos tan malos los unos como los otros; y cada uno toque la zampoña de su manía, sin andar echando vejigatorios y sajaduras al demás allá». (León y Ortega, 1744: sin numerar).

En el almanaque de Afonso Castanho, un personaje que representa a un pronosticador pide «licença para mentir com lucro, garbo e bizarria» (1737: 8). Fuas Feio Fialho concede ser un «autor de embustes» (1741: 3). Para Protásio Apiano,

> hoje todos furtam e todos mentem nos seus ofícios e o modo não particularizo. Tanto se te mateado no nosso tempo esta peste que até os taverneiros mentem e furtam nas medidas, as padeiras no peso, os alfaiates na corte, os mercadores na polegada... E poeta e astrologo, furte e minte como astrologo e poeta e seram os seus furtos e mentiras duplicados como o são os ofícios (1737: sin numerar).

En Italia, Francesco Moneti asume la culpa de la falibilidad de sus conjeturas, arriesgándose a quedar como un mentiroso: «In tutte le sopradette cose però mi protesto di parlare secondo la semplice congettura, servendomi di queste regole generali, che spesse volte riconosco fallaci, onde posso facilmente restar bugiardo» (1699: 10–11). «Esser della bugia fedele amico / l'astrologo si trova», rima más adelante (1701: 73). El «Gran Villano di Valle Calda» deplora las «bugiarde invenzioni» de los astrólogos, e insta al lector a no creerle ni a él ni al resto (1705: 5).

En función del idioma que manejen, los astrólogos reclaman su «real de plata», sus «vinténs» o sus «quattrini», al igual que los charlatanes de feria. De esta manera, el autor deja en ridículo al ingenuo que derrocha su dinero en adquirir embustes: «Buena o mala, dieciséis cuartos te ha de costar la mojiganga, y si te parece cara, vete al astrólogo más abajo. Disparates tenga yo, que compradores no me han de faltar» (Torres Villarroel, 1726: sin numerar); «El más sabio [de los astrólogos] es un embaidor que solo estudia en hurtarte el tiempo y el real de plata» (Torres Villarroel, 1736: sin numerar); «Tú te reirás de lo que siempre ha de sobrarme, que son pronósticos; y yo de lo que puede hacerte falta, que es tu dinero» (León y Ortega, 1737: sin numerar). Como si de un reclamo comercial se tratase, Argenti argumenta que «si algún otro te ha de engañar en un real de plata, mejor será que lo emplees en *El jardinero de los planetas*» (1733: sin numerar). Mientras tanto, Alejos de Torres dedica su almanaque del año 1737 «Al curioso, discreto y magnífico señor que diere un real de plata». Dada la homofonía existente en el término «cuarto» entendido como dinero y como un aspecto lunar, los almanaqueros españoles gustan de hacer juegos de palabras atendiendo a este doble sentido: «Quisiera [...] sacar algunos cuartos de ustedes con los míos de luna», advierte Gómez Arias en el «Prólogo a todo lector» (1736: sin numerar). «Den sus cuartos por mis cuartos, / que en esta anual guirigaña, / correrá bien mi comercio, / si el producto no se para», versifica burlonamente Justicia y Cárdenas (1738c: sin numerar).

Los portugueses tampoco vacilan a la hora de pedir sus «vinténs»: «O juízo que della se deve fazer é ser um deliramento engenhoso, pois estou certo que eu a imitação dos mais escrevo o que da pena corre sem estudo, nem violência, ainda que con aparente artifício, para gadanhar os vinténs» (Costa, 1738: 9); «Senhores leitores: os lacedemónios pelas leis do seu Licurgo, sei eu, que davam premio a quem furtava cum subtileza, e vossas mercês pela urbanidade do seu brio, dão a limitada quantia de pouco vinténs a quem mente com habilidade» (Fialho, 1740: 4); «Com V.ms. me quedo que gostam do jocoso, e eu ainda mais do seu dinheiro» (Fialho, 1745: 4). Nótese la expresividad de este párrafo extraído de *O cego astrólogo*:

> Protesto, que tudo o que digo não tem mais estabelecimento e certeza que a palavra de astrólogo e cego, que é o mesmo que de alfaiate, pelo que tem de mentira. Suponho que não o estranharam vossas mercês, pois estão bem costumados a estas patranhas, modo de garfiar vinténs dos esconderijos de sua avareza para remédio de cegos, impressores e astrólogos (Pequeno, 1739: 30).

Luca Ricci, en una nota «Al curioso lettore», proclama que con su almanaque ha pretendido recaudar los «quattrini» de los que está necesitado (1725: sin numerar). Por su parte, el *Meneguino critico* termina solicitando —no sin gracia— las monedas de los lectores:

> Lettor che prendi questo libro in mano,
> se per sorte non sai di poesia,
> o sei poco cortese, o poco umano,
> tienti i quattrini in tasca, e vanno via

(Anónimo, 1782: 1).

Tercer capítulo: El almanaque, género editorial

3.1. Materialidad

José Maria Eça de Queirós, en las *Notas contemporáneas*, imaginaba cómo sería la entrada de un almanaque en un típico hogar portugués: «tal folheto de papel pardo, de grossas letras negras […] entrava pelos castelos, rompia alegremente pelos casebres, ainda húmido do tempo e da tinta gorda, e à noite, ao serão, acabava de secar diante da lareira, contando as grandes cousas do Céu e da Terra» (1970: 384). Según deja entrever este testimonio, el almanaque se corresponde con una publicación de aspecto grosero, pequeña, impresa en papel de mala calidad y con unos tipos de letra desgastados y sin refinar. En fechas recientes, Hans-Jürgen Lüsebrink ha reconocido una «materialidad específica» del almanaque del Antiguo Régimen a nivel europeo semejante a la propuesta por el novelista luso: «le petit format […], la mauvaise qualité du papier, des gravures sur bois, pour les XVIIe et XVIIIe siècles» (2003: 343).

Esta descripción es representativa de una parte importante de los almanaques portugueses, españoles e italianos de la Edad Moderna, si bien, como señala Margarida Cunha, «a encardernação do almanaque adaptou-se à função informativa e social que estas obras foram tendo, reflectindo a evolução do gosto, os estilos e a posição social de quem os deteve em certa época. […] O uso condiciona a encadernação» (2002: 25, 27). Así pues, es preciso esforzarse por advertir cuáles son los rasgos materiales genéricosdel almanaque para después poder registrar las singularidades reconocibles en las distintas tipologías, épocas o países. Cunha determina que, en sus comienzos, la apariencia externa de los pronósticos era notable porque se propagaban por circuitos especializados y, además, algunos de sus usos, como la navegación, requerían de un soporte resistente (2002: 25). Sin embargo, cuando empiezan a difundirse por vías de distribución masivas, estos ven rebajada su calidad material, pues el modo de fabricar tal cantidad de productos tipográficos sin comprometer la economía del taller implicaba sacrificar la condición física de las piezas: «Se os primeiros eram obras de consulta de eruditos, de navegadores, de médicos e demais cientistas, naturalmente o material que os protegia era sólido e adaptado ao uso. Não é, pois, lógico encontrar estas peças encardernadas artisticamente nos tempos recuados dos séculos XVI, XVII e XVIII» (2002: 25).

En cuanto al tamaño, los almanaques fueron publicados en diferentes formatos. Uno de ellos es el cartel o «calendario mural», denominado «manifesto» en italiano y «almanaque de porta» en portugués. Este se disponía «en tiendas, tabernas y demás puestos públicos»[27]. Debió haber sido un modelo innovador en el momento de su creación, pues Jaime Moll solo documenta calendarios murales en España a partir del siglo XVII (1996: 254), y otro tanto ocurre en Italia. Probablemente, tambiénse editase en formato cartel la *Folha do ano* portuguesa, cuyo privilegio de impresión está cambiando de manos a lo largo del siglo XVIII (Radich, 1981: 14). Por razones obvias, este prototipo se pierde fácilmente, pues está expuesto en un grado mayor a las inclemencias del tiempo. Está impreso por una sola cara, como una hoja volante, aunque hay ejemplares que constan dos pliegos (Moll, 1996: 255). El «Juicio del año», las lunaciones, los eclipses, las fiestas movibles, etc., se presentan de modo apaisado y en columnas. No es extraño hallar pequeñas viñetas que ilustran el cambio de las estaciones, representaciones de los signos del Zodiaco y dibujos de las labores agrícolas típicas de los doce meses del año.

El grueso de la producción almanaquera se edita *in-quarto* (un pliego de imprenta doblado dos veces), *in-octavo* (tres dobleces), en 16º (cuatro dobleces)...[28] Los catálogos bibliográficos confirman que el 8º es el formato más común del almanaque español (Casas-Delgado, 2017: 69; González-Sarasa Hernáez, 2019: 300). En esto se distinguen de los demás materiales pertenecientes a la literatura de cordel, que se imprimen mayormente en 4º (García de Enterría, 1973: 61). Los estudiosos portugueses establecen que la medida habitual del pronóstico luso es el 8º, tanto en el siglo XVII como en el XVIII (Soares, 1946: 8; Carolino, 2002: 33). Las series del *Sarrabal Saloio* y de *O cego astrólogo,* en cambio, miden 10x15 centímetros (Lisboa, 2021: 268). Respecto a los almanaques en lengua italiana, el panorama es complejo, pues las medidas varían de un Estado a otro. Como se extrae de la consulta del catálogo elaborado por Leandro Cantamessa, la mayoría de los pronósticos aparecidos en los siglos XV, XVI y XVII estaban en 4º, aunque después sus dimensiones decrecieron. Lodovica Braida sostiene que la medida estándar del almanaque dieciochista oscila entre el 16º y el 24º (1995: 45). En la República de Venecia, el astrólogo Luca Ricci da a luz

---

27 AHN, Consejos, leg. 29916. Citado en Moll, 1996: 253.
28 Sin negar el potencial pedagógico de esta taxonomía, no debe perderse de vista que se trata de una convención que puede verse alteradaa en función de los criterios adoptados por los diferentes países, por lo que el cálculo en centímetros resulta la fórmula con la que es más fácil acertar en un examen comparativo.

sus pronósticos en 8° y en 12° (Cantamessa, n.º 6703 y 6706 bis), mientras que los *Fasti storici* de Bartolomeo Albizzini se ajustan al 16° (Parenzo, 1896: 34). Los parmenses tienen una medida aproximada de 12x16 centímetros (Chiari, 2011: 43). De su labor de descripción de los pronósticos del XVIII albergados en la biblioteca de la Società Storica Lombarda, Marina Bonomelli saca en conclusión que muchos fueron confeccionados «in piccolo formato, in-12° o in-16°» (2010: 309). Para los almanaques piamonteses, Lodovica Braida recalca que los reducidos miden 10x6 cm, y los grandes tan solo 15x10 cm (1989: XII, 39).

La propensión al empequeñecimiento se percibe también en Francia;de acuerdo con Geneviève Bollème, esta circunstancia está relacionada con los comienzos de la explotación comercial del género y con la urgencia de transportar los materiales sin hacer demasiados esfuerzos (1969: 26).

El formato de los almanaques españoles, italianos y portugueses de la Edad Moderna coincide con el del resto de Europa, siendo el 8° y el 12° los máshabituales , seguidos del 4° (Lüsebrink, 2003a: 343). No es del todo infrecuente encontrar tamaños dispares dentro de una misma serie: la primera edición de *Le stelle parlanti del Gottardo*para el año 1695 se imprime en 16°, pero las siguientes lo hacen en 12° (n.º 3233). A veces, la elección suponeun intento por parte de un autor de ofrecer a los compradores un producto con nuevas funcionalidades. Así, José Patricio Moraleja y Navarro, que desde 1750 venía estampando el *Gran Piscator de Sarrabal de Milán*, decide disminuir el tamaño de su pronóstico hasta los 16° en la entrega de 1752 «para convertir el almanaque en un calendario manual que permita manejarse en el denso programa de cultos religiosos» (Durán López, 2015a: 98).

De conformidad con los criterios empleados para clasificar la literatura popular impresa, los almanaques se dividen en cuatro formatos: hoja volante, pliego suelto (no más de dieciséis páginas), folleto de cordel (máximo de cuarenta y ocho páginas) y libro de cordel (de cuarenta y ocho páginas en adelante)[29]. Casi siempre se han enmarcado dentro de la categoría de los libros de cordel, si bien en el Siglo ilustrado emergen modelos que exceden estos límites, debido a que el nivel de complejidad temática de las obras aumenta. En Piamonte, los pronósticos simples tienen alrededor de 20 o 30 páginas, mientras que los que presentan «artículos y rubrícas varias» llegan hasta las 100 e incluso a las 200 (Braida, 1989: 39). A pesar de la aparente lógica que esconde esta premisa, lo cierto es que hay excepciones que parecen desmentirla, al menos en parte. Portugal constituye un caso llamativo, ya que ahí los almanaques son

---

29 Se sigue la taxonomía de Mendoza Díaz-Maroto (2001: 29).

realmente breves —su amplitud se limita a las 16, 24 o 32 páginas (Carolino, 2002: 34) o, como mucho, a las40 (Lisboa, 2021: 268)—, pero esto no es óbice para que exhiban asuntos análogos a los españoles e italianos, pero de manera abreviada. Por el contrario, en el escenario italiano, ciertas pronosticaciones, a pesar de no añadir compendios ni otras secciones, superan las cincuenta páginas. Esto ocurre con los *Scherzi astrologici* de Silvio Bongiovane (1664–1680), que traen consigo una dedicatoria, un prólogo, el discurso general, las fiestas móviles, las cuatro témporas, los números del año y un breve diario de cuartos de Luna. Pese a todo, los ejemplares alcanzan las setenta páginas al haberse expandido los apartados.

Muchas veces se ha afirmado que los almanaques se estampaban utilizando papel de mala calidad, aunque lo cierto es que es no es sencillo recabar datos fehacientes acerca de la cuestión. En un artículo publicado en 1925, Cristóbal Espejo rescataba un pleito acontecido entre 1680 y 1755 en el que la Hermandad de la Visitación de Ciegos de Madrid se enfrentaba a Julián de Paredes, Juan Antonio de Bedmar y Valdivia, Antonio Vozarrón y Juan Sanz, tipógrafos con oficina en la corte. Los ciegos acusaban a los impresores de haberles vendido pronósticos en papel pobre para quedarse ellos con el de mejor calidad, que luego despachaban por un precio mayor (1925: 206–236). Por «mandato legal», en 1751 el rey Fernando VI ordena utilizar el papel de hilo para todos los impresos del reino (1925: 236). Por si fuera poco, es bien sabido que ciertos modelos de almanaque se publicaban a propósito en un papel de calidad superior. Valga como ejemplo la *Folha do ano* portuguesa que, en consonancia con lo establecido en su privilegio de impresión, debía ser vendida a 15 reales y estampada con materiales de buena condición (Radich, 1981: 14). Algo similar ocurría con los almanaques de corte. Luego las roturas, los cortes y las manchas que con tanta asiduidad se dejan ver en los almanaques no siempre están causadas por el uso de un papel deficiente.

Durante un tiempo, la encuadernación, en caso de existir, acostumbraba a ser «a la rústica». Entre finales del siglo XVIII y comienzos del XIX, cuando se instala la costumbre de regalar un almanaque entre las clases acomodadas, algunos volúmenes se editaránen vitela, en seda o entretejidos con oro y plata (Cunha, 2002: 26).

Un estudio de las condiciones físicas de los almanaques conlleva hacer alusión a las tintas utilizadas en su fabricación. De nuevo, es una información frecuentemente repetida, aunque no lo suficientemente contrastada, que la tinta era de ínfima categoría. En lo referente a España, es posible que su calidad no fuese óptima, ya que, como demostraron Milagros Cárcel y José Trenchs, «la fabricación de la tinta durante los siglos XVIII y XIX era una pervivencia de la

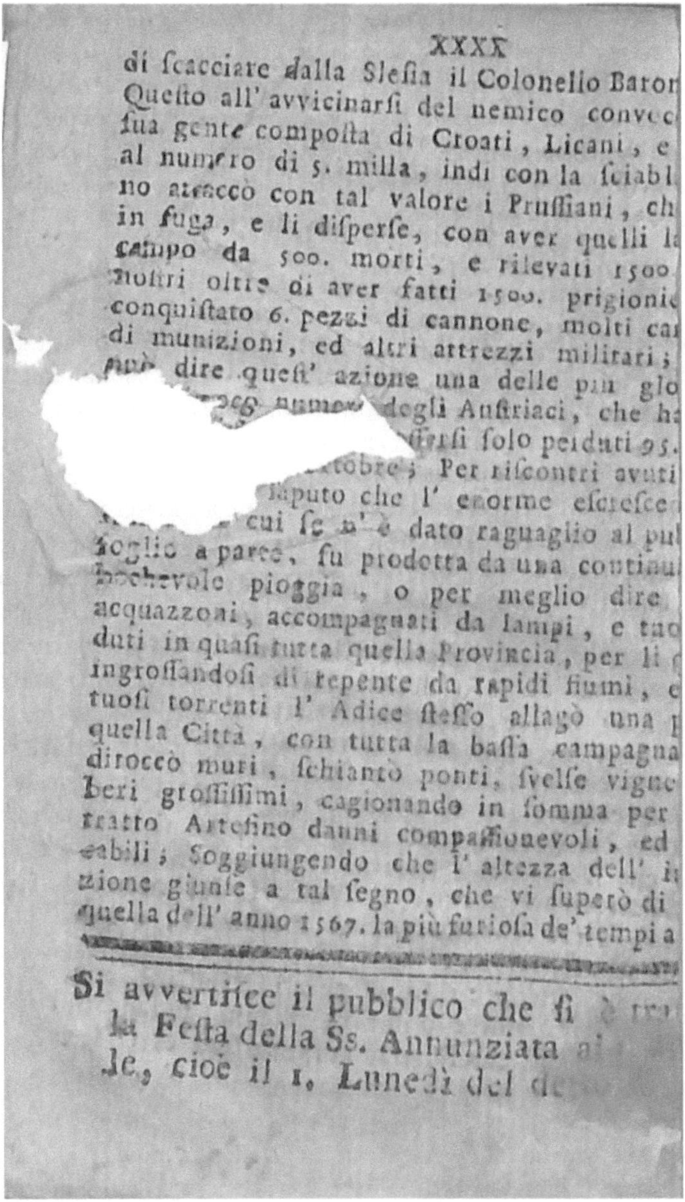

XXXX

di scacciare dalla Slesia il Colonello Baron
Questo all' avvicinarsi del nemico convec
sua gente composta di Croati, Licani, e
al numero di 5. milla, indi con la sciabl
no attacco con tal valore i Prussiani, ch
in fuga, e li disperse, con aver quelli l
campo da 500. morti, e rilevati 1500
nostri oltre di aver fatti 1500. prigioni
conquistato 6. pezzi di cannone, molti ca
di munizioni, ed altri attrezzi militari;
può dire quest' azione una delle più glo
...eo numero degli Austriaci, che h
...rsi solo perduti 95.
...tobre; Per riscontri avuti
...puto che l' enorme escresce
...cui se n' è dato ragguaglio al pu
foglio a parte, fu prodotta da una continu
...evole pioggia, o per meglio dire
acquazzoni, accompagnati da lampi, e tuo
duti in quasi tutta quella Provincia, per li
ingrossandosi di repente da rapidi fiumi, e
tuosi torrenti l' Adice stesso allagò una
quella Città, con tutta la bassa campagna
diroccò muri, schiantò ponti, svelse vigne
beri grossissimi, cagionando in somma per
tratto Artefino danni compassionevoli, ed
...abili; Soggiungendo che l' altezza dell' i
zione giunse a tal segno, che vi superò di
quella dell' anno 1567. la più furiosa de' tempi a

Si avvertisce il pubblico che si è tr
la Festa della Ss. Annunziata a
le, cioè il 1. Lunedì del d

Figura 1. Rotura de la última página de *La Luna in corso* del «Dottor Vesta Verde» para el año 1756. Ejemplar conservado en la Società Storica Lombarda.

época medieval» (1979: 422). Los pronósticos españoles, italianos y portugueses se decantan por la tinta negra, y solo de manera anécdotica se advierte algún ejemplar polícromo.Casi siempre, el color adicional que aparece es el rojo.

En el siglo XIX, los formatos reducidos se abandonan en favor del almanaque en 4º. Esto es debido a que las imágenes incluidas en el interior del opúsculo aumentan en cantidad y tamaño y, por ende, es forzoso proporcionarles una mejor calidad gráfica (Botrel, 2003a: 106).

3.2. Producción, difusión y venta

La impresión de almanaques era una actividad rentable en el Antiguo Régimen tipográfico puesto que, arriesgando un escaso capital inicial, eran muchas las posibilidades de recuperar el dinero invertido. Dado que es una publicación pensada para el año nuevo, todos los intervinientes en el proceso de composición del reportorio tienen que ajustarse a unos tiempos marcados previamente. Las piezas se redactan durante los meses de verano, como sabemos por la lectura de los pronósticos españoles y portugueses, donde los autores se retratan a sí mismos en el momento de escritura: «Yo me tendí una de las mañanas de julio sobre un sillón de los que rodean el bufete de la gran Librería del Rey, a orearme de los bochornos que sacan a la cara muchos cumplimientos cortesanos» (Torres Villarroel, 1741: 1); «una mañana del agosto pasado» (Torres Villarroel, 1748: 2); «caminando una mañana del fogoso julio por los espaciosos campos de Azálvaro» (Martín, 1762: sin numerar); «aluguei um mariola para me levar o tubo e um marotete para o compasso, e fui em uma noite de agosto caminando com os dois indivíduos para Penha de França» (Fialho, 1741: 6). Los tipógrafos ponían a funcionar sus prensas en otoño para que los opúsculos pudiesen estar distribuyéndose a finales de año.

Las imponentes cifras de venta de los almanaques solamente son equiparables a las de la literatura religiosa (Lüsebrink, 2000a: 47). En el Siglo de las Luces, se estampan en el reino de Piamonte «poco meno di un centinaio di almanacchi», mientras que en la Lombardía austriaca se superan los 300 títulos, de los que 273 ven la luz en Milán (Braida, 1996: 194). En Venecia se editan 95, sin contar los de Bérgamo (24), que hasta 1797 perteneció a dicha República. Si la Toscana aparecieron 27 cabeceras, en los Estados gobernados por el papa se imprimieron 58 (Chiari, 2011: 36). No contamos con datos suficientes para contabilizar los niveles de producción en Padua, Treviso, Vicenza y Verona (Braida, 1996: 194). De las demás ciudades, se ha calculado que se tirarondos almanaques en Génova, uno en Lucca, cuatro en Módena y ocho en el reino de Nápoles

(Braida, 1995: 48). Hay ausencias notables, como es el caso de Roma, donde apenas sí hubo pronosticaciones:

> A fronte dei casi di Piamonte (ove durante il Settecento fu stampato un centinaio circa di testate) o dell'area lombarda (ove nel corso del secolo vennero editi oltre trecento almanacchi tra Milano, Pavia, Cremona, Gallarate e Como), per i domini papali si può parlare di circa 60 pubblicazioni similari edite nello stesso periodo, di cui però ben 47 (il 78,3%) impresse a Bologna —città particolare per configurazione politica e culturale— e soltanto 7 (l'11,7%) stampate nella capitale tra la seconda metà del XVII e la fine del XVIII secolo (Formica, 1995: 120).

Sobre el número de ejemplares distribuidos, Braida sostiene que la tirada más reducida en Piamonte era de 500 ejemplares (1989: 97).A partir de ahí, el impresor Giacomo Giuseppe Avondo distribuía4500 de *La sibilla celeste* (1989: 97). En Turín, Giuseppe Antonio Morano despachaba 2500 copias anuales del *Almanacco monferrino*, al tiempo que se vendían 3000 del *Rustico indovino* (Braida, 1989: 81, 97)[30]. Todos los años, en la ciudad de Milán ,se ponían a disposición de los clientes 3000 volúmenes de *La pellegrina celeste* (Bonomelli, 2010: 311). Si del veneciano *Schieson* salían al mercado 40 000 ejemplares, del *Barbanera* de Foligno lo hacían nada menos que 60 000 (Sobrero, 1987: 19).

José Ramos Tinhorão registra en 60 000 las ventas anuales de piscatores en el Portugal peninsular durante el siglo XVIII (1988: 248). Para ese periodo, Luís Miguel Carolino estima que debían imprimirse «por ano entre quinze e vinte mil exemplares de prognósticos e lunários» (2002: 33). Los autores confirman la verosimilitud de estas informaciones: Leonardo Vas de Brito, en el *Sarrabal lusitano* de 1720, manifiesta que «todos os Sarrabais Lusitanos que se imprimem (sendo en quantidade) não bastam para satisfazer o apetite dos curiosos e ano houve em que foi necessário reimprimi-los» (citado en Carolino, 2002: 62).

Los acercamientos a la cuestión en España se han llevado a cabo a partir de la figura de Diego de Torres Villarroel. Iris M. Zavala calculaba que una tirada de sus almanaques contaba con unos 1500 ejemplares aproximadamente (1978: 204). Apoyándose en el testimonio de Torres, quien en 1761 garantizaba haber ganado 900 000 reales, Jesús T. Álvarez defendía que el Gran Piscator de Salamanca habría conseguido expender 121 428copias de sus almanaques[31].

---

30 Estas cifras se han extraído de una encuesta realizada en el año 1783 por iniciativa de Carlo Perrone di San Martino, secretario de Estado de Asuntos Exteriores del rey Vittorio Amedeo III, y de Lodovico Morozzo, vicepresidente de la turinesa Academia de las Ciencias. Consúltese Braida, 1989: 94.

31 Véase la nota 4 para comprobar la revisión propuesta por Durán López a las cuentas de Álvarez. La aceptación de esta literatura queda demostrada no solo por las grandes

Los números coinciden con los de otras naciones de Europa, aunque en ocasiones pueden rebasarse las estimaciones expuestas. El panorama británico ha sido suficientemente definido por Keith Thomas, quien asevera que ningún otro objeto tipográfico —ni siquiera la *Biblia*— tuvo la buena acogida que se le dispensó al almanaque:

> By 1600 there had been probably over 600 different almanacs published in England, and they were still on the increase. The numer of separate almanacs issued in the seventeenth century has been estimated at more than 2000, and well over 200 authors must have been concerned in their publication. The size of the typical edition is unknown. But it is significant that almanacs, like Bibles, were exempt from the original limit of 1250 to 1500 copies imposed by the Stationers' Company on single editions of other publications. William Lilly's annual almanac and prognostication, *Merlinus Anglicus,* printed 13 500 copies in 1646, 17 000 in 1647 and 18 500 in 1648. By 1649 it was said to be selling nearly 30 000 a year. This particular almanac was unusually popular, but it is clear that the figure of 3 000 000 to 4 000 000, which is sometimes suggested as the total production of almanacs in the seventeenth century, is a distinct under-estimate; the ten years after November 1663 alone nearly reached that total. Not even the Bible sold at this rate (1971: 348–349).

Geneviève Bollème consignaba entre 150 000 y 200 000 las copias totales de las pronosticacionesfrancesas más populares[32]. En Italia, las formas básicas de los almanaques alcanzaban a las 30 000 copias y reportaban a los tipógrafos entre 50 y 100 liras anuales (Braida, 1989: 98). Un fenómeno similar se observa en España a propósito de los «almanaques básicos» y los «calendarios-cartel»: «Se trataba de explotar una utilidad funcional demandada por el público, ofreciendo un producto lo más barato y repetitivo posible, para rentabilizar al máximo tiradas extensas a bajo precio de venta» (Durán López, 2022a). Esta modalidad editorial, por su indudable interés pecuniario, favorecía un tipo de negocio basado en privilegios de impresión, tanto en el contexto italiano —«il loro successo era tale che sei stampatori su dieci detenevano la privativa di un lunario» (Braida, 1995: 47)—, como en el español (Moll, 1996) y el portugués (Radich, 1981: 14).

Con todo, a la hora de interpretar las cantidades, conviene tener en consideración el número de habitantes de los territorios, pues este es un dato

---

tiradas, sino también porque Torres la publicó desgajada del contenido astronómico-astrológico en 1739 y en 1752. Vuelve a incluir los textos de sus pronósticos en los tomos IX y X de sus obras completas, las primeras por suscripción en España.

32 «Nous savons que ces almanachs ont eu des tirages de 150 000 à 200 000 exemplaires, ce qui était à l'époque fort remarquable» (1969: 14).

imprescindible para saber cuál es la magnitud real de la producción. Tampoco hay que olvidar que ocasionalmente las cabeceras eran objeto de reimpresiones, por lo que las unidades vendidas podrían incluso verse incrementadas. A estos elementos se suman las ediciones falsificadas, las cuales abundan en el mercado editorial del almanaque a escala europea dada la enorme demanda del producto. La piratería española afectó al calendario mural de cuyo privilegio de impresión gozaba el portero del Consejo de Castilla. Así lo prueba el pleito que Antonio Sanz, poseedor de la prerrogativa, interpone en 1761 contra Matías Moreno y Francisco Delgado, impresores logroñeses, quienes supuestamente estarían confeccionando el pronóstico de manera ilegal (Durán López, 2022). Con el fin de evitar los plagios

> Antonio Sanz imprimía en sus portadas unos simbolitos flanqueando la viñeta central, para ponérselo difícil a los falsificadores y autentificar los ejemplares: junto con los tacos en madera para representar soles y lunas, servían de caracteres privativos cuya posesión o encargo denotaba el intento de imprimir almanaques (Durán López, 2022a).

Al menos en una ocasión, en 1737, Torres se dirige al Consejo para denunciar que sus almanaques se estampan sin su permiso, aun habiéndose superado el año natural de vigencia de la publicación[33].

En 1711, Pompeo Campana hace pública en su imprenta de Foligno una *Apocatastasi celeste* en cuya portada figura el nombre de Francesco Moneti, aunque es falsa (Cantamessa, n.º 5224). Con anterioridad, Moneti había protestado por los hurtos que sufría a cuenta de las ediciones espurias, aunque en vista de los acontecimientos, no parece que sus quejas fuesen escuchadas. En 1701, había animado a sus seguidores a certificar que el pronóstico que se llevaban a casa había salido de las prensas de Vincenzo Vangelisti en Florencia:

> Questa per il terzo anno è la terza volta che uno stampatore ha fatto il compare al mio *Discorso Astrologico*, e in quest'anno poi non è stato solo, mentre per quanto mi è stato significato dagli amici, tre altri librai in diversi luoghi l'hanno ristampato [...]. [Lettore carissimo] veda se è stampato in Firenze nella stamperia del Vangelisti, perchè se è stampato altrove, non lo tengo per mio (1700: 3–4).

En la salida de *Gli arcani delle stelle* para el año 1666, Antonio Carnevale da los nombres de varios tipógrafos que reproducen sin permiso sus publicaciones — Baldasarre del Giudice (Lucca), Grisei y Piccini (Macerata), Sarti (Bolonia) y Giulio Bulzon (Ferrara)—, recordando que solo Francesco Onofri en Florencia

---

33 AHN, *Cons.,* 50632, exp. 146. Tomo la noticia de Durán López, 2022a.

y Francesco Valvasense en Venecia tienen la potestad de imprimir sus almanaques (Cantamessa, n.º 1492).

Es posible que las acusaciones aparezcan antes de que se produzca el engaño,
como ocurre en la querella que enfrenta en 1750 al librero veneciano Basilio
Baseggio con el impresor Domenico Lovisa. Basilio había estado costeando
junto a su hermano Gaspare la publicación de *L'almanacco, ossia prognostico
degli influssi sopra gli anni correnti* en la oficina de Lovisa. Sin embargo, no
les convencía el trabajo del editor, por lo que decidieron mudar de negocio y
replantear su empresa con otro autor material. Ante una situación tan adversa,
Lovisa decide recomponer él mismo el pronóstico basándose en el modelo de
los años precedentes, lo cual, al llegar a oídos de los hermanos Baseggio, fue
puesto en manos de las autoridades competentes para que se paralizase inmediatamente la edición[34].

Alrededor del año 1750, el librero lisboeta João Rodrigues denuncia la comercialización de una impresión del pronóstico de Damião Francês en la villa de
Golegã, de cuyo privilegio él era el único depositario:

> Em 1757, o livreiro João Rodrigues requer ao Desembargo do Paço que seja proibida
> na vila da Golegã a venda de uma edição pirata dos prognósticos de Damião Francês,
> de que ele João Rodrigues tinha os direitos exclusivos e que tinha feito publicar «com
> muita despeza». Ora uma interdição semelhante tinha já sido pedida e concedida pelo
> juiz de Coimbra. O requerimento respeitante à Golegã devia-se ao facto de se estar
> para realizar aí uma feira agrícola, e o requerente querer antecipar os movimentos
> do concorrente, seguindo de feira em feira onde os livros deveriam ter saída e procu-
> rando prevenir em cada comarca a concorrência desleal[35].

Previamente, Rodrigues había detenido una edición semejante en Coímbra
(Lisboa, 1999: 143).

Había quien, demostrando tener un gran ingenio, no trasladaba el opúsculo
al completo, sino algunas de sus partes. El ravenés Antonio Carnevale era a
menudo víctima de esta clase de latrocinios, de los que se lamentaba en sus prólogos: «il tema del plagio, in effetti, è spina constante per Carnevale ed emerge in
numerosi suoi *Discorsi*» (Cantamessa, n.º 1484). Tommaso Maria Martinelli, en
una carta al «Lettore cortese» recogida en *Le scene del fato*, sostiene que «molti
critici sciocchi» le acusan de imitar a Carnevale —«copista dei suoi descritti
accidenti»— (1659: sin numerar). Paradójicamente, el mismo Carnevale fue
recriminado por haber sustraído los cálculos a sus competidores. En la entrega

---

34 Un resumen del pleito en la tesis doctoral de Laura Carnelos, 2010: 288.
35 ANTT, Real Mesa Censória, ex. 17. Citado en Lisboa, 1999: 134.

de 1674, Francesco Onofri, el impresor florentino con el que había alumbrado una veintena de pronósticos, incluye un relato en el que cuenta cómo un cliente había entrado en su tienda para comprar un ejemplar del almanaque de Carnevale para ese año, a lo que él le había contestado que estaría listo a mediados de enero. El comprador, algo molesto, contesta que con la dilación se buscaba remedar a los piscatores que ya estarían en circulación en esas fechas, de lo que se defiende Onofri, asumiendo todas las culpas de la demora (Cantamessa, n.º 1499).

En el *Pleito crítico contra los pronósticos y pronostiqueros de esta corte*, Pedro Sanz dice haber escuchado que le culpan de copiar a Torres, aunque sus obras se parecen «como la castaña al huevo» (1746b: sin numerar). Más adelante, es él quien delata a los pronosticadores de su tiempo, tachándoles de plagiarios y embaucadores:

> Me querello y criminalmente acuso a los pronósticos titulados: *La gran esfera de Urania y el curioso divertido. El Don Quijote Astrológico y su vida. El Piscator Complutense. Los Practicantes del Hospital General de Madrid. Pronóstico de verdades. El Jardinero de los Planetas. El Sarrabal de Milán. El Pronóstico General hasta el fin del mundo. Aventuras de la idea por desventurados juicios. Y el Piscator Murciano.* Todos de este año, a cada uno, por lo que así respectivamente toca, porque debiendo estar arreglados a las demostraciones, temas, aforismos y demás requisitos, que prescriben los autores de la astronomía y astrología, para su recta y verdadera construcción, están defectuosos, desarreglados y formados, unos *ad libitum* de sus autores, y otros copiados en todo lo sustancial sin que ninguno dé la más mínima señal de facultativo (1746b: 7–8).

A los autores de *El jardinero de los planetas* y de *El Quijote de los astros* les echa en cara

> ser muy devotos del *Sarrabal*, porque apenas salió al público, cuando se agarraron de sus cuartos y no le dejaron un maravedí de Luna, ni un arrapo de Juicio que no le robasen, porque entrambos son una verdadera copia del *Sarrabal*, y así los defectos que este contiene se notarán en ellos, sin quitar punto ni coma (1746: 28).

Desde su punto de vista, el cordobés Francisco de Horta Aguilera intentaría que sus folletos se pareciesen a los de su vecino Gonzalo Antonio Serrano, mientras que «don Gómez» —entiéndase, Gómez Arias— haría lo propio con el *Lunario perpetuo* de Jerónimo Cortés (1746: 27, 32).

Pero, sin lugar a dudas, el título que contaba con un mayor número de émulos en el sur de Europa fue el *Almanacco universale del Gran Pescatore di Chiaravalle*. Este se había estampado ininterrumpidamente en Milán desde el 1635 (Marchesini, 1940: 180). Solo en el Turín del XVIII podían encontrarse cinco variantes: *Almanacco Universale del Gran Chiaravalle, Almanacco del*

Gran Chiaravalle, Il Chiaravalle, Il Gran Chiaravalle. Almanacco curioso acco-modato dal novello Specolatore, Il Gran Chiaravalle almanacco nuovo (Casali, 2003: 254). El tipógrafo piamontés Francesco Antonio Gattinara tenía el privilegio de impresión del *Almanacco universale [...] del Gran Chiaravalle* y del *Almanacco del Gran Chiaravalle,* dos ediciones similares, pero no idénticas (Braida, 1989: 59). Otras publicaciones italianas inspiradas en el *Chiaravalle* fueron el *Gran Pescatore di Serravalle, Il Pescatore reggiano, L'amico del Pescatore di Chiaravalle, Il Pescatore fedele* e *Il doppio Pescatore di Chiaravalle,* el cual se difundía todavía a comienzos del siglo XX.

Por lo regular, el mercado piamontés calca los nombres de los almanaques producidos en Lombardía, donde la oferta era más rica y variada; así, si en Milán se publicaba *La Luna in corso del Dottor Vesta Verde,* en Turín se tira *La Luna in corso,* al tiempo que *Il rustico indovino* es copiado como *Rustico indovino* (Braida, 1989: 101; Montanari, 1989).

Torres, que se había autoproclamado «Gran Piscator de Salamanca» para homenajear —o para parodiar, según se mire— al *Gran Sarrabal de Milán,* hizo que sus imitadores también trasladasen sus respectivos lugares de origen a los títulos de sus opúsculos. Algunas cabeceras sacaron provecho de la celebridad del piscator salmantino mediante la evocación de su nombre; así, en el año 1800 se imprimía en Madrid *El nieto del grande Torres y maestro universal de todos los piscatores* (Entrambasaguas, 1931: 444).

Los almanaqueros lusos mandaban poner en la portada una «menção de "júnior" ou "filho de" um dos nomes emblemáticos» (Lisboa, 1999: 142). El iniciador de esta «dinastia imaginária» (Carolino, 2003: 227) fue un tal Damião Francês Chrisfi, autor de un *Prognóstico curioso e universal para o ano de 1706.* Cosme Francês se presenta como «irmão gêmeo de Damião Francês», aunque practica un modelo de pronóstico distinto del de su maestro. A Damião y a Cosme les sigue Rui Jacome Francês, que se autodefine «sobrinho legítimo e verdadeiro de Damião Francês, de génio diverso e em tudo oposto a seu irmão espúrio do mesmo nome» (Carolino, 2003: 226). Por su parte, António Pequeno alardea de ser el «filho bastardo del Sarrabal Saloio».

La permanencia en el tiempo es un factor adicional a tener en cuenta para cuantificar la notoriedad de una serie. En el Portugal del siglo XVII sobresale el nombre de Manuel Galhano Lourosa, que da a luz sus piscatores entre los años 1637 y 1675. En el siglo XVIII es superado por Damião Francês, activo desde 1730 hasta 1816. En Italia, *Gli arcani delle stelle* empieza imprimiéndose en el 1639 y perdura hasta el fallecimiento de su autor, Antonio Carnevale, en 1678. Después de esa fecha, un continuador se encarga de dar el almanaque a la estampa (Piancastelli, 2013: 91). Algo parecido sucede con la *Apocatastasi celeste* de Francesco Moneti, publicada en el periodo comprendido entre 1682 y 1712, pero prolongada hasta el año 1725 gracias a un seguidor anónimo.

Con relativa frecuencia, los almanaqueros dejaban preparados los cómputos para varias anualidades, de modo que cualquiera podía alargar las emisiones de la saga si era ese su deseo. Sin ir más lejos, Torres Villarroel ideó un plan para extender la marca editorial del «Gran Piscator de Salamanca» después de su muerte, con cuyos rendimientos económicos esperaba sustentar a la familia. Que sepamos, el proyecto no llegó amaterializarse:

> Tengo trabajados todos los eclipses de sol y luna hasta el año mil y ochocientos, que se los daré de muy buena gana a los astrólogos en cierne que andan arrastrados para componer sus almanaques; y les hago una gran caridad, porque ya se les murió Eustaquio Manfredo, en cuya feria feriaban sus lunas; y ahora, si no se valen de mi socorro, temo que se han de quedar capones de oficio [...]. Escribo ahora los sucesos de los años futuros, y espero que estos trabajos y otras producciones (si tienen las póstumas la misma ventura que las vivas) han de servir para llevar con algún alivio su pobreza mis herederos. [...] si estas obras manuscritas tienen la ventura que las demás de esta casta que han salido de mi bufete, pueden valer algo más de sesenta mil reales. De las que me quedan de molde y encuadernadas, no puedo decir el valor seguro, porque los libreros no han dado la última razón de los enseres que existen en sus tiendas; pero, a buen ojo, juntando lo que puede haber quedado en España con lo que han producido unos que marcharon a las Indias [...] podrán valer mil y doscientos doblones (1972: 227, 294–295).

En cualquier caso, el sello torresiano es el mejor valorado en España y uno de los más relevantes en Europa por haberse prolongado durante casi medio siglo (1719–1767).

Los impresores raramente se dedican en exclusiva a la confección de piscatores, si bien algunos hicieron de esta labor una de sus principales fuentes de ingresos:

> Pour les éditeurs engagés dans ce commerce, l'almanach ne représente qu'une partie de leur activité, même si, pour certains d'entre eux, il finit par devenir un investissement très productif, une véritable «machine à sous», comme l'expliquait l'auteur resté anonyme de l'almanach milanais intitulé *L'Amico degli uomini* (1780) (Braida, 1996: 192).

En términos generales, el desempeño del tipógrafo y del editor apenas se distingue en Portugal y en España (Loff, 1967: 49; Moll, 2003: 77), aunque en Italia sí podía haber diferencias entre ambos oficios. En los casos en los que existía una disociación, el impresor se centraba en las cuestiones técnicas y el editor —que a veces ejercía también como librero— trabajaba en el diseño del opúsculo:

> Nei casi finora esaminati, a parte qualche eccezione, tra gli stampatori di almanacchi sembra prevalere la tendenza a limitarsi al ruolo meramente tecnico, senza

> condividire con il libraio-editore l'elaborazione del progetto. In effetti, sino agli anni '70 la figura dello stampatore-editore era ancora piuttosto rara: lavorare su commissione era molto più rassicurante che non sobbarcarsi il peso e il rischio di un prodotto nuovo; significava inoltre evitare il problema della diffusione, di cui si preoccupavano i clienti-librai. Tuttavia, intorno alla seconda metà del secolo, nel periodo forse più fervido per la trasformazione dell'almanacco, si fece strada sempre più la tendenza dello stampatore ad assumersi direttamente i costi del prodotto che usciva dai suoi torchi e a curarne quindi anche l'edizione (o di persona, attraverso suoi collaboratori) (Braida, 1989: 69).

Las indicaciones acerca del lugar de impresión figuran en la portada—únicamente en Portugal se insertan en el colofón—, aunque hay ediciones *sine notis*.Igualmente, se ha comprobado que ciertos piscatores salían a la venta con pies de imprenta falsos. João Luís Lisboa ha investigado el curioso caso de un impresor evorense acusado de estampar pronósticos en los que se especificaba que estos habían salido de Salamanca o de Sevilla[36]. Lisboa considera que la atribución era verosímil por la ingente cantidad de pronosticaciones españolas que entraban en territorio portugués: «Tais falsos locais de impressão eran credíveis por varias razões, a começar pela importância do fluxo do prognósticos vindo de Espanha» (2002: 17).

Bolonia, uno de los núcleos difusores de almanaques más importantes de la Italia moderna, contaba con varias oficinas especializadas en el desarrollo de la actividad:

> È soprattutto a partire dai decenni centrali del secolo che l'industria editoriale dell'almanacco si afferma e si consolida. Così, a Bologna, si assiste all'attività particolarmente fertile di stamperie specializzate nella produzione nella diffusione di lunari e di almanacchi, alcune delle quali già con una lunga esperienza nella produzione di stampe popolari, come i Benacci ed i loro successori, i Sassi, Franceschi della Colomba, diventata poi La Colomba (Casali, 1985: 42–43).

En el Piamonte ilustrado, destacan las tipografías turinesas, ya que de los 100 títulos que ven la luz en ese Estado, 96 salieron de la capital saboyana (Braida, 1996: 194). El desempeño de Giacomo Giuseppe Avondo resulta especialmente significativo, pues se encarga de la confección de cuatro almanaques: *La sibilla celeste*, el *Calendario storico*, el *Calendario delle fiere* y la *Pellegrina del mondo lunare*. A Gerardo Giuliano se le debe la edición de *La Luna stellante*, *La Luna in corso*, el *Almanacco universale del Gran Astrologo di Valserena* y el *Almanacco delle fiere*. Giambattista Fontana consigue dar salida a un total de 68 000 copias

---

36 IAN/TT, Inquisição de Évora: liv. 210, ff. 247–257. Citado en Lisboa, 2002: 17.

de sus productos en el año 1783[37]. Pese a todo, Lodovica Braida sostiene que la dedicación de muchos impresores no se prolongaba en el tiempo, cediendo *motu proprio* el derecho de impresión a otro compañero de oficio:

> Come risulta dall'analisi di tutti i frontespizi degli almanacchi del XVIII secolo, furono circa venti gli stampatori e librai torinesi che dall'inizio del secolo al 1798 si avventurarono in questo settore dell'editoria popolare. Per alcuni si trattò di una breve esperienza destinata ad essere assorbita via da colleghi più intraprendenti. È il caso di Domenico Paulino il quale, dopo aver curato importanti edizioni (tra cui una grammatica tedesca e un vocabolario italo-tedesco), dal 1699 al 1700 pubblicò un *Almanacco sopra l'anno* e nel 1701 l'*Almanacco Universale del Gran Chiaravalle,* un titolo che per più di mezzo secolo non avrebbe conosciuto momenti di crisi o interruzioni. Pochi anni dopo, il Paulino cedette il diritto di stampa a Giovanni Battista Fontana e questi, a sua volta, lo lasciò nel 1720 al libraio Francesco Gattinara (1989: 59).

En Lombardía la producción se diversifica en varias áreas geográficas: no solo en Milán, sino también en Cremona, Pavía y Como se tiraron almanaques en el transcurso del setecientos (Braida, 1989: 101).

En tierras lusitanas, Lisboa era el centro de la literatura astrológica. En el siglo XVII, descuellan los estampadores Pedro Craesbeeck y João Álvares de Leão (Carolino, 2002: 63). Este último mandó colocar en la portada un elemento gráfico que permitiese reconocer que el producto había salido de sus prensas, concretamente «uma figura composta por un quadrado preenchido de uma corrente em U colocada numa posição central e ladeada pela divisa latina *Vexat et Ilustrat*» (Carolino, 2002: 63–64). En la siguiente centuria, Miguel Rodrigues, «impressor do Senhor patriarca», era «um dos mais activos e plurifacetados impressores da época» (Lisboa, 2021: 265), habiendo alumbrado en su oficina lisboeta algunos almanaques del *Sarrabal Saloio, O cego astrólogo* y Crispim Reimão. La dinastía de los Ferreira —António Simões, Manoel Lopes, Luís Seco y Pedro Ferreira (Carolino, 2002: 68)— dio forma a muchos pronósticos dieciochescos, como el *Pronóstico e lunário para o ano de 1703* de António Rodrigues, el *Pronóstico curioso* de Balthasar Do Ó (1737) y unas cuantas entregas del *Pronóstico e curioso lunário* de Damião Francês (1732 y 1746). Al margen de la capital, Coímbra y Évora son los dos puntos geográficos donde se tiraron almanaques con relativa regularidad.

La fabricación española se concentra en buena medida en Madrid. Prestando atención a la actividad del impresor Manuel Martín, puede comprobarse

---

37 Véase la encuesta realizada por la Academia de las Ciencias de Turín que referencia Braida, 1989: 97.

cómo en su imprenta aparecen los tres primeros almanaques de Antonio Romero Martínez Álvaro (1759, 1760 y 1761), los vaticinios de Judas Tadeo Ortiz Gallardo para los años 1773 y 1774 y un pronóstico elaborado por Teresa González, *La Pensadora del Cielo,* concebido para 1778[38]. Por su parte, Manuel Fernández publica dos entregas de los almanaques de Diego González Gómez (1731 y 1733), *El pronóstico entretenido* de Francisco León y Ortega para el 1739, *El totilimundi* de Francisco Horta Aguilera para es emismo año y *El Piscator de Madrid* que redacta Francisco de la Justicia y Cárdenas (1740), entre otros tantos. Andrés Ortega se hace cargo de *El campillo de Manuela* (1762) y *El santero de Majalahonda y el sopista perdulario* (1766) de Diego de Torres Villarroel, además de cuatro impresos de Isidoro Ortiz (1761–1765) y dos de Bartolomé Ulloa (1765 y 1766).

La lista de autores materiales asentados en la corte que dieron en imprimir piscatores podría alargarse con otros nombres. Paralelamente, debido a la influencia de Diego de Torres Villarroel, Salamanca se convirtió en un relevante centro productor de almanaques: allí da a conocer un buen número de sus papeles el celebrado catedrático, al igual que Isidoro Ortiz, Jerónimo Audije de la Fuente y Tomás Martín. Pedro Ortiz Gómez y Nicolás Villargordo fueron los dos estampadores que gozaron de un mayor reconocimiento.

Durante parte de la Edad Moderna, el sistema de producción de los almanaques se sustenta en los privilegios de impresión. Esta fórmula de negocio se implementa tanto en Portugal como en España y en Italia, pero no solo resultó efectiva en el sur de Europa: en Londres, la *Company of Stationers* controlaba el proceso de confección y difusión de los pronósticos desde mediados del siglo XVI. Su control cesa en 1775, cuando un impresor llamado Thomas Carnan, que había estado tres años en prisión por tirar pronósticos sin permiso, eleva una petición a un tribunal civil para que se le autorice a realizaresta actividad. Desde que la audiencia se pronunció a su favor, estuvo abierta la vía de la libre empresa en el comercio de las pronosticaciones inglesas (Stowell, 1977: 11–12). Hasta aquel momento, la Compañía había ejercido una férrea vigilancia, interviniendo en el proceso de redacción y estableciendo los precios de venta. La *Company of Stationers* también prohibía que se imprimiesen más de 1500 ejemplares de una sola edición de cualquier tipo de impreso, aunque con los almanaques hacía una excepción con los almanaques (Thomas, 1971: 348).

---

38 La tesis doctoral de María Ángeles García Collado está dedicada por entero a estudiar la figura de Martín (1997). Agradezco a la autora haberme dejado consultar el capítulo tocante a los almanaques.

El Portugal setecentista asiste a un agrio enfrentamiento entre aquellos que se disputaban el privilegio de impresión de la «Folha do ano» y de los «Pronósticos deste reino». Los religiosos padres del Oratorio, que justificaban la utilidad del privilegio para «custear as suas obras pias» (Lisboa, 1999: 145), lograron que el marqués de Pombal les concediese la gracia de poseerlo:

Dada a importancia do negócio, gerou-se um conflito em torno do privilégio de impressão das folhinhas, que se arrastou desde os principios do século XVIII até 1770. A base da contenda residiu no seguinte: o primeiro privilégio fora dado o Padre Diogo Tinoco da Silva, antes de 1704; mas nessa data, foi dado privilégio ao livreiro Pedro Vilela para o grosar depois da morte daquele padre e em 1709 foi também dado aos padres do Oratório, para o gosarem, por seu turno, depois da morte do padre Diogo e de Pedro Vilela. O conflito viria a opor os padres do Oratório ao filho de Pedro Vilela, este último vindo a obter uma sentença favorável em 1769. Mas, em 1777, de novo os padres do Oratório obtiveram privilégio, que conservaram até 1834 (Radich, 1981: 14).

José Ramos Tinhorão especula con que quizá el autor de *O preto astrólogo*, escondido detrás del seudónimo de Pai Daniel, hubiese tenido algún encontronazo con el sistema oficial de privilegios, lo que le habría obligado a publicar el ejemplar del año 1761 en Coímbra y no en Lisboa como había venido haciendo:

Talvez debido ao acirramento da concorrência comercial decorrente de tal procura — ou, quem sabe, por problemas ligados ao sistema oficial de concessão de privilégios para impressão—, parece ter havido confronto entre os autores de folhetos de prognósticos em língua de negro, poise m 1761 o pionero Pai Daniel aparece com o seu *Os Preta Astrologa* editado em Coimbra na Oficina de Antonio Simoens Ferreira, Impressor da Universidade, e agora assinando o seu folheto com a indicação: «Pelos Veio O Pai Daniel quem tem agora os nome de safarrana». O que teria levado Pai Daniel a merecer o apodo de safarrana, variante talvez de arrafaçana, que era o nome dado a alguém julgado reles, ou mal comportado? Ao que tudo indica, seria alusão aos artificios talvez extralegais que teria usado para burlar restrições à edição do seu trabalho, uma vez que já o segundo folheto de *Os Preto Astrologo*, saído em fins de 1759 com os prognósticos para 1760, não indicava como editora a Oficina de Ignacio Nogueira Xisto, e sim um suposto patrocínio e edição pelos própios negros —«à costa dos Rei dos Preta, na Oficina dos Pai Basião [Sebastião]»— o que era indicação segura de impressão clandestina (1988: 253–254).

Los almanaques consignados en la encuesta de la Academia de las Ciencias de Turín —una treintena en total— eran aquellos que tenían asignado un privilegio exclusivo de estampa (Braida, 1989: 97). El presidente de dicha institución, Angelo Saluzzo, había solicitado en 1782 que la Academia retuviese el privilegio de impresión y distribución de todos los almanaques, incluyendo los que llegaban de fuera de Piamonte: «d'accorder à l'Académie le privilège exclusif des almanachs, tant che ceux qui se font dans ses États, que de ceux qui viennent de l'étranger à l'imitation des Académies de Londres, de Berlin, de Boulogne»[39]. Saluzzo pensaba que su proyecto contribuiría al bien común, pues el dinero recaudado se destinaría a financiar las investigaciones científicas de la Academia. Sin embargo, admitía que el impresor Fontana, dado el incontestable éxito del *Palmaverde*, constituía un caso aparte, por lo que propuso que la Academia le otorgase una pensión de 600 liras anuales (1989: 95). El plan también preveía la impresión de un *Calendrier de l'Académie reflé aux Méridiens de Turin* a imitación de los que tenían las academias de Londres, París y Berlín. El compilador sería Carlo Antonio Cacciardi, quien recibiría a cambio 300 libras (Braida, 1989: 95–96).

En los Estados pontificios, según reza un edicto del 14 de diciembre de 1748, la Iglesia tenía la potestad de dar a la prensa «pronostici, lunari, diari ed almanacchi festivi» (citado en Formica, 1995: 121). Renato Pasta documenta un pleito judicial en la Toscana en las décadas de 1720 y 1730 a cuenta del privilegio de publicación que afectaba al *Almanaco per l'anno...* Este pertenecía a Bernardo Paperini, pero se lo disputaban Tartini y Franchi, gerentes de la *Stamperia granducale* (1997: 25). La justicia da la razón a Paperini, de lo que se beneficiarían sus sucesores hasta que en el año 1770 el privilegio se traspasa de manera definitiva a la *Granducale* (1997: 25).

En España se concedieron dos importantes privilegios de impresión. Uno concierne al «calendario de la portería», llamado así porque era el portero del Real Consejo de Castilla quien ostentaba la prerrogativa desde el año 1645. A su vez, esta se cedía a un impresor o a un librero a cambio de una suma monetaria (Moll, 1996: 257). El tipógrafo Antonio Sanz, que disfrutaba del favor desde 1726, ideó una red de distribución gracias a la cual pudo hacer llegar el material fuera de Madrid. Además, estableció vinculaciones contractuales con tipógrafos del reino que legitimaban a estos para estampar el pronóstico, siempre y cuando entregasen a Sanz una porción de sus ganancias (Aguilar Piñal, 1991: 131–132; Moll, 1994: 47–48; Vilà Urriza, 2020: 89–90).

El segundo privilegio de impresión de relevancia en el contexto español atañe a la franquicia del *Gran Sarrabal de Milán*, traducido del italiano al castellano al menos desde el 1687. A partir del año 1702, el Hospital General de Madrid tiene en su poder la gracia, por lo que fija convenios con varios propietarios de imprentas que abonan importes ingentes por haber recibido el permiso para tirar el folleto (Durán López, 2022a). Quien imprimiese el *Sarrabal* sin licencia, se arriesgaba a que le fuesen incautados los ejemplares, los «moldes y demás

---

39 A.S.T., Regia Università, m. 2 d'add., n.15. Citado en Braida, 1989: 94.

aparatos de la imprenta» y a tener que saldar una multa de 500 ducados de oro de Aragón (Igartua Landecho, 1991: 55). El capital obtenido con las ventas del *Sarrabal* beneficiarían a «los pobres enfermos del Hospital General de esta corte».

Junto al calendario de la portería, a comienzos del siglo XVIII este pronóstico extranjero fue el más vendido en España (Durán López, 2013: 181). En estos momentos, la competencia en relación al almanaque estaba limitada a dos autores más: el médico cordobés Gonzalo Antonio Serrano, que en 1713 da a luz su *Gran Piscator Andaluz,* y Pedro Enguera, componedor del *Gran Gottardo español.* La irrupción de Diego de Torres Villarroel en este panorama incomodó sobremanera a los agentes intervinientes en el proceso de impresión del *Sarrabal,* que vieron cómo sus ingresos se reducían a pasos agigantados. En 1723, Juan de Aritzia, que entonces disfrutaba del arrendamiento del privilegio, solicita al Hospital General una disminución de la renta que debía sufragar por dicha cesión, ya que sus ventas se habían visto afectadas de manera negativa por la presencia de Torres. La Junta del Hospital exige entonces vetar la distribución de los demás piscatores, viendo en un principio cumplido su deseo. Torres reacciona dirigiendo un memorial al rey Luis I en el que argumenta que no pretende parecerse al *Sarrabal de Milán,* y que, por tanto, la suya es una competencia legítima. Puntualiza que, al estar calculado conforme al horizonte de Milán, los cálculos y las advertencias del *Sarrabal* podían resultar erróneas, de modo que su almanaque serviría para enmendar esas equivocaciones:

¿Si al legista, al teólogo, al médico y hasta a los poetas y jacareros se les permite, se les manda y se les agradece que impriman sus obras, ¿por qué a mí se me niega que saque a la luz las mías? [...] Con que no siendo mi pronóstico *Sarrabal* ni traslado suyo, en nada perjudica el mío a este. No es traslado, ni en cuanto a la parte demostrativa, ni en cuanto a lo judiciario, porque el *Sarrabal* está calculado para el horizonte de Milán (que después, cuando en Madrid se vierte del italiano a nuestro idioma se ajusta), y el mío tiene ajustadas sus lunaciones al meridiano de esta corte. En lo judiciario cada astrólogo conjetura arreglado a sus lunaciones, temperamento del país, condiciones de gentes, y alimentos del terrazo, todo esto es distinto, quanto sin diferentes las alturas del polo [...]. Y por qué se ha de pasar la corte con los cálculos del *Sarrabal,* que no sirven en su horizonte por la diferente altura del polo, pues las Lunas, ni los eclipses pueden ser puntuales, y conforme se requieren para el uso cotidiano de la docta medicina, que no puede gobernar sin ellas las curaciones de los achaques temporales, procedidos de la alteración de los aires y entradas del Sol en sus signos, ni elegir el verdadero oportuno tiempo de purgas, sangrías, etc., siendo todo lo referido tan conveniente a la salud universal de nuestra situación? (citado en Entrambasaguas, 1931: 451, 455–456).

Prosigue haciendo una defensa de la necesidad de fomentar la fabricación de pronósticos españoles para frenar la importación de opúsculos venidos «de forastera región»:

> Mendigamos de provincia forastera, y habiendo escritores en nuestra España, debemos ser primeramente atendidos [...]. Y aunque el *Sarrabal* nos escribiera las noticias mas fieles (que no adelanta mas que los otros astrólogos) enseña más la voz viva de nuestros españoles [...]. ¿Por qué se ha de apadrinar y de defender la historia fingida del *Sarrabal*, con tanto perjuicio de los pobres estudiantes españoles? ¿No es mas justo honrar y defender primero a la nación y amar las obras de sus ingenios, y después favorecer a las de los extranjeros? (citado en Entrambasaguas, 1931: 452, 455, 458)

El conde Torrehermosa, que a la sazón ejercía de juez de imprentas, termina dándole la razón a Diego. No obstante, esta controversia judicial tiene consecuencias directas en el quehacer torresiano, pues la entrega del año 1724, titulada *Melodrama astrológica*, no puede salir en la fecha prevista, razón por la cual la censura, la suma de la licencia y la suma de la tasa están fechadas el 16 de marzo de ese año (Martínez Mata, 1990: 841). En el mes de febrero de 1725, el Hospital logra que vuelva a detenerse la difusión de almanaques en Madrid, a lo que reclama otra vez Torres, obteniendo nuevamente el favor real del que ya nunca más volverá a verse desasistido, si bien, para su desgracia, no podrá evitar quedarse sin su pronóstico para el 1726.

La rivalidad entre Torres y los componedores del *Sarrabal* para hacerse con el favor del públicoes, pues, un hecho manifiesto. El Gran Piscator de Salamanca «gusta de presentarse [...] como quien liberó a España de los almanaques italianos» (Durán López, 2013: 185), vanagloriándose de su capacidad para desplazar al que hasta entonces había sido el líder del arte de componer almanaques en España:

> Bien sé yo que el mentir nunca es bueno, y aun lo tuve por inútil hasta cuatro o cinco años a esta parte; dígolo, porque antes solo salían en España tres pronósticos, el que dicen *Sarrabal*, el *Gotardo* [sic.] y este mío aventurero, y hoy hay siete u ocho almanaqueros, cuando bastaba uno para llenar de embustes el mundo (1724: sin numerar).

> Yo me acuerdo, y tú, si no eres muy niño, harás memoria de la gran seca de pronosticadores y almanaqueros que padeció por muchos años nuestra España. Yo me acuerdo de cuando se hacían en nuestra tierra especiales rogativas y frecuentes plegarias porque llegasen con bien a la Corte la lluvia de mentiras del Gran Sarrabal de Milán, y sin más gota de juicio que las que nos venían de Italia y algunos enjuagatorios que yo sacaba a la piscina de mi ingenio, nos pasamos mucho tiempo, sin alcanzar de otra parte un sorbo de conjetura que llegar a la boca. Salí yo (por mis pecados), y parece que se abrieron las cataratas, porque cargó sobre ellas tal turbión de embusteros y tal diluvio de adivinadores, que repentinamente se vieron anegados todos sus países,

dándoles los disparates hasta el gollete y chapuzándose a cada paso, sin poder hacer pie en parte ninguna (1740a: 3).

Estaban, veinte y cuatro años ha, persuadidos los españoles que el hacer pronósticos, fabricar mapas, erigir figuras y plantar épocas, eran dificultades invencibles, y que solo en la Italia y en otras naciones extranjeras se reservaban las llaves con que se abrían los secretos arcones de estos graciosos artificios. Estaban, mucho antes que yo viniera al mundo, gobernándose por las mentiras del gran Sarrabal, adorando sus juicios y, puestos de rodillas, esperaban los cuatro pliegos de embustes que tejían en Milán (con más facilidad que los encajes) [...]. Todas las cátedras de las universidades estaban vacantes, y se padecía en ellas una infame ignorancia (1972: 111–112).

Treinta años ha que no salía un pronóstico en España, porque se habían perdido los moldes y los fabricantes de estas máquinas fantásticas, y estuvieron mucho tiempo los españoles alimentados de los resoplidos de aquel camaleón de Italia, el *Gran Sarrabal de Milán*. Hoy ha crecido tanto la generación de los almanaqueros, que solo en un lugar tan reducido como Salamanca se han impreso seis este año, y según se van aumentando sospecho que han de ser más los astrólogos que los vecinos[40].

El censor del primer pronóstico de Torres ya había insistido en que el objetivo inmediato que se proponía conseguir el bisoño autor era sacar fuera de España al *Sarrabal*:

Me he alegrado de haber visto un almanac ajustado al meridiano de esta ciudad, pues era infelicidad que esta Atenas ilustre, donde se enseñan y practican todas las ciencias con tanto acierto, esta de la astronomía (no la menos noble) fuese tan desgraciada, que anduviesen los curiosos todos mendigando pronósticos de otros meridianos, que por falsos desacreditaban la facultad, como forasteros, a nuestro horizonte (1718: sin numerar).

La competencia podría haber estado motivada por un hecho adicional, y es que Torres, a juzgar por las palabras de Antonio de Villarroel, primo del susodicho e impresor de la *Anatomía de todo lo visible e invisible*, habría participado en la composición del *Sarrabal* durante un puñado de años: «Diez años hizo el *Sarrabal de Milán* para los Hospitales de Madrid imitando su estilo. Dos años hizo la traducción de dicho *Sarrabal* del idioma italiano en el castellano» (1738a: sin numerar).

Esta política de producción basada en monopolios será relevada por una lógica de mercado capitalista a la que cabe reputar parte de las innovaciones que experimenta el género durante el setecientos puesto que, para desmarcarse

---

40 Censura de Diego de Torres Villarroel al *Pronóstico y diario de cuartos de Luna* de Tomás Martín para el año 1752.

de sus competidores, los pronostiqueros tratarán de conquistar a la clientela con fórmulas llamativas y novedosas[41].

La realidad pujante que acabamos de describir atrae no solo a los impresores y a los libreros, sino muy particularmente a los autores de los almanaques. Un motivo recurrente —casi una convención— consistía en expresar cuan lucrativo era el negocio de escribir impresos anuales. En un panorama transnacional, pocos se desenvuelven con tanta franqueza como Torres Villarroel. Las referencias que se encuentran desperdigadas a lo largo de toda su obra son tantas que cuesta trabajo condensarlas en unas pocas líneas. En el *Sacudimiento de mentecatos habidos y por haber,* declara que «mis calendarios me pagan el vestido» (1726e: 5), mientras que, en la *Vida,* insiste: «Mis calendarios me bastan para vivir» (1972: 198). En este texto repite el mismo pensamiento: «Lo que confieso es que, a mis solas y desde mi bufete, y para la gente desautorizada y ociosa, echo a la calle algunas de las que ellos nombran bufonadas, que a la vuelta de alguna risa me han traído el pan y la estimación» (1972: 224). Es de sobra conocido un pasaje de las *Visiones y visitas de Torres con don Francisco de Quevedo por la Corte* (1727–1728), en el que el narrador se muestra muy orgulloso de su hacienda y de la fama que se ha labrado más allá de las fronteras españolas:

Dícenme que has dicho (sea por afear mi ingenio o persuadir tu inteligencia) que lo que hace Torres, cualquiera lo puede hacer. Borrico, hazlo tú y encontrarás fama, dinero y libertad, que es el chilindrón legítimo de las felicidades. Cuando hacía lo que tú, me moría de hambre, estaba desfarrapado, sin nombre y con mucha envidia y laceria. Y después que me puse a astrólogo y me armé de escritor, gano mil pesos al año, durmiendo los once meses y despertando el uno. Estoy redondeado de corregimientos, cátedras, canonjías y otras maulas que tienen esclavos y malcontentos a los que las gozan. Vivo en el pueblo cuya situación y vecindad me entretiene y alegra. Doy de comer a dos caballos y a un mozo, que me sufren, me autorizan y me siguen adonde me conduce mi gusto o mi esparcimiento. Logro de veinte y ocho años oír por la Europa un universal cacareo a mi nombre. Desean ver mi figura las gentes de buena condición y gusto, y creen que soy hombre de otra casta que los demás racionales, o que tengo una cabeza o un par de brazos más que los otros. Las mujeres hablan de Torres en sus estrados con alegría y buena voluntad (y esto es lo que tú no puedes sufrir), y suenan en sus bocas las seguidillas de mis *Pronósticos* y los juicios de mis *Calendarios.* Tengo en Madrid treinta o cuarenta ollas honradas todos los días, y sus dueños me esperan y reciben con deleite en sus mesas. Por los lugares donde paso o me detengo, me buscan para su huésped regalado todos los curas, barberos, sacristanes y los demás senadores de campiña. En la Corte me enseñan a los forasteros como si fuera animal del África,

---

41 Un acercamiento a esta conyuntura en Durán López, 2022a.

cuerpo santo, Escurial o sala de embajadores. Soy convidado a todas las fiestas, músicas, danzas y comilonas de las más vastas ciudades del reino. Y en todas partes soy conocido y requebrado (1966: 217).

En el prólogo de *La romería a Santiago,* afirma que su oficio le proporciona «seis mil reales al año en buena moneda» (1737: sin numerar), y en el almanaque del año 1761, comenta: «en cuarenta y dos años que llevo ya a la cola de escritor de kalendarios y bobadas, he ganado más de novecientos mil reales» (1760: sin numerar).

Aun cuando no pueda llegar a saberse con absoluta certeza cuáles fueron las cantidades reales que ganó, es evidente que la elaboración de pronósticos hubo de ser una empresa harto provechosa para el salmantino: «en 1753 cobraba al año, corrientemente, por sus almanaques, 4400 reales de vellón, equivalentes a igual número de pesetas, poco más o menos —que hoy equivaldrían a los derechos de cualquier popular escritor» (Entrambasaguas, 1931: 441). Sus contemporáneos se hicieron eco del interés mercantilista de Torres; así, el padre Isla sostenía en las *Glosas interlineales* que con ellos era capaz de dar «de comer al impresor, que ganar al librero, ocupa los ciegos, que son muchos, socorre los hospitales, y para sí saca cien dobloncillos más seguros que en la bolsa de un genovés» (1787: 124). Pero, sin que haya que desestimar totalmente la veracidad estos testimonios, no hay que perder de vista que los comentarios de Torres se inscriben dentro de la *retórica charlatanesca* de la que supo apropiarse para sí hasta conducirla al límite.

Ocasionalmente, los autores corren con los gastos de la impresión de su almanaque, como ocurriócon el *Almanacco monferrino* de Giuseppe Antonio Morano (Braida, 1989: 83). En la portada de la salida del año 1784 de *Il Gran Mirandolano* se confirma que este se estampa a «spese dell'autore». Los españoles debían enfrentarse a circunstancias parecidas, según se colige de este fragmento de la «Introducción al juicio del año de 1755» de Isidoro Ortiz Gallardo, donde el astrólogo recomienda que, quien tenga la intención de meterse a piscator, «haga una corta impresión, porque si no acierta a dar gusto a los lectores, que es muy regular, tendrá que poner dinero de su faldriquera, como les sucede a los más que imprimen fiados en el petardo de la dedicatoria, y si les sale badana, quedan empeñados con el impresor y librero» (1754: 8). En 1760, Isidoro confiesa que Bartolomé Ulloa le está «metiendo prisa», a lo que procede a apurarse, pues «no es razón perder treinta doblones», que se supone es el dinero que tenía comprometido por la entrega del papel (1759: 3).En cambio Antonio Romero Martínez compuso sus reportorios de los años 1759, 1760 y 1761 por encargo del impresor Manuel Martín (García Collado, 1997: 348).

El coste de venta al público no suele hacerse constar en el folleto. Sin embargo, sabemos que los almanaques españoles costaban alrededor de un real de plata (Durán López, 2015a: 59). Consiguientemente, eran más caros que los pliegos de cordel, que no sobrepasaban el cuarto (García de Enterría, 1983: 81). Hacia finales de siglo, el importe crece hasta los dos reales, como acredita Judas Tadeo Ortiz Gallardo: «si no os agrada mi pronóstico, no le compréis, roñosos, dejadlo y guardaos los dos reales, que para nada quiero cosa vuestra» (1772: 2). La cuestión del precio en los Estados italianos resulta más intrincada, en tanto que cada uno de ellos había acuñado su propia moneda y los vínculos con los demás bienes de consumo responde a parámetros distintos. Generalmente, rondaban los 10 *soldi*, aunque podían ser más costosos, como la *Giostra De'Pianeti* de Baldassarre Dall'Acqua, que alcanzaba los 45, un precio que Giorgia Giusti califica de «decisamente elevato […] se non esorbitante» (2005: 109). En Piamonte, los lunarios simples no pasaban de los uno o dos *soldi*, pero los almanaques de corte encontraban compradores que los adquirían por treinta (Braida, 1989: 97). En lo que concierne a Portugal, «encontramo-los à venda por 4, 6 ou 10 réis, em meados do século XVII e custam normalmente 20 réis (um "vintém"), no século XVIII» (Lisboa, 1999: 141). En Francia, Bollème estima un valor de entre tres y seis *sous* en el siglo XVIII (1969: 14). El resto de impresos «menores» franceses solo llegaban a los dos *sous* (Burke, 2014: 238). En Inglaterra, los almanaques valían dos peniques —los de mayor envergadura podían despacharse por seis—, y los pliegos sueltos solo uno (Burke, 2014: 238).

El circuito de distribución de los almanaques congrega tanto a vendedores itinerantes como a libreros con puesto fijo. Jeroen Salman los denomina «impresos estacionales» porque se distribuían en las últimas semanas del año. Los encargados de transportarlos de un sitio a otro eran adultos y niños que en otras épocas se dedicaban a otros menesteres (2021: 55)[42]. EnItalia, eran repartidos por buhoneros, llamados *lunariari* en Roma, *storiari* en Venecia y *banchettisti* o *muricciolari* cuando se subían a un escalón para llamar la atención de la clientela (Carnelos, 2010: 381–383). A diferencia de lo que pasaba en otros lugares de Europa, en tierras italianas, determinados comerciantes itinerantes ocupaban un lugar central en la sociedad, e incluso trabajaron para casas

---

42 Laurence Fontaine ya había indicado que algunos de los vendedores de pronósticos eran muchachos de corta edad que podían ir acompañando a una persona mayor que les enseñaba el oficio: «Images et almanachs sont d'abord vendus par les enfants qui font leur apprentisage dès douze ou quinze ans en suivant un ancien et qui lui restent ensuite attachés comme domestiques jusqu'à ce que leur patrimoine leur permettent de devenir des colporteurs autonomes» (1996: 28).

editoriales de prestigio, como Remondini y Salani (Palazzolo, 2011: 126). También había ciegos que recitaban oraciones, cantaban canciones y vendían papeles. En Génova (1299), Venecia (1315), Florencia (1324), Padua (1358) y Milán (1417) se reunieron en hermandades que contaban con el beneplácito papal y de las autoridades locales (Carnelos, 2016: 2). En Roma, la *Compagnia della Visitazione* disfrutó de una suerte de monopolio (Carnelos, 2016: 3).

La actividad de los vendedores ambulantes en Piamonte no estaba regulada en términos absolutos, aunque en principio no se permitía.Pese a todo,

> si tollerava un tipo di commercio affidato a pochi uomini che tenevano bancarelle stabili sotto i portici e vendevano per lo più edizioni mal riuscite, comprate dagli stessi librai, o vecchi libri acquistati da privati e rivenduti. Disponevano di uno scarso assotimento, costituito per lo più da calendari, almanacchi, stampe, libretti religiosi, vite di santi e forse da qualche libro di tetso a prezzo più che dimezzato. Due dovevano essere le condizioni per la tolleranza di simili ambulanti: che questi fossero residenti «fissamente nel Paese» e che i libri in vendita non provenissero dagli stati d'oltr'Alpe (Braida, 1989: 102).

Dentro de las fronteras del Estado, los vendedores ambulantes difunden la producción desde Turín a las localidades vecinas (Braida, 1996: 194).

En Portugal, el medio de acceder a estos opúsculos es mediante el comercio itinerante:

> Desde cedo, com um almanaque numa mão, cajado na outra e sacola às costas, o vendedor ambulante corria a cidade e os campos a esta adjacentes a procura de clientes. Com o avançar do século XVII e com a entrada no século seguinte, cada vez mais este arriscou um viagem mais distante, levando a nova dos astrólogos aos campos e regiões mais logínquas, compondo a sua modesta economía familiar (Carolino, 2002: 49).

Quienes ejercían este trabajo eran los buhoneros, conocidos como *volanteiros,* así comolos ciegos:

> No século XVIII, inúmeras figuras características deambulavam pelas ruas de Lisboa, apregoando e vendendo as coisas mais diversas –mexilhão, hortaliça, fruta, capachos, calçado, azeite, cebolas, leite, castanhas, papel, chitas, colheres, palitos, rocas, peixe, carvão…, e almanaques. No meio desse fluxo barulhento, iam os cegos, transportando as folhinhas e outra literatura de cordel (Radich, 1981: 17).

Los ciegos se agrupaban en torno a la *Irmandade do Menino Jesus dos Homens Cegos,* la cual, en virtud de una provisión del rey João V del 7 de enero de 1749, tenía permiso para propagar en exclusiva las «folhinhas, histórias, relações, repertorios, comédias portuguesas e castelhanas, autos e livros usados» (Ramos Tinhorão, 1988: 249). Carolino señala que «essa imagem do astrólogo cego vendedor de almanaques de rua em rua, de cidade em cidade» brota como rasgo costumbrista en los mismos pronósticos, y pone como ejemplo el caso de António Pequeno, cuyo sobrenombre fue *O cego astrólogo.*

El ansia por obtener los máximos beneficios provocó no pocas disputas entre los difundidores de los almanaques. Entre 1711 y 1820 tuvo lugar un *porfioso conflito* que enemistó a los libreros integrados en una corporación, a los ciegos que formaban parte de la *Irmandade* y a los tratantes que no pertenecían a ninguno de estos grupos (Ramada Curto, 1996: 306). En agosto de 1798, el ciego Romão José pleitea contra el librero Manuel do Nascimento para hacerse con el privilegio de distribución del *Perfeito lavrador* (Lisboa, 2002: 19). Los litigios judiciales entre ciegos y libreros solían ganarlos los primeros porque la Hermandad gozaba de una mayor protección institucional (Radich, 1981: 17).

Los almanaques impresos en España también eran vendidos por los ciegos, quienes se constituían en hermandades que en la práctica funcionaban igual que los gremios. La más afamada, tanto por su permanencia en el tiempo como por las cotas de poder que alcanzó, fue la Hermandad de la Visitación de Madrid, fundada en 1581[43]:

> Ha sido muchas veces representado en la literatura española cómo los ciegos cantores, que hicieron de los pequeños impresos su *modus vivendi*, recitaban *relaciones, historias, coplas* o *romances* por las calles y voceaban los títulos de los *almanaques,* los *pronósticos,* las *guías,* las *gacetas* y otros papeles oficiales (García Collado, 2003: 372).

Torres dejó escrito un bello pasaje en el que, dirigiéndose a su pronóstico, le anticipa cómo serán sus primeros días de vida, refiriéndose a su distribución por los ciegos:

> Ya te engendré, ya saliste, hijo mío, de las oscuras entrañas de mi fantasía, ya dejaste el zurrón, y por fin, te lavé en la prensa las manchas de tu primer original; y pues ya estás aseado, es forzoso que vayas a correr el mundo, aunque con bastante dolor de mi alma, porque sé que vas vendido a público pregón. Tus primeros adoptivos padres serán los ciegos, gente que te guiará a bulto, y de tan poco miramiento, que solo cuida de su interés (1724: sin numerar).

---

43 Los estudios pioneros sobre la venta ambulante de impresos por parte de los ciegos fueron realizados por Jean-François Botrel (1973 y 1974). En fechas recientes, Abel Iglesias Castellano ha ampliado el marco del análisis hacia sitios situados fuera de la corte (2022). La cofradía madrileña se disuelve el 1 de enero de 1836 mediante un decreto firmado por Salustiano Olózaga anunciado en el *Diario de Avisos* de Madrid (Fernández, 2000: 71). Otras ciudades españolas donde también operaron hermandades de ciegos papelistas fueron Toledo, Zaragoza y Valencia (Cátedra, 2002; Gomis Coloma, 2015).

En el almanaque *Los ciegos de Madrid,* ellos son quienes piden al autor que redacte una pronosticación para ayudar a su negocio (Torres Villarroel, 1731: 8). El narrador los describe como quienes «aúllan gacetas y calendarios por las plazas, ladran jácaras por las calles y gruñen oraciones por las esquinas» y, hablando consigo mismo, se pregunta: «¿No estás cansado de que te anden los ciegos arremangando por medio de esas calles, de escribir obras que se despachen a pregón, como si escribieras repollos, requesones o espárragos?» (1731: 6–7).

Como en Portugal, en España existieron «tensiones profesionales» entre los ciegos y el resto de protagonistas en el proceso de diseminación de impresos anuales:

> Distinguiéndose de los mendicantes, los ciegos agrupados *(agremiados)* en torno a la Hermandad ejercieron profesionalmente la venta ambulante de almanaques, gacetas, novenas, romances, relaciones y otros papeles públicos, derecho reconocido en sucesivas ocasiones por el Consejo de Castilla. En el siglo XVIII este privilegio de distribución callejera se les respetó, pero se reconocieron también los derechos de venta de los libreros con tienda y de los «pobres retaceros». En 1727 Felipe V promulga una Real Resolución según la cual la venta ambulante «de gacetas y demás papeles curiosos» se reserva a los ciegos, al tiempo que los libreros pueden hacerlo en sus puestos. Más tarde, en 1739, otra Real Resolución fija en cuatro el número de hojas de los pliegos que venderán los ciegos, reservando a los retaceros la venta de impresos de más de cuatro hojas y menos de cuatro pliegos (Rodríguez Sánchez de León, 1996: 330–331).

Hay pruebas documentales que confirman la existencia de un comercio clandestino de almanaques en Europa que reportaba nutridos ingresos (Fontaine, 1996: 23). A finales del siglo XVIII, las leyes lombardas prohibían que se vendiesen en su territorio pronósticos astrológicos que hubiesen visto la luz en otras partes de Italia. Sin embargo, como conocemos por los testimonios de la época, siempre hubo personas que se saltaron las normas para introducir las mercancías vetadas. Así quedó plasmado en una petición enviada por un censor al Consejo de Gobierno el 23 de diciembre del año 1789:

> Molti cattivi almanacchi e molti perniciosi libercoli di falsa devozione s'introducono clandestinamente dalla parte di Lugano e di Bergamno e si spargono singolarmente nella provincia di Varese, nel Comasco e nell'alto milanese e molti s'introducono in Milano e si vendono pubblicamente sui banchini ed in campagna si spargono da bigolotti[44].

En el mismo periodo, varios impresores habían puesto por escrito su hartazgo por tener que lidiar con las competencias ilícitas:

---

44 ASMi, Fondo Studi, p.a., cart. 122, 1790, gennaio 12. Citado en Bonomelli, 2010: 314.

> I quali vengono cercatissimi dal popolo ignorante, stampati parte in alcuni luoghi di questo dominio e parte in esteri stati, di Bergamo, Lugano, Genova e Piemonte, ove sono assolutamente proibiti gli almanacchi esteri; e questi s'introducono e vendono a migliaia con pregiudizio gravissimo degli stampatori sudditi di S.M. Imperiale[45].

El comercio irregular podía serusual en los pequeños núcleos urbanos y en los pueblos. Alberto Gamarra Gonzalo ha estudiado la historia del tendero riojano Gregorio Fernández, procesado por vender de manera ilegal 23 pronósticos cuyo privilegio de impresión pertenecía a Antonio Sanz (2017: 96–98).

Las leyes portuguesas no permitían el comercio de almanaques extranjeros, aunque los distribuidores hicieron caso omiso y continuaron expendiendo pronósticos venidos de fuera. Los más demandados eran los españoles y los italianos:

> Embora a importação fosse proíbida, era muito difícil travar a circulação de almanaques estrangeiros, sobretudo espanhóis, introduzidos pelas fronteiras de Beira e de Trás-os-Montes, e penetrando até o litoral, sobretudo no norte e centro del país. Em 1778, em Cabeceiras de Basto, a polícia descobre 102 exemplares em casa de Manuel Pereira, ausente no momento da busca, e cinco pacotes em casa de Bento Antunes, que é então detido. Segundo o relatório policial, era este contrabandista que recebia as folhas em maços e as juntava em cadernos antes de proceder à sua distribuição. Em 1779, segundo as mesmas fontes, sabe-se que os almanaques espanhóis entravam ainda pela vila de Almeida[46].

La idea de que los almanaques se ponían a disposición de los clientes en locales urbanos cuestiona las afirmaciones vertidas por Mandrou y Bollème, para quienes estos se distribuían mediante el *colportage* en las zonas rurales:

> We tend to forget that cheap books, pamphlets, almanacs, penny prints and the like were also lucrative wares for established booksellers [...]. The sale of cheap books was not the exclusive right of these specialists, however. Also book shops in the upper segment of the market, profited from the sale of sought-after items such as pamphlets, jestbooks, prose novels, newspapers and almanacs (Salman, 2021: 41–42).

El lugar emblemático donde se fijaban las tiendas y los puestos de libros en España era la Puerta del Sol de Madrid[47], si bien en Sevilla, Valencia o Barcelona había espacios en los que se desarrollaban idénticastransacciones. Un número considerable de almanaques se anunciaba en las páginas de la *Gaceta de Madrid*,

---

45 ASMi, Fondo Studi, p.a., cart. 122, 1789 dicembre 23. Citado en Bonomelli, 2010: 314.
46 IAN/TT: Real Mesa Censória, CC. 177. Citado en Lisboa, 2002: 17.
47 Sobre el comercio de los objetos tipográficos en las gradas de San Felipe, véase Sánchez Espinosa, 2011: 141–155.

lo cual revela una intención de entablar relaciones con el público haciendo uso de los recursos que ofrecían las modernas sociedades industriales[48].

Los pronósticos boloñeses eran expuestos «alle insegne del Pozzo rosso, della Colomba, del Moro, di Sant'Antonio o di San Michele» (Casali, 2003: 80). Los venecianos se hallaban en la plaza de San Marcos o debajo de los soportales del puente de Rialto (Novati, 2004: 98). En la capital portuguesa, cualquiera que quisiese podía comprarlos en la Capela Real, en la rua do Paço, en la rua Nova y en el Largo da Misericórdia (Carolino, 2002: 45–46). Según avanza el siglo XVIII, se construyen en Portugal nuevos puntos de venta localizados en el barrio del Chiado (Carolino, 2002: 46). También en Évora y en Coímbra había un comercio de pronósticos, aunque nose sabe a ciencia cierta dónde: «Fora da cidade de Lisboa, outros seriam os meios de distribuição e venda de almanaques. Um hiato de informação pesa sobre o período mais recuado. Segundo as indicações dos própios almanaques, seria possível adquiri-los nas feiras e em diversas moradas espalhadas pelo país» (Radich, 1981: 20).

Con suma asiduidad se reflejan los nombres de las tiendas de libros y de sus propietarios en la portada de las pronosticaciones. A lo largo de su carrera, Torres comercializó sus piscatores en múltiples negocios: la «librería de Juan de Moya, frente a las gradas de San Felipe el Real» y, en los últimos tiempos, también en las «librerías de Bartolomé Ulloa, calle de la Concepción Gerónima», por citar solamente los más destacados. Su último almanaque, *La tía y la sobrina* (1767), podía hallarse en «la librería de Manuel Elvira, frente al cementerio de Santa Cruz». José Texidò y José Giralt despachaban sus ediciones de los pronósticos torresianos en sus respectivas casas en Barcelona.

En *El escardillo del juicio y duende de la razón* (1761), Antonio Romero Martínez Álvaro especifica que sus almanaques se distribuyen en varios enclaves al mismo tiempo: «Se hallará en la librería de Castillo, calle del Correo, frente al Alcabucero, y en su puesto en las Gradas de San Felipe; y en el de Francisco Guerrero en los portales de Guadalajara, y en Alcalá en casa de Juan de Arribas».

El padre Giovanni Domenico Martelli ponía a la venta los ejemplares «nelle botteghe di Giovanni Guidotti, libraio dirimpetto alla Posta, e di Francesco Colzi sul Canto di Vacchereccia». Francesco Moneti, también florentino, trabajaba con la «bottega di Francesco Mingardi, all'Insegna di San Filippo Neri». Al término delsetecientos, Giuseppe Davico ponía a disposición de los clientes

---

48 He obtenido esta información gracias a la base de datos NICANTO que coordina el prof. Jean-Marc Buiguès.

el almanaque literario *Il novelista* (1791), salido de sus prensas, en un puesto situado en la Dora Grossa, actual vía Garibaldi de Turín.

Sorprendentemente, los almanaques portugueses no plasman esta información con regularidad, sino que tienden a consignar tan solo el nombre y el domicilio del impresor de turno junto al año de publicación (si procede) y la certificación de las licencias. Luís Miguel Carolino precisa que este ocultamiento puede deberse a que muchos impresores disponían la mercancía en sus talleres, de modo que era innecesario explicitar ese detalle (2002: 48).

3.3. Mecanismos de control y censura

Junto a los recursos que fomentan la difusión de los almanaques y pronósticos astrológicos, en Europa del sur se ejecutan numerosas actuaciones que tienen la finalidad de controlar y, en último término, prohibir su circulación. Huelga recordar que la *Histoire des livres populaires* de Charles Nisard nació de un ejercicio censorio por parte del gobierno de Napoleón III: «La naissance des études consacrées à la littérature de colportage (le livre initiateur est celui de Nisard, 1854) est, en effet, liée à la censure sociale de leur objet. Elle développe un *sage dessein* de la police. Une répression politique est à l'origine d'une curiosité scientifique» (Certeau, Julia y Revel, 1974 45).

Desde sus primeros tiempos, estas publicaciones fueron objeto de todo tipo de interdicciones: en Inglaterra, en el año 1559 se pone en marcha una serie de disposiciones legales orientadas a eliminar las precogniciones políticas (Capp, 1979: 29). A mediados del siglo XVI, el rey francés Charles IX, que había tenido a Nostradamus como médico y *astrologue en titre*, lanza un edicto en contra de la producción de almanaques:

> Il est défendu à tout imprimeur ou libraire d'imprimer ou d'exposer aucuns almanachs ou pronostications qu'auparavant ils n'ayent été visités par l'archevêque ou évêque, ou ceux qu'il commettra, et il est ordonné qu'il soit procédé par des juges extraordinaires et par punition corporelle contre celui qui aura fait ou exposé les dits almanachs (Bollème, 1969: 27).

Más adelante, Henri III porfía en desautorizar los vaticinios sobre sucesos mundanos (Mandrou, 1964: 69).

Sin embargo, pese a las leyes, en España, Italia y Portugaleste género editorial no tuvo que enfrentarse a grandes problemas con la censura, obteniendo el *nihil obstat* sin que sus autores sufriesen por ello demasiados dolores de cabeza: «Mentre la censura ostacolava con determinazione la circolazione delle idee e delle notizie che potevano turbare l'ordine pubblico, fatto che creò enormi difficoltà alla stampa periodica settecentesca, essa fu estremamente blanda con gli almanacchi» (Manzo: sin numerar); «a tolerância dos censores em relação aos almanaques produzidos em território da coroa portuguesa mostra a consciência que havia de que se tratava de uma questão na qual os conteúdos não eran o mais importante» (Lisboa, 2002: 17); «en los almanaques el nuevo acomodo de la astrología judiciaria logra de facto, salvo excepciones por censores celosos o astrólogos imprudentes, el beneplácito de las autoridades civiles y religiosas, la indolencia inquisitorial y la tolerancia o asentimiento de las élites» (Durán López, 2021: 20).Seguramente, en el origen de esta particular circunstancia se encuentren causas de índole económica que prevalecían sobre las demás razones. Pero, además, la frontera entre los asuntos lícitos e ilícitos se presentaba borrosa las más de las veces, de manera que terminaba quedando al arbitrio del censor la decisión de conceder al papel la patente de corso:

En la práctica, la tarea inquisitorial de persecución de la astrología judiciaria no fue en modo alguno sistemática ni supuso una de las mayores preocupaciones de la Inquisición [...]. Las razones para esto son variadas. En primer lugar, no existió un consenso dentro del Santo Tribunal a la hora de decidir qué obras o prácticas estaban en contra de la fe católica, en parte porque la propia Iglesia siempre reservó un sitio importante en su doctrina para las profecías, entendidas como una forma racional de conocimiento de la naturaleza y de predicción de hechos futuros propiciada por la inspiración divina. Por otra parte, las normas dictadas eran ambiguas en el tratamiento y diferenciación entre la astrología judiciaria permitida y la prohibida, lo que provocaba dudas sobre el tipo de astrología presente en muchas publicaciones astrológicas. Además, si bien la metodología predictiva de la astrología era ajena a la profecía, muchas veces los propios astrólogos utilizaban ambos caminos, lo que contribuía también a la confusión y dificultad de consenso a la hora de juzgar sus escritos. Todo ello, como si de resquicios legales se tratara, dejo entreabierta la puerta para la publicación de obras y provocó que en los juicios inquisitoriales jugaran un importante papel aspectos que poco tenían que ver con las cuestiones religiosas y si con otras de índole comercial o político (Galech Amillano, 2010: 65–66).

En los índices de libros prohibidos de la Inquisición, la teoría de la influencia astral es descrita en términos vagos e imprecisos, dejando al criterio individual la definición de lo contingente, de ahí que las interdicciones eclesiales produjesen efectos exiguos:

The index of 1590, drawn up during the pontificate of Sixtus V, chimed with the bull in its distinction between natural and judicial astrology, but it followed the formulations of 1559 and 1564 in prohibiting «necessitating» predictions but not «inclining» ones. So too did the index of 1593 (in rule XII on astrology) and the Clementine index of 1596, which reiterated the 1564 rules word for word. These rules, with interpretative provisions added by Clement VIII, were kept unchanged by all subsequent indexes.

> Consequently, one may say that the bull of 1586 –except for its list of penalties for transgressors [...] did not affect censorial practice, although I shall show that it did have important indirect effects, and that the Church's action against astrological ideas and practices continued to take the form defined in the mid-500s (Baldini, 2001: 92–93).

Las opiniones en torno a la astrología conciernen a la autoridad de quien las enuncia, lo que equivale a admitir que, en la práctica, el Santo Oficio no mostraba una posición inamovible (Lanuza Navarro, 2017: 208). Así, Ovidio Montalbani firma la censura inquisitorial de no pocos almanaques mientras que sus escritos rayan en lo herético (Casali, 2003: 73). Análogamente, Diego de Torres Villarroel, Isidoro Ortiz Gallardo y José Patricio Moraleja y Navarro también redactaron una porciónde aprobaciones, aunque no renegaron totalmente de la materia judiciaria.

Un análisis de los mecanismos de control y censura que afectaron a los almanaques requiere de una aproximación *in loco* pues, pese a que los decretos pontificios concernían a toda la cristiandad, la manera en la que las autoridades, tanto civiles como eclesiásticas, pusieron por obra los dictámenes allí contenidos varía en función de las coordenadas geográficas[49]. En los Estados italianos, los materiales «menores» no solían respetar los trámites de censura (Infelise, 2011: 15), pero los almanaqueros se mostraron sumamente respetuosos a la hora de cumplirlos. En la portada de los pronósticos de los siglos XVII y XVIII se leerse frecuentemente la frase *con licenza dei Superiori*, prueba de que se habían llevado a efecto los trámites de rigor. Independientemente de la organización política de los territorios, la censura italiana consiste en un *imprimatur* aséptico, donde el examinador, que se expresa en latín, graba su nombre y el cargo que desempeña, evidenciando que la obra goza del permiso para transmitirse libremente. En un principio, los encargados de efectuar dicho trámite eran clérigos, aunque con posterioridadintervendrá el poder civil.

Ahora bien, el grado de severidad del aparato censor no es igual en todos los gobiernos. Así, si el Gran Ducado de Toscana se caracteriza por la permisividad (Solari, 1989a: X), en Piamonte se vigilan de cerca los libros y papeles que caen en las manos de sus habitantes (Braida, 1990: 322). Desde la década de 1740, el reino saboyano instituye una censura laica al margen de la eclesiástica:

---

49 Sixto V había mandado confiscar las pronosticaciones donde hubiese temas que no versasen estrictamente de astrología natural: «simili libri d'astrologia giudiziaria [...] non si leggessero, ovvero si tenessero: eccetuando però quei giudizi e naturali osservazioni» (1586: sin numerar).

> Senza dubbio si trattò di un momento fondamentale he finì, in alcuni casi, per compromettere i rapporti tra Stato e Chiesa –si pensi al Gran Ducato di Toscana–, delimitando progressivamente il ruolo dei tribunali ecclesiastici, sino alla loro soppressione. Ma fu comunque un processo lento e decisamente diverso da un contesto all'altro. Vi sono Stati come la Repubblica veneziana che sin dagli esordi della stampa non avevano mai delegato alla Chiesa il controllo sull'editoria, difendendo l'autonomia della censura laica. [...] In altri contesti, come quello dello Stato sabaudo, l'organizzazione, negli anni Quaranta, di una censura laica non esautorò minimamente quella ecclesiastica, anzi vi fu una sinergia tra le due censure, almeno per quanto riguarda i libri stampati nel paese (Braida, 2011: 241–242).

Pero, al revés de lo que sucedió en Venecia, Toscana y Lombardía, los gobernantes civiles piamonteses se valieron de esta coyuntura para extremar la atención sobre los almanaques (Braida, 1990: 322). A pesar de ello, no puede decirse que estos tuviesen que salvar obstáculos imponentes para recabarel beneplácito de las autoridades, que juzgaron de un modo más severola prensa periódica: «Se il giornalismo d'opinione ebbe, tranne rare eccezioni, uno spazio ristretto, l'almanacco, al contrario, per la sua caratteristica di periodico privo di notizie politiche, non incontrò quasi limitazioni burocratiche» (Braida, 1989: 39–40). Incluso cuando el 9 de agosto de 1745 se publica una *Instruzione per la revisione dei libri a stampe*, donde específicamente se intenta vedar la circulación de los libros sobre «operazioni magiche, malefizi o qualsiasi massima o pratica superstiziosa [...] funeste predizioni di calamità, di morbi popolari, o altre simili che siano capaci di perturabere gli animi deboli, od alterare in alcuna maniera la pubblica o la privata tranquilità», «non si può certo dire che in Piemonte vi fosse stato un vero e proprio intervento dello Stato contro le pubblicazioni astrologiche», pues tales prohibiciones se expresaban en frases demasiado genéricas (Braida, 1989: 47).

El 18 de julio de 1772, el gobierno lombardo impide sacar a la luz «predizioni meteorologiche con entro i numeri del lotto, con divinazione sull'avvenire, con deliri astrologici, e con altre imposture misteriosamente ideate, congiunzioni ed opposizioni di pianeti e sulle fasi lunari», así como «quegli almanacchi o taccuini che contengono critiche o facezie sulli costumi o sulli caratteri di persone, ancorché non nominate apertamente» (Braida, 1997: 205). Los libreros e impresores se rebelaron contra la orden, pidiendo que se les permitieseestampar contenidos de astrología natural, pero no hubo quien prestase oídosa sus lamentos (Braida, 1997: 205). La circular se renueva el 17 de diciembre de 1776, lo que provocó que poco a poco los pronósticos de Lombardía abandonasen el «aparato retórico astrológico» (Braida, 2003: 264).

El número de cabeceras de almanaques impresas en Roma fue limitado dado que los procesos censorios habrían sido más rígidos allí que en otrossitios:

> La concorrenzialità e la proliferazione incontrollata delle testate furono, dunque, conscientemente bloccate, complice una rigida attivita censoria, programmaticamente volta a impedire che nella capitale del cattolicesimo si sviluppasse quella proliferazione della letteratura di *colportage* tipica di altri centri italiani. La necessità di disciplinare un uso incontrollato dell'astronomia e dell'astrologia, scienze antiche contraddistinte da un controverso, ambivalente e sofferto rapporto con il cristianesimo, fu all'origine della particolare attenzione che la curia romana ebbe sempre nei confronti della produzione di almanacchi, testi soltanto apparentemente neutrali, scialbi, stereotipati (Formica, 2002: 228).

Si bien es cierto que Roma formaba parte de los Estados pontificios, no tiene demasiado sentido pensar que esta fuese la única razón para explicar la carencia de pronósticos astrológicos, puesto que de Bolonia salieron una gran cantidad de ellos. Marina Formica apunta hacia un régimen de producción basado en privilegios de impresión como causa real de la escasez, ya que donde no hay libre competencia es menos probable que surjan propuestas editoriales innovadoras(1995: 121–122).

El marco normativo portugués recoge que los pronósticos deben hacerse públicos con «todas as licenças necessárias», esto es, la censura de la Inquisición, la del ordinario y la del *Desembargo do Paço*. Esta última, aunque tenía un carácter civil, solía estar redactada por hombres de la Iglesia (Grilo Capelo, 1994: 110). El escrito en sí mismo se compone de fórmulas estereotipadas, algo más extensas que las italianas, pero están omitidas las valoraciones personales. Véanse como ejemplo las aprobaciones incluidas en el *Pronóstico* de José Martins Ferreira: «Este pronóstico do ano 1608 composto por José Martins Ferreira com as mais cousas que a elle vão juntas, não tem cousa alguma por donde se não podem imprimir. Em São Domingos de Lisboa, a vinte e quatro de octubre de 1607. Fray Manuel Coelho»; «Vista a informação, podesse imprimir este pronóstico e depois de impresso torne a este Conselho para se cotejar com o original e se dar licença para poder correr e sem ella não correrá. Em Lisboa, ao seis de novembro de 1607. Bartolomeu da Fonseca. Rui Pirez da Veiga»; «Que se possa este lunário imprimir, vista a licença que para isso tem do Santo Officio da Inquisição. Em Lisboa, a treze de novembro de 1607. Fernão de Magalhães».

El hábito de incorporar las licencias es más propio del siglo XVII que del XVIII, pues son prácticamente inexistentes los impresos dieciochescos lusos donde se refleja dicho trámite. Desde el año 1768, el sistema se centraliza en la *Real Mesa Censória*. En 1781, la reina doña María vuelve a modificar el protocolo para adaptarlo a la bula *Romanorum Pontificum* (1780). Se crea entonces la *Real Mesa da Comissão sobre o Exame e Censura dos Livros*, que realmente estaba destinada a frenar la entrada del ideariofrancés. Pero, como las lecturas seguían llegando a Portugal, el 17 de diciembre de 1794, la monarca instituye el sistema «das Três Autoridades: censura doutrinal pelos prelados das Dioceses; des crimes contra a dé pelo Santo Oficio, e de "Doutrinas danosas e prejudiciais" ao Estado pela Mesa do Desembargo do Paço» (Ramos Tinhorão, 1988: 255–256).

Los problemas que los pronosticadores portugueses pudieron haber tenido a cuenta de la censura no se muestran con frecuencia. José Ramos Tinhorão cree que el anónimo autor de *O preto astrólogo* pudo haber entrado en conflicto con algún corrector de la entrega de 1758. Basa su afirmación en que esta contiene referencias al año 1756, así que la puesta en circulación tuvo que haber sido forzosamente retrasada:

> O impresso trazia a indicação «Com as licenças necessárias», mas o seu autor deve ter encontrado alguma dificuldade na autorização do texto pela Mesa Censória, encarregada do exame prévio dos escritos destinados à impressão, pois num dos versos da décima em heptassílabos composta para abertura dos prognósticos de novembro, na p. 34, indica que os originais eran de 1756, uma vez que se referia ao terremoto de 1 de novembro de 1755 como facto do «ano pasado» (1988: 249).

João Luís Lisboa sostiene que la laxitud de las instituciones con los reportorios es debida a intereses monetarios, y para demostrarlo recurre a testimonios de la época, como el del censor João Cristiano Muller, quien en diciembre de 1795 animaba a que no se valorasen con dureza las pronosticaciones para evitar favorecer a aquellas que se introducían clandestinamente desde el extranjero: «do género daquelles, cuja publicação em todo o Estado cultivado só é tolerável, em quanto servem de impedimento à importação furtiva e prejudicial de outros similhantes impressos em outros Estados vinzinhos»[50]. La censura de unos *Avisos curiosos para os lavradores e agricultores* fechada en 1762, sin embargo, parece indicar que existió alguna clase de interdicción en el reino de Portugal por esos años, ya que el autor declara haber renunciado a componer un almanaque porque el género estaba prohibido: «Estes avisos da agricultura, que costumávamos vir nos reportórios, que justissimamente se proibiram são tão proveitosos aos nervos da República [...] como inútiles e prejudiciais eran os vaticínios» (1762: sin numerar).

---

50 IAN/TT: Real Mesa Censória, CX. 27. Citado en Lisboa, 2002: 17.

Los exámenes de censura españoles son peculiares. Desde el año 1502, la legislación contaba con una pragmática que compelía a publicar con licencia civil y religiosa los libros y los papeles:

> La primera pragmática que ordenó la censura previa y la necesidad de la licencia real para la impresión de cualquier obra [...], fue promulgada por los Reyes Católicos en 1502, siguiendo la estela de la bula *Inter multiplices* de Alejandro VI (1501). [...] Así pues, desde entonces las composiciones destinadas a imprimirse en pliegos sueltos debían obtener previamente la aprobación de la autoridad política o religiosa, al menos oficialmente (Gomis Coloma, 2015: 123–124).

En el 1558 se promulga una ley que establece la obligatoriedad de disponer al comienzo de los impresos la licencia, la suma de la tasa y el privilegio, además de los nombres del autor y del impresor y el lugar de publicación (Gomis Coloma, 2015: 124–125). Sin embargo, la literatura popular impresa no siempre se atiene a estas exigencias, ni siquiera en el Siglo de las Luces, cuando se renovaron varias disposiciones dirigidas a conseguir su cumplimiento (Reyes Gómez, 1999: 325–338).

Lo cierto es que los almanaques no despertaron el celo de la Iglesia católica en el reino de España; tanto es así que la actividad inquisitorial relativa a los mismos ha sido calificada de «marginal» (Avalos, 2007: 65). Únicamente el empeño de Juan Curiel, juez de imprentas desde 1752, pone contra las cuerdas a los almanaqueros, al menos en ciertas ocasiones:

> Los censores les prestaron escasa atención hasta mediados de siglo [a los piscatores] [...] Por entonces su aprobación y censura se hacía de forma rutinaria sobre todo porque quienes los aprobaban eran a menudo designados por los propios autores. Pero con el nombramiento de Juan Curiel como juez de imprentas, los pronósticos sufrieron el acoso de la censura (Rodríguez Sánchez de León, 1997: 273).

Sin embargo, resulta obvio que los piscatores no podían haber disfrutado de una absoluta libertad de circulación. Al decir de José Pardo Tomás, la astrología fue una de las «áreas de conflicto» de la censura, junto con la medicina (1991: 149). Mathilde Albisson, contrastando el catálogo de las obras prohibidas y expurgadas de Martínez de Bujanda con la documentación almacenada en el Archivo Histórico Nacional de Madrid y la Biblioteca Nacional de España, demuestra que en el siglo XVII se obstaculizó la distribución del 43 % de las pronosticaciones (2019: 254). De su examen se colige que las precogniciones que más irritaban a los inquisidores eran las que apuntaban hacia personalidades concretas o las que se expresaban en términos directos (Albisson, 2019: 265). Pese a todo, hay que tener presente que, tal y como se encarga de recordar Fernando Durán López (2021), en el Antiguo Régimen la censura consiste en la imbricación de diversos pareceres que tratan de ajustarse en la medida de lo posible al cuerpo legal vigente:

> Pero, como en todo cuerpo normativo del Antiguo Régimen, hay que entender el veto a los libros de astrología judiciaria en una sucesión histórica de leyes, interpretaciones y prácticas que permiten en ocasiones tomarlo al pie de la letra, pero las más de las veces lo contrapesan en un equilibrio institucionalizado que va graduando mediante el ejercicio jurisdiccional lo que se prohíbe y lo que se permite, y donde no cabe leer los incumplimientos como quiebra o ineficacia de la norma, sino como su desarrollo continuo. Esa es una vía más productiva para acceder a la eficiencia de la política del libro que constatar abismos entre la ley y la realidad, o carencia de claridad en una norma cuya mejor arma consistía en no ser clara [...]. Así pues, cuando se habla de posturas intelectuales o gubernativas hacia la astrología hay que discriminar planos de recepción y vigilancia (2021: 14–16).

Los almanaques españoles no tenían el deber de incluir las aprobaciones civiles y eclesiásticas, aunque lo hacían de todos modos, al igual que los libros (Durán López, 2022a). Como quienes escribían los dictámenes a menudo eran personas del círculo íntimo del autor, la censura de los pronósticos dieciochescos impresos en España se asemeja a un ejercicio de crítica, si no directamente en un texto con vocación literaria *per se*. Es interesantecontemplar cómo los aprobantes asumen la *retórica charlatanesca* de los opúsculos que inspeccionan, hasta tal punto que parte del valor literario de las obras se vería disminuido si se eliminase alguno de estos paratextos:

> Con su buen discurso desengaña, y nos da a entender en su Juicio del año, que en habiendo de tratar de artes prácticas y filosóficos discursos, todos mienten; y pues solo a los astrólogos en sus pronósticos se les nota de embusteros, entre tantos como mentirán en sus discursos el año venidero de 1724, bien puede V.S. darle la licencia que pide para su impresión[51].

> Sépase, que tiene mi licencia para vender cada banasta de mentiras a real de plata, que es un precio moderado, pues algunas valen más en mi conciencia [...] Además de lo dicho, me precisó a toda esta franqueza un recado muy cortesano que me llegó a tiempo, de la señora doña Urania, musa muy de bien y de mucha razón, aunque astróloga, en que me hacía saber de parte de todas las demás hermanas, como en junta particular de luces, que había tenido el señor Apolo su presidente, se había visto y examinado muy a su placer el *Pronóstico* hecho por don Francisco, aún más en orden a los versos que a los cálculos. [...] Por lo cual, atendiendo a una y otra facultad, se le

---

51 Censura de don Pedro Enguera, maestro de Matemáticas de los caballeros pajes del rey y alarife de Madrid, a la *Melodrama astrológica* de Diego de Torres Villarroel para el año 1724.

había despachado a don Francisco el título en forma de Poeti-astrólogo o Astri-poeta, que todo se va allá[52].

Juzgo que es recomendable en los astrólogos el que pidan licencia para mentir, que hay tantos que disparaten y mientan sin pedirla [...]. Va con todos los otros entretenedores del público, mentira más o menos[53].

El autor en chistosas coplas divierte y atrae para que los bobos entretenidos gasten su dinero y se diviertan, y el autor logre los cuartos, y no los de Luna, que estos no le sirven, y aquellos le utilizan[54].

Las aprobaciones se tornan escuetas a partir de 1756, cuando Juan Curiel ordena que los informes sean anónimos y exige que sus firmantes se abstengan de hacer figurar sus juicios personales (Durán López, 2021: 57).

Son conocidos dos hitos referidos a la prohibición de pronósticos en España. «El primer tropiezo serio», como lo llama Aguilar Piñal, «tuvo lugar en 1756, al ser denunciado al Consejo de Castilla el *Piscator complutense*, del colegial Francisco Martínez Molés» (1978: XVII). La publicación sale en la fecha prevista (últimos meses de 1755) y, en enero del año siguiente, Ricardo Wall, primer secretario de Estado, escribe una carta airada a Juan Curiel, donde le recrimina que haya pasado por alto los contenidos de la obra (Zavala, 1978: 337). Hubo quien, como el conde de Aranda, entonces embajador en Lisboa, defendió al juez, defendiendo la inocencia del papelillo —«Yo tengo el almanak complutense, muy borrical, y me admiro que los frailes lo aprobasen, pero como las desvergüenzas son propias de la capilla y de los sopistas licenciadones, tomaron a gracia su contenido»—, aunque estos intentos no evitaron que los

---

52 Censura del padre Carlos de la Reguera, de la Compañía de Jesús y maestro de Matemáticas en el Colegio imperial de Madrid, a *El pronóstico entretenido* de Francisco León y Ortega para el año 1733.

53 Censura del padre Carlos de la Reguera, de la Compañía de Jesús y maestro de Matemáticas en el Colegio imperial de Madrid, a *El embajador de los astros y volante de Mercurio* de Gómez Arias para el año 1735.

54 Censura del padre Pedro Fresneda, de la Compañía de Jesús, cosmógrafo mayor de Su Majestad y maestro de Matemáticas en el Colegio imperial de Madrid, a *El Piscator de las Damas* de José Julián López de Castro para el año 1753.

En *De las seriedades de Urania a las zumbas de Talía. Astrología frente a entretenimiento en la censura de los almanaques de la primera mitad del XVIII* (2022), Fernando Durán López recopila gran cantidad de textos censorios que se suman a los anteriormente expuestos, los cuales, considerados globalmente, suponen un testimonio precioso para entender los modos de fruición de los almanaques en la época en la que fueron producidos.

protagonistas del escándalo recibieran un castigo ejemplar: «A raíz del revuelo, Curiel recibió una reprimenda oficial y el autor del malhadado almanaque fue desterrado durante cinco años a veinte leguas de la Corte y de Alcalá. Además se le prohibió terminantemente volver a escribir pronósticos, pecado en el que sepamos no volvió a reincidir» (Zavala, 1978: 337). La dureza fue tal que los dos religiosos que firmaron las censuras fueron desterrados a veinte leguas de sus conventos. En 1760, Wall indulta a Martínez Molés, aunque le insta a no volver a componer reportorios (Zavala, 1978: 337).

El siguiente acontecimiento de interés afecta a Diego de Torres Villarroel y a su almanaque *El santero de Majalahonda y el sopista perdulario* (1766), donde podían leerse unos versos que anticipaban el motín de Esquilache, o así quisieron verlo las gentes:

> Un poderoso de cierta corte vive en trabajos y persecuciones, de los que se hubiera librado si hubiera sabido gobernar el significado del siguiente enigma:
>
> > Entre su solio y su dosel
> > Está siempre cierta dama,
> > Y que llueva, que no llueva,
> > Siempre la hallarás mojada
>
> (1765: 40).

En el pasado, Torres había sido señalado por prever el fallecimiento repentino del joven rey Luis I[55], aunque en ese momento la predicción sirvió para aumentar su fama como astrólogo.

Cuando empieza a circular la predicción del motín por Madrid, el almanaque se agota, a lo que Bartolomé Ulloa, que entonces tenía tratos con Torres para vender sus piscatores, manda tirar una segunda edición del texto, aunque las autoridades estaban tratando de controlar su difusión. Por este motivo, Ulloa sería encarcelado por orden de Campomanes, que ejercía de fiscal del Consejo:

> El pueblo incauto recurre a ellas [las adivinanzas] y tal vez se autorizan delitos enormes como el tumulto de Madrid, imprimiendo en el vulgo hallarse anunciado en el pronóstico de don Diego de Torres, con la avilantez de haberlo reimpreso y vendido dicho Bartolomé de Ulloa, librero, contemporáneamente a disiparse el motín, haciéndolo pregonar por los ciegos a la vista de todo el público[56].

---

55 El el presagio se coloca en la *Melodrama astrológica* (1724).
56 AHN, Consejos, leg. 5529/8. Citado en Martínez Mata, 1995: 79.

Isidoro Ortiz escribe una carta en noviembre de 1766 en la que alega que el almanaque de la discordia había sido confeccionado mucho tiempo antes de que ocurriese la revuelta, y que entre sus intenciones no se contaba la de antever acontecimientos políticos:

> Ha muchos años que está hecho. Esto es, Señor, porque Su Merced, a quien Dios ha rodeado de quince sobrinas, las más huérfanas y todas desvalidas, y de seis sobrinos igualmente pobres [...]. Ha muchos años que tiene hecho un repuesto de pronósticos, como este, para familia tan dilatada, dejando a mi cargo el de señalar en ellos el tiempo justo de las estaciones, eclipses y lunas, pues su edad grande y su salud quebrantada ha muchos años que le imposibilitaron para el trabajo impertinente de los cálculos (citado en Aguilar Piñal, 1978: XVIII).

Torres también suplicaría clemencia al marqués de Campomanes en una misiva (Martínez Mata, 1995: 80). Pero los recelos siguieron, ya que las ediciones de los pronósticos para el año 1767 de Diego e Isidoro fueron incautadas por orden del mismo fiscal a condición de que fuesen suprimidos los pasajes sospechosos. El culmen de la polémica llega el 21 de julio de 1767, cuando Carlos III prohíbe la venta y distribución de los piscatores en España:

> En solicitud de que se las [sic.] conceda licencia para imprimir pronósticos, piscatores, romances de ciegos y coplas de ajusticiados, de cuya edición resultan impresiones perjudiciales en el público, además de ser una lectura vana y de ninguna utilidad a la pública instrucción, pudiendo dedicarse las personas de talento a escribir cosas provechosas y que fomenten la educación, el comercio, las artes, la agricultura y todos los descubrimientos de la nación[57].

La interdicción acabó por ser el «broche a la época dorada» de los almanaques dieciochistas españoles (Durán López, 2015a: 13). Aunque su impresión nunca se paralizó por completo, a partir de entonces los autores «optaron por rehuir los rótulos de *pronóstico, almanaque, diario de cuartos de luna*, sustituyéndolos por *efemérides* y otros que sorteasen el peligro» (Durán López, 2015a: 13).

3.4. Perfil socioliterario del almanaquero

Indica María José Rodríguez Sánchez de León que «sucede en España lo mismo que en Francia, y es que los autores de almanaques y pronósticos se presentan como hombres de ciencia» (1996: 357). Enparticular, el título que tienden a

---

57 «Real Cédula de 21 de julio de 1767 prohibiendo se impriman pronósticos romances de ciego y coplas de ajusticiados por perjudiciales al público y de ninguna instrucción» (Nov. Recop. 8, 18, 4). Citado en *El libro de las leyes del siglo XVIII. Tomo tercero, libros VI, VII, VIII y IX (1767–1776)* de Santos M. Coronas González, 1996: 26.

utilizar los componedores de pronósticos es el de «filomatemático», una palabra con la que se designa al polímata, pero que no aporta grandes dosis de información. Para Jesús T. Álvarez, detrás de este vocablo podrían esconderse hombres pertenecientes a las profesiones liberales (1983: 507). Algunos pronostiqueros se presentan como «profesores de astronomía en una universidad, miembros de una academia o de una tertulia» (Durán López, 2013: 183). Todos estos desempeños quedan consignados en la portada, en un intento de imbuir la publicación de un mayor prestigi.

Álvarez aclara que solamente 221 testimonios de los 452 catalogados por Francisco Aguilar Piñal en la *Bibliografía de autores españoles* especifican el oficio al que se dedica el firmante (1983: 501). De entre los que sí lo precisan,

> 172 se presentan como profesores de Matemáticas, Filosofía y otras ciencias en diferentes Universidades del país (frecuentemente se definen también como «filomatemáticos»), 35 se presentan como astrólogos, nueve como clérigos, cuatro como nobles y solamente una como librero. Aceptando el todo por la parte, puede decirse que un 77,8 por 100 de los autores de almanaques en España fueron «filomatemáticos», término que equivale a una profesión cultural y civil —lo que no impide que entre ellos figurase algún clérigo con órdenes menores o mayores—, un 15,8 por 100 astrólogos, un 4 por 100 clérigos convictos y confesos, un 1,8 por 100 nobles y solo un 0,45 por 100 libreros o impresores. Redondeando números puede afirmarse que, en España y durante el siglo XVIII, el 94, 05 por 100 de los autores de almanaques firmados pertenecieron a un estrato social conceptuado como burguesía (1983: 501).

Siguiendo los pasos del *Gran Piscator de Salamanca*, que a su vez imitaba al *Gran Piscator Sarrabal de Milán*, los almanaqueros españoles del siglo XVIII adoptan un apodo que les confiere una personalidad única en un panorama tan concurrido: *Piscator complutense* (Francisco Martínez Molés), *Piscator de la corte* (Diego González Gómez), *Pequeño piscator de Salamanca* (Isidoro Ortiz Gallardo de Villarroel), *Piscator de Castilla* (Gómez Arias), *Piscator de Gudalupe* (Jerónimo Audije de la Fuente), *Sarrabal burgalés* (Germán Ruiz Gallirgos)… Zavala, que vinculaba el uso de seudónimos con su tesis sobre la utopía popular, hablaba de «un mundo sin nombres ilustres, donde solo existen apodos o sobrenombres, el estilo hiperbólico festivo» (1987: 66), aunque la verdad es que, como exigían las leyes, al lado de los nombres falsos aparecían las verdaderas señas de la persona. En todo caso, la anonimia es más frecuente en el siglo XVII, cuando marcas editoriales de la trascendencia del *Sarrabal* se publican de manera anónima[58].

---

58 En 1750, por fin, un redactor, José Patricio Moraleja y Navarro, asume la autoría del *Sarrabal*.

No es fácil reconstruir la biografía de los pronostiqueros, quienes comúnmente son escritores de segunda, tercera o incluso de cuarta fila en el ámbito general de la literatura española del XVIII . Por razones obvias, Diego de Torres Villarroel representa una excepción, pues además de haber dado a la imprenta una autobiografía, la cantidad de bibliografía académica en torno a su figura es abundantísima hoy día. Por el contrario, el perfil vital de sus homólogos permanece cubierto por un halo de misterio, conunas pocas salvedades, como la de Gómez Arias, a quien se le han dedicado estudios (Durán López, 2014 y Ruiz Pérez, 2017), José Julián López de Castro, que ha sido objeto de una tesis doctoral (Igartua Landecho, 1991), y Jerónimo Audije de la Fuente, sobre el que se han realizado varias investigaciones (Cobos Bueno, 1996, Cobos Bueno, 2006 y Cobos Bueno y Vallejo Villalobos, 2014).

Guy Mercadier sistematizó los rasgos socioliterarios que caracterizan al pronostiquero típico del siglo XVIII español, estableciendo que

> pertenecen [los pronostiqueros] en su mayoría al medio universitario, o al medio de la edición y de la difusión de los libros y de la prensa, principalmente en Madrid. El lugar destacado de esta actividad piscatoril es el mentidero de las gradas de San Felipe [...]. Como ocurre en Francia, bajo ciertos seudónimos se disimulan unos editores astutos, que ven en la práctica literaria sin intermediarios la posibilidad de redondear sus ganancias (1979: 602).

Lo que es evidente es que estos autoresson un reflejo de la imagen del escritor *pro pane lucrando* que encarnaba como nadie Torres Villarroel[59].

Una página curiosa de la producción lunarística española está constituida por las mujeres almanaqueras: Manuela Tomasa Sánchez de Oreja (1742), Francisca de Osorio (1756, 1757 y 1758) y Teresa González (1778). Pedro Sanz se había pronunciado sobre su condición, poco habitual, en el *Pleito crítico*: «Para que conozca el mundo lo adelantada que está la astrología en España, que hasta mujeres hay almanaqueras» (1746: 30). La imagen autorial de las piscatoras ha sido examinada en dos ocasiones por María Dolores Gimeno Puyol (2019 y 2020)[60]. Asimismo, hace poco tiempo se ha descubierto un *Piscator sin igual* concebido, según reza la portada, por «una madamita de esta corte», aunque es

---

59 Una semblanza de Torres como «escritor de mercado» en García Aguilar, 2017.

En pleno proceso de redacción de este libro se edita *Tras las huellas de Torres Villarroel. Quince autores de almanaques literarios y didácticos del siglo XVIII* (Durán López, 2022b), donde intenta esclarecerse la trayectoria biográfica y literaria de los estrelleros.

60 Aunque Mayte Contreras Mira (2022) pone en duda que realmente no se tratase de hombres que portaban disfraces femeninos en un sentido metafórico.

plausible que quien se encontrase detrás de la idea fuese José Julián López de Castro, tanto por los temas tratados, que se acercan a los que recogen *El Piscator de las Damas* y *El aparador del gusto*, como por las obras de este autor que se publicitan en la última página del folleto.

En cuanto a las mujeres pronosticadoras portuguesas e italianas, no hay testimonios verídicos que posibiliten constatar su presencia. Por contra, lo que sí se ha puesto de manifiesto es que «la divina mediazione tra cielo e terra che pubblicamente si realizzava nei libretti per il nuovo anno, si configura totalmente di genere maschile» (Casali, 2003: 56). Como excepción suele citarse a Maria Mancini Colonna, muy dada a los horóscopos y que dejó escritas unas cuantas pronosticaciones cultas (Casali, 2003: 56). Braida recuerda un *Almanacco delle donne* alumbrado en la imprenta turinesa de Michele Briolo en 1784 que firma una tal «Madamigelle N.N»., si bien esta misma estudiosa cree probable que fuese un varón el verdadero componedor del opúsculo (1989: 205).

Los portugueses se niegan a anunciar su verdadera identidad, de modo que al lado de los apodos *Sarrabal saloio, Sarrabal ratinho, O preto astrólogo, Sarrabal casquilho* o *Endimião Português* no se incorpora especificación alguna acerca del autor. Luís Miguel Carolino considera que Segismundo José, Pai Daniel, Protásio Apiano, Fuas Feio Fialho, Carlos de Vico y Cosme Francês son sobrenombres (2002: 75). El hábito de firmar con un nombre inventado conecta con el viraje hacia el universo de lo burlesco que experimentan las pronosticaciones lusas en el setecientos: «Esta alteração aconteceu porque, nesse século, os almanaques ganharam uma nova função que era sobretudo divertir os seus leitores, e nada como criar um clima mais fantástico através destes pseudônimos» (2002: 54). Por lo tanto, en este país acontece la situación inversa a la española, pues en el siglo XVII los almanaques portugueses sí portan el nombre de un autor fácilmente reconocible.

Han podido efectuarse algunas identificaciones, como la de Damião Francês, seudónimo de António Correia de Lemos (Carolino, 2002: 47). Vitorino José da Costa, fraile benedictino, es el personaje histórico que redacta el papel de Cosme Francês (*Sarrabal saloio*). Este alcanzó una fama mediana en su tiempo y fue editor del diario satírico *Folheto de ambas Lisboas* (Lisboa, 1999: 144). Dentro de la orden a la que pertenecía se le conocía como fray Vitorino de Sousa Gertrudes, y de él se ha dicho que fue un hombre «de grandes letras e possuidor de vasta bibliografia» (Soares, 1946: 8). El propio Costa revela unos cuantos detalles sobre su vida en un librito de corte espiritual, los *Remedios Stoico-Christaõs, para lograr a serenidade do animo, pasar a vida alegremente e vencer sustos, medos, temores e perturbações* (1736), donde se recrea en hablar acerca de sus orígenes humildes y su profesión de estrellero:

> Quarentas anos ha, que do ventre de minha mãe saltei a este mundo, daquelle tene-
> broso carcere, para este largo campo de miserias; e contando estes annos de vida,
> sómente haverá seis, pouco mais, ou menos, que posso com verdade dizer, que
> vivo: porque depois de me engeitar minha mãe, pelas razoens que já referi no prog-
> nóstico de 1733 fui entregue aquelles saloios que de mais das fomes, que por força
> me fizeram tolerar; taes sustos, medos, tremores e perturbações me imprimiram no
> animo, de que procedèram varios achaques, que atè a idade de 24 tendo vida, não vivi
> (citado en Carolino, 2003: 228).

De acuerdo con los datos que recoge Inocêncio Francisco da Silva en el *Dicio-nário bibliográfico português*, António Pequeno habría sido uno de los nombres falsos adoptados por Costa (1862, tomo VII: 446).

En Italia, la anonimia es la nota predominante en el panorama de los almanaques del XVIII. Antes, los pronosticadores, que acaparaban el apoyo y la estima de la sociedad, no dudaban en hacer constar su nombre y apellidos en la portada. Sin embargo, esta costumbre decae en el setecientos. Así pues, en el conjunto de las pronosticaciones italianas dieciochescas, lo que llama ver-daderamente la atención es el título, para lo cual los almanaqueros imaginan sofisticadas expresiones que evocan sus nexos con las estrellas, los signos del Zodiaco o con la diosa Urania:

> Prende il titolo dal nome artificioso dell'autore, secondo un processo esattamente
> inverso rispetto a il titolo (che fosse quello genérico di *Pronosticon* o uno piú parti-
> colare, come *Gli Arcani delle stelle* di Antonio Carnevali, o ancoa ogni anno diverso
> o bizzarro come nella produzione di Ovidio Montalbani) restava sempre distinto
> dall'autore e serviva a identificarlo. L'anonimia è la caratteristica saliente degli alma-
> nacchi settecenteschi longevi, svelata a volte enigmaticamente dalle iniziali del nome,
> o affidata piú spesso all'uso di pseudonimi tanto bizzarri da apparire mere curiosità
> e giochi almanacchistici o a nomi celebri e autorevoli del passato (Casali, 2003: 253).

Consiguientemente, desconocemos quién pudo estar detrás de alias tan suges-tivos como *Il rustico indovino, La sibilla celeste, Astrologo incognito indiano* o *Meneghino critico*.

La proveniencia social de los autores es muy variada aunque, una vez más, se trata un asunto difícil de resolver: «Lo scarso numero di personaggi identifica-bili non consente di fare una mappa completa dei collaboratori di questo genere letterario di grande successo. Se si escludono gli scienziati delle accademie, si trattava di autori di provenienza sociale e preparazione culturale differenziate» (Braida, 1989: 80). Una investigación sobre los almanaques piamonteses ha per-mitido discernir la clase social de un cierto número de ellos:

> Parfois, surtout dans le cas d'almanachs particulièrement rudimentaires, l'auteur
> des textes est le libraire-éditeur lui-même. Il ne s'agit pas toujours d'écrivains

occasionnels : parmi les collaborateurs figurent aussi des hommes de lettres, des érudits, des historiens spécialistes d'histoire locale. Une bonne partie des auteurs identifiés sont des ecclésiastiques. En ce qui concerne la production piémontaise, sur onze compilateurs (à l'exclusion de ceux qui proviennent du milieu des académies scientifiques), il y a quatre ecclésiastiques, deux typographes, un officier retraité, un médecin, un chirurgien, un haut fonctionnaire de l'État et un géomètre (1996: 198–199).

Es probable que, en el Siglo de las Luces, los almanaques no fuesen elaborados por un único individuo, sino que fuesen obras colectivas. Un poema incluido en el almanaque *Palmaverde* para el año 1776 confirma que cinco personas participaron en su confección:

> Così il Palmaverde ha cinque autori
> un fa il giornale, e l'altro stende i conti
> delle sideree fasi colla luna,
> un le terrestri gerarchie raduna,
> e nota li vacanti con dei punti.
> Altro gl'influssi sovra i piani, ed i monti,
> e i dì che il ciel è limpido, o s'imbruna,
> altro tira le rime ad una ad una,
> un altro scrive i morbi, e i loro fonti.
> Trascrive un suonator di clarinetto
> L'arrivo e la partenza delle poste,
> il peso, ed il valor delle monete.
> Tant'è che ognuno l'opra sua ci mette,
> indi una burla vanno far all'oste,
> dicendo che son 5, e sono 7

(citado en Braida, 1989: 80).

Aunque Braida considera que cinco es un número excesivo, piensa que es factible que hubiese habido múltiples autores, unos consagrados a los asuntos técnicos y otros a las cuestiones literarias (1989: 80).De igual manera, se ha conservado documentación que atestigua que Michele Antonio Garzano tomó partido en la composición del almanaque literario *Capricci* del impresor Bonaventura Porro (1784–1785) (Braida, 1989: 84–85). En *La Scuola di Minerva* (1773), un almanaque femenino, habrían colaborado «una quantità di uomini di diversa età mossi dalla necessità o la cupidigia di far denari» (citado en Solari, 1992: 15).

Los nombres de los hipotéticos participantes no se reflejan en las páginas delopúsculo, siendo esta una costumbre más propia del siglo XIX, cuando una parte de la producción almanaquera pasa a asimilarse a las antologías literarias.

3.5. Público receptor y consumo

No proliferan las noticias que serían necesarias para trazar el perfil del consumidor prototípico de almanaques: aparte de Menocchio, el molinero de Friuli de mediados del siglo XVI, proclamaron su afición por estos papeles el vidriero parisiense Jacques-Louis Ménétra, cuyas memorias fueron editadas por Daniel Roche en *Journal de ma vie. Jacques Louis Ménétra compagnon vitrier au 18e siècle*, así como el pastor Valentin Jamerey-Duval, autor de *Mémoires, enface et éducation d'un pausan au XVIIIe siècle*. En los «almanaques-agenda» italianos, que traían páginas en blanco para que los usuarios escribiesen sus apuntes, han sobrevivido notas sobre compraventa de bienes, deudas, bodas familiares, nacimientos de hijos e hijas, muertes de amigos cercanos... (Braida, 1998: 160).

Los piscatores eran adquiridos por un público amplio y heterogéneo, pues de otro modo no podrían explicarse sus exorbitantes tiradas. Robert A. Houston, en *Literacy in Early Modern Europe,* sostenía que anualmente un tercio de las familias europeas del Antiguo Régimen compraba un almanaque (citado en Lisboa, 1999: 140). Los altos índices de analfabetismo de la población europea del Antiguo Régimen no supondrían un impedimiento para la difusión del producto ya que el singular tipo de discurso que opera en los pronósticos, sustentado en un sistema de lectura logográfico, facilita el acceso a los iletrados. De esta manera, los almanaques prevén múltiples niveles de lectura, desde contenidos complejos para aquellos que hubiesen recibido alguna instrucción —de carácter científico, literario, histórico, etc.—, hasta los dibujos de las tijeras, el pez o el hacha, sujetos a ser interpretados por todo el mundo como las acciones de cortarse el pelo, pescar y fabricar leña.

Una fase intermedia entre el sistema logográfico y la complejidad del lenguaje literario reside en

> la abundancia de frases cortas, la eliminación de artículos superfluos, la presencia de formas verbales sencillas y expeditivas como el infinitivo y el imperativo y de formas abreviadas (*Lun. Sang.* y *Purg.).* Extremando la lógica del sistema, se valen todos los autores de un sistema de signos convencionales, de interpretación muy sencilla (Mercadier, 1995: 140).

No debería desecharse la hipótesis de que, al igual que otras lecturas del Antiguo Régimen, los almanaques fuesen leídos en voz alta:

> Las narraciones religiosas y profanas, las noticias de actualidad, las canciones, los chistes y sátiras, los almanaques y calendarios, son textos que en forma impresa llegan a todas las capas sociales, leídos frecuentemente en voz alta en las calles por el vendedor ambulante, y luego en reuniones y veladas, de casas particulares, tabernas o durante determinadas festividades (Gomis Coloma, 2015: 34).

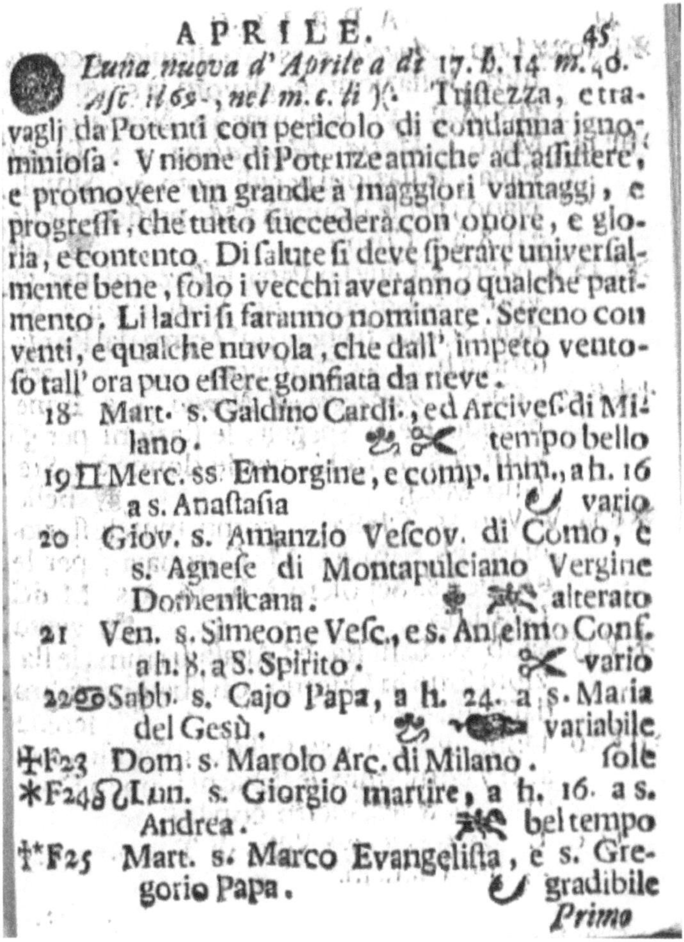

APRILE. 45

Luna nuova d'Aprile a dì 17. h. 14 m. 40.
Aſc. il 6s., nel m. c. li X. Triſtezza, e tra-
vaglj da Potenti con pericolo di condanna igno-
minioſa. Vnione di Potenze amiche ad aſſiſtere,
e promovere un grande à maggiori vantaggj, e
progreſſi, che tutto ſuccederà con onore, e glo-
ria, e contento. Di ſalute ſi deve ſperare univerſal-
mente bene, ſolo i vecchi averanno qualche pati-
mento. Li ladri ſi faranno nominare. Sereno con
venti, e qualche nuvola, che dall' impeto vento-
ſo tall' ora puo eſſere gonfiata da neve.

18 Mart. s. Galdino Cardi., ed Arciveſ. di Mi-
        lano.   tempo bello
19 Merc. ss. Emorgine, e comp. mm., a h. 16
        a s. Anaſtaſia   vario
20 Giov. s. Amanzio Veſcov. di Como, e
        s. Agneſe di Montapulciano Vergine
        Domenicana.   alterato
21 Ven. s. Simeone Veſc., e s. Anſelmo Conf.
        a h. 8. a S. Spirito.   vario
22 Sabb. s. Cajo Papa, a h. 24. a s. Maria
        del Gesù.   variabile
F23 Dom. s. Marolo Arc. di Milano.   ſole
F24 Lun. s. Giorgio martire, a h. 16. a s.
        Andrea.   bel tempo
F25 Mart. s. Marco Evangeliſta, e s. Gre-
        gorio Papa.   gradibile
                                        Primo

Figura 2. Informaciones tocantes a la Luna nueva de abril contenida en el *Almanacco universale sopra l'anno 1730 del Gran Pescatore di Chiaravalle*. Ejemplar conservado en la Biblioteca Nazionale Braidense.

Las marcas de oralidad no son cuantiosas en el corpus de las pronosticaciones españolas, pero Fernando Durán López ha recogido varios ejemplos que ponen de manifiesto la realidad de esta práctica (2022a).

Figura 3. Inicio del mes de julio contenido en el diario de las fases de la Luna del *Almanacco universale sopra l'anno 1730 del Gran Pescatore di Chiaravalle*. Ejemplar conservado en la Biblioteca Nazionale Braidense.

La teoría de las audiciones colectivas también ha sido planteada por los investigadores portugueses, que indican que estas se realizarían en espacios y horas específicas en la ciudad de Lisboa, concretamente en «o balcão do livreiro de S. Domingos, o adro do Monte, a Ribeira das Naus, o Cais de Pedra, e o Cano real, aos domingos, na hora da sesta» (Radich, 1981: 24). Por su parte, la crítica italiana opina que los almanaques serían leídos en tertulias y en reuniones sociales (Braida, 1989: 109).

Al principio, la clientela busca en el pronóstico astrológico uninstrumento de provecho pero, con el paso del tiempo, se produce un desplazamiento de la utilidad al entretenimiento, lo que justifica que hubiera quien comprase dos o tres reportorios al año: «Parte del éxito de este género se debe al perfeccionamiento y sofisticación de los recursos literarios aplicados, en el patente deseo de ampliar sus funciones y obtener una recepción múltiple» (Durán López, 2017: 41). Tiene lugar entonces una «evolución» en el lectorado de la literatura pronosticante (Braida, 1990: 326), que demanda con cada vez más ahínco temáticas alejadas de lo puramente utilitario. Desde luego, ha quedado descartada la tesis de que el almanaque estaba dirigido a los más humildes, fundamentalmente al campesinado —«le livre de la clase la plus modeste et qui lit peu», decía Bollème (1971: 63)—, si bien determinadas tipologías podían ser propicias a distribuirse en ambientes socioculturales bajos. En cambio, se ha descubierto que «questi libri circolavano in tutti i livelli sociali, our venendo recepiti e utilizzati in modi differenti», pese a que sigue siendo complicado individuar «letture socialmente esclusive» por la escasez de datos al respecto (Braida, 2011: 328). Sus compradores potenciales pertenecerían a un estrato social *midcult,* o si queremos, a una protoburguesía.

Los investigadores italianos han verificado que los almanaques eran consumidos por «una categoria socio-professionale indubbiamente etereogenea» (Formica, 1995: 136). Con mayor exactitud, han defendido que estos estaban destinados de manera mayoritaria a una clase media urbana, aun aceptando que los modelos básicos eran entendidos por los no educados (Braida, 1996: 191). Braida distingue tres clases de lectores: un primer tipo constituido por «un ceto medio-basso, da poco alfabetizzato (artigiani, piccoli commercianti): ad esso erano rivolti i modelli piú poveri e piú stereotipati, quali gli almanacchi con "pronostico" [...] e i semplici "calendari con rubriche"» (1989: 222–223). La segunda clase, la más numerosa, trataría de convencer a la «*midcult* cittadina in espansione, differenziata internamente per la cultura, relazione sociali e interessi (commercianti, professionisti, militari di medio grado, preti)» (1989: 223). En tercer lugar, «una terza fascia era rappresentata dai ceti alti: i nobili, gli alti impiegati regi, l'alto clero, e i militari di alto grado», interesados principalmente en los almanaques de corte (1989: 223).

Los portugueses señalan la existencia de un público heterogéneo y urbano, sin olvidar que los campesinos también podían verse atraídos por estos folletos :

> Muito possivelmente, a maioria destas obras seriam vendidas nas cidades, como Lisboa, Évora ou Coimbra, onde havia mais passoas letradas e onde se localizava o grosso dos funcionarios da administração régia e dos tribunais. Pode-se afirmar, pro exemplo, pelos seus testamentos e pelas relações de bens elaborados após a sua norte, que

estes formavam un público muito interesado neste tipo de literatura e que a adquiriam com muita freqüencia. Também os mestres e trabalhadores de pequenas oficinas, bem como os comerciantes e alguns campesinos, compravam os almanaques astrológicos (Carolino, 2002: 69).

En lo que concierne a España, Iris M. Zavala tuvo a bien manifestar que «la receptora de los astrólogos» era «una pequeña burguesía» formada por el «clero regular o secular, o bien son letrados (hidalgos, caballeros), miembros de las profesiones liberales o familiares del Santo Oficio. También criados de lujo, pequeños profesionales, regidores de villa, cómicos, soldados, marinos» (1987: 65–66).

Algunas de las innovaciones que experimenta el género en el siglo XVIII suelen estar centradas en conquistar a un público específico: los jardineros, los médicos, los funcionarios del Estado e incluso los pintores exigen tener un almanaque creado especialmente para ellos. Una de las modalidades más sugestivas en este sentido es la del almanaque femenino, cuyas receptoras son mujeres de clase social alta o medio-alta. En el contexto milanés, Alberto Luporini ha compilado decenas de cabeceras que intentan captar la atención de las damas de los siglos XVIII y XIX (1999).

> Uno dei fenomeni più interessanti riguarda la scoperta del pubblico femminile a cui gli editori di molti centri italiani si rivolgono, negli ultimi decenni del '700, con una straordinaria ricchezza di nuove proposte. [...] Si tratta spesso di edizioni di lusso, con incisioni e rilegature preziose, in piccoli formati inserti in astucci dorati. Si individuano almeno tre formule differenti: quella dell'almanacco di moda con articoli sugli abiti e sulle acconciature più in voga in Francia e in Inghilterra; un secondo modello molto simile ed un indirizziario con i nomi delle donne della piccola, media a alta nobiltà,a cui, negli almanacchi di teatro, si aggiunge l'indicazione del *palchetto* occupato da ognuna di loro e il calendario degli spettacoli; la terza formula, quella di maggior successo, oltre a curiosità di vario genere, offre un'ampia scelta di poesie, brevi racconti, testi di commedie divertenti, ma quasi siempre con fine moraleggiante, articoli dedicati alle virtù femminili, racconti mitologici e avventurosi. Si potrebbe fosse individuare in questi almanacchi il prototipo di quella *letteratura rosa* che tanto sviluppo avrà nel corso dell'800 (1997: 199–200).

El prototipo empieza a comercializarse en Italia a finales del XVIII, aunque en Inglaterra se han documentado muestras más tempranas; piénsese en *The ladies' diary or woman's almanack,* que aparece en 1704 y cuya trayectoria se alarga hasta el año 1840 (Swetz, 2020). En España, *El Piscator de las Damas* de José Julián López de Castro (1753–1757) representa un intento *in nuce* por hacer realidad esta apuesta editorial que demostró ser rentable en el curso del ochocientos (Lora Márquez y Martín Villarreal, 2020)[61].

---

61 Un análisis en clave transnacional de *El Piscator de las Damas* como almanaque femenino en Lora Márquez, 2022a.

Cuarto capítulo: El almanaque literario

La inmutabilidad y la rigidez son dos atributos tradicionalmente asociados al género del almanaque: «Los almanaques, muy populares en el periodo, cambiaban muy poco de año en año, e incluso de siglo en siglo, ofreciendo los mismos consejos astrológicos, médicos, agrícolas o instrucción religiosa» (Burke, 2014: 331). Ciertamente, el aspecto crítico-científico debía permanecer puesto que en él residía el componente utilitario del producto. En el siglo XVIII, el «Juicio del año», las cuartas de las estaciones, las lunaciones, la predicción de los eclipses, los cómputos del año, la epacta y las fiestas movibles no desaparecen, si bien compartirán espacio con nuevos argumentos. Así, junto a las formas elementales de pronóstico emergen nuevos modelos cuyas realizaciones textuales distan mucho de sus antecesoras. Este cambio de paradigma tiene un origen poligenético: la crisis de la astrología y el nacimiento de la nueva ciencia unidas al desarrollo del capitalismo hacen que los autores de pronósticos traten de personalizar sus publicaciones mediante la introducción de fórmulas atractivas a ojos de los compradores. En otras palabras, los rasgos de «serialidad» y «funcionalidad» son reemplazados por un criterio basado en la «singularidad» y la «durabilidad» (Durán López, 2022: 322–325).

El Siglo de las Luces asiste a la transformación del almanaque en un objeto tipográfico multiforme, poseedor de una naturaleza a un tiempo instructiva y deleitable, «un carrefour toujours ouvert de perspectives, de thèmes, de genres et d'écritures» (Mercadier, 2000: 345). Una máquina textual, en definitiva, que goza de «une grande "porosité", une étonnante permébilité aux savoir sociaux, aux discours littéraries, philosophiques, scientifiques et autres, c'est-à-dire à des genres et à des discours multiples et divers» (Lüsebrink, 2003a: 345). Este planteamiento contradice las teorías de la *École des Annales,* pues el almanaque ni es estático, ni está dirigido exclusivamente a las clases «populares»:

Gli storici francesi (Mandrou e Bollème) che hanno studiato la letteratura popolare d'Ancien Régime hanno sottolineato la sostanziale immobilità tematica degli almanacchi. Anche in quelli italiani, e in particolare qui si analizzano quelli piemontesi, gli elementi di ripetitività sono numerosi. Tuttavia se li si considera nell'arco di un secolo, dalla fine del '600 alla fine del '700, si individuano non poche trasformazioni. Si assiste cioè a partire dagli ultimi decenni del '700, a quella che si potrebbe definire la metamorfosi di un genere letterario di cui si conservarono il formato e gli elementi fondamentali (il calendario e alcune rubriche), ma che dal punto di vista del contenuto si avvicinò spesso a forme che erano molto distanti dall'almanacco, come il giornale scientifico, il giornale di moda [...] o la guida della città. Si approfondirono quindi le diatanze tra la stereotipia dei lunari e degli almanacchi astrologici e la ricchezza e la varietà di quelli impegnati nell'informazione e nell'istruzione della società civile (Braida, 1990: 321).

La scoperta di tale ricchezza di temi e contenuti, unita alla consapevolezza di una pari etereogenità di forme e strutture, costituisce una conquista storiografica piuttosto recente: superata la tradizionale considerazione dell'almanacco quale genere sterile e ripetitivo, sostanzialmente uniforme e statico nel tempo, gli studi attuali ne hanno infatti posto in rilievo le molteplici valenze politiche e culturali, le differenti tipologie di lettori, superando, nel contempo, l'altrettanto superficiale valutazione di mezzo di comunicazione esclusivamente rivolto al popolo (Formica, 1995: 115–116).

La tipología literaria representa una de las evoluciones más notables del almanaque dieciochista, no solo por la cantidad de títulos queagrupa, sino también por la disparidad de temas y estilos queaborda. La unión entre literatura y almanaque es una consecuencia lógica de la situación de desprestigio en la que estaba inmersa la «ciencia de los astros». Al estudiar la corriente de pensamiento que satiriza a los astrólogos, se puso de manifiesto que la astrología judiciaria había quedado asimilada a un asunto menor, casi a un juego. Enunciar vaticinios sobre los futuros contingentes se entendía entonces como una inocente tarea para desarrollar en el tiempo libre: «Ceux qui s'étendent sur les "affaires du monde" [...] affirmant qu'ils le font seulement par plaisanterie et non sérieusement» (Braida, 1996: 188). Los sustantivos pertenecientes al campo semántico del entretenimiento inundan las páginas de los almanaques: «pasatiempo», «diversión», «chanza», «chiste», «broma»... Quienes recurren a ellos no necesariamente escriben piezas burlescas, pues basta con asociar el aspecto general de la publicación con el esparcimiento. Así, en la segunda mitad del siglo XVII, Silvio Bongiovane redacta una serie de pronósticos básicos titulada *Scherzi astrologici* («bromas astrológicas»). En todo caso, esta concepción favoreció la inclusión de temas destinados al deleite y al recreo. Adicionalmente, la certeza de que el determinismo astral convertía a la astrología una «ciencia mentirosa» (Casali, 2003: 17) servía de justificación para disponer metáforas e invenciones al lado de las informaciones prácticas.

El experto doctor de las universidades se oculta en pos de una nueva especie de astrólogo, que funge simultáneamente como poeta, cuentista y personaje cómico. La aparición del almanaque literario está emparentada con la antiastrología, ya que la asunción de las tesis de los detractores del *ars prognosticandi* otorga una mayor libertad creativa a los almanaqueros. A su vez, estos tenían la necesidad urgente de descubrir temáticas nuevas que remplazasen a las que habían quedado obsoletas:

L'astrologia sarà dunque la struttura portante delle brevi prefazioni riportate nei diversi lunari settecenteschi, ma apparirà come un'ossatura «fantastica» sottesa ad altri temi, come una suggestione di fondo di un discorso spogliato dei suoi significati più profondi; un vago e inoffensivo racconto capace solo di nutrire la curiosità e il piacere della lettura (Solari, 1989a: XVIII).

En *L'Ozio astrologo*, la persona que firma con el fantasioso nombre de Andronico Cireste puntualiza que las previsiones políticas son «veramente cose dette per dare trattenimento ai curiosi, e non altrimenti predizioni da prestarli credenza» (1733: 7). Cuando en las cuartas de las estaciones por fin las incorpora, no duda en presentarlas a la manera de historias compuestas para distraer a los desocupados y a los amantes de las ficciones: «Per contentare i curiosi novellisti bisogna che dichi alcune bugie e la faccia credere a questi per vere»; «ecco che i novellisti mi vanno stimolando a raccontare qualche novella per farla credere a chi è troppo credulo, per poi prendersene giocco»; «veniamo a discorso delle solite ciancie degli affari del mondo per aderire al genio dei sfacendati e certi novellisti che attendano più a sapere i fatti altrui che i propri» (1733: 12, 16, 23).

Los autores que de verdad apuestan por acoplar artificios literarios al almanaque explican su hazaña en términos análogos. Tommaso Maria Martinelli, en la *Musica delle sfere*, un pronóstico en verso, aduce que las palabras

fato, destino, fortuna, sorte, nume, deità, e simili, che sono traboccate dalla poetica penna, non già dal cuore del cristiano, non devono offendere l'orecchio fedele, e se come astrologo, sembrase essermi indecenti, si sappia, che io con la volubilità della fortuna ho voluto solo esporre a gli occhi l'incertezza dell'astrologia (1657: sin numerar).

El perusino Luca Ricci, que incrusta sus adivinaciones en un marco alegórico-teatral, reconoce en la dedicatoria a Giovanni Battista Bartolini para el año 1725 que las predicciones astrológicas son tenidas por juicios inconsistentes nacidos del ingenio (1724: sin numerar).

El Gran Piscator de Salamanca recurre a expresiones parecidas con el fin de constatar el carácter lúdico de sus pronósticos. En *El cuartel de inválidos* admite que el pronóstico

es como los demás un rebujón de disparates y mentiras. Los príncipes, que mueren, los potentados, que enferman, las casas, que se caen, y los navíos que se hunden, todos se fabrican y se hacen en la cabeza de los astrólogos, y de allí no salen las desgracias, ni las felicidades (1738: sin numerar).

Más adelante, menciona «las graciosas conjeturas de la política» (1754: sin numerar), haciendo de estas un pretexto para fomentar la diversión. En el

«Prólogo al lector o al oyente» del año 1765 equipara la invención de cuentos con la de presagios:

> Aunque me muera en él [año 1765], yo te juro, que no te has de escapar ni ver libre en muchas Navidades de mis historietas, ni de mis embustes, ni de mis adivinallas [sic.], ni de mis romances, ni de los encontrones y gritos de los ciegos y los carteles, ni de las citas, guiñaduras y sonsacas de Ulloa; porque la práctica de mi facultad no es tan limitada ni tan pobre como la de otros oficiales, que sus ejercicios acaban con sus vidas (1764: 10).

Francisco León y Ortega confiesa su afición por las ilusiones de la astrología:

> Los embusteros, señores míos, ellos se nacen sin sembrarlos, y donde menos se piensa salta un astrólogo. No hay que decir de esta patraña no beberé. Yo antes era carpintero de coplas y confitero de villancicos, y solo me tentaba de vez en cuando el diablo de la musa, que es el más festivo y retozón de toda la trulla. En fin, yo estaba contento con el mío y no quería otro ninguno; pero, por mi desgracia, me pringué los hocicos con el aceite de la candileja de un piscator, y estoy tan endemoniado de la astrología y tan espiritado de embuste, que según la lujuria que tengo de mentir, me parece que se me han entrado en el cuerpo diez legiones de sastres (1732: sin numerar).

Los censores también enfatizan la conexión entre ficción, ociosidad y engaño. El padre Cayetano de Ontiveros, encargado de evaluar *El altillo de San Blas* de Torres Villarroel, determina que «todos censuran en España los pronósticos, condenados por engañosos: pero todos los buscan y quieren, o para su diversión, o para su engaño» (1736: sin numerar). Fray Pablo de San Agustín elogia el «festivo ingenio [el de Torres], con el que aficiona a los que se precian de curiosos a que a poca costa acrediten su buen gusto, no privándose (por tan poco precio) de tener un rato de gustoso entretenimiento» (1738: sin numerar). A propósito de *El pronóstico entretenido* de León y Ortega, Carlos de la Reguera afirma que «semejantes predicciones» están «permitidas solo para el entretenimiento, lo que él mismo da a entender con el título de *Entretenido*» (León y Ortega, 1732: sin numerar). Sobre *El embajador de los astros y volante de Mercurio* de Gómez Arias, el mismo aprobante declaraba: «Va con todos los otros entretenedores del público, mentira más o menos» (1734: sin numerar). Resulta elocuente la aprobación que fray Martín de Salgado y Moscoso redacta para el almanaque de 1747 de Pedro Sanz, en la que admite que los *signa* se ocultan con un disfraz burlesco para agradar a quienes leen o escuchan: «El mundo vive tan enamorado de la mentira, que como la verdad para sus ojos es fea, en viéndola desnuda, huye. Por eso acaso el señor Sanz, a imitación de su maestro, la viste de chiste, porque pareciendo mentira, la amemos» (1746: sin numerar)[62].

---

62 Remito a la monografía de Durán López (2021) para la localización de un mayor número de testimonios censorios de esta índole.

Todo lo dicho es extrapolable al ámbito luso. Para Cosme Francês, redactar reportorios es una «travessura da ideia» (1734: 9). Carlos de Vico, en el *Teatro universal* de 1736, dice haber «dado a luz este pequeno volume a fim de que se divertisse o público, que meu sentir é não ofender ninguém» (1736: sin numerar). Declara que ha dado en componerlo «para diversão dos críticos curiosos». Almeno de Macao Olho confirma que su «prognóstico entretido» sirve para «desenfado do povo, proveito de papelistas, palito de ociosos, logração de néscios e remédio de seu autor» (1751). «Ao menos minto alegremente», se consuela un personaje del *Prognóstico e curioso lunário para o ano de 1759* de Plácido Lusitano, quien seguidamente contrapone el «estilo burlesco» del almanaque al de los vaticinios catastrofistas.

Por un lado, las formas ficcionales pueden presentarse en régimen de «copresencia»[63], esto es, ejerciendo funciones secundarias respecto de otras materias. Es habitual que estas se inserten en paratextos, suplementos y apéndices o, en su defecto, que estén representadas por versos intratextuales que desempeñan una función ornamental:

> La littérature fictionnelle occupe, au sein des almanachs populaires traditionnels, une foction à la fois importante, quasi omniprésente, et marginale, par rapport aux parties calendaires, historiques et astrologiques qui constituent d'emblée [...] son noyau. La *marginalité* de la litteraturelle fictionnelle se reflète dans sa place au sein de la structure d'ensemble esquissée de l'almanach où seule la dernière partie des almanachs tradionnels, celle consacrée aux «Variétés» [...], lui est explicitement consacrée. Dans les préfaces de la plupart des almanachs populaires, européens ou canadiens-français, qui se réfèrent à leyrs buts et à leur contenu, la littérature, au sens large du terme (incluant également les proverbes, sentences, etc.) ne se trouve guère mentionnée (Lüsebrink, 2000a: 54).

Por otro lado, en los modelos literarios propiamente dichos, las invenciones componen el núcleo de la obra.

Asumiendo el planteamiento enunciado por Hans-Jürgen Lüsebrink acerca de que el almanaque responde a «des modèles et des genres textuels transculturelles» (2003b: 145), en las páginas siguientes tratará de delimitarse cuáles son las familias textuales existentes en Europa del sur durante el siglo XVIII en relación con este género. La aplicación de esta metodología analítica permite constatar la presencia de una red de préstamos a todos los niveles en el mediodía europeo. El fin último del estudio es determinar las «homologías

---

63 Tomo prestada la nomenclatura de Lüsebrink (2000a: 60).

culturales» y las «filiaciones textuales»[64] presentes en un corpus formado por decenas de almanaques italianos, portugueses y españoles.

4.1. Propuestas de clasificación

Existen siete modelos de almanaque en la Italia del siglo XVIII: calendario con rúbricas, almanaque con pronóstico astrológico, almanaque de corte, almanaque didáctico, almanaque literario, almanaque agrícola y almanaque sanitario (Braida, 1996: 110)[65]. El calendario con rúbricas está compuesto por el «Juicio», que en la tradición italiana se denomina *Discorso generale,* las fiestas movibles, los números y cómputos del año, los eclipses y las cuatro témporas[66], así como por el diario de cuartos de Luna. Estos apartados están antecedidos por un prólogo dirigido al «cortese lettore» donde el autor procura congraciarse con el público. Además, pueden incluir noticias acerca de la llegada y salida del correo, las tarifas de las monedas de oro y plata y un listado con los nacimientos de los soberanos europeos:

> Le plus simple est le calendrier avec rubriques, situè è min-chemin entre le calendrier lunaire et le calendrier ecclésiastique. Il indique les jours des saints, les festivités religieuses, les lunaisons et la liste des foires. Il est composé d'un bref discours général sur l'année en cours, suivi de quelques reseignements sur les prévisions météorologiques. Comme la plupart des almanachs, il contient quelques rubriques fixes: le tableau des jours fériés, celui du lever du soleil, les dates de naissance des princes de l'Europe les plus illustres, la liste des archevêques, évêques et abbés, les règles du jardinage, le départ et l'arrivée des postes, le change des monnaies et les dates des foires de toute l'année (Braida, 1996: 189).

El almanaque con pronóstico astrológico es idéntico al anterior, solo que agrega vaticinios sobre los sucesos mundanos.

El almanaque de corte incorpora a los datos antedichos una lista con las familias reales europeas y con los nombres de las autoridades eclesiásticas y civiles de una ciudad determinada (Braida, 1996: 189). Cuando vienen indicadas las señas de quienes ejercen distintos oficios dentro del territorio, como abogados, médicos y profesores de universidad, juntamente con la localización

---

64 El sentido de estos términos aparece explicitado en el subcapítulo «Influencias multiculturales y transnacionalidad».

65 En un principio, Braida había tenido en cuenta solo cinco prototipos, dejando a un lado aquellos que versaban sobre agricultura y medicina (1989: 110).

66 Es habitual que los almanaques italianos adicionen una sección donde se recogen los días del año en los que no deben celebrarse casamientos.

de monumentos y enclaves de interés artístico, se habla de «almanaque-guía de la ciudad» o «guía de forasteros» (Braida, 1996: 189).

Desde 1750 aproximadamente, se dan a conocer almanaques con informes diversos acerca de la historia, la geografía, la física, el saber astronómico, etc. . Representan un estadio avanzado en la evolución del género porque aspiran a perdurar en el tiempo:

> Le quatrième modèle, dont on recontre, à partir de la deuxième partie du siècle, de nombreux exemples dans les principales villes du Nord et du centre de l'Italie, est celui que l'on pourrait définir comme un précis d'astronomie, de météorologie, d'histoire et de géographie. Comparées aux modèles astrologiques, ces publications constituent un produit plus raffiné, comprenant une information plus complète et mieux élaborée. Tout en maintenant les rubriques traditionnelles, elles proposent chaque année des sujets nouveaux : de l'essai sur les comètes ou sur la cosmologie de Newton aux nouvelles historiques, géographiques et morales sur la Chine, ou encore à l'instabilité politique de la Pologne. Dans certains cas, il est possible de déceler un projet éducatif progressif qui commence par énoncer les concepts fondamentaux de la géographie, présentés sous forme de questionnaire ou de petit dictionnaire, pour affronter ensuite des problèmes de géographie astronomique d'une grande complexité (Braida, 1996: 190).

También es en esta época cuando afloran las publicaciones «literarias». En ellas, el contenido astronómico-astrológico se reduce al mínimo con el objetivo de otorgar un mayor espacio a poemas, comedias, adivinanzas, enigmas o trozos de novela:

> Alternant prose et poésie, elles développent des sujets qui vont au-delà de la simple lecture utilitaire et éducative des modèles précédents, en se mesurant avec l'information érudite, ou en proposant des sujets tantôt distrayants, tantôt éducatifs, ou encore en critiquant et en dénonçant, les pronostics astrologiques et les superstitions qu'ils engendrent [...]. L'espace occupé par les rubriques traditionnelles est réduit au minimum pour faire place à des poèmes romanesques, à des devinettes spirituelles, à des nouvelles et à des comédies en feuilleton. Nombreux ont été dans ce secteur les almanachs consacrés aux femmes, en particulier au public restreint des dames de la haute société (Braida, 1996 : 190–191).

Según Braida, entre 1780 y 1790 el modelo literario se escinde en dos vertientes bien diferenciadas: el almanaque literario propiamente dicho y el almanaque didáctico, ligado a los proyectos educativos laicos de la Ilustración (1996: 190). Los almanaques agrícolas se crean en estrecha conexión con esta última modalidad siendo su cometido la divulgación de las novedades técnicas en el sector, como también hacían los almanaques sobre medicina e higiene (1996: 191).

Michele Chiari, en *I giorni sotto la Luna. Lunari, almanacchi e cantari: la cultura popolare parmense nella Biblioteca Palatina*, divide el almanaque dieciochesco italiano en cuatroclases. La primera, el calendario con rúbricas, se identifica con

> il modello più semplice e più diffuso per tutto il secolo [...], derivato dai modelli classici del lunario e del calendario ecclesiastico: il giornale dei santi, le lunazioni, le feste religiose fisse e mobili, l'elenco delle fiere. Introdotto da un breve *Discorso generale* con pronostico è arricchito da alcune rubriche fisse contenenti elenchi di autorità laiche e religiose e regole per coltivare i campi (2011: 26).

A esta le siguen el almanaque de corte y la guía de la ciudad, difundidos en las principales capitales italianas (2011: 26). El tercer tipo se corresponde con el almanaque con compendio, originado en Milán en la década de 1750 y dirigido a lectores de «media cultura con contenuti che vanno dall'astronomia all'agricoltura, alla storia e alla geografia, è espressione di un'esigenza informativa più raffinata intesa a divulgare le idee tecniche e scientifiche elaborate nel secolo dei lumi» (2011: 26–28). En último lugar se encuentra el modelo literario, que mezcla «poesie e prosa, lingua italiana con lingua "paesana", se rivolti ai contadini, dialoghi e letture di evasione, indovinelli e commedie a puntate, temi educativi con temi dilettevoli» (2011: 27). Chiari resalta la importancia del almanaque «letterario-burlesco-dialettale» (2011: 29), cuya trayectoria fue especialmente significativa en el Ducado de Parma.

Los pronósticos españoles se habían repartido en dos grandes módulos: «instructivos» y «literarios» (Zavala, 1978: 194). Fernando Durán López esboza una clasificación más minuciosa con base a cuatro tipos: básico, extendido, literario y didáctico (2015a: 11). La factura básica exhibe «una oferta cerrada de contenidos que se resuelve en tres bloques que suelen darse en este orden: "Juicio del año", "discurso general" o "discurso universal", "Secciones breves fijas"[67] y "Diario de cuartos de Luna"» (2015a: 15). Es un formato característico de los siglos XVI y XVII, aunque continúa dejándose ver en el XVIII (2015a: 27).

El «modelo extendido» viene de Italia y su estilo se cifra en el *Sarrabal de Milán*. Mantiene los tres apartados elementales, pero amplía los preliminares, el «Juicio» y las lunaciones y, lo que es más importante, adjunta en las páginas finales una sección miscelánea con consejos sobre el cultivo de la tierra y la preservación de la salud (2015a: 31). A comienzos del siglo XVIII surgen nuevas

---

67 La locución «secciones breves fijas» engloba los cómputos y números del año, las fiestas movibles, los eclipses y las cuatro témporas (2015a: 16).

series con compendio que imitan al *Sarrabal*, si bien estas acabarán siendo desbancadas por el almanaque didáctico.

El tipo literario pertenece, en opinión de Durán López, a Diego de Torres Villarroel (2015a: 45). No deja de ser cierto que antes de que el profesor salmantino se decidiese a componer piscatores, la ficción se mostraba de manera anecdótica en las pronosticaciones españolas. Este, sin embargo, consigue convertir en sistemática la unión entre almanaque y literatura. Hasta 1730 experimenta con distintos estilos, siendo en ese momento cuando encuentra una voz propia definida por el tono jocoserio. La propuesta de Torres será bien acogida por las multitudes, lo que provoca que en torno a su figura se agrupen multitud de émulos ansiosos por obtener su mismo rédito. El almanaque torresiano prosigue su andadura hasta 1767, fecha en la que el rey Carlos III prohíbe la publicación de reportorios, romances de ciego y coplas de ajusticiados.

La principal desemejanza entre el «modelo didáctico» y el «extendido» radica en que el primero renuncia casi por completo a la astrología:

En los *Sarrabales* la oferta central son el juicio de los astros y el calendario, y la miscelánea aporta un complemento menor y repetitivo; en el almanaque didáctico las secciones fijas pierden relieve o se desjudicializan, mientras que las informativas se dilatan, aumentan su ambición intelectual, varían de año en año y ganan protagonismo y visibilidad en los títulos (Durán López, 2015a: 91)

También emplea «un registro divulgativo directo y no jocoso sobre materias astrológicas, geográficas, históricas o médicas, en la línea de periódicos o diccionarios», lo que acaba desembocando en «una tensión entre el prurito de autoridad y la exigencia de allanarse a un público indocto con argucias humorísticas o vulgarizadoras como fuerzas contrapuestas» (Durán López, 2015a: 91).

La taxonomía planteada por Fernando Durán López se cierra con dos variantes que nacen de mezclar alguna de las cuatro principales: el «modelo literario extremo» y los «híbridos y algunas rarezas». El primero concede tal importancia a la literatura que transforma en «casi evanescente [la] plantilla astrológica» (2015a: 88). Mientras tanto, los «híbridos» encarnan la confluencia entre las formas literarias y las didácticas (Durán López, 2015a: 109).

La crítica portuguesa no ha realizado verdaderas ordenaciones del género, sino análisis que permiten columbrar cuál ha sido la evolución que este ha seguido en el Dieciocho. Carlos Radich enumera varias modalidades que se identifican con formas desarrolladas a partir del molde primitivo: «literário, recreativo, instrutivo, agrícola, político, religioso, regional, burocrático..., ou tentarem ser tudo, simultáneamente, tudo misturando, numa profusão de recortes» (1981: 8–9). Manuel Viegas y João David Pinto indicanque, a la estructura básica del almanaque, compuesta por un prólogo, el «Juicio del año», los cuartos de Luna y las secciones breves fijas, se adjuntan «conselhos práticos, mezinhas [...], anedotas, adivinhas, proverbios, quadras e mesmo algumas poesias» (1986: 46). Luís Miguel Carolino ha expuesto que, debido a la enorme concurrencia de títulos, los autores, editores y libreros inventan temas sugerentes que modifican la esencia original de los folletos:

> O almanaque sofreu tantas alterações que, quando, em finais do século XVIII, um leitor comprava estas pequeñas peças, ele procurava algo bem diferente do que um seu congénere duzentos anos antes. É certo que os diferentes elementos que constituíam o almanaque se mantiveram no esencial. Lá poderia o leitor encontrar por volta de 1800, como em 1600, um prólogo de dimensões variáveis, o «Juízo do Ano», a indicação das quatro temporãs bem como a referencia aos eventuais eclipses e conjunções celestes e ainda o calendário das festas móveis e das fases da Lua. Mas tudo o resto era diferente. Diferente a naturaleza dos textos: diferente o empenho dos editores; e, sobretudo, bem diversa era a utilidade dada a estes pequenos livros (2002: 73).

La primera derivación que menciona Carolino, aunque no recibe un nombre específico, se identifica con el almanaque de corte y la guía de forasteros:

> No mundo dos almanaques a concorrência era grande, pois havia um número considerável de autores e editores envueltos na produção destes livrinhos. Por isso, alguns astrólogos rapidamente perceberam ser necessário diversificar e enriquecer estas peças. Um desses autores foi o espanol Francisco de Gusman. Decorria o ano de 1610 e Portugal estaba sujeito à coroa española desde 1580. Assim, Gusman, que era natural de Valência, ao publicar em Lisboa o seu *Pronostico y Lunario de los Tiempos del año de mil seiscientos y diez,* acrescentou às informações comuns uma lista das principais famílias nobres de Espanha. Mais tarde, pasados já muitos anos da autonomía de Portugal em relação à Espanha, ocorrida em 1640, alguns autores seguiram também esta estratégia. Entre outros autores, Rodrigo de Sousa Alcoforado no seu prognóstico de 1729 dava noticia das datas de nascimento da Casa Real portuguesa e os astrólogos Leonardo Vaz de Brito e Inocêncio Fernandes de Coura estendiam mesmo as suas informações a outras famílias européias reinantes, nos prognósticos dedicados respectivamente aos anos de 1718 e 1744 (2002: 39).

Los didácticos, consagrados a la agricultura y a las enfermedades, anhelan llegar a convertirse en «sumárias enciclopédias de conhecimentos úteis» (2002: 41). En tercer lugar, en el setecientos se considera cumplido un proceso por el cual el almanaque migra «de la utilidad a la diversión», y que en la práctica consiste en añadir pequeñas piezas ficcionales burlescas:

> Em suma, os almanaques passaram a ser procurados porque estes eran peças verdadeiramente divertidas e engenhosas. Onde antes se procuravam informações honestas agora se pretendía informação fantasiosa, rica de mentiras escrita por um autor fantástico e extravagante com um tom oportunista (2002: 76).

Una comparación transcultural de las clasificaciones italianas, españolas y portuguesas puede dar respuesta a varias preguntas. Conviene empezar aclarando que, tal y como asegura Jean-François Botrel, no es cierto que el surgimiento de tradiciones impresas novedosas implique siempre el final de las anteriores: «sabemos que la acumulación y la coexistencia es lo que predomina, con las respectivas y evolutivas estrategias de discriminación y elección» (2003b: 28). Por lo que se refiere al almanaque dieciochista, los modelos básicos conviven con fórmulas editoriales complejas, puesto que cada una tiene adjudicado un horizonte receptor:

> La publication d'almanachs culturellement plus raffinés ne met en crise le modèle astrologique: ce dernier maintient jusqu'à la fin du siècle la section consacrée au climat, aux productions agricoles et aux infirmités, en montratnt que le pronostic pouvait parfaitement coexister avec la science nouvelle. [...] Toutefois, certains almanachs astrologiques se sont adaptés au glissement de la demande de la classe moyenne alphabétisée vers un produit culturellement plus complexe (Braida, 1996: 197).

El cotejo ha patentizado la frecuencia con la que los investigadores aplican enfoques nacionalistas a sus trabajos. Así, los españoles y portugueses otorgan una relevancia muy alta al almanaque literario jocoserio, al igual que Michele Chiari, puesto que en Parma es también una variante destacada. En cambio, Lodovica Braida, centrada en la producción piamontesa, omite esta clase. El almanaque-guía de forasteros queda fuera de los estudios españoles porque carece de la trascendencia del resto de tipos, pero en Piamonte resulta ser un paradigma de gran predicamento.

En adelante, trataré de delinear una división que tenga en cuenta las particularidades nacionales, pero que al mismo tiempo ofrezca una visión global de la producción almanaquera literaria en Europa meridional. Siguiendo el método de análisis utilizado por Durán López (2017: 42), se aplicará un enfoque taxononómico con el propósito de «aislar unas direcciones constantes y diferenciadas en los almanaques en cuanto a contenido, estilo, lenguaje y funciones», así como una perspectiva dialéctica que muestre «cuáles son las tensiones que articulan esos registros y contenidos, y los hacen contradecirse, competir, combinarse o superponerse».

4.2. Copresencia de las formas literarias

4.2.1. Poemas

Desde que los almanaques alcanzaron el estatus de objetos de consumo, hubo quienes creyeron que complementar el oficio matemático con el poético podía resultar beneficioso. El *Grand calendrier et compost des bergers*, primer pronóstico impreso en Francia, incorpora en su edición del año 1491 un «Sonnet au lecteur» donde el «Grand berger de la haute montage» saluda a los lectores:

> Le Grand berger de la haute montagne,
> vray défenseur et patrón des pécheurs,
> son Saint Esprit donna aux pécheurs,
> pour publier par la ville et campagne,
>
> son testament à toute race humaine,
> pour accomplir dont tous exécuteurs,
> sont tenus être, et sur tout les péchers,
> tt vrais Bergers qui ont la laine,
>
> ainsi donna jadis à ce berger,
> compositeur de ce beau calendrier,
> plume et esprit pour le mettre en lumière.
>
> Ami lecteur, nous l'avons reformé,
> our les dix jours et le tout réformé,
> au calendrier du bon pape Grégoire

(citado en Bollème, 1969: 42).

Además, los almanaques franceses traían versos que ayudaban a memorizar los procedimientos a seguir en las tareas del campo. La poda de las viñas en el mes de marzo se recordaba así: «le vigneron me taille / le vigneron me lie / le vigneron me baille / en mars toute ma vie» (citado en Zemon Davis, 1982: 120).

La mala calidad de la poesía del almanaque en lengua inglesa llegó a ser proverbial («the badness of almanac-verse was, literally, proverbial») (Capp, 1979: 226). Incluso circulaba un dicho que ridiculizaba al estrellero-poeta por su falta de capacidades: «as a bad rhymer as an almanac-maker» (Capp, 1979: 226). La mayor parte de las composiciones poéticas ilustraban el transcurso de las estaciones, aunque progresivamente fueron acoplándose otros motivos:

> Gradually, verse became a popular vehicle for expressing almost every kind of subject matter in the almanac: seasons and weather, astronomy and general science, history, husbandry, fashion, manners and morality, health and medicine, philosophy and religion, religious and political propaganda, predictions, and personal and prefatory comments (Stowell, 1977: 236).

En Italia, España y Portugal el desarrollo de la poesía dentro del almanaque es desigual. Lucien Febvre y Henri-Jean Martin citaban un calendario de Johann Regiomontano del 1476, compuesto originalmente en latín, pero traducido al italiano en ese año, en el que un poema resumía el sentido de la obra:

> Questa opera da ogni parte è un libro d'oro.
> Non fu più preciosa gemma mai
> del calendario: che trata cose assai
> con gran facilità, ma gran lavoro.
> Qui numero aureo, e tutti i segni fuoro
> descritti dal gran polo da ogni lai:
> Quando il sole e luna eclipsi fai,
> quante terre se reçe a sto tesoro.
> In un instanti tu sai qual ora sia,
> qual sara l'anno, giorno, tempo e mese,
> che i tutti ponti son d'astrologia.
> Ioanne di Monteregio questo fece,
> coglier tal frutto acciò non grave sia
> in breve tempo, e con pochi penexe.
> Chi teme contale pexe
> scampa virtù. I nomi di impressori
> son qui da basso di rossi colori

(1999: 298).

En 1524, Camillo de Leonardis prepara una composición satírica con la que ataca a la «turba di astronomi e geometri» que presagia un terrible diluvio durante esa anualidad. En lugar de pronosticar desastres, Leonardis les anima a no inmiscurise en las cuestiones que competen a Dios, pues corren el riesgo de ser tachados de locos: «Dunque non tema alcun aquario o pesce / ma pianga ognun l'error dei suoi peccati: / che sol di Dio il iudicar riesce / e non il matto astronomar di matti» (1524: sin numerar)[68].

Con posterioridad, los poemas serán dispuestos en los paratextos a modo de panegíricos o se repartirán entre los distintos apartados de la obracomo decoración. Los textos laudatorios se presentan en almanaques de astrólogos reputados, como Antonio Carnevale de Rávena, a quien un gran número de pronostiqueros tenían por maestro[69]. En el año 1676, un personaje anónimo dedica un elogioso soneto al «celeberrimo astrologo»:

> Tromba del fato, interprete de' cieli,
> nunzio e araldo tal'or degli elementi,
> dotto Mercurio, che gli ascosi eventi,

---

68 Sobre la tromba de agua que los astrólogos predijeron para el año 1524 y la corriente satírica que se desató a consecuencia de ella, véase Piancastelli, 2014: 66 y el apartado «Ridentur astrologi» de este libro.

69 Algunos de sus discípulos fueron Alberico Traversari, Niccolò Carli, Paolo y Achille Racchi, Ostasio Polentani, etc. (Piancastelli, 2014: 91–94).

> a nome delle stelle, a noi riveli:
>
> Vai tu tra l'Orse e Arturo, e non vi geli,
> stai tra Sirio e'l Leone, e ardor non senti:
> E fatte, ove sei tu, fere innocenti,
> non ha più mostre il ciel, che sien crudeli:
>
> Se t'incontri lassù col mio destino,
> digli, ch'astri propizi io non imploro,
> nè chiedo a Cinzia o a Sol fregio latino.
>
> Sol di Maria nel crine gli astri onoro,
> solo sotto al suo piè la Luna inchino,
> solo nelle sue braccia il Sole adoro

(1675: sin numerar).

Aunque esta no es la única ocasión en la que pueden leerse poemas en favor del ravenés, no es perceptible un uso sistemático de los mismos.

Ovidio Montalbani también se ganó el respeto y la consideración de sus contemporáneos, tanto por el éxito de sus almanaques como por su dedicación a la cátedra de Matemáticas en Bolonia. No es de extrañar, pues, que en la *Diologogia* (1653) y en la *Eticofisiologia* (1664) aparezcan rimas en su honor, en el primer caso una canción y en el segundo un epigrama y un dístico en latín.

Hay astrólogos que, sin una trayectoria consolidada, logran causar admiración en algún poeta. Este es el caso de Angelo Jacobili, en cuyo *Discorso astrologico delle mutazioni dei tempi dell'anno 1619* se incluyen versos en latín y en italiano en los que se elogia de manera ferviente al firmante del folleto. Igualmente, Bartolomeo Mattioli, aunque solo dio a la imprenta un *Discorso astrologico*, consiguió que le dedicasen poemas que honraban su faceta de astrólogo (1656: sin numerar). La *Musica delle sfere* de Tommaso Martinelli contiene el epígrafe «Si loda l'autore della presente opera. Sonetto del signore abbate Lucio Arcani», donde el supuesto Arcani se esmera en destacar las virtudes del autor. Entre otras muchas cosas, pone de relieve su capacidad para distinguir la verdad de la mentira —«del suon d' Orfeo non più si sparga il vanto / se bugiardo fu quei de l'arso impero, / ben tu distingui all'uom dal chiaro il nero, / cetre indovine se ricopre il manto»—. Seguidamente, el talento del astrólogo sirve para justificar tan exagerados cumplidos, pues este es capaz de poner el cielo a su disposición: «Dir ciò di tua virtù, non è baldanza, / però le sfere ti si fanno ancelle» (1657: sin numerar). En *Le scene del fato* (1659), se adjuntan una oda y dos sonetos consagrados a ensalzar a Martinelli y a su obra. Su sentido es sumamente interesante, ya que está orientado a defender el matrimonio entre astrología y poesía. Así, además de alabar al autor del pronóstico—«Tommaso è vostro il vanto, ogni pianeta / incurva le sue sfere, e forma un arco»—, se detalla el modo en que «su le scene de l'Etra i Dei d'Omero, / ai nostri Tolomei preparan dramme» (1659: sin numerar). Los títulos de los sonetos, «In lode dell'astrologia e poesia dell'autore» y «Per lo discorso astrologico e poetico del medesimo», no dejan lugar a dudas acerca de cuál es la idea que buscan transmitir.

Las rimas que se muestran en el interior del papel suelen haber sido tomadas de la tradición clásica. Los poetas que comparecen con una mayor frecuencia son Virgilio (Ghirardelli, 1628; Garbagnà, 1644; Fei, 1661; Moneti, 1701 y 1713), Horacio (Montalbani, 1664) y Ovidio (Scaletta, 1722 y 1724). Los poemas se introducen con independencia de la naturaleza del pronóstico, es decir, que no es indispensable que se trate de un modelo literario para que aflore una estrofa extraída de las *Geórgicas* o de las *Metamorfosis*. Ocasionalmente, el autor escogido escribe en romance; así, Giovanni Fei adorna su prólogo al «cortese lettore» con un soneto de Francesco Petrarca (1660: 8). Luego llenará el discurso anual con fragmentos de poemas de Giovanni Padovani. La inclinación de Fei hacia el discurso poético es evidente, pues a los detalles señalados, hay que añadir que, al describir las estaciones, menciona los nombres de quienes se han inspirado en ellas para sus creaciones, como ilustra el ejemplo de la primavera:

> Adorna di odorosi ligustri, candidi gigli e vermiglie rose compare la sposa dell'anno, vestita di verdi e fiorite spoglie, col volto ridente alla vista dei mortali, dico la bella Primavera, che da Virgilio fu chiamata odorifera e purpurea; da Catullo gioconda; Ruffo e Sesta la chiamano fiorita; Stazio puerosa; Eusonio e Seneca feconda; Giovanni Battista Mantovano geniale; e da molti altri con vari epiteti celebrata (1660: 20).

La *Eticofisiologia* de Ovidio Montalbani (1664) está plagada de versos escogidos de entre los poetas grecolatinos más influyentes: Virgilio, Ovidio, Horacio, Claudiano, Juvenal, Boecio…, aunque también recurre a algunos de los modernos, como Petrarca.

Una serie de almanaques tremendamente llamativa desde el punto de vista literario es la *Apocatastasi celeste* de Francesco Moneti (1682–1712). Su intento más temprano por acoplar las formas poéticas a las astrológicas está representado por *Urania fatidica* (1685), un almanaque alegórico-teatral hecho a imitación de *Le scene del fato* de Martinelli (1659)[70]. Más adelante, Moneti agregará al final de sus pronósticos diversos escritos literarios que actúan como una suerte de adenda. Por esta razón, a excepción de *Urania fatidica*, estos folletos no pueden considerarse «modelos literarios», ya que la ficción no ocupa una posición central en ellos.

---

70 Un análisis de esta adaptación en la sección sobre el «Almanaque alegórico-teatral».

En lo que concierne a la poesía, es en la entrega de 1686 cuando se decide a tratarla en una extensa composición titulada «Viaggio di Apollo in Parnaso». Al año siguiente dará a conocer «Il mondo gabbia di matti» (1687). En la salida de 1700, él mismo anuncia que, aparte del acostumbrado almanaque, los compradores tendrán la oportunidad de deleitarse con unas «ottave curiose del medesimo autore, intitolato "Il mondo nuovo sulle spalle di Ercole impazzito"» (1699: 4). El texto está compuesto por sesenta estrofas de contenido prevalentemente moral acerca de la falsedad del mundo. Al comienzo, se percibe la intención de vincular la práctica del arte poética con el descreimiento del arte de la adivinación:

> Io che d'intorno alla stellata sfera
> sin'ora andai col mio cervel girando,
> e dei suoi astri la lucente schiera
> con moti e influssi loro specolando;
> M'accorsi poi che sotto l'aria nera
> dietro alle stelle erranti andava errando,
> e mentre volsi farci l'indovino
> merlotto mi trovai più che Merlino.
>
> Onde mi parve bene in tal mestiero
> i sistemi del Ciel metter da parte
> e nel cambiare il falso con il vero
> riporre in un canton Venere e Marte,
> col ricercare nel nostro emisfero
> ciò che si fa, perchè migliore è l'arte
> di scrivere il passato, ed il presente,
> che di predir quel ch'ha da far la gente

(1699: 77).

Pasadas unas cuantas páginas, vuelve a insistir en este pensamiento con un sencillo verso: «Mentre per onorar la Poesia / Urania il luogo cede oggi a Talia» (1699: 78).

Para la publicación del año 1701, Moneti idea un «Capitolo della Verità in risposta alla Bugia» en tercetos en el que, como si de dos alegorías se tratase, la Verdad y la Mentira discuten acerca de la materia astrológica. La conclusión a la que llegan es que el oficio de astrólogo es inseparable de la farsa —«esser della bugia fedele amico / l'astrologo si trova» (1700: 73) —, si bien, como indica la Mentira, en el mundo son muchos los que no son sinceros. En el almanaque con validez para 1705 inserta un «Testamento e ricordi lasciati dal Gran Villano di Garfagnana» en octavas reales (1705) y, tres años después, utilizando esta misma métrica, edita «Lo Specchio ideale della prudenza tra le pazzie, ossiano riflessi morali sopra le azioni di Bertoldino». La *Apocatastasi celeste* de 1709 se imprime junto a «La Cortona convertita», una invectiva contra los miembros de la Compañía de Jesús. La entrega de 1710 trae consigo «Il mondo fallito sui banchi dell'ambizione e dell'interesse. Scherzo poetico di Francesco Moneti da Cortona».

Cuando en 1712 fallece el autor, otra persona se encarga de dar a luz sus pronósticos, los cuales, probablemente, este habría dejado preparados. El hábito de anexar un apartado literario se perpetuará con invenciones que combinan registros elevados con motivos burlescos: «Il mondo cadente riparato dalli politici architetti, disegno poetico» (1713), «Testamento del dottore Cacasenno di Bertoldino [...] scherzo poetico di Francesco Moneti» (1715), «Raccolta in versi delle persone persecutrici della Luna. Scherzo poetico di Francesco Moneti da Cortona» (1720), «Falsirena ninfa d'Apollo amata, e da lui convertita in scimia per averlo tradito in amore. Scherzo ideale, e poetico di Francesco Moneti da Cortona» (1724), etc.

Domenico Maria Manni, en la «Vita di Francesco Moneti» (1758), afirmaba que, con sus ficciones, el fraile de Cortona pretendía complacer a los desencantados con la astrología judiciaria:

Fino alla sua morte seguitò a pubblicare ogni anno il suo almanacco, il quale, perchè accreditato, glielo ristampavano in più luoghi, lepidissimo, facetissimo, e frizzante com'egli era. Oltredichè veniva sempre accompagnato da qualche piacevole componimento poetico, che molto titillava le orecchie dei leggitori, e faceva sì che eziandio i poco creduli nell'astrologia vi trovassero gustoso pascolo (1758: 119).

Algunos de los poemas llegaron a conoceruna vida independiente de los almanaques, como *La Cortona convertita*. Por fuera poco, en el año 1790 se estampa en Ámsterdam una recopilación de sus textos poéticos, muchos de los cuales fueron sacados directamente de la serie *Apocatastasi* (Cantamessa, n.º 5232).

Los *Fasti storici* de Almorò Albrizzi, desde que salen a la luz pública por primera vez en Venecia en 1726, aglutinan todo tipo de asuntos con el fin de entretener al lector. Los *Fasti* se asemejan al almanaque de corte, aunque su autor amplía la oferta de contenidos con notas históricas, geográficas y literarias. Acerca de la poesía, los meses del año están acompañados por una composición de intención didáctica:

> Dunque in Gennaio devesi inghiottire
> tepidi cibi, ne mai dalla vena
> sangue trarrai, ne lascierai uscire.
> Con vin potente e buon a pranzo e cena
> spesso li sensi devi ricreare;
> che da ciò ancor rinforzerai la lena.
> Talvolta è buona cosa di lavare
> allor nell'acque calde la tua vita,
> che da ciò molto ben ne puoi cavare

(1740: 4).

Al término del folleto aparecía siempre un soneto:

> Finto amor platonico
>
> Alcune vaghe ninfe innamorate
> meco parlando un dì dei loro amori,
> volean pur, ch'io credessi entro i lor cuori
> fiamme, oltre l'uso uman e pure illibate.
>
> E che perciò nelle persone amate
> de'lor vezzosi giovani pastori,
> dall'interna beltà dell'alma insuori,
> non prezzasser veruna altra beldade.
>
> Io volto infine a una di lor: figliuola,
> disse, se il vostro eccelso almo desio
> non bada al corpo, e tende all'alma sola;
>
> perchè un vecchio pastor, come son'io,
> non amereste voi? Senza parola
> rimase ella in quel punto, e si partió

(1740: 65).

En las últimas décadas del siglo XVIII, la poesía adquiere significados inusitados en consonancia con los nuevos tiempos. El almanaque *Il provinciale* (1783) incorporaba «consejos útiles» rimados en verso (Braida, 1989: 71). *Il corso delle stelle osservato dal pronostico moderno Palmaverde*, aun siendo un almanaque de corte, agregaba poemas sobre múltiples argumentos. Como hacían los ingleses, en las cuartas de las estaciones se presentaban rimas dedicadas a los tiempos del año. A tal efecto, en el invierno se ofrece «un sonetto composto da un agricoltore», mientras que en la primavera se lee otro «composto da uno speziale»:

> Bene effigiar la nostra Primavera
> Petrarca e Dante nostri precettori
> col verde delle erbette, e coi bei fiori,
> rugiade alla mattin, zeffiri a sera:
>
> Di ninfe e di tritoni inclita schiera
> con flauti… ma a' benigni leggitori
> per ben capir l'idea de' nostri autori
> conviene espor la spiegazion sincera.
>
> L'erbe con la cicoria e la fumaria,
> zeffiri i flati, e le rugiade il sero,
> li fiori son di malva, e camomilla:
>
> Li flauti son le canne pel clistero,
> le ninfe l'acqua di ninfea bibaria,
> tritone è lo speziale, che distilla
>
> (1778: 8).

En el verano, el imaginado vate es un «buon registrante», transformado durante el otoño en «dilettante di caccia».

Las fases de la Luna se adornan con un pareado, como muestra el plenilunio de febrero: «chi avesse ritrovato di questa fase il metro, vedrebbe il freddo ondato, che or cresce, or torna indietro» (1777: 31). Los demás ejemplos mantienen un formato similar: «Poichè Diana si contrista per l'aspetto d'un malefico, cade pioggia e neve mista, e fa il quarto assai patetico»; «Poichè Venere fa il muso a Saturno, ch'è sgarbato, l'ambiente è rabbuffato, e il tizzone torna in uso»; «Fa l'assedio qual Farnace un vapore, che è affricano, ma un' uscita di Titano lo scompiglia, e lo disface» (1777: 34, 38, 67). A las sentencias, que están relacionadas con el clima, les sigue un escueto consejo médico. El resto de entregas se ciñen al mismo esquema: un único poema en el «Juicio del año», cuatro en las estaciones y pareados en los cuartos de Luna.

La poesía del almanaque italiano se cubre de tintes políticos coincidiendo con la ocupación francesa de la zona centro-septentrional de la península itálica. En el *Almanacco di Livorno* del 1796, los pastores Ergasto y Clori cuentan en estilo arcádico las bonanzas que se esperan para el año venidero gracias al nuevo régimen:

> Riede novello l'anno,
> e il portentoso auriga
> coi raggi suoi ne riga
> il mar, la terra, il ciel.
> […]

> Allora essa esclamò.
> [...]
> Soggiunse, anch'io indovina
> ne prevverrò gl'eventi:
> spirin felici i venti,
> mai non si turbi il mar.
> Così sicuri al lido
> venghino i bastimenti
> a far paghi, e contenti
> i degni abitator.
> Nell'anno fortunato
> che riede a noi propizio,
> vi sia sicuro indizio
> di gran felicità.
> Ciò disse Clori bella,
> resa indovinatrice,
> e l'alba fe' felice
> il mattutin primier.
> Si avverino i preludi
> di questa pastorella,
> su la nazion più bella,
> che mai l'Italia diè

(citado en Gremigni, 1996: 6–7).

El vínculo que conecta al almanaque español con la poesía es distinto dado que con anterioridad a 1700

> solo aparecen poemas en contadísimas ocasiones y con usos limitados y paratextuales [...] Es posible, aunque raro, encontrar tal cual soneto en alabanza del autor, pero el género de los almanaques casi nunca alcanzaba la categoría cultural o el prestigio literario que justificase esas ceremonias de adulación mutua que proliferaban en géneros y círculos más elevados. También puede ocurrir que haya alguna pieza de ingenio con rimas forzadas, como en el *Nuevo Atlante español,* uno de los imitadores españoles de los *Sarrabales* al principio del XVIII. Pero son siempre recursos periféricos, ajenos a la estructura del almanaque y al designio que lo configura (Durán López, 2016: 6).

De acuerdo con Durán López (2016: 6), hasta la década de 1720 los versos en los pronósticos españoles estaban limitados a los paratextos y se concretaban en alabanzas encarecidas hacia al almanaquero de turno. En este panorama sin brillo, *El nuevo Atlante español* de Antonio Fernández Hurtado tiene la osadía de poner al descubierto una novedad. En 1699, arregla una curiosa dedicatoria versificada, así como un soneto en el reproduce el clásico apartado del «hombre zodiacal» (1698: sin numerar, 32). La salida de 1700 es más ambiciosa, pues intercala cuartetos en el juicio anual que sustituyen a los tradicionales aforismos judiciarios. Es el autor el que explica su estrategia:

Y así daré principio a la general pronosticación de los futuros contingentes, nunca más contingentes que los futuros sucesos, y más cuando los de mayor economía se miran amenazados de la infabilidad de este aforismo:

> Populares sucesos son asunto
> De espirados alientos de la fama:
> La triforme deidad con suave llama
> sus influjos alienta en este punto

(1699: 2).

Para la máxima «una nueva gustosa regocija / pueblos sujetos al tercer cuadrante; / siendo el Oriente de un glorioso infante, / de Marte ardor en senectud prolija», aclara que «es causa [de] la volubilidad de la naturaleza de las cosas» (1699: 3–4). El Sol en la décima casa «abrasando a la Luna y Mercurio» le permite pronunciar «el siguiente aforismo: El que puede, aunque puede, altivo intenta / de muchos la justicia, no opresiones, / en razón fundárase, y en razones / quien mira a Apolo, que el brillar aumenta» (1699: 4).

En el juicio de las estaciones adiciona cuatro octavas reales con idéntico cometido: ocultar el sentido recto de las previsiones sobre el destino humano (1699: 5–10). Aunque Fernández Hurtado no concibe un modelo literario de almanaque, no cabe duda de que el suyo es un intento digno de mención, que probablemente hubiese alcanzado mayores cotas de éxito de haberse perpetuado en el tiempo.Sin embargo, la introducción de componentes poéticos en el corpus de almanaques españoles es vista como uno de los «elementos rupturistas» que implanta Diego de Torres Villarroel, quien a partir de 1722 «se decide a sumar la condición de poeta a la de estrellero» (Durán López, 2016: 2, 8). En el almanaque torresiano, los poemas unidos a las partes en prosa adquieren una dimensión principal frente al componente utilitario, dando forma a un «modelo literario».

El portugués Francisco Gilherme Casmach, con el deseo de elaborar un producto de categoría cultural elevada, encaja antes del prólogo poesías de Virgilio, Horacio, Ovidio y Claudiano. En el discurso anual de 1646 se dejan ver unas estrofas de *Os Lusíadas* de Luís de Camões(1646: sin numerar). Henrique Ambrósio de Brito, en el «Prólogo mitológico» del *Prognóstico e lunário* para 1715, toma prestados unos versos de las *Odas* de Horacio (1714: 10). Como en España, en Portugal el empleo del verso no se hará regular hasta el momento de implantación y desarrollo del almanaque literario jocoserio, que allí acontece en la década de 1730.

En síntesis, la presencia del género de la poesía en las pronosticaciones italianas se advierte antes que en las españolas y las portuguesas. En Italia la versificación hace su aparición en un número considerable de publicaciones y abarca registros realmente variados. La comparación también saca a la luz que, en el contexto ibérico, el empleo de los versos está estrechamente ligado a la modalidad literaria jocoseria, mientras que los autores italianos insisten en valerse de ellos en almanaques de todo tipo

4.2.2. Diálogos

En 1495, un astrólogo de Bertinoro llamado Antonio Manilio —probablemente un nombre ficticio— da a conocer un pronóstico escrito en forma de diálogo. El impreso, que sale publicado en latín (Forlì, una edición) y en vulgar (Forlì y Cesena, dos ediciones), porta el elocuente título de *Prognosticon dialogale*. Ha sido descrito como una «variante interessante, ma rara, [...] originale» concebida «in forma dialogica con un'impronta fortemente teatrale» (Casali, 2003: 40). Los tres personajes de la obra, Antonio, Giovanni y Niccolò, conversan entre sí, y en medio de la plática, aprovechan para dictar el juicio anual. Al decir de Carlo Piancastelli, Antonio es un trasunto del propio Manilio, mientras que Giovanni y Niccolò representan a los hermanos Fieschi, soldados defensores la ciudad de Cesena en el asedio perpetrado por Charles VIII. Algunos años antes de que se estampase el almanaque, el monarca francés había atacado este territorio dejando tras de sí una estela de muertos y damnificados:

> Cesena era in quel tempo dilaniata dalle lote tra i Tiberti guelfi, e i Martinelli ghibellini, che insanguinavano le vie cittadine di mutue stragi. Conseguenza di queste lotte furono i ventidue giorni di incredibili devastazioni ed angherie inflitte a tutta la città nel novembre del 94 dal Duca di Calabria, per vendicarsi di Guidoguerra di Bagno fautore dei Tiberti e fuoriuscito, che aveva tentato di dare Cesena ai francesi per cacciare i Martinelli allora prevalenti (Piancastelli, 2014: 57).

Con supronosticación, Manilio honra la valentía de los Fieschi, a quienes no duda en dedicar el papel.

Niccolò hace acto de presencia durante un breve fragmento, de modo que el grueso de la conversación atañe a Antonio y a Giovanni. Al principio, Giovanni plantea algunas preguntas a Antonio acerca de la naturaleza de la astrología, a las que este acepta responder: «Gio. Domandemogli delle cose che hanno avvenire» [......]. An. Delle stelle parlo volentieri» (1495: sin numerar). Enseguida, el astrólogo asume que ciertos conocimientos están vedados a la mente humana, y reconoce que escudriñar el futuro es tarea de Dios, aunque defiende el carácter científico del arte adivinatoria: «Gio. Dovunque sai tu le cose che abbiano

avvenire. An. All'uomo son difficillismi. Gio. All'uomo sono difficilissimi? An.
Sì che son difficilissimi all'uomo. Gio. Perchè? An. Bisogna che ce sia le grazie.
Gio. L'astrologia non è scienza. An. Certamente è» (1495: sin numerar). A través
de las cuestiones susgeridas por Giovanni, Antonio describe el estado del cielo
al entrar el nuevo año:

> Gio. Dicono che oggi entra il Sole in Ariete. An. è vero. Gio. A che ora? An. All'
> una. Gio. Ello dopo il mezzo dì? An. Dopo mezzo dì. Gio. Quanti minuti? An. Treno-
> tto. Gio. In che loco? An. Qui appresso noi. Gio. Quale è lo ascendente? An. Leo. Gio.
> Quanti gradi? An. Dodici. Gio. Chi è signor del anno? An. Marte. Gio. In che segno è
> Marte? An. In Scorpione (1495: sin numerar).

Como en muchos almanaquesde la época, son comunes los vaticinios referidos
a personas y lugares específicos:

> Pronostici sui diversi popoli, città e sovrani, e vediamo passare gli uni dopo gli altri i
> Genovesi, i Pisani, i Fiorentini, i Senesi, Lodovico Sforza, il Duca di Ferrara, Bologna,
> Venezia. Poi viene la volta della Romagna. [...] Si prosegue con Urbino, Pesaro, il Re
> di Napoli, Alessandro VI, [...]; il Sultano, il Re di Spagna, l'Imp. Massimiliano, Carlo
> VIII (Piancastelli, 2014: 58–59).

Al final, Manilio realiza un último alarde de originalidad e incluye un diálogo profético entre él mismo y un supuesto *Spirito ferrarese,* que resulta ser el
espíritu de Prometeo en quien a su vez ha resucitado Hércules, y cuyo deber es
anunciar la inminente llegada del Anticristo.

El hallazgo del *Prognosticon dialogale* es relevante porquetraslada al periodo
incunable la aparición de una metáfora ficcional. En los siglos venideros, los
almanaques italianos continuarán disponiendo fórmulas dialogadas, lo que
supone la «dramatización» de una parte del folleto, de tal forma que los elementos reales se yuxtaponen a los imaginados:

> Al di là della struttura generale che fa da contenitore, composta dal discorso dell'anno,
> dalle lunazioni e dal calendario, sempre piú raramente il lunario segue criteri astro-
> logici codificati: si apre piuttosto a ogni tipo di innovazione dettata dalla fantasia,
> dalla creatività dei compilatori, dalle modificazioni annualmente apportate in base
> alle capacità ricettive del pubblico, secondo i gusti e le esigenze culturali piú diffusi.
> Si arricchisce anche di una nuova sezione fissa, quella del dialogo di apertura, che in
> qualche modo appare la piú ampia e articolata dilatazione della dedicatoria al lettore
> che caratterizzava il *Discorso astrologico* secentesco e che si integrava spesso con il
> «Discorso generale» sull'anno. La drammatizzazione della prima parte dell'alman-
> acco risponde alle esigenze di passatempo, di curiosità, di divertimento, di fruizione
> piacevole del libro per il nuovo anno, per le quali personaggi fissi, stereotipati nei
> loro profili, presi a prestito dalle maschere della Commedia all'improvviso offrono
> pagine serio-facete che vanno lette separatamente dal corpo del lunario e calendario

vero e proprio, presenti in linea con la produzione almanacchistica del tempo (Casali, 2003: 251–252).

Los almanaques con diálogo sucesivos datan del siglo XVII. El primero es el que Cornelio Ghirardelli arregla para el año 1628. La esencia de la pronosticación está condensada en el epígrafe «Ragionamento astrologico a modo de dialogo di Cornelio Ghirardelli, accademico vespertino. Nel qual si discorre sopra varie dichiarazioni appartenenti alla mutazione dell'aria ed altri accidenti, etc». Tal y como seanuncia, el discurso anual, los eclipses y el diario de cuartos de Luna están construidos conforme a la conversación que mantiene Ghirardelli con sus discípulos. Solamente las secciones breves fijas se mantienen fuera del artefacto ficcional. Las coincidencias con el pronóstico de Manilio son manifiestas, pues en ambos casos comparece una voz narrativa que representa al autor histórico, quien a su vez se erige en autoridad para dictar las precogniciones.

La obra de Ghirardelli se abre con una contextualización del marco narrativo, donde los discípulos afirman haber cambiado la ciudad por el campo durante los calurosos días del verano. Para huir de la pereza, deciden aprovechar el retiro para aprender de su maestro nociones de astrología:

> DISCEPOLI: Fortunato giorno dobbiamo stimare questo signori miei, mentre per fuggire il caldo che purtroppo importuno ci manda con i suoi raggi il Sole nella presente estate, ci ritroviamo insieme in villa, ove con le delizie dei campi, potremo anche discorrere insieme di quegli astrologici ammaestramenti [...]. Ed' eccolo a ponto, che col signore Ulisse se ne viene per questo prato a diporto. [...] Benvenuto signore maestro [...] con il signore Ulisse, senza altro essordio per captar benevolenza tutti noi altri desideriamo e preghiamo a V.S. a farci questo favore di un discorso astrologico per l'anno seguente, col quale veniamo ben bene ammaestrati nell'arte di far giudizio della mutazione dell'aria (1627: 1–2).

Ghirardelli acepta la petición y se dispone a esbozar el juicio general del año, no sin antes matizar que en su discurso va a emplear «uno stilo mediocre e famigliare. Lasceremo perciò il V.S. ed altri termini della corte, per servircene poi nella città tra i grandi» (1627: 3). Luego, resuelve excluir la astrología judiciaria de su declaración, como asunto más propio de «los gitanos» que de «los hombres doctos» («più appartiene ai zingari che agli uomini dotti, slontanandosi questa assai dalla verità») (1627: 5).

Ofreciendo argumentos para las cuestiones que se le plantean, Ghirardelli ejecuta su propósito. De este modo formula la entrada del invierno:

> GHIRARD. Entrarà il Sole in Capricornio (secondo il calcolo del Ticone) ai 21 di dicembre dell'anno 1627 a ore 12 min. 54 dopo mezzogiorno, che sarà il martedì a ore 8 min. 35 della notte seguente, nel qual tempo principarà l'inverno di quest'anno 1628. DISCEPOLI: Stante detta disposizione, qual è quel pianeta che possi secondo il

vostro giudicio dominare questa stagione iemale? GHIRARD.: Se noi vogliamo aver risguardo alle prerrogative di ciascun pianeta, al sicuro troveremo Saturno esser più forte degli altri (1627: 15).

Los aspectos lunares se refieren adoptando un esquemaigual:

FEBBRAIO. Entrarà in martedì, e ha giorni 29. GHIRARD. Luna nuova ai 5. ore 15 min. 52. Asc. gr. 29. Pesce. I luminari saranno nella 12. Saturno in 8. Giove in mezzo al cielo, Marte in 4. Venere in Asc. e Mercurio in 11 gli aspetti dei quali fra di loro sono, Marte dopo il tramontar del Sole sarà in quadrato a Venere, e ali 6 alla Luna, per mio credere haveremo questo principio di mese, e questo far di Luna poco diffe-rente del passato, vero è che verso il fine del quarto vedrassi il Sole dopo una grossa e folta nebbia. [...]. DISCEP. Abbiamo più volte inteso, che la nebbia tal volta suol esser presaggio di futura pioggia, come si genera tal vapore? Diteci un poco qualche cosa sopra ciò per vostro parere. GHIRARD. Questa è una dubitazione degna di filosofi loro pari e versati nelle scienze meteorologiche [...]. L'aria è cagione degli impressioni, che perciò viene partita in tre palchi: nel primo si genera la rugiada fatta dai vapori terrei ed acquei, ma più sottili di quelli della nebbia [...]. Nel secondo palco, fassi la nebbia da voi proposta, con i medesimi vapori della detta rugiada [...]. Nel terzo palco poi, generansi le nubi da un'altra sorte di vapori [...]. DISCEP. Il discorso poco prima fatto da V. Sig. intorno alla nebbia è ottimo, e quadra al nostro pensiero con ogni perfezione (1627: 26–27).

Los coloquios construidos con base a preguntas de los educandos y respuestas del docente tendrán un largo recorrido enlos Estados italianos. Tiempo después de que se hubiese publicado el *Discorso* de Cornelio Ghirardelli, se imprime en Bolonia el *Giudizio astrologico sopra l'anno bissestile MDCXLIIII di Ambrus da Garbagna, discepolo del Gran Zaboi da Monza, in dialogo con Bosin da Venegon.* Ahora quien enuncia las previsiones es Ambrus, un campesino originario de Garbagnà (región de Piamonte), que conversa con Bosin, nacido en Venegon, una localidad lombarda. Ambrus se confiesa un seguidor de las teorías del Gran Zaboi de Monza, personaje del que poco ha trascendido, pero que también dejó escrito un almanaque dialogado para el año 1644[71]. En el prólogo, redactado en dialecto, como corresponde a un labriego, Ambrus reconoce que puede haber quien se sorpenda al ver que un hombre rudo como él se interesa por la astro-logía («fa da strolog»). Pero fue su padre quien quiso llevarle a la escuela, donde aprendió a leer «sui liber gross» y se aficionó a las publicaciones de temática astrológica: «Da daneda può am delettava de lesc i tacuin, i pronostic, i alma-nac, e sta sort de cos» (1643: 5). Aclarados estos pormenores, Ambrus explica la

---

71 El *Discorso astrologico sopra l'anno bisestile 1644, del Gran Zaboi da Monza e Jaco-mette da Oren, con un discorso della variazione de giorni critici* (Milán, 1643) (Can-tamessa, n.º 2193).

forma en la que ha concebido el pronóstico que en ese mismo instante el lector sostiene entre sus manos. Relata que había sido llamado a filas por el ejército, pero no le había cautivado la idea de matar a otros hombres. Para evitar el alistamiento, parte hacia Roma, y por el camino hace una parada en Bolonia, donde se topa con su amigo Bosin da Venegon. En esta ciudad, cuna de la astrología, encuentra muchos libros sobre esa disciplina que llaman rápidamente su atención. Bosin le consulta acerca de lo que había de suceder durante la siguiente anualidad, y Ambrus, viendo que sus vaticinios tenían algún sentido, toma la determinación de escribir un pronóstico. Si al lector le gusta, el próximo año dará un nuevo ejemplar a la imprenta. Si no, espera no haberlo hecho tan mal como para que le moleste (1643: 5).

Dicho esto, da paso al «Pronostico in dialogo. Bosin e Ambrus astrologo». Ambrus inicia la comunicación excusándose por no dirigise a su compañero«in nostra lingua», esto es, en dialecto, pero teme que si lo hace muchas personas no sean capaces de entenderle. El campesino de Garbagnà va respondiendo a las preguntas y comentarios de Bosin, que se muestra sorprendido por la erudición de su interlocutor. Respetando esta estructura, se plasman el juicio del año, las cuartas de las estaciones y las lunaciones en versión reducida[72]. Las secciones breves fijas quedan al margen de la representación literaria. Es indudable que Ambrus, pese a ser un rústico, ejerce aquí el papel de sabio, mientras que Bosin personifica los tópicos asociados a los aldeanos. De esta manera, cuando el primero pronostica que habrá una buena cosecha de grano gracias a la humedad y a la calidez del clima, el acompañante se apresura a comentar que «lavoらrò poc', e mangiarò bè e starò allegher» ('trabajaré poco, comeré bien y estaré alegre') (1643: 11). Junto a la técnica representada por Ambrus, el personaje de Bosin introduce una nota de humor que ameniza la lectura. La interlocución finaliza con una tabla donde se señalan los mejores días para sangrarse y tomar medicamentos purgantes, no sin antes recordar a los médicos que deben tomar en serio la astrología para no matar a sus pacientes (1644: 23).

Siempre en el taller boloñés de Giacomo Monti, en los años siguientes (1645 y 1647) el desconocido autor que se oculta detrás de Ambrus de Garbagnà estampa dos nuevos piscatores.

En el setecientos, el «diálogo inicial» constituye un rasgo inherente al almanaque italiano:

---

72 O sea,que no aparece un diario en sentido estricto, sino solamente las previsiones atañederas a la Luna nueva, creciente, llena y menguante.

Una delle caratteristiche costanti presenti nell'almanacco settecentesco, ereditata dai lunari secenteschi, è costituita dal «dialogo» o «dialough» (scritto in lingua o in dialetto, o anche in lunga ed in dialetto insieme), la rubricha che apre il discorso astrológico e meteorologico dell'anno (Casali, 1985: 43–44).

Il Barchetto di Buffalora principia con un «Discorso generale sopra l'anno 1717 e degli eclissi. Del Regolatore con Meneghino». Se trata de un almanaque «gracioso» hasta cierto punto, como apunta Leandro Cantamessa (n.º 602 bis), puesto que, al discurso culto y erudito del Regolatore, que es quien pronuncia el pronóstico, se superponen los ingenuos pareceres de Meneghino, que son el contrapunto a la seriedad del maestro. El discurso asoma cuando el Regolatore toma su astrolabio y su telescopio, mientras manda a Meneghino a que le acerque el papel y la tinta. Solo entonces se dispone a expresar en voz alta el juicio anual:

REGOLATORE: Prendete carta, penna ed inchiostro, tanto io prendo questo astrolabio e canocchiale, e vi dico, che l'anno si farà veder rinascente il primo giorno del mese di Gennaro, che sarà in venerdì, come richiede la S. Madre Chiesa, ma come vuole il costume della astrologia il dì 20 de marzo prenderà il suo principio, gloriandosi di aver Venere per dominatrice quest'anno 1717. Orientale unita con Mercurio in Pesci Casa di Giove ed esaltatione di Venere (1716: 8).

Meneghino, que habla en dialecto, no está preocupado por las cuestiones técnicas. Su único deseo es conocer si los campos serán fértiles para poder comer polenta y beber vino en abundancia: «MENEGHINO: Me pias stò vost descors, parchè ho in del cò, ch'el sarà un'ann fruttifer, parche Meneghin ghà petit de polenta e ghe pias el vin, tant che mi vedi ona granda abbondanza» (1716: 8–9). Más adelante, cuando el Regolatore determina que el estío será rico en grano, el campesino se alegra: «E Meneghin farà panscia con polenta, pan mein, masigott e castegn» (1716: 26). Al lado de las digresiones de Meneghino, se inserta el juicio verídico del profesor, quien pone a disposición del lector las clásicas informaciones del almanaque: meteorología, medicina y sucesos mundanos. Debido a la frialdad y la humedad de Venus, planeta dominante, prevé mal tiempo durante la primavera y el invierno, aunque mejorará para el verano y seguirá así en el otoño (1716: 9). En el capítulo de las enfermedades, promete «varie e diverse malattie, che non la perdoneranno né a grado, né a sesso, quali saranno febbri terzane doppie continue *de genere malignarum*, febbri ardenti, dolori colici ed illiaci, infiammazioni tanto esterne quanto interne, idropisie, asmi ed altri mali» (1716: 10). En cuanto a la política, «si vedranno paesi sconvolti da una mossa d'eserciti, sorprese di piazze ed assedi ostinati e violenti. Non mancheranno le congiure per rendere più infelice un grande» (1716: 11). Las lunaciones no se acoplan al diálogo, como tampoco las secciones breves fijas, a excepción de los eclipses. En las últimas hojas se adicionan unas reglas de agricultura. Cabe hipotetizar que la serie de *Il Barchetto* se prolongase en el tiempo, pues Cantamessa describe una salida de para el año 1752 (n.º 602 bis) que se ajusta a los parámetros aquí descritos.

Il giraluna astrologico (1722) expone un diálogo entre un astrólogo de nombre Zabell y Magone, que trabaja como jardinero y hortelano. El *Discorso* tiene principio con un encuentro casual entre los personajes en un mercado de flores, adonde Magone se había acercado para adquirir semillas: «ZAB. AST.: Che buon incontro caro Magone di averti trovato su questo mercato di fiori. MAG.: O' ti saluto caro Astrologo. Vedi. Sono venuto a far compra di molti semi e cipolle di fiori per il mio giardino, perchè in quest'anno venturo voglio renderlo un poco più vago, e più fiorito del solito» (1721: 5). A continuación, Magone garantizaque leyó atentamente el almanaque del año pasado del astrólogo, y que eso le ayudó a elegir la mejor época para plantar, cuándo comprar determinados productos a buen precio y cómo sanar de sus enfermedades (1721: 5–6). Hecha esta consideración, Zabell aprovecha para dar el discurso anual, las cuartas de las estaciones y los eclipses (1721: 6–27). En *Il giraluna*, las interrogaciones de Magone son escuetas («vorrei sapere se le Feste Natale saranno belle o brutte», «circa ai mali come staremo») (1721: 15), así que casi todoel opúsculo está ocupado por las asépticas respuestas del maestro:

> MAG.: Vorrei sapere se vi è influsso di guerra o di pace, e si possa succedere un certo sussurro che sento, che non mi piace. ZAB. AST.: Dal veder Marte in parte orientale sotto il segno di Gemini opposto a Saturno, non posso di meno di non prognosticarti che in quella parte forsi non sia per succedere la comparsa di qualche esercito, che unito con truppe d'un prencipe sotto di esso possa da colà procedere in paese sotto del Grancio e Leone, e poiche il detto Marte in casa di nemici aperti indica guerre, così temo che siano per succedere combattimenti e guerre, onde molti popoli abitanti sotto de'suddetti Segni saranno posti in gravi temoridi vedere moltiplicarsi le loro miserie per le scorrerie de soldati (1721: 19).

La misma estructura está presente en el diario, si bien solo afecta a los cuartos de Luna:

> *Primo quarto in Gemini a dì 22 h. 6. m. 18. n.s. Ascen. Scorpione 22.* Da 26 in avanti pare che l'Inverno torni in dietro per l'aria fredda che si sente, qualche spruzzi di neve doveriano farsi vedere. Le doglie di capo e de piedo molestarano più d'uno. I 27 e 28 sono li più buoni per la coltura di giardini & orti, e per seminar bietoni, spinacci, boragine e cipolle bianche. MAG. Hanno altra virtù di quelle mi narrati altre volte. AST. Ne direi molte, ma per ora baste il sapere, che il suo sugo misto con grasso di gallina sana le buganze. Un vento forse spaventarà più d'uno (1721: 38).

Un fragmento dialogado entre un astrólogo y el oráculo de Delfos es lo que aparece en *Il veridico almanacco universale esperimentato per l'anno 1746. Dell'astrologo incognito indiano*. Concretamente, la ficción atañe a los vaticinios de los meses del año compendiados en el diario de cuartos de Luna (1745: 23–97). Extraña que la conversación esté escrita en latín, mientras que el italiano se emplea en los apartados restantes.

Il nuovo Mercurio torinese (1753) contiene una reflexión «Dell'epatta tra lo Scolaro ed il Maestro». Como evidencia el epígrafe, el maestro y el escolar discuten acerca de la epacta, o más bien, es el primero quien, ante la insistencia del segundo, pronuncia una larga alocución a propósito de este particular (1753: 3). El resto del almanaque conserva el formato tradicional sin que haya atisbos de fantasía.

Fortunato Astrini da a la estampa en Foligno durante dos años consecutivos el almanaque *La ruota del tiempo* (1764–1765). Las figuras protagónicas son Talete vecchio, Ormindo, Monna Lucrezia y un astrólogo. Estas se reúnen un día por pura coincidencia: «TAL.: Tanto credevo di trovare il mio caro Ormindo in questa villa, quanto di trovare l'Araba Fenice; ma come qui dopo tanti anni che non ci siamo riveduti?» (1763: 1). El diálogo se configura como una especie de relato quimérico acerca de los viajes de Ormindo y de las tierras y personajes estrafalarios que conoció. También hay referencias a aspectos importantes de la nueva ciencia, comoel invento del telescopio y las teorías de Isaac Newton (1763: 4, 6). Es el astrólogo quien, luego de hacer su aparicióninopinadamente, proporciona el juicio del año atendiendo a los interrogantes de los concurrentes:

Or. Che giudizio formate delle malattie che saranno per accadere in detto anno? Astr. La situazione della Venere col Saturno, benchè elevata sul medesimo, fa dubitare di molto, tantopiù, che ambedue ed il Mercurio riguardano la casa delle indisposizioni, il di cui padrone si configura con lo stesso Saturno in diámetro. Sentiranno più di tutti gli effetti Saturnini coloro che inciamparono nella lotta di Venere, poiché saranno bersagliati da fieri dolori nell'ossa, nel ventre, in testa e nelle ginocchia, nè stuggiranno piaghe, ulcere ed altre serpinose affezioni. […] OR.: Bramarei che me diceste se l'annona debba riuscire abbondante o scarsa. ASTR.: Dirò: dall'aspetto della celeste figura sarebbe più tosto da sperarsi abbondanza di annona che sterilità, poichè il luogo illegiali della fertilità sono dominati da Giove (1763: 7–8).

En esta ocasión, recae en Lucrezia el componente cómico, pues es una viuda de edad avanzada que solo tiene en mente volver a contraer matrimonio.

La metáfora se extiende al diario de cuartos de Luna, que está unido a las cuartas de las estaciones. Este contiene además noticias tomadas de la historia de Roma (1763: 11–48). No está de más recalcar que, al término del impreso, Astrini agrega un elenco de los nacimientos de los príncipes y soberanos de

Europa, en un intento por reproducir los moldes de los almanaques curiales (1763: 61–67).

La torta dell'astrologo stellario se suma a la larga lista de almanaques que practican el recurso del diálogo. El ejemplar localizado más antiguo data del 1775, si bien en esta misma entrega se especifica que se trata de la continuación de un coloquio iniciado en el pronóstico precedente. Según Elide Casali, este piscator demuestra la penetración de la cultura ilustrada en la literatura de gran difusión, porque el propósito de la tertulia es eminentemente instructivo (2003: 252). Efectivamente, en él puede leerse un «dialogo fra il signor Sempronio ed un amico», en el que se discurre «sopra l'affittare i beni». En las entregas de 1779, 1780 y 1782, es un padre el que enseña a sus hijos el cultivo de la tierra: cómo cavar acequias y podar setos (1779), plantar cañaverales (1780), sembrar trigo (1782)... La intención del autor era que estos breves textos formasen todos juntos una colección.

Tanto *La pellegrina celeste* como *La pellegrina del mondo lunare* traen diálogos. En el primer caso, Pellegrina se entrevista con Circolo, que atiende escrupulosamente a sus indicaciones en materia astrológica. Ambos se cruzan de improviso, a lo que Pellegrina exclama: «PELLEGRINA: Appena sorto dal gabinetto dei pronostici che faccio il buon incontro con il mio Circolo: sia adunque benvenuto. E quali sono le novellete che hai di narrarmi, mentre ti vedo d'aspetto ridente?» (1756: 5). Una vez se han presentado, Circolo pasa a enumerar los aciertos que tuvo Pellegrina en su pronóstico del año anterior, una evidente estrategia de autopromoción por parte de los editores del folleto (1756: 5). Sin embargo, ella es humilde, de modo que, al escuchar los elogios de su compañero, responde que «tutto ciò che hai detto sono meri accidenti ad indovinare, perchè nulla si può predire di certo, onde o buone o male, che siano le mie predizioni, le ho estratte secondo il sistema de pianeti e stelle fisse mi hanno dimostrato in queste figure celesti dell'anno nuovo» (1756 6). Contestando a preguntas enunciadas por Circolo —«come anderà in generale intorno le infermità?», «negli accidenti del mondo, che succederà?»—, Pellegrina da forma al discurso anual. En este almanaque, el elemento ficcional se omite de los cuartos de Luna y las secciones breves fijas.

La pellegrina del mondo lunare copia la distribución de *La pellegrina celeste*, pero en esta ocasión Pellegrina charla con el señor Eclitico y con su discípulo, Messer Bonafede. En 1760, arranca con una disquisición acerca de un cometa, que resulta ser el que Halley había descubierto en 1758:

PELLEGR. Sono già tanti anni che io giro il mondo della Luna, che pur io sono ormai diventata lunatica. Ho veduti tanti mari, tanti monti, tante valli, tanti boschi e tanta diversità di cose, e tanto diverse da quelle che si trovano nell'Orbe Terracqueo, che io sono rapita di un mondo così vago. Dall'Orbe Lunare molto meglio si osservano i corpi celeste ed il loro movimenti, si vedono le vicende che ocorrono sopra l'Orbe Terracqueo [...]. ECL. Gradirei che la signora Pellegrina mi dasse in qualche distinto ragguaglio della Cometa che compariva nella scorsa primavera verso i paesi meridionali [...]. ECLIT. Di tutta soddisfazione mi è stato questo racconto, e vedo, che il dottissimo Halley l'ha indovinata bene (1759: 6–7).

Eclitico pide a Pellegrina que pronuncie el discurso del año: «ECCLIT. Se fosse di gradimento della Signora Pellegrina, bramerei che si trattasse nel presente discorso dell'Anno, dei mesi e delle lunazioni degli ebrei, atteso che il volgo presta un gran credito alle calcolazioni di questa gente principalmente per quello che riguarda le Lune» (1760: 7). Los efectos de los eclipses también son comentados mediante diálogos:

M. Bonafede: Signor Maestro, io sono assai curioso di sapere se in quest'anno succederannp ecclissi a noi visibili, atteso che ho fatta osservazione di uno stato predetto e circonstaziato nella *Sibilla celeste* dell'anno scorso 1759, i di cui effetti sonosi provati nei paesi orientali, siccome in essa si leggeva, ed altrove (1760: 12).

El célebre almanaque de Casamia Veneziano insiste en recurrir a los fragmentos dialogados, o al menos eso es lo que se infiere de la lectura del ejemplar para 1795, en el que Pietro Casamia «maestro» conversa con Fortunato Astrini «discepolo» (1794: 11–25). La elección de los personajes congrega a dos supuestos autores de pronósticos.

A finales de siglo, salen a la luz en Italia dos almanaques de tipo dialogado cuyos objetivos son muy distintos a los de los anteriores de su especie, pues presentan una visión del mundo acorde con los nuevos tiempos. *Il nuovo corso di Porta Romana. Almanacco storico-galante per l'anno 1795* invita a recorrer algunos de los lugares más emblemáticos de Milán (Corso di Porta Romana, Real Piazza del Castello y Corso di Porta Orientale), mientras que un forastero y un habitante de la ciudad satirizan las antiguas costumbres. Dividido en diez jornadas, *Diogene ritornato dall'altro mondo e fatto perlustrator di Milano. Almanacco cinico-veritiero per l'anno 1799* da cuenta a través de monólogos y diálogos de cuáles son los logros alcanzados por la República Cisalpina y los problemas a los que esta se enfrenta. Se encuentra a medio camino entre la literatura, el periodismo y el panfleto político.

El listado de almanaques con diálogo podría verse incrementado con otras ediciones; sin ir más lejos, Lodovica Braida advierte de que en la impresión turinesa del *Rustico indovino* hay diálogos (1997: 196). Elide Casali indica que *La Galleria delle stelle* boloñesa recoge una plática entre un astrónomo milanés y Pelagallo, su barbero, a quien le es encomendada la tarea de leer el pronóstico antes de enviarlo a la Stamperia della Colomba, que es donde finalmente se imprimiría(1985: 43).

El almanaque español que con una mayor prontitud asimila esta fórmula es el *Gran Gottardo español* de Pedro Enguera. En particular, es en la salida de 1715 donde inserta un diálogo que concita al propio Gottardo, la diosa Urania, Tolomeo, Jerjes, Augusto, Séneca, Pompeyo, Tarquino, Nerón y Alejandro. Enguera cuenta qué es lo que le ha llevado a idear este artificio en una «Nota a los lectores»:

> Estaba por no poner fábula ni historia, mas porque no se pierda el estilo de siempre, y porque sus aficionados no murmuren mi flojedad, la pongo, que aunque no tengo materia para hablar en lo pasado como quiere la delicada malicia del que hizo la dedicatoria del *Sarrabal,* por lo menos tengo alguna modestia para no precipitar mis ideas, adonde las inclina la emulación (1714: sin numerar).

Habría que descifrar a qué se refiere exactamente el autor cuando apela al «estilo de siempre», pues pareciese que en alguna entrega anterior de la serie desarrolló una tertulia ficticia similar. Este planteamiento estaría sustentado en el hecho de que el personaje de Gottardo asegura que el año pasado ya vinieron algunas personalidades a hablar con Urania (1714: sin numerar). Sin embargo, dado que no han sobrevivido muestras más antiguas y que en los demás ejemplares no se observa ninguna invención, es un dato que conviene cuarentenar a la espera de que se descubran testimonios perdidos.

Al igual que pasaba en los pronósticos italianos, la disposición de los parlamentos se acerca más a una estructura teatral que narrativa, si bien en la cabecera española las partes útiles se mantienen alejadas de las inventadas. Los personajes meditan sobre temas variados, como la situación de las ciencias en las universidades españolas o la personalidad del dios Momo, «el más horrendo y feo, como el más ridículo que pueda imaginarse» (1714: sin numerar). Desde este punto de vista, Enguera parece menos audaz que sus homólogos de Italia, pues estos se atreven a confundir la ficción con los contenidos prácticos. Pese a ello, la presencia de un diálogo en el *Gottardo* significa «adelantar en varios años la principal novedad de los almanaques de Torres Villarroel» (Durán López, 2015a: 38). Teniendo en cuenta que en el siglo XVIII el modelo dialogado cuenta con un gran predicamento en los Estados italianos, es fácil pensar en la existencia de un hilo invisible que conecta estas producciones con el almanaque torresiano, quizá a través de la mediación del *Gottardo.*

El diálogo no vuelve a utilizarse en España hasta que Jerónimo Argenti imprime *El jardinero de los planetas* de 1731, al que agrega un «Discurso en forma de diálogo entre Urania y Polymnia sobre el fenómeno que en varias ocasiones se ha visto en el horizonte de la muy leal y coronada villa de Madrid» (1730: 51–60).De nuevo, los caracteres se comunican reproduciendo un esquema teatral, siendo el argumento central de la discusión un misterioso fenómeno astronómico que asustó en el año 1730 a los habitantes de Madrid y que consistió en que la Estrella Polar surgió en los cielos «en forma de abanico» (1730: 55). Como Enguera, Argenti no une el contenido tradicional del pronóstico con la ficción.

Cuando el almanaque literario jocoserio estaba suficientemente asentado en España, dos astrólogos, Alejos de Torres y Francisco Horta Aguilera, porfían en seguir aderezando sus papeles con segmentos dialogados. Torres imagina un «Diálogo histórico que tuvo el autor con un sacristán montañés, para diversión de los ociosos y diversión de los políticos» con tintes didácticos. Por su parte, Horta se decanta por una pieza en la que un personaje que responde a las iniciales «Ing.»,, y que es un trasunto del autor histórico contesta a las ingeniosas preguntas del Licenciado Garandulla:

«Gar. ¿Por qué el agua y el aceite se hielan con más facilidad que el vino? Ing. Porque el agua de su naturaleza es fría y el aceite denso y mantecoso, y el vino con su natural y espiritual calor no le da lugar a la intemperie que le hiele»; «Gar. ¿Se pudiera mantener el mundo, si Dios no hubiera dispuesto la variedad de rostros? Ing. Que no, sin otra equivalente milagrosa providencia, pues los padres no conocieran los hijos, estos a los padres, la mujer al marido, etc.»; «Gar. ¿Por qué los viejos son tímidos, inclinados a la tierra y trémulos? Ing. Porque la edad extrema está destituida del calor, que hace animosos, firmes, fuertes, constantes y estudiosos a los hombres» (1747: 40–41, 44).

Las pronosticaciones con diálogoespañolas, aunque escasas, son significativas, pues tanto el *Gottardo* como *El jardinero de los planetas* poseen un título que recuerda al de otras publicaciones italianas que les preceden en el tiempo[73]. Que los dos se valgan de diálogos, siendo este un formato tan frecuenteen Italia, permite conjeturar que un examen detenido de las series podría demostrar la presencia lazos más estrechos que los que se perciben a simple vista[74]. Asimismo, la continuación del modelo dialogado en las décadas centrales de la centuria, cuando la literatura torresiana era ampliamente conocida en España, demuestra su capacidad de resistencia.

La puesta en escena del Yo, observable en el texto de Manilio, prueba que la autoficción no es del todo ajena al género del almanaque, con las implicaturas

---

73 Se trata de *Le stelle parlanti del Gottardo* (anónimo, 1695–1700) y de *Il Giardiniero dei Pianeti* de Paolo Emilio Bondi (1648–1655).

74 Intento resolver este problema en Lora Márquez, 2022b.

que esta afirmación tiene en los análisis de la producción de Diego de Torres Villarroel. La aparición de personajes pertenecientes al grupo social del campesinado es un elemento más a tener en cuenta al vincular los almanaques dialogados con los jocoserios. El humor de los rústicos contrastan con la sapiencia del maestro. Una cantidad nada desdeñable de almanaques jocoserios están protagonizados por lugareños, incrementándose, eso sí, el componente del *ridiculum*.

Por último, vale la pena precisar que el almanaque no es el único género de la literatura astrológica que asume el molde dialógico. Leandro Cantamessa se refiere al *Dialogo delle cose meteorologiche di D. Vitale Zuccolo padovano* (Venecia, 1590), donde el autor, Battista Peroli y Camillo Abbioso dan su opinión acerca de los influjos de los cometas (n.º 8976).

En el año 1619, Giovanni Rho publica en Milán la *Assemblea celeste. Radunata nuovamente in Parnaso sopra la nuova cometa,* en la que

> l'autore immagina un'assemblea celeste che si riunisce il giorno *20 del secondo mese cometico* in Parnaso, cui partecipano Tycho Brahe, Aristotele e Ptolemaeus, il primo accusato d'aver scritto (nel 1572) che *i Cieli erano fluidi, e corrottibili e che alcune Comete erano state sopra la Luna,* in contrasto quindi con la tesi aristotelica secondo cui le comete altro non sono che meri fenomeni atmosferici (Cantamessa, n.º 6700).

4.2.3. Paremias

Las paremias, entre las que se cuentan los refranes, proverbios, adagios y sentencias, están representadas en un buen número de almanaques europeos y americanos. En opinión de Hans-Jürgen Lüsebrink, junto a los enigmas y las adivinanzas, estas son una las manifestaciones literarias fundamentales del género. Las denomina «formes simples»: «L'essentiel des formes littéraires inscrites dans l'almanach populaire est constitué par des anecdotes, des proverbes, des chanson, des énigmes, des sentences et des maximes, c'est-à-dire des genres littéraires *sémi-oraux* formant un double relais entre l'écriture et la communication orale» (2000a: 56). Habitualmente se toman de la tradición oral, aunque están sujetas a ser re-oralizadas («ré-oralisés») a condición de que el almanaque sea leído en voz alta (2000a: 56).

La *Grande pronostication des laboreurs,* estampada en Francia a comienzos del siglo XVI, recoge «maximes, dictons, etc.» (Bollème, 1969: 15). Además, es bien sabido que Benjamin Franklin en el *Poor Richard's almanack* (Filadelfia, 1732–1758) hizo de los refranes uno de sus recursos literarios predilectos.

Los portugueses son los primeros en Europa del sur en valerse de las paremias: «provérbios, adágios, meteorológicos e agrícolas, dispersam-se indiferentemente pela tradição oral e pelos almanaques» (Radich, 1981: 86).

Específicamente, es José Martins Ferreira quien en el *Pronóstico e lunário mui copioso* del año 1608, bajo el epígrafe de «Adágios e sentemças curiosas», incorpora seis de estas expresiones. Todas tienen una fuerte carga moral y están inspiradas en personajes bíblicos:

> Entre todos os humildes, o maior foi Nosso Senhor Jesucristo em quanto homem. Entre todos os pacientes, o maior foi Job. Entre todos os traidores, o maior foi Judas. Entre todos os soberbos, o maior foi Lucifer. Entre os sábios, aquelle é mui sábio que sabe muito e mostra saber pouco. E entre os néscios, aquelle é mui néscio que não sabe nada e mostra saber muito (1608: sin numerar).

Inmediatamente después, entona el *Laus Deo* y da por finalizado el pronóstico.

Unos «Adágios portugueses que devem observar os lavradores» emergen en el *Sarrabal Saloio* de 1735. Como era de esperar, se interesan por la agricultura: «mal ano has de aguardar por não empeorar», «vindima enxuto colherás vinho puro», «dia de S. Vicente toda a agua é quente», «ano de neves, muito pão e muitas crescentes», «em março, nem rabo de gato molhado», «mingoante de janeiro corta madeiro», etc. (1734: 15–18). El autor los divide en tres secciones correspondientes a los años, los meses y las cosechas.

Carlos de Vico publica en 1736 un raro almanaque titulado *Teatro universal de novidades*. Está dedicado a las señoras portuguesas porque son las que más disfrutan conociendo los sucesos futuros (1736: sin numerar). Respecto a la literatura, el almanaque está plagado de «antiguos adágios» (1736: sin numerar). Remitiéndose a la inveterada tradición que imagina a los planetas reuniéndose en conciliábulos para decretar sus influjos[75], en las primeras páginas, Vico proyecta una «academia» donde se reúnen los cuerpos celestes. En consonancia con los rasgos que les atribuye la cosmología aristotélico-tolemaica, los planetas pronuncian un adagio que se enmarca entre dos asteriscos (*). El Sol, verbigracia, enuncia: «*Renego de comtas com parentes e de dividas com ausentes*» (1736: sin numerar). A este le siguen otros tantos ejemplos: «A Lua como dominante de todos os sublunares expressará este outro: "*Quem te faz festa não soendo fazer, ou te quer enganar, ou te ha de mister*"»; «Marte como dominador das armas publicará este: "*Guerra e caça e amores, por um prazer sem dores*"»; «Venus como governadora dos amantes e favorecedora das damas provará este "*amor faz muito, o dinheiro tudo*"» (1736: sin numerar). Los

---

75 «Gli astrologi innalzano un'impalcatura umana della vita planetaria, i cui aspetti assumono la dimensione di "congresso", di "sinode", di "coito", di "tradimento". Le fisionomie planetarie appaiono stereotipate e ripetitive anche nell'uso delle metafore e delle circonlocuzioni» (Casali, 2003: 106).

pronósticos áulicos, políticos y militares del discurso general vuelven a estar rodeados de adagios, aunqueno los pronuncian los planetas: «*Cada qual tem o seu pedaço de mau caminho*», «*mãos brancas não ofendem mas doem*», «*cabio no laço, que armou*» (1736: sin numerar). Lo mismo ocurre en los cuartos de Luna: «*Da Deo nozes a quem não tem dentes*», «*homem honrado antes morto que injuriado*», «*gesto de ouro, cabelos de prata, e olhos de escarlata*», «*a carne de lobo, dente de perro*», «*cada um chega a brasa a sua sardinha*», «*pelas obras, não pelo vestido é um homem conhecido*» (1736: sin numerar).

Un misterioso Endimião Português firma un almanaque literario en 1737 en el que adorna con paremias la «Fábula preâmbulogica» inaugural: «Um bobo faz cento; pega-se o mal, o bem não é contagioso; sardinha com a mão do gato, cada qual chega a braça a sua. [...] Dádivas quebrantam penhas. Acabaram-se os adágios» (1736: 18).

El primer autor italiano en recurrir a la paremiología es Niccolò Carli, discípulo de Antonio Carnevale, que entre 1637 y 1650 imprime un *Pronosticante raggiaglio* en varias tipografías de Bolonia. Carli, que adopta el sobrenombre de «Il valletto d'Urania» ('el sirviente de Urania'), dispone al menos en tres de sus almanaques (1647, 1648 y 1649) numerosas sentencias dispersas por las lunaciones. Con estos enunciados pretendía a enmascarar el sentido de los vaticinios mundanos. En la nota al «cortese lettore» del año 1649 agradece al público la buena acogida que había estado dando a sus pronósticos, deseando que los próximos fuesen recibidos «con la medesima ilarità» (1648: sin numerar). Realmente, sus sentencias no tenían como objetivo mover a risa a nadie; sin embargo, Carli se esfuerza por vincular la pérdida de prestigio de la astrología judiciaria con su utilización como ejercicio recreativo.

A partir de 1647, el autor reduce el diario de cuartos de Luna, que en ejemplares anteriores había elaborado de manera extendida, optando por presentar exclusivamente los datos concernientes a la Luna nueva, creciente, llena y decreciente. Las informaciones se combinan con el juicio de las estaciones, un formato que no es del todo infrecuente entre los pronostiqueros italianos. En cada fase se proporcionan aclaraciones relacionadas con el estado del cielo (hora exacta en la que sale la Luna, en qué casa zodiacal se encuentra, cuál es el planeta que ejerce una mayor influencia en ese momento, etc.), además de detalles precisos sobre astrometeorología. Las máximas asoman debajo de los párrafos, separadas por un espacio y en letra cursiva, recalcándose así que se trata de enunciados de orden distinto a los precedentes. No es sencillo distinguir cuándo se trata de una simple proposición anfibológica y cuándo hay auténticas sentencias porque, a decir verdad, sus funciones no se distinguen gran cosa. En 1647 se leen frases como «popoli oppressi dai loro signori», «la strada è battuta da continui corrieri», «eserciti si affrontano con gran occisione» (1646: 22, 25), cuya única finalidad es en enturbiar el significado de las expresiones políticas. En otras ocasiones germinan enunciados similares a «voce del popolo, voce di Dio», traducción de *vox populi, vox Dei* (1646: 26). En adelante, Carli repite el sistema de intercalar las precogniciones astrológicas y los proverbios: «chi ha amaro in corpo non può sputar dolce» (1647: 28), «un consiglio frettoloso, non riesce fruttuoso», «la destrezza vale più, che viva forza», «uno ha la fama, ed un altro lava la lana»… (1648: 29, 38).

En los *Fasti storici* de Almorò Albrizzi se presentan «presagi rustici» que aconsejan acerca de la vida en el campo. Están repartidos entre los meses del año. De esta forma, en enero queda establecido que «il primo mese, se la notte soffia vento, denota peste; se è sereno, abbondanza di pesci» (1740: 4). Sobre abril, se dice que «è buono aprile, se porta il barile. Proverbio antico che denota buone speranze di abbondanza» (1740: 31). En junio, «pioggie di giugno, se moderate, empiono il granaio. Molte mosche in estate indicano mediocre raccolta. Molti ragni sterilità. Molti vermetti assai buon autunno» (1740: 53). Y así hasta llegar a diciembre.

Los proverbios vinculados a los ciclos estacionales de la naturaleza sirvieron al campesinado durante siglos como instrumento de medición del tiempo. Los almanaques, interesados como estaban en este aspecto, hicieron uso de ellos con asiduidad:

> Questa coesistenza di nuove forme di rappresentazione dell'anno e di vecchie forme di scansione del tempo caratterizzate dai proverbi si riscontra anche in numerosi almanacchi italiani con calendario e pronostico astrológico. [...] Inoltre i proverbi, legati al ciclo delle stagioni e alle festività religiose, continuano a scandire l'organizzazione del lavoro nei campi, convivendo perfettamente con la moderna organizzazione del calendario. [...] I proverbi pubblicati dagli almanacchi hanno attravesato i secoli non solo perché erano strettamente legati ad una mentalità contadina che per lungo tempo ha continuato ad affidarsi alle valutazione empriche previste dai proverbi, ma anche perché i librai e gli stampatori impegnati in questo settore hanno continuato ad inserirli, persino quando no si rivolgevano ad un pubblico di contadini, come formule che mantenevano vive le caratteristiche di un genere rendendolo riconoscibile. Non a caso si trovano proverbi anche in molti almanacchi più o meno raffinati di fine secolo, ma non si può non rilevare che esse appaiono ormai svuotati del loro significato originale, diventando delle formule mnemoniche che si possono usare per esercitare un controllo sulla scansione del tempo, ma che non per questo esautorono le nuove forme di misurazione (Braida, 1997: 197).

Casali ha aludido a un «proceso di folklorización» acaecido en el siglo XVIII por el cual los proverbios que, al formar parte de una «astrología campestre» habían sido obliterados de los pronósticos académicos, retornan a ocupar un espacio central (2003: 138–144). Una cabecera consagrada a la instrucción agrícola como es el *Lunario per i contadini della Toscana* expone proverbios para que los campesinos pudiesen beneficiarse de ellos. En el 1777, el comprador hallaba unos «Proverbi dei contadini e avvertimento sui medesimi». Al año siguiente vuelve a haber un apartado con los «Proverbi dei contadini per prevedere le stagioni e loro effetti». En 1781, se imprimen «Proverbi dei contadini che servono di regola alle foro facende». En la salida de 1782 se insiste en adicionar esos proverbios rústicos, ahora centrados en determinar «le proprietà di alcuni tempi» (Solari, 1989a: 160–164). Su inserción no responde a una regla fija, ya que ciertas entregas, como la de 1784, los excluyen, para volverlos a adicionar pasada una anualidad (Solari, 1989a: 164–167).

Varios títulos aparecidos en Turín a finales de siglo aprovechan el componente didáctico de las paremias, pero con un objetivo distinto acorde con el ideal de educación ilustrado. En el ejemplar de 1780 de la *Guida del tempo,* «il compilatore risaliva [...] alle origini dotte di espressioni e proverbi fortemente radicati nella cultura contadina» (Braida, 1989: 166). Para que no le acusasen de «mentiroso», el *Almanacco pellegrino* (1787) elimina sus clásicas predicciones y las suple con consejos sanitarios tomados de «proverbios populares» (Braida, 1989: 156–157). El elemento educativo paremiológico también es usado a finales del XVIII para dar avisos a las mujeres acerca de cómo comportarse en sociedad. Así ocurre en *La ninfa Doride,* impreso en la oficina de Giuseppe Davico en la década de 1790, donde las paremias se unen a artículos de moda, breves cuentos mitológicos y disertaciones acerca del amor (Braida, 1989: 70).

En España, Jerónimo Argenti da en valerse deestas «formas breves» creando unas «Sentencias» de tono moralista para su *Jardinero* de 1731:

> Dos suertes de lágrimas hay en los ojos de las mujeres, una de amor y otra de engaños. Hace mudar de naturaleza al hombre tres cosas: estado, mujeres y vino. Cuatro cosas desea el hombre que se casa: que sea bien nacida, hermosa, rica y de buenas costumbres. Cuatro cosas demuestran el ser caballero: el hablar, el comer, el beber y el vestido. Cuatro cosas debemos socorrer los amigos: con la persona, con la ropa, la consolación y el buen consejo. Cuatro cosas se hallan más que no se cree: enemigos, pecados, años y deudas (1730: 15).

Enesta pronosticación, hay dos pequeñas partes que posiblemente habría que enmarcar en esta categoría literaria: las «Cosas que se debe guardar este año y los siguientes» («de hombre que no habla y perro que no ladra», «de opinión de jueces y duda de médicos», «de jugar dinero y practicar con ladrones», «de enemistad de señor y de mentiras de sastres»...) y «Diez cosas contra la naturaleza»:

> Mujer hermosa sin amor.
> Villa rica como Madrid sin ladrones.
> Viejo usurero sin doblones.
> Repuesto de trigo sin ratones.
> Negligente con mucha virtud.
> Carnicería en el estío sin moscas.
> Mujeres sin pulgas.
> Ciudad sin médico.
> Río sin arena.
> Sastres y zapateros sin mentiras
>
> (1730: 13–14).

El impreso de 1732 aporta unas «Cosas necesarias para el que quiere vivir en la Corte, sin las cuales no vivirá con estimación» que actúan como preceptos morales. Entre otras cosas, se recomienda que «si quieres ser estimado de tu amo, sírvelo siempre como si fuera el primer día de tu servicio» (1731: 12). Por el contrario, «si quieres que tus compañeros te amen sin envidia, trátalos como si fuese el primer día de tu amistad» (1731: 12).

El almanaquero que más a menudo recurre a los refranes es Torres Villarroel. Lo hace entre 1753 y 1759, un periodo en el que su personal apuesta literaria daba muestras de agotamiento (Durán López, 2015a: 56). En esta horquilla temporal, las poesías con las que adornaba los vaticinios de las estaciones y del diario de los cuartos de Luna se suprimen para dar paso a «baterías de aforismos y refranes populares, que conectan muy vagamente con la materia de las introducciones» (Durán López, 2015a: 57). La dedicatoria de *Los enfermos de la fuente del Toro* es una defensa en toda regla de estas composiciones extraídas del acervo tradicional castellano:

> En todos los idiomas son los refranes y los adagios unas locuciones puras, breves y tan claramente sentenciosas, que facha a facha y a primera vista penetran los más rudos y los más ciegos en el sonsonete solo de sus palabras, el valor, la verdad y la certidumbre de sus seguridades. Ellos están engendrados con la madurez, con la experiencia, y con la buena intención de corregir las acciones y los pensamientos para hacer feliz, sosegada y venturosa nuestra vida. Ellos son unos ágiles y graciosos consejeros, que andan por el mundo predicando con blandura, sin artificio, sin presunción ni ridiculez en las voces, los medios y los modos de hacer loable la reputación, aun entre las gentes más broncas y más rebeldes al buen trato de la civilidad y la política. Y ellos son, finalmente, unos evangelios chiquitos (que así los llaman los experimentados y sesudos), cuyas máximas prometen con la quietud y la discreción una tranquilidad venturosa al espíritu, y una consistencia notable a nuestra fama (1752d: sin numerar).

Un poco después se veía obligado a confesar que había sido el hastío que le producían las coplas lo que le había hecho a cambiarlas por los refranes, pues el escandir versos se le antojaba ya una tarea poco estimulante:

> Solo quiero advertirte, que los juicios políticos de este van envueltos en refranes castellanos; y es porque mi musa ya no puede con las bragas, ni se puede tener en pie, que se ha desainado la pobre con tantas seguidillas como ha hecho, y las demás coplas tampoco le pueden entrar ya de los dientes adentro; porque todos los días berzas, amarga el caldo; y porque es una cansera estar años y años, erre que erre, machacando en una misma cosa (1752: sin numerar).

Los dichos que cita muy variados, por lo que solo se reproducirán aquí unos cuantos ejemplos: «Cacaréase mucho la desventura de un desdichado, y él no lo sabe, porque *el mal del cornudo, él no lo sabe, y sábelo todo el mundo*», «una señora que se casa con un hombre desigual en años, dice: *Más quiero viejo que me honre, que galán que me asombre*», «un tunante afortunado que no cabía en el mundo se vuelve a su choza *con el rabo entre las piernas* en donde cumple el refrán, *que el conejo y el ruin en su tierra han de morir*», «en los dos refranes siguientes van declarados los demás sucesos de esta estación: *Padre viejo y manga rota, no es deshonra. ¡Pandero, mi pandero, quién os tañerá si yo muero!*», etc. (1752: 25, 44–45; 1753: 14; 1758: 14).

Durante los años 1760, 1761 y 1762, se aprecia una combinación de los procedimientos «poético y paremiológico» en los almanaques torresianos (Durán López, 2015a: 57), dado que en las fases lunares aparecen tanto coplas como refranes. Sin embargo, la nueva técnica no debió terminar de contentar al autor, quien en 1762 arguye:

> La lengua castellana es muy copiosa de refranes, proverbios e hispanismos. Mi intención no ha sido recogerlos todos, sino lo que he habido menester para arropar a los sucesos políticos. Desde hoy, si Dios me da vida para hacer más kalendarios [sic.], mudo de ideas y de vestido. En el idioma se quedan muchos refranes para el que quisiere usar de ellos, que yo acabé con todos (1761: 52).

La iniciativa del Gran Piscator de Salamanca no despertó el interés de los almanaqueros, y fueron pocos los que siguieron sus pasos a la hora de acogerse al refranero (Durán López, 2015a: 46). Tan solo Francisco de la Justicia y Cárdenas, que en el marco español practica el «modelo literario extendido» (Durán López, 2015a: 81–84), inventa unos refranes que atribuye a a Sancho Panza en las *Aventuras de la idea por desventurados juicios. Piscator famoso andante del caballero de la triste figura. Pronóstico verdadero o fabuloso, compuesto por Don Quijote de la Mancha y su escudero Sancho.*

Las paremias no desaparecieron totalmente del género del almanaque, como demuestra el hecho de que en el siglo XIX el folklorista Francisco Rodríguez Marín reuniese un buen número de ellas en el libro *Los refranes del almanaque* (1896).

4.2.4. Adivinanzas

Las adivinanzas, enigmas, preguntas, acertijos y quisicosas forman parte, junto a las paremias, del grupo de «formas simples» establecido por Lüsebrink (2000a: 60). En torno a su naturaleza se han vertido las opiniones más diversas. Giuseppe Pitrè señalaba que, aunque las adivinanzas se equiparan a los enigmas, estos últimos guardan parentesco con los proverbios (1982: 139). Asimismo, mientras que las adivinanzas se escriben en verso, para los acertijos se emplea la prosa. Para Joaquín Díaz, estos textos responden a una doble vertiente lúdica y didáctica basada en el juego y la ambigüedad (1997: 16–18). Por su parte, Emilio Martínez Mata se preguntaba si, en el entorno del almanaque, era pertinente postular su adscripción a un estrato cultural culto o, por el contrario, popular: «¿Son realmente "populares" estos enigmas [...]? ¿Quién se atrevería a afirmarlo rotundamente? ¿No se trataría aquí de un juego delicado, de una construcción muy elaborada de imágenes cuyo refinamiento se observa hasta en la rima rara?» (1995: 144).

Francesco Moneti inventa enigmas para tres ejemplares de la *Apocatastasi celeste*: 1698, 1707 y 1712. Se trata, por tanto, de una técnica compositiva que combina con la de la poesía. Los apartados con las sentencias crípticas portan un nombre sugerente; si en 1698 lo llama «Sfinge in Parnaso», en 1707 el marbete elegido es «Festino delle muse in Parnaso, ovvero enimmi poetici». La tercera vez que concibe esta ideación lo hace en «Apollo enimmatico». En el «Discorso generale sopra l'anno 1699» había adelantado que los accidentes del mundo vienen a ser «la pastura poi di gente curiosa, che consiste negli avvenimenti del mondo, i quali sono i soliti scherzi come cose incerte e vanità astrologiche» (1698: sin numerar). Suma a esto su propósito de discurrir «secondo la semplice congettura» para que no le tachen de embustero («onde posso facilmente restar bugiardo») (1698: sin numerar). Su decisión de mixturar la astrología con la literatura nace del conocimiento de que la adivinación del futuro de las personas ha quedado asimilada a un juego, haciendo así de la necesidad virtud.

Del total de 125 enigmas compuestos por Moneti, la estrofa que más se repite es el soneto, seguida de la octava y el cuarteto:

Col capo in acqua ho coronato il crine,
che tra lacci ritengo ognor legato
con faccia di Cicoplo figurato,
e piede atto a passar sin tra le spine.

Tra genti Greche, Barbare e Latine
sono di padre aguilar nato,
e spesso da Fileno accompagnato
mi muovo a riparar l'altru rovine.

Per benefizio poi d'ogni mortale
dall'esser tristo all'esser buon rivoca
l'industria mia ciò che starebbe male.

Di statura son'io lunga, ma poca,
e a questa ritenendo il nome eguale
con il capo all'ingiù divengo un'Oca

(1706: 69).

Femmina son con lunghe orecchie nata,
ed alta mi dimostro di statura,
vengo in diversi pezzi poi tagliata
per farmi divenir giusta misura.
Una figlia da me fu generata.
madre d'un figlio ingrato il qual procura
levarli il pelo, e dispogliare spesso
la genitrice per vestirse stesso

(1706: 110).

Con molti nasi, e con celata in testa,
e con la fiamma che il mio ventre ingobra
ti fò veder la luce in mezzo all'ombra
dove per me la via si manifesta

(1706: 113).

Las soluciones se reflejan en una lista, gracias a la cual sabemos que el primer poema corresponde a la aguja, el segundo a la caña y el tercero al candil (1706: 119–120).

Algunos de los enigmas del cura de Cortona fueron reditados de manera independiente por Lazzaro Loreti en Arezzo en el año 1699 (Cantamessa, n.º 5212).

Los enunciados misteriosos germinan otra vez en los *Fasti storici* de Albrizzi, redactados en forma de soneto o de soneto con estrambote, como en el caso que sigue:

> Siam più sorelle, e ci prendiam piacere
> star sempre a la finestra ed al balcone,
> e ver, che le più brutte han di creazione,
> che stanno addietro, e non si fan vedere.
>
> Chiuse per gelosia, siam dal padrone
> tenute sempre en casa e prigionere.
> Siam vane (è ver) ma non così leggiere
> che si sentan di noi voci non buone.
>
> Più d'un sotto il balcón per noi sospira;
> ma folli, che per pascerli di vento,
> ma non s'accorgon, che v'è chi su li tira.
>
> Un con giocar di mano assai, l'intento
> di ciarle ottien da noi quanto desira,
> mostrandosi di ciò pago e contento.
>
> Ma breve è il godimento
> poichè'l padrón, ch'è prattico nell'arte,
> ci serra in faccia le fenestre, e parte

(1740: 16).

Exactamente, se ponen a disposición del público 240 composiciones, cuyas respectivas respuestas se colocan en las últimas hojas de la publicación.

En *La torta dell'astrologo stellario*, los enigmas versificados se entremezclan con los datos de los cuartos de Luna sobre astrología natural. En 1769, las contestaciones se colocan justo debajo de las composiciones, mientras que en años sucesivos se anexa un listado con todas ellas. Al comienzo, los compiladores se decantaron por el soneto, pero este terminó reemplazado por la octava:

> Al cielo esposta, al caldo Sole, ai venti
> sto giorno e notte per voler del fatto,
> figlia di duro sen tacento ai stenti
> vivo alcun tempo in un acerbo stato.
>
> Quando al rigor poi di sì strani eventi
> perdo il natio color che mi fù dato;
> tolta al materno sen, d'altri tormenti
> funesta serie ancor mi veggo a lato.
>
> Rustico piè di calpestarmi gode:
> finchè dal corpo il sangue mio spremuto
> vengaci uniti anche il sepolcro dato.

> Ma (strana cosa) infra il piacer la lode,
> tratta di me la miglior parte, muto
> il sesso, il nome, in picho giorni il fato.
>
> *L'UVA*

(1768: 79).

> Sto per lo più sepolto, e pur non moro.
> E mi diletto delle cose antiche:
> perchè mai non traslascio il mio lavoro
> vede col tempo ognun le mie fatiche.
> Non son fiera, e pur lacero e divoro
> senza uscir dalle mie grotte mendiche,
> anzi quanto più dentro in lor m'ascondo,
> partorisco maggiori i danni al mondo
>
> *IL TARLO*

(1774: 55).

Allí donde aparecen los diálogos didácticos (1779, 1780 y 1782) continúan incorporándose los enigmas en octavas.

Las adivinanzas integran buena parte de los almanaques-antologías publicados en las últimas décadas del siglo XVIII. Estos eran concebidos para divertir al lector, al igual que los cuentos y las comedias. Así lo demuestra *Il sollievo dei malinconici* (1791–1828), creado por un imaginado Panduro Berzau:

> Sta con la bocca aperta irusto e nero
> un che dir io non so mostro o animale
> ha la testa nel ventre, e sempre altero
> volo non spiega, eppur disteso ha l'ale:
> ogni albergo passeggia ogni sentiero
> nè mai reca ad alcun rovina o male
> ognun lo doma, e a modo altrui si piega,
> e talor fin la donna ancor lo lega

(1790: 61)[76].

> Ho diadema sul capo, e son di tanto
> alto grido i miei pregi, e le mie glorie,
> che sveglio con la voce, e col mio canto
> famose ed adorabili vittorie:
> Son notto a tutto il mondo, e per mio vanto
> parlan la sagree le profane storie,

---

76 «I capelli».

> non conosco provincie nè paese,
> non so che sia la Francia, e son francese

> (1790: 67)[77].

Las respuestas se alistan en un apartado donde el primer verso de cada adivinanza se pone al lado del número de página en el que esta se encuentra (1790: 131).

Similar a *Il sollievo dei malinconici* es *La conversazione spiritosa*, con la única salvedad de que las soluciones se presentan al término del poema:

> Qual è quella caverna in cui di gente
> s'ode confuso ed or distinto il suono:
> Dove la voce mia lieta e dolente
> ascolto allorchè canto, e che ragiono,
> dove non entra Sol, dove si sente
> soffiare il vento e rimbombante il tuono,
> dove riepida ognor l'aria vi siede,
> nè mai vi posse l'uom, nè belva il piede

> *L'orecchio*

> (1794: 22–24).

José Julián López de Castro adereza con variadas quisicosas tanto *El Piscator de las Damas* (1753–1757) como *El aparador del gusto* (1755 y 1756). En el primer título, estas seagrupan en el capítulo «Varias divertidas enigmas y quisicosas», siempre con su correspondiente solución:

> Abierto trato con todos,
> por mí habla el muerto contigo,
> y si me buscas en letras,
> todo mi caudal te libro.

> *El libro*

> (1752: 24).

> En las manos de las damas
> el verano estoy metido
> unas veces estirado,
> y otras veces encogido.

> *El abanico*

> (1753: 32).

---

77 «Il gallo».

En 1755, López de Castro elimina la sección, que vuelve a manifestarse en 1756, sin que el autor aclare qué razones le llevaron a prescindir de ella.

Es posible que intentase publicar una recopilación de las adivinanzas, pues en *El Piscator de las Damas* declara que tiene preparado «*El Aguinaldo de Pascua,* que contiene todos cuantos enigmas se han dado a la estampa hasta hoy» (1756: 34). La empresa no debió dar frutos, ya que no hay testimonios que atestigüen que el papel saliese de las prensas de ningún taller.

En *El aparador del gusto,* las informaciones astronómico-astrológicas se reducen a la mínima expresión, de tal forma que el grueso de la publicación se rellena con cuentos, versos, refranes, preguntas, escuetas biografías de personajes célebres y quisicosas. Las adivinanzas están distribuidas por el diario de cuartos de Luna, compartiendo espacio con la «Vida de Quevedo», coplas en títulos de comedias y secretos curiosos. La presentación no difiere de la de *El Piscator de las Damas*:

> Dos hermanos somos
> de distinto ser;
> pero nunca entrambos
> nos podemos ver.
>
> *La noche y el día*

(1754b: 52).

> Caballero suelen ser,
> que claro linaje adquieren;
> Pero por ellos se mueren
> muchos antes de nacer.
>
> *Los antojos*

(1755b: 29).

Durante unas cuantas anualidades (1763, 1764, 1765 y 1766), Torres cambia las tradicionales coplas de las estaciones y de las fases de la Luna por adivinanzas. Atrás en el tiempo, había dispuesto refranes en su lugar (1753–1757). Su predilección por los enigmas parece deberse al cansancio que le producía trabajar con los procedimientos literarios de siempre:

> He discurrido que tomemos por diversión volvernos a la edad de los niños, buscando enigmas, que vulgarmente se llaman acertijos o quisicosas, las que me podrán servir para engalanar el pronóstico del año que viene de 1763, pues ya estoy aburrido de los refranes y determinado a no buscar semejantes piezas en el idioma de Castilla (1762: 9–10).

A diferencia del resto de autores italianos y españoles, Torres no hace constar respuesta alguna a los enigmas planteados, por lo que es plausible plantear la posibilidad de que muchos de ellos no tuviesen realmente ninguna solución y fuesen solo enunciados intrincados para encubrir los *signa*. En *Los desamparados de Madrid* había manfiestado que ciertos textos estaban pensados para que «los aficionados a desatar enigmas» tuviesen la oportunidad de «entretenerse y descabezarse un poco» (1747: 24), aunque el almanaque solo contiene poesías con el habitual sentido equívoco. Los fragmentos en prosa que anteceden a los acertijos corroborarían la teoría de que no hubiese verdaderas soluciones para los mismos:

Es arrojado de sus posesiones un poderoso, pero vuelve segunda y tercera vez a restituirse a ellas, y su porfía y viveza está significada en este acertijo:

> Vivo, y no puedo espirar,
> muerto con cuchillo, o lanza,
> suélenme despedazar,
> mas mis miembros sin tardanza
> como antes vuelvo a juntar

(1762: 16).

A un hablador, que ha revelado los secretos de un gabinete, se le aplica con el castigo este enigma:

> De colores muy galano
> soy bruto, y no lo parezco,
> perpetua prisión padezco,
> uso del lenguaje humano,
> si bien de razón carezco

(1763: 29).

Hácense varias fiestas de Iglesia en toda la Cristiandad en este estío y se celebran heroicidades de nuestra Sagrada Religión, y después se siguen regocijos vulgares y públicos para todo género de gentes; los primeros cultos están significados en este enigma:

> En muchas partes estoy
> donde me quieren quitar,
> pero en otras muchas doy
> motivo para alabar
> a quien vive y reina hoy

(1764: 24).

Estas adivinanzas son comparables a las que se encuentran en la producción almanaquera de otros países europeos. Así, *The Ladies' Diary or the Woman's almanack* (1704–1840) hizo de los enigmas el pasatiempo preferido de las damas londinensas de los siglos XVIII y XIX[78].

4.2.5. Piezas teatrales

El *Piscator cómico* de José Garro (1745), seudónimo de fray Juan de la Concepción, anexa dos piezas teatrales: el entremés *El juez de los piscatores* y un *Baile nuevo. La astrología de amor.* Sin embargo, por la escasa presencia del discurso científico, la adscripción de esta obra al género del almanaque resulta controvertida. Un caso análogo es el de José Patricio Moraleja y Navarro, quien además de pronostiquero, fue dramaturgo. Moraleja enriquece su *Piscator seri-jocoso* del año 1748 con *El entremés de los zurdos*, si bien las noticias de utilidad han quedado empequeñecidas de tal manera que a duras penas se le puede seguir considerando un pronóstico.

José Julián López de Castro, también comediógrafo, aporta un entremés a cuatro entregas de *El Piscator de las Damas* (1753, 1754, 1756 y 1757). Las piezas se presentan a la manera de «anexo» o de «complemento» en las últimas páginas del folleto (Romero Ferrer, 2021: 250). Las obras correspondientes a cada anualidad son, por orden de aparición: *El derecho de los tuertos* (1753), *Los indianos de hilo negro* (1754), *El galán duende y la cuenta de Nochebuena* (1756) y *Un ventero y un ladrón, ¿cuál es mayor?* (1757). *Los indianos* y *Un ventero y un ladrón* conocieron una vida editorial al margen del género del almanaque[79]. En esta misma línea, Atanasio Pérez, en *El nuevo piscator de los pajes. Pronóstico diario de cuartos de Luna para el próximo año de 1755*, recurre a las composiciones de teatro breve. En concreto, Pérez incluye el entremés *Los médicos de la moda* de López de Castro, evidenciándose así la deuda que le une a este autor.

Nuevamente, es necesario destacar la visión de mercado de José Julián López de Castro quien, en contra de la tendencia general de los almanaquistas españoles, que en ocasiones imitan modelos foráneos, tiene la capacidad de advertir un particular formato editorial que terminará siendo exitoso en otras partes de Europa. De este modo, aunque comúnmente el mercado editorial italiano adelanta al español en la introducción de innovaciones, en los almanaques con comedias el hábito se trastoca, pues estos empiezan a dejarse ver en el norte

---

78 Anna Miegon estudia esta cabecera en su tesis doctoral (2008).

79 Alberto Romero Ferrer ha analizado con detenimiento las manifestaciones del teatro en la producción almanaquera de López de Castro (2020, 2021 y 2022).

de Italia al término del setecientos. Pese a su tardía implantación, la clientela italiana gustará de leer estas comedias breves en su almanaque anual; así, en 1794, de las cincuenta cabeceras que aparecen en Milán «au moins dix publient le texte d'une comédie, signe que vers la fin du siècle le nombre des almanachs littéraires, dans lesquels le renseignement utile laisse la place à l'information distrayante, a augmenté» (Braida, 1996: 195). Una variación sugerente de esta clase de almanaque es aquella que recoge«commedie a puntate» ('comedias por entregas') (Chiari, 2011: 27).

La torta dell'astrologo stellario (1769), antes que ninguna otra información, presenta la comedia *L'ingordo sfortunato*, de autor desconocido. En años sucesivos la literatura dramática es sustituida por diálogos didácticos sobre temas relacionados con la agricultura. También en 1769, *L'Incognito Astronomo* adiciona al comienzo de la obra «una bellissima e brieve commedia», *L'ammore e lo sdegno*, concebida por un supuesto doctor Graziano.

El tridentino *Il Dottor Pirlon da Budri, pronostico dilettevole sopra l'anno MDCCLXXXV*, después del diario de las lunaciones, adjunta *L'amante militare*, una comedia de Carlo Goldoni. El anónimo autor promete a los lectores que todos los años podrán encontrar una pieza teatral: «questo lunario sortirà ogni anno con una commedia affatto nuova di qualche acreditato autore».

En Tortona (Piamonte) se estampa el *Almanacco tortonese per l'anno 1790 coll'aggiunta di un dramma anfibio per cagion di musica*. Esta vez, la composición no se manifiesta al final, sino a la mitad del pronóstico. Se trata de un drama bizarro de estilo musical en el que los personajes viven en la Capadocia, donde cantan y bailan constantemente. Las secciones útiles prácticamente no existen: tan solo se observa una tabla con las equivalencias de las tarifas de las monedas y una lista de personalidades influyentes como en las guías de forasteros.

4.3. Modelos literarios

4.3.1. Almanaque alegórico-teatral

El «teatro del cielo» ha sido caracterizado como una

> variante del gran teatro del mondo, [e] un *topos* particolarmente funzionale alla letteratura pronosticante [...]. Così diffusa nella cultura del Cinque e del Seicento, la metafora del cielo come teatro appare frequentemente utilizzata con compiacimento dagli autori dei pronostici astrologici soprattutto del Seicento e del primo Settecento (Casali, 2003: 104).

El almanaque adquiere la apariencia de una pieza teatral: su estructura pasa a estar dividida en actos y escenas, al tiempo que los cuerpos celestes intervienen en él como lo harían las figuras de un drama. La personalidad de los planetas se construye a partir de las cualidades que les atribuía la teoría aristotélico-tolemaica, adoptando un carácter alegórico. Parejamente, su discurso gusta de la complejidad estilística y de los dobles sentidos, en consonancia con las preferencias de la «cultura barroca» (Casali, 2003: 104). Las previsiones se transforman en un «campo di battaglie e di scontri planetari, tra pianeti e costellazioni tra di essi ostili; o luogo ameno di sodalizi amorosi, tra corpi celesti fra di loro compiacenti, quando formano gli aspetti planetari delle congiunzioni, dei sestili, dei quadrati, ecc.» (Casali, 1985: 36–37). Por consiguiente, las funciones básicas del género, dirigidas a facilitar la ordenación del tiempo, no desaparecen, pero se presentan encajadas dentro de la composición dramática.

Tommaso Maria Martinelli es el iniciador del modelo «alegórico-teatral». Específicamente, ejecuta su original propuesta en *Le scene del fato* (1659). A juicio de Elide Casali, en esta pronosticación Martinelli juega con

> l'immagine del cielo come teatro, svolgendo una funzione di regia: introducono, infatti, alla lettura delle pronosticazioni come a una rappresentazione drammaturgica in cui gli attori sono i pianeti umanizzati che si amano, si odiano, si congiugono e si fanno guerra, il tutto a favore o a danno degli uomini (Casali, 2005: 487).

Carlo Piancastelli tuvo el acierto de valorar como una novedad este trabajo: «Nell'affliggente uniformità dei pronostici di questo secolo abbiamo finalmente una novità: l'Astrologia messa in versi e sceneggiata come un dramma» (2014: 95). El mismo investigador se refiere a *Le scene del fato* como «un poema in versi sciolti endecasillabi e settenari, composto di dialoghi o soliloqui dei sette pianeti vaganti pei cieli tra i segni dello zodiaco, e cantante le proprie fasi ed influssi», que hace uso de un lenguaje «oscuro e astruso» (2014: 95).

Martinelli justifica en reiteradas ocasiones haberle conferido una índole literaria a su piscator. En la «Protesta», declara haber elegido poner en boca de «deidades mentirosas» (*bugiarde deità*) los «falaces influjos» (*le influenze come incerte*) porque, como cristiano, juzgaba poco decoroso tener que pronunciarse sobre los mismos (1659: sin numerar). Seguidamente, puntualiza que, puesto que los pronósticos mundanos no son otra cosa que ensoñaciones, es lícito cubrirlos con el velo de una metáfora poética: «Lodo anch'io la purità, e la condanno nelle materie che tratto; e poi, se io parlo dei numi finti, qual proportione avrà una schiettezza prosaica con quelle? E quale non avrà la poesia, che sul fingimento è formata?» (1659: sin numerar).

La obra carece de actos y escenas, pero son los planetas los que recitan el juicio de las estaciones, los vaticinios de los eclipses y los aspectos de la Luna.

Los presagios se dan en los diálogos que mantienen los personajes, como en este pasaje referido al cuarto de Luna del 27 de junio que concita a Marte y a Venus:

> Marte: O fortunati giri
>   per cui torno al mio ben.
>
> Venus: Ruote felici,
>   che mi recate la fortuna.
>
> Marte: O sorte,
>   che mi apri in grembo a l'ombre
>   la mia luce.
>
> Venus: O splendori
>   dai cui lampi mi viene
>   l'ombra, caggion della mia bella morte
>
> (1659: 61).

En 1685, Francesco Moneti de Cortona estampa en Florencia el almanaque titulado *Urania fatidica. Commedia nuova da recitarsi nel Gran Teatro del Mondo in quest'anno MDCLXXXV. Capriccio astromantico-poetico*. Aunque sigue de cerca a Martinelli, ante sus lectores se esfuerza por presentar la pieza como única en su especie:

> Già che ti vedo (o lettore mio carissimo) cotanto amico di cose nuove, mi sono risoluto di darti in ques'anno un pronostico degli accidenti del mondo in forma diversa da quella degli anni passati, col farti rappresentare dai pianeti una tragicommedia, nella quale con poetico stile ti manifestaranno le loro inclinazioni o buone o cattive [...]. So molto bene, che se per sorte da stitichezza di ingegno ti trovi ingombrata la mente, non ti sarà cosa molto grata l'avere io ridotta l'Astrologia in barzellette: ma questo poco m'importa, anzi se in ciò mi biasimi, non te ne porterò odio, perchè in questo caso tu sei padrone di dire a modo tuo, e io di fare a modo mio, e siamo pari (1684: 5).

En la «Protesta», las previsiones son equiparadas a chistes de astrología con los que el autor se distrae: «semplici scherzi astrologici, [...] posti da me solo per dilettare, non già perchè tu li creda» (1684: 104).

La *Urania fatidica*, como *Le scene del fato*, se escribe en verso, a la vez que la música desempeña un papel fundamental en su composición:

> In questa tragicommedia dunque, che ti propongo in quattro atti divisa, che sono apunto le quattro stagione dell'anno, sentirai in ogni quarta di Luna rappresentare da tutti i sette pianeti una scena, nella qualle con poetici concetti spiegheranno i loro significati dedotti dalla celeste figura per quel tempo eretta, avendoci io per maggior diletto inscritto molte ariete sentenziose da mettere in musica, potendo essere di gran sollievo all'animo di chi le canterà quando tal'ora viene assalito dalla malinconia o rabbia (1684: 6).

Superando el esquema inicial de Martinelli, Moneti dispone el texto en cuatro actos, uno por estación, estando estos divididos en escenas. Los datos de las fases lunares se muestran dentro de este cuadro general. Además, el cortonés tiene en cuenta las secciones breves fijas, que en *Le scene del fato* habían sido elididas, pero las deja fuera del artificio teatral.

Luca Ricci, un astrólogo nacido en Perugia, vuelve a probar suerte con el almanaque alegórico-teatral, ya en el siglo XVIII. Casali lo describe como un escritor excepcional que disfruta componiendo pronósticos de estilo barroco en una época en la que esta tendencia había sido superada (2009: 87). Su *Vaticinio delle stelle tradotto in una tragicommedia da recitarsi in questo Gran Teatro del Mondo*, que reedita en diversas ciudades italianas (Venecia, 1721; Venecia, 1723; Florencia, 1724 y 1725; Venecia, 1730), es una «curiosissima opera che tratta mese per mese di astrologia attraverso forma teatrale: in ogni mese le valutazioni dell'autore sono infatti divise in varie scene» (Cantamessa, n.º 6702). Hasta aquí sería razonable pensar que Ricci, deseoso de explorar las posibilidades literarias del almanaque, perpetúa una fórmula que había sido aplicada con éxito en su lengua. La sorpresa llega al comprobar que el *Vaticinio* es una copia de la *Urania fatidica* de Moneti, a excepción de las dedicatorias y de las informaciones útiles, que varían en función del año y del lugar de publicación. Es más, en 1727, el perusino alumbra en Turín un almanaque en el que, sin ningún pudor, plagia la fabulación de su antecesor, incluyendo el título(Cantamessa, n.º 6702). La cuestión puede complicarse todavía más ya que, según plantea Lione Allacci en *Drammaturgia* (1755), el primer piscator firmado por Ricci data del 1671 (citado Piancastelli, 2014: 96), es decir, que su escrito podría haber precedido al de Francesco Moneti, que quedaría convertido en imitador.

Conocemos otros tres almanaques italianos sujetos a encuadrarse dentro de esta categoría, aunque por distintos motivos esta hipótesis no ha sido comprobada. *La tragicommedia delle sfere* de Giambattista Pilasqua (1651), pese a portar un título tan prometedor, resulta ser un almanaque básico. *I pianeti comici rappresentanti della scena del Cielo le stravaganze dell'anno 1695*, citado por Casali en *Le spie del cielo* (2003: 104), no ha sobrevivido hasta nuestros días, como tampoco *Il Teatro de'Pianeti* de Giuseppe Maria Ghiringhello (1749), sobre el que habla Braida (1989: 60).

Torres Villarroel contrahace el patrón alegórico-teatral en la *Melodrama astrológica: teatro temporal y político* (1724). Es esta una formulación literaria distinta de la que caracterizaría su quehacer como almanaquista, tendente a la autoparodia y a la risa. Sin embargo, supone un valiente intento por revitalizar la oferta de contenidos de la literatura astrológica española en un momento en el que esta se hallaba anquilosada.

En este almanaque, el pueblo creyó haber visto anunciada la inesperada muerte del rey Luis I, acaecida en Madrid el 31 de agosto de 1724[80]. El Gran Piscator aprovecha la ocasión para darse a conocer, tanto que en el *Entierro del Juicio final* todavía presumía de su buen tino:

> Yo pronostiqué la muerte del malogrado Luis, y la desgracia fue que murió. El celo de los físicos de su cámara, su ciencia y buena aplicación (aun con el aviso de la astrología) acudió a remediar el libro de su vida que se descuadernaba. Pregunto: ¿le curaron? ¿le dieron la vida? No. Pues ¿quién acertó, el astrólogo, que lo previno un año antes, o el médico, que no lo acertó nunca? (1727a: sin numerar).

Por la fama que alcanzó, llama la atención comprobar que durante siglos esta pronosticación estuvo perdida, hasta el punto de que solo se sabía de su existencia a través de fuentes indirectas. La pérdida se debía a que Torres, en las recopilaciones de sus almanaques (1739 y 1752), empieza por el año 1725, colocando la *Melodrama* en el sitio de la entrega de 1726. En 1990, Emilio Martínez Mata comunicó el hallazgo de un impreso de la *Melodrama* que permitió explicar por qué una de las censuras del folleto está fechada el 16 de marzo de 1724, cuando estas solían rubricarse durante los meses de octubre, noviembre o diciembre del año precedente al que están dirigidos los vaticinios. El retraso está motivado por los litigios incoados por el Hospital General de Madrid, a causa de los cuales Torres tuvo prohibido comercializar sus piscatores durante algún tiempo. Pese a que recupera el derecho que le habían arrebatado, nuevos pleitos impiden que el calendario del año 1726 salga la luz, por eso dispone la *Melodrama* en ese hiato temporal en las recopilaciones de sus pronósticos.

La *Melodrama astrológica* inaugura una corriente de almanaques españoles que «reproducen estructuras y técnicas teatrales [...] a partir de la imitación alegórica de una estructura teatral» (Romero Ferrer, 2020: 82–83). Como antes habían hecho los italianos, Torres necesita exponer por qué ha decidido introducir asuntos fantasiosos en un opúsculo científico. Para cumplir su propósito, se vale de la falacia atribuida a la astrología judiciaria, aduciendo que, en vista de que «todos mentimos, [...] venda cada pobre sus mentiras como pudiere [...].

---

80 La precognición a la que corresponde el trágico suceso, recogida en el diario de cuartos de Luna, es la siguiente: «En el salón regio se conferencia, se disputa sobre varias cosas de guerra y política, y orígínase una discordia y un desaire cuesta la vida a alguno» (1724: 44). Emilio Martínez Mata (1990: 842) piensa que pudo haberse tenido en cuenta un presagio anterior que coincide con el periodo en el que el soberano estuvo guardando cama (entre el 18 y el 26 de agosto): «Se muda el teatro en salón regio. Muertes de repente que provienen de sofocaciones del corazón y algunas fuentes sinocales con delirio» (1724: 43).

Yo con el conocimiento de que, como a todos, me es preciso mentir, voy a introducir la *Melodrama*» (1724: 3–4). La pieza está arreglada conforme a tres escenas en las que «continentes, planetas, dioses y héroes de la antigüedad» (Durán López, 2015a: 53) representan el discurso general del año y las fases lunares. En las dos primeras se manifiestan el juicio y las estaciones, mientras que la tercera se dedica a las lunaciones.

Este esquema es algo distinto al que habían practicado sus antecesores en Italia. Para empezar, Martinelli, Moneti y Ricci habían optado por disponer cuatro actos correspondientes a la primavera, el estío, el otoño y el invierno. Igualmente, sus personajes siempre eran planetas, mientras que el español pone a dialogar a los astros con figuras de la mitología clásica como Aquiles, Paris, Elena o Prometeo. Pero, a pesar a las divergencias, las coincidencias tanto a nivel temático como formal entre el almanaque alegórico-teatral italiano y el español son tantas que es oportuno hablar de una «filiación textual» entre los testimonios.

El componente musical se evidencia en el uso de la voz «melodrama». Además, Torres interpola numerosas alusiones al universo de la música: «una comparsa de todas las naciones [y] danzantes de todas las naciones»; «el piso algo encharcado, pero dejándose ver muchas yerbas ya crecidas y poco agostadas, y las mieses del todo doradas, y entre ellas pastores y pastoras ejerciendo la agricultura, unos segando, otros atando etc. y algunos con flautas y [sic.] instrumentos rústicos, que tocarán a su tiempo»; sale un coro de zagalas «al son de sus rústicos instrumentos»; «Júpiter canta» (1724: 4–9). Más interesante es constatar que tanto Torres como Moneti y Ricci incorporan el aria a sus respectivas ideaciones; si los italianos componen «molte ariete sentenziose da mettere in musica» (Moneti, *Urania* 6; Ricci 7), el autor salmantino escribe al lado de los márgenes de ciertos fragmentos recitados la palabra «area» en alusión a este cauce métrico.

Aunque el salmantino terminaría abandonando el molde alegórico-teatral, este continuará siendo explotado por varios autores españoles del setecientos (Romero Ferrer, 2020: 82–85). Francisco de la Justicia y Cárdenas da a luz un pronóstico titulado *Drama armónica en el teatro del mundo* (1739). No cabe duda de que su objetivo era remedar el trabajo torresiano; de hecho, tanto en la «Fe de erratas» como en la «Tasa», los firmantes se refieren al folleto como «Melodrama armónica» (1738c: sin numerar). Él mismo habla de su piscator como de una «melodrama» (1738c: 60). El almanaque principia dando paso al tradicional juicio anual, sin que se observe que ha operado cambio alguno en el tipo de discurso:

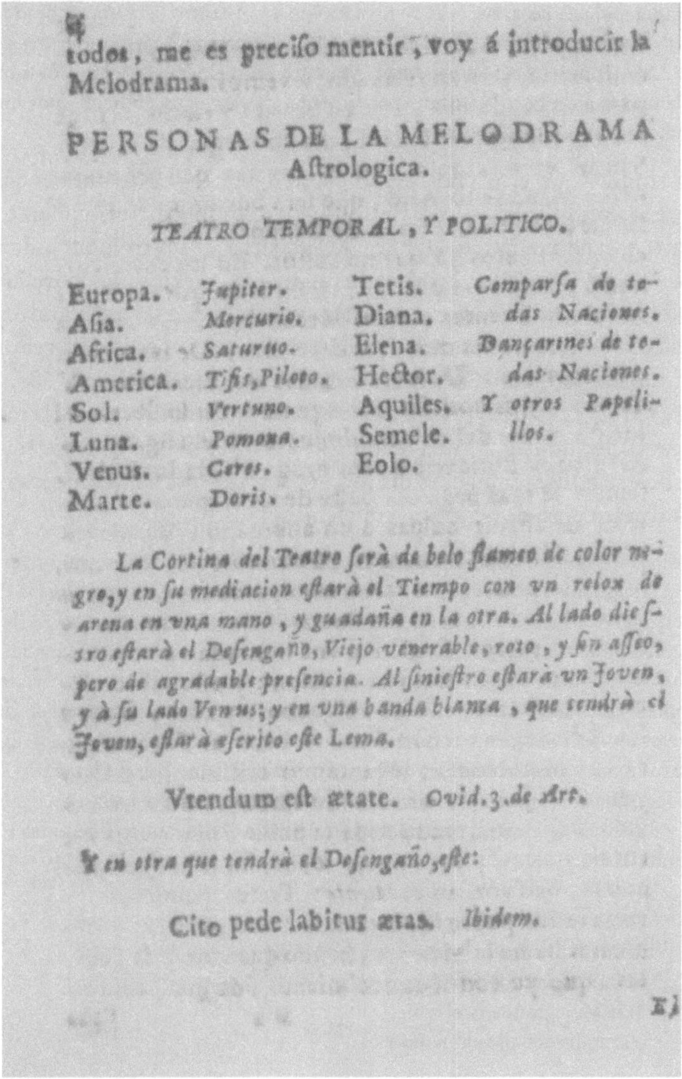

todos, me es preciso mentir, voy á introducir la Melodrama.

PERSONAS DE LA MELODRAMA
Aſtrologica.

TEATRO TEMPORAL, Y POLITICO.

Europa.	*Jupiter.*	Tetis.	*Comparſa de to-*
Aſia.	*Mercurio.*	Diana.	*das Naciones.*
Africa.	*Saturno.*	Elena.	*Dançarines de to-*
America.	*Tifis, Piloto.*	Hector.	*das Naciones.*
Sol.	*Vertuno.*	Aquiles.	*Y otros Papeli-*
Luna.	*Pomona.*	Semele.	*llos.*
Venus.	*Ceres.*	Eolo.	
Marte.	*Doris.*		

La Cortina del Teatro ſerà de belo flameo de color ne-gro, y en ſu mediacion eſtarà el Tiempo con vn relox de arena en vna mano, y guadaña en la otra. Al lado die ſ-tro eſtarà el Deſengaño, Viejo venerable, roto, y ſin aſſeo, pero de agradable preſencia. Al ſinieſtro eſtarà vn Joven, y à ſu lado Venus; y en vna banda blanca, que tendrà el Joven, eſtarà eſcrito eſte Lema.

Vtendum eſt ætate.   *Ovid. 3. de Art.*

Y en otra que tendrà el Deſengaño, eſte:

Cito pede labitur ætas.   *Ibidem.*

El

Figura 4. «Personas de la Melodrama astrológica». Ejemplar conservado en la Biblioteca Nacional de España.

> Para ostentación de las grandezas de España, que en el Teatro del Orbe se lleva por su hermosa situación la primacía en el cortinón que cubre su famoso foro, se verá este año de 1739 el ingreso del Sol en Aries, constituyendo el principio astrológicamente el 20 de marzo a las 12 y 44 minutos de la noche siguiente, ascendiendo por nuestro horizonte el grado 23 de Sagitario (1738c: 1).

Después indica que el «Señor del año» será Marte, cuyas influencias en el terreno de lo natural consistirán en un tiempo por lo general «caliente y seco» y en una «cosecha mediana» (1738c: 3). Respecto a la astrología judiciaria, el poder de «Marte iracundo» provoca los siguientes efectos: «el marcial arresto será notable en partes de la Europa, África y aun en el Asia; resplandeciendo el fuego belicoso en los ánimos de los príncipes, así en numerosos ejércitos, como en marítimos armamentos dirigidos a grandes expediciones» (1738c: 3). Solo cuando se han expuesto los presagios, Justicia y Cárdenas da paso a la maniobra dramática. Él decide asignar una «estancia» a cada estación. La organización no cambia: describe una «mutación del foro» y después presenta el poema prometido. El advenimiento de la primavera viene detallado así:

> Se manifestará en una admirabilísima orla labrada a buril. Lo más primoroso de la idea con la siguiente expresión en oro bruñido: Principiará en 20 de marzo a las 12 y 44 ms. de la precedente noche, ascendiendo por nuestro hemisferio el grado 23 de sagitario, con algunas lluvias granizantes, truenos, relámpagos y excesivos vientos. Pues en el día 5 hará Marte conjunción con Saturno en el grado 6 de Cáncer, alternando el aire con adversas cualidades por muchos días. Y en esta Marte, por razón de latitud, estará elevado sobre Saturno, conminando guerras con atroces batallas y estragos en diversas regiones, mayormente en las septentrionales. [...] Oiránse lamentos de los que padecerán fiebres pútridas, ardientes viruelas, carbuncos, erisipelas, accidentes de pecho y fluxiones de vientre, principalmente en la juventud, aunque de todas edades padecerán (1738c: 5–6).

> De un enfermo en el portal
> vi una junta de doctores,
> y como el mundo está tal,
> dije: Muy grande es el mal,
> que aquí suenan sus clamores
>
> (1738c: 7).

El argumento teatral prosigue en las lunaciones, donde se especifican los nombres y las funciones de los «héroes del drama»: Marte es el primer galán, el Sol el segundo, Júpiter el tercero y Mercurio el cuarto. La Luna es la primera dama y Venus la segunda. Saturno es el Barba y Baco el gracioso (1738c: 18). La acción se junta con la música de comparsas procedentes de distintas naciones («comparsa de soldados españoles», «comparsa de ingleses», «comparsa de soldados húngaros y moscovitas» etc.), así como con un «acompañamiento de ninfas» y de personajes alegóricos como el Año, el Mes, la Hora o el Día (1738c: 18–19). La distribución vuelve componerse de cuatro «estancias», estando cada una repartida en un número indeterminado de escenas. El decorado se trastoca dependiendo del mes; así, en febrero se corren «los bastidores y se dejará ver en una espaciosa playa el Mes colocado a un trono de admirable vista, y el Día con su coro de ninfas» (1738c: 21). Los días del año tienen un verso para sí, formando, cuando se unen todos, una nueva estancia:

> *Cuarto menguante, con nubes y lluvia.* Venus se explica con sus parciales, de modo que los hará marcar con el sello de su hijo, porque no se pierdan en este

> Mart. 24 Petimetres, al combate,
> Mierc. 25 que en palestra de remate,
> Juev. 26 desafía el ciego amor.
> Viern. 27 mas cuidado, que si hiere,
> Sab. 28 todo el daño que os hiciere
> Dom. 29 dará en cara su rigor

> (1738c: 54–55).

Conviene resaltar el aspecto musical de la obra, observable no solo en los coros y cantos de los personajes, sino también en las estrofas antecedidas por la voz «aria», herencia de los almanaques alegórico-teatrales italianos transmitida a través de Torres Villarroel.

Francisco de la Justicia y Cárdenas supera de alguna forma el prurito culto que había guiado a Torres en la *Melodrama astrológica*, pues la burla se manifiesta con notable asiduidad en su *Drama armónica*. Obviamente, en el origen de esta mezcolanza de registros se encuentra el hecho de que en 1739 el modelo literario jocoserio estaba sobradamente implantado en España.

José Garro, máscara detrás de la cual se esconde fray Juan de la Concepción (Durán López, 2015a: 84), prepara para el año 1745 un *Piscator cómico*, cuyo subtítulo es *Comedia astronómico-alegórica intitulada Guerra y paz en las estrellas*. Los interlocutores son, nuevamente, los planetas (el Sol, Marte y Mercurio son galanes, Saturno es el Barba, la Luna es una dama, Venus actúa como jardinera…), escoltados por los signos del Zodiaco y por personajes mitológicos, tales como el dios Momo, las ninfas o las tres Gracias. El verso es el modo de expresión predilecto, mediatizado por la música (las figuras vuelven a recitar arias). Sin embargo, mientras que los almanaques de Torres y de Justicia y Cárdenas se aprovechan de la estructura dramática para dar cabida a sus vaticinios, en el texto de fray Juan las informaciones prácticas son verdaderamente escasas.

Tiempo después, Sebastián Pedro Pérez y Cristóbal Pérez Reinante se erigen en continuadores del almanaque alegórico-teatral. La *Folla astrológica que se representa en el teatro de la Europa por los planetas y signos* de Pérez Reinante (1760) se abre con una divertida introducción en prosa en la que se expone al detalle cómo se ha gestado el pronóstico. La acción se sitúa en Torija, el pueblo manchego donde vive Cristóbal. Una noche en la que el protagonista, que es el *alter ego* del autor, descansa en casa, se persona sin previo aviso un amigode la infancia:

> Un camarada, amigo *in illo tempore* de nuestras niñeces, hijo, como yo, de la Ballena, llegó entre gallos y media noche en una de las primeras de noviembre de este año, dando testeradas a las puertas de mi casa, a cuyo estruendo, desvelado, me levanté presuroso, asomándome a un tragaluz por donde mis palomas salen a bureo. Pregunté quién era y qué buscaba, y respondió: «Soy tu amigo *Periquis* el Madrileño, injerto en napolitano por mi ventura, y busco tu favor, pues supe por casualidad rara en Grajanejos [sic.] tu vida, milagros y establecimiento en esta villa de Torija» (1759: 1).

Los hombres pasan la velada bebiendo y comiendo hasta que se quedan dormidos cuando ya ha salido el Sol. La noche siguiente, apenas despertados, Periquis le cuenta a su compañero qué ha sido de su vida desde que se separaron, aunque omite muchos detalles, pues sus aventuras han sido «tantas y tales, que llenarían un tomo, no menos grande y divertido que el de *Guzmán de Alfarache*» (1759: 5–6). Entre otras cosas, le confía que ha residido en la esplendorosa corte de Carlos III en Nápoles hasta que este fue coronado rey de España (1759: 7)[81].

Para entretener el tiempo en la villa, Cristóbal resuelve redactar una comedia asesorado porPeriquis. Los dos le piden consejo al cura del pueblo, «sujeto verdaderamente benemérito, literato y virtuoso», que no se opone con la sola condición de «no tratar de amores en toda ella; pues si notaba algún amoroso pasaje cuando se ensayase, no permitiría su representación» (1759: 8–9). «Empecé a escribirla [la comedia]», recuerda la voz narrativa, cuando «habiendo remontado los vuelos de mi pluma su pensamiento a las estrellas, hizo a los planetas y signos corpóreos personajes» (1759: 9). La reacción del cura al leer la comedia es bastante sintomática acerca del cariz del que esta va a ser depositaria:

> Desde la primera hasta la última línea no cesó su risa; bien que muchas veces era tan descompasada, que temimos reventase con su risueño impulso [...]. Concluyó, y mirándome

---

81 Este acontecimiento histórico sucede en 1759, así que coincide con el proceso de redacción del pronóstico.

placentero, me dijo formales palabras: «Señor don Cristóbal, esto no es comedia, loa ni zarzuela, un piscator sí, hecho y derecho, así que tome mi consejo y dele a la estampa, que yo también estudié mi poquito de astrología y le pronostico una buena venta, y que dará con esta obrita joco-seria y alegórica un buen rato a los que le lean» (1759: 9–10).

La conversación con el clérigo acaba con este entregándole a los dos amigos un papelillo donde estaban apuntados los cálculos anuales para que terminasen de dar forma al almanaque (1759: 10).

La invención consta de cuatro jornadas que coinciden con la primavera, el verano, el otoño y el invierno. No hay división por escenas. Los personajes, que se comunican en verso, son las estaciones, los planetas y los signos del Zodiaco. Por la esencia del género de la folla, el humor está garantizado, al igual que la música, si bien esta vez es distinta del aria. El diario de los cuartos de Luna se excluye del cuerpo de la comedia, pero a cambio está engalanado con numerosos poemas (1759: 53–84).

La *Nueva folla astrológica de teatro, que para curar las dolencias de España representan en el de la Europa los planetas y signos* de Sebastián Pedro Pérez (1761) arranca con un diálogo intertextual entre esta pieza y la *Folla* de Pérez Reinante[82]. Al parecer, Pérez, que vive en Sigüenza, donde es administrador de la estafeta, recibe una carta desde Torija firmada por Cristóbal, que es su hijo, donde este le hace saber que el año pasado concibió un piscator muy exitoso, por lo que ahora todo el mundo en la corte le exige que vuelva a dar uno a la estampa. Sin embargo, dice sentirse incapaz de sentarse a escribir, por lo que le pide encarecidamente a su padre que sea él quien asuma la tarea (1760: sin numerar). Como se indica en el prólogo, la estructura de la folla torna a ser cuatripartita, siendo los caracteres intervinientes los cuerpos celestes, los horóscopos y las estaciones. Las jornadas están precedidas de una acotación que señala los cambios de decorado. Así, en la estación hiemal se especifica cómo debe instalarse «un nevado valle, y en el foro se descubre la fachada de un magnífico palacio, por donde salen el invierno y Capricornio» (1760: 24). Las secciones breves fijas y las fases lunares se mantienen al margen de la invención dramática

---

82 La folla es un subgénero del teatro menor apto para representaciones en casas particulares (Romero Ferrer, 2021: 358). Sebastián Pedro Pérez, a quien además de este piscator se le atribuye alguna otra pieza dramática (Romero Ferrer, 2021: 370–371), aclara que «aunque parezca irregular la expresión de mutaciones, pasajes y circunstancias, que en esta folla se hacían, por no ser obra completa, ni escrita para representación personal, se sirve de dicha apuntación el autor, deseoso de aclarar la idea y tributarla con mayor perfección al público» (1760: 31).

(1760: 32–62). En compensación, el diario está trufado de «seguidillas peruleras» que camuflan los futuros contingentes:

> Tras del queso camina
> un ratoncillo,
> cuando el gato le embiste, y el triste
> no encuentra asilo:
> Chilla y se encorva,
> llama a sus compañeros,
> y hacen la sorda

(1760: 37).

Curiosamente, los almanaques alegórico-teatrales de Francisco de la Justicia, Cristóbal Pérez Reinante y Sebastián Pedro Pérez se decantan por una división cuádruple coincidente con la de los piscatores italianos. No obstante, la burla, inexistente en las composiciones de Tommaso Martinelli, Francesco Moneti y Luca Ricci, es un elemento indispensable en los textos españoles. El nexo entre ambas estrategias compositivas reside en la *Melodrama astrológica*, que traslada el modelo foráneo al contexto nacional español, si bien, una vez en este país, el género sigue sus propios derroteros. Es por ello que gradualmente se impregna de la esencia festiva que Torres había inoculado a sus pronosticaciones, pese a que, precisamente, en el almanaque de 1724 aún estuviese apegado a las formas estilísticas barroquizantes. De la misma manera, la música, aunque no desaparece del todo, sufre alteraciones, como se aprecia en las follas de Cristóbal Pérez Reinante y Sebastián Pedro Pérez.

4.3.2. Almanaque jocoserio

En la naturaleza del almanaque literario jocoserio se encuentra la asunción de parte de los postulados de la corriente de pensamiento antiastrológica: «alle giocose provocazioni, il modo della *prognosticatio* rispondeva ponendosi sulla stessa lunghezza d'onda, sintonizzandosi con gli umori e le idee dei lettori» (Casali, 2003: 25). Todas estas obras están protagonizadas por dementes, sea porque forman parte de la *gens rustiques,* como ocurre en los Estados italianos y en un determinado segmento de la producción portuguesa, sea porque el personaje principal es un astrólogo loco, caso de los pronósticos de Diego de Torres Villarroel. De vez en cuando surgen personalidades originales, como Pai Daniel, un esclavo africano afincado en Lisboa que decide meterse a pronostiquero. Estas figuras tienen en común estar acuciadas por la necesidad, de modo que reconocen sin ambages su intención de ganar dinero vaticinando influjos. Para alcanzar su objetivo, los astrólogos estultos no dudan en recurrir a embustes, de lo cual no solo no se avergüenzan, sino que continuamente se jactan de las monedas que consiguen gracias a sus engañifas. Se produce, por tanto, una inversión cómica de la práctica astrológica asociada a los «hombres de cultura», para dar paso a la «parodia charlatanesca» del almanaque (Solari, 1992: 8). De esta manera, el género se convierte en un producto literario destinado al divertimento.

La diferencia elemental con el pronóstico burlesco radica en que las informaciones útiles no se abandonan, sino que quedan integradas en el armazón de la ficción. Los impresos de Perogrullo se encuadran dentro de un tiempo festivo-carnavalesco vinculado al concepto de *renovatio* (Bajtín, 1995: 212), mientras que los piscatores jocoserios se desarrollan de acuerdo con parámetros de tipo histórico (Durán López, 2020). Además, si las pronosticaciones burlescas, escritas en verso, se valen de los *aequivoca* mentales y verbales del lenguaje carnavalesco (Camporesi, 1976: 86), la técnica compositiva de los jocoserios es harto más compleja. Realmente, si hubiese que mencionar un antecedente de la modalidad jocoseria, este sería el almanaque dialogado, pues en ambos se perciben la teatralidad, la autoficción y el humor.

En lo que concierne al término «jocoserio», hay varios motivos que justifican su elección. Ante todo, es de reseñar que son los propios almanaquistas quienes acuden a él para describir sus opúsculos. Así lo hace Francisco Horta Aguilera, que en 1739 especifica: «Es uso en los pronósticos dedicatoria seria, pronóstico jocoserio y juicio con folías y fandango» (1738: 1). Más adelante, estampa *La pragmática del tiempo y totilimundi acuestas. Pronóstico el más noticioso, cronológico, histórico, moral y jocoserio* (1743). Asimismo, Francisco de la Justicia y Cárdenas compone la *Segunda parte del piscator de Don Quijote, u [sic.] Don Quijote de los piscatores. Pronóstico jocoserio, histórico y político, y diario de los cuartos de Luna del segundo medio año de 1745*. En la primera entrega, había declarado que, en vista de que Don Quijote puso fin a los vicios de los libros de caballería mediante el estilo «jocoserio», él se ha propuesto imitar su estrategia con los piscatores (1743a: 61)[83].

---

83 En Lora Márquez (2022c: 188) señalo que «en la clasificación propuesta por Fernando Durán López acerca de los almanaques y pronósticos astrológicos dieciochescos, tanto Horta Aguilera como Justicia y Cárdenas quedan excluidos del "modelo literario", el primero por adunar la ficción con el didactismo y el segundo expandir por la metáfora a ciertas secciones que Torres había excluido de su prototipo (2015: 81–84, 113–116). Sin embargo, aunque se trata de una puntualización pertinente , en una visión de conjunto estos impresos tienen cabida perfectamente en la categoría que representa el almanaque literario jocoserio, dado que sus diferencias con la fórmula torresiana se basan en características funcionales, no discursivas».

Incluso si no se menciona explícitamente el vocablo, los astrólogos se sitúan con gusto en la frontera que separa la severidad de las chanzas, el saber oficial de las habladurías del mentidero:

> De modo que, en señalándome quinientos ducados hasta el día que Dios tiene determinado llamarme a cuentas, o cuidando tú de darme la ración de un capuchino al día y una capa de paño de Chinchón al año, o costeándome las impresiones, partiendo después igualmente las ganancias, te escribiré serio o jocoso cuantas ciencias se explican hoy en las universidades de España y su especulativa y su práctica, en latín o castellano, prosa o verso (Torres Villarroel, 1728: sin numerar).

En Portugal, aparte del *Prognóstico prosopoético, fabulógico, jocosério, metafórico para o ano de 1737* de Endimião Português, José Damião de Lagos imprime el *Sarrabal lisbonense, prognóstico jocosério para o ano de 1759.*

Los investigadores contemporáneos también han mostrado su preferencia por la nomenclatura «jocoseria» para delimitar esta parcela bibliográfica. De este modo, al tiempo que Elide Casali alude al «filone serio-faceto della lunaristica» (2003: 177), Joaquín Álvarez Barrientos hace referencia «a lo jocoserio del almanaque» (2020a: 152). En el contexto portugués, João Luís Lisboa explica que

> o útil junta-se ao divertido, nos almanaques, que assim podem ao mesmo tempo entreter, divertir, e orientar [...]. Essa convergência de funções e motivos de atracção é recorrente, numa competição onde com frequência não se distingue o jocoso e o sério, em edições sucessivas de folhetos, e a utilização no título da palavra «jocosério» orienta os compradores e serve de chamariz (2021: 264).

Quienes se han detenido a examinar el concepto de lo jocoserio, lo definen como un territorio mixto entre las burlas y las veras propio de la literatura dieciochista (Étienvre, 2004; Bègue, 2016).

Leandro Cantamessa sostiene que «le caratteristiche umoristiche-sarcastiche» están muy presentes en España, se dejan ver ocasionalmente en Italia y son definitivamente raras en los pronósticos alemanes, ingleses y franceses (n.º 1406). Lo cierto es que el almanaque jocoserio más antiguo de Europa del sur se imprime en Bolonia, cuna de la astrología. Su autor fue Ottavio Ingrillani y el opúsculo se conoce como *Nuova e curiosa grillaia d'influssi celesti sopra l'anno 1646. Rapsodiata dai primi arcigogolanti italiani ed oltramontani, che abbia questa fallacissima arte almanaccante.* Ha sido Elide Casali quien lo ha calificado con el adjetivo «serio-faceto» ('jocoserio'):

> l'autore, Ottavio Ingrillani, sbandiera festoni di nomi e di titoli, sciorina cornucopie di taccuini, pronostici, lunari e almanacchi, in liste che disegnano un'interessante geografía della letteratura pronosticante, per cui ogni città, ogni terra, ogni contrada sembra avere il proprio astrologo e il proprio lunario (2012b: 283).

Desde su perspectiva, los pronósticos que se mofan de la astrología judiciaria sin llegar a rechazar los contenidos tradicionales buscan contentar tanto a los lectores incrédulos como a los celosos censores: «dialogano da un lato con gli umori di un pubblico più disincantato, scettico e critico verso la pronosticazione astrologica, dall'altro lato con i revisori della Congregazione dell'Indice» (2005: 488). Quizá por este motivo, Ingrillani ridiculiza a los astrólogos de su tiempo, pese a que él era parte del mismo grupo.

En la dedicatoria, el impresor del folleto, Giovanni Battista Ferroni, aclara que «egli [el discurso] s'intitola dai grilli, animaletti notturni, forse per la oscurità della scienza celeste» (1645: 3). En este sentido, es pertinente recordar que, en la lengua italiana, el dicho «avere dei grilli per la testa» ('tener grillos en la cabeza') se emplea cuando alguien tiene demasiadas ensoñaciones o proyecta empresas que difícilmente pueden llevarse a término[84]. Es evidente que la *grillaia* del título se asocia a esta idea, al igual que el supuesto apellido del autor, que seguramente fuese un sobrenombre burlesco escogido adrede para poner de manifiesto la locura del autor.

En el prólogo «A chi legge l'anno passato e molto più a chi legge o leggerà l'anno presente», Ingrillani se defiende quienes le han atacado por reírse de la astrología supersticiosa («non possono tollerare che tanto smascellatamente io mi rida dell'astrologia giudiziaria») y por haberla transformado en una ciencia bufona («scienza buffona») y en una diversión de comedia («trastullo in commedia») (1645: 5–6). El astrólogo, con una actitud a la vez graciosa y soberbia, se resguarda en que las críticas no le importan, ya que únicamente está interesado en ganar dinero, nada menos que como el impresor: «Sappiate dunque i miei signori lettori (discreti o indiscreti, beningni o maligni che fiate) a me poco importa, ma importa bene allo stampatore, che vuole del suo libretto un giorgino, moneta, che in Modena s'intende per discrezione […]. A me basta ci sia il guadagno» (1645: 5–6). Pone fin a la alocución con unos versos festivos: «Tu ch'in lingua di gazza e di merlotta / gracchi la parlatura ai gazzolini, / di che vetro si fanno i caraffoni / da tener i siroppi e l'acqua cotta» (1645: 7).

El discurso se construye con base a las veintiocho pronosticaciones publicadas para el año 1646 en la ciudad de Bolonia[85]. El procedimiento consiste en tomar prestados fragmentos de las mismas para ridiculizarlas, ya enprosa, ya en verso:

---

84 Equivale al español «tener pájaros en la cabeza».

85 La dedicatoria de Ferroni está fechada el 25 de noviembre de 1645, es decir, que Ingrillani tuvo que hacerse con los almanaques que se hubieran impreso con anterioridad.

Un altro guarda stelle stimato da alcuni una cattedra di astrologia e da altri un trerpolo, come se fosse parente stretto di Cacco, ha gran paura d'Ercole in Ascendente e dice che questo anno si vedranno in effetto imprese segnalate che si stimeranno sovra la forza degli uomini. Gran macchine condotte a fine, ma con poco guadagno del maestro conforme al proverbio fiorentino: opra fatta, maestro in pozzo (1645: 8).

Se questo sia pronosticare o fanaticare me ne rimetto al giudizio di chi ha l'orecchie corte. Parme che qui possa burchiellare

> Non ho gran lode al buon imberciatore
> a pigliar le farfalle col ballestro,
> se non da lor nella punta del cuore

(1645: 9).

El diario de cuartos de Luna contiene informaciones verídicas, como los eclipses, los *dies infelices* y la prognosis meteorológica: «Luna in Toro bella giornata», «mondo gelato, buono per la caccia di cervi», «Luna in Gemini tempo inaspettabile» (1645: 13). Las secciones breves fijas se presentan del mismo modo. Cuando toca abordar la astrologia judiciaria, brota la poesía festiva:

Tra bianco e nero molto abbaruffato / salvo l'honor del primo e sesto giorno

(1645: 12).

L'astrologo poeta si sbriga con dire:

> Tal si mangia la sapa cheto cheto,
> perch'ella è dolce, ch'andrebbe più adagio
> colla mostarda forte e con l'accetto

(1645: 14).

> Astrologo di stelle e ciel moderno,
> che studia sovra il fondo d'un tamburo,
> e ha il cervel del calamar più duro,
> e suda men la state che l'inverno

(1645: 22).

La prigionia curta, *qui associaverint se plurimum lucrabuntur,* e simili barzellette, che tanto vagliono, quanto

> riso di gallo e pianto di gallina,
> fanti di sale e fave di cucina

(1645: 24).

En un último gesto de descaro, Ingrillani agradece al lector que haya destinado sus ingresos a adquirir el pronóstico, aunque le advierte de que lo ha escrito con tan poco cuidado, que tendrá que ser él mismo quien se encargue de colocar las previsiones en el sitio que les corresponde: «Cortese lettore, per parto dello stampatore ti ringrazio della spesa fatta in comprai il libretto e della pazienzia avuta in leggere questa capricciata, composta a strafalcione in disgrazia dell'astrologia giudiziaria [...]. Ho scrittto a cavallo a cavallo e corriendo per le poste, ho seminato per strada alcure cosarelle, che ti prego rimettere ai suoi luoghi» (1645: 37).

Bolonia también asiste al alumbramiento de la serie *Quinta scienza* ('quintaesencia')[86] (1653–1661) de Francesco Melega. Según recogen las *Notizie degli scrittori bolognesi* de Giovanni Fantuzzi, Melega, nacido el 29 de enero de 1625 en Castello di Sant'Agata, estudió derecho civil y canónico en el Estudio de Bolonia, habiéndose ordenado sacerdote allí mismo (1788: 3–4). En las *Poesie postume di Antonio Abati* se le llama «il cuoco dell'astrologia» por su capacidad para juntar las propiedades de los planetas (el agua de la Luna o el fuego de Marte) con los signos del Zodiaco (los peces, el toro, el carnero...): «Se porta acque una Luna, e un Marte foco / se in Ciel son Pesci, Bue, Lepre, Capretto / Meraviglià non è, che tu sia detto, / Melega mio, di tante stelle il cuoco» (1671: 21).

En contraposición a la lengua de la cultura *savante*, el cura boloñés redacta su almanaque en dialecto:

Nell'ambito della continua ricerca di elementi di novità che contraddistinguessero un prodotto editoriale di per se stesso stereotipato e ripetitivo, si inscrive il pronostico in dialetto o in lingua mista —espressione tipica del plurilinguismo del XVII secolo— pur non riuscendo una vera novità nella letteratura lunaristica: esso si riconduce sia al pronostico burlesco popolareggiante —i cui primi documenti in dialetto risalgono al XVI secolo—, sia alla letteratura pronosticante seria, colta e semicolta, che utilizzò, puro o unito all'italiano e al latino, il dialetto scelto all'insegna delle esigenze di ricercatezza e di eccentricità che segnano la storia della produzione lunaristica a partire soprattutto dall'età barocca. *La quinta scienza astrologica* che si vendeva a sei bolognini a Bologna nei decenni centrali del Seicento, è uno degli esempi piú significativi dell'uso del dialetto (Casali, 2003: 56–57).

Melega se refiere a sí mismo como «duttor cuntadin» ('doctor rústico') (1653: 7), aglutinando en una sola unidad carnavalesca la universidad y la aldea.

Las informaciones útiles permanecen en todos los casos; ahora bien, los datos de provecho se rodean de comentarios satíricos —«lengu satirisc» (1660: 2)—, en prosa o en verso. Sus augurios serán «ver è rial, mò il stil burlesch» (1660: sin

---

86 En el lenguaje de la alquimia, esta es la sustancia de la que se compone el éter. Al título *Quinta scienza*, el autor agrega complementos extraños, como «scapricciamient bizzar» (1652) o «stravagant» (1660).

numerar). Para ello, el autor inventauna situación risible que será el punto de partida de la pronosticación. En el año 1654, dice que las previsiones le vinieron a la cabeza después de haberse dado un fuerte golpe («botta») (1653: 6). En el discurso anual de 1661, el Yo narrador, trasunto de Francesco Melega, cuenta cómo unos «galant uomin, tant paisan, quant furastier» le piden que elabore un nuevo almanaque (1660: 11). El astrólogo accede, aunque la forma que tiene de componer las predicciones resulta irrisoria y fuera de lo común:

> Ho subitament fatt adlietta d'tutt quanti dsviers ingrdient, ch'i van dentr, e po'ho da una msdadina al Mappamod, e vultà, e arvultà, sù di foura tutti i Ciel, Turchia tutt l'Strell, e sballutà una man d'volt tutt i Pianid, e finalment ai ho cazzà tutt dentr al lambich dal medsvers zruell, e dopp haveri da al fuog lentlent , per cavar bell bell tutt al spirit, ai ho cavà, ch'in t'l hora, e in t'al punt, ch'nass l'Ann Astrulozich present 1661 (1660: 11)[87].

Nótese la fuerte carga de autorreferencialidad que contienen estos almanaques. A este breve párrafo, sigue el verdadero juicio del año que, por más que tenga apariencia de real, queda inexorablemente imbuido por el sentido burlesco que impregna las partes restantes del folleto.

Una gran cantidad de almanaques jocoserios italianos tienen como personaje principal a un campesino. En esta clase de textos se percibe «la lontana visione satireggiante, che nel *De natura rusticorum* evidenzia i difetti del villano: rozzezza, astuzia, rapacità» (Bisi, 1978: 162). El «villano-astrólogo» reclama su derecho a ganarse la vida realizando pronósticos pese a su falta de conocimientos, ya que esto le permite salir de la miseria sin demasiado esfuerzo, como a los charlatanes de feria (Casali, 2003: 233). El primer ejemplo en este sentido está representado por el *Arcolaio celeste ovvero trascorso lunatico sopra gl' infrussi delle castrellaioni per l'anno, che corre senza gambe 1705*. El almanaque aparenta ser una acusación en contra de las pronosticaciones de Francesco Moneti enunciada por el Gran Villano di Valle Calda, si bien hay quien piensa que el fraile de Cortona pudo haber sido el autor real del papel (Cantamessa, n.º 3324). En la dedicatoria, escrita en un lenguaje lleno

---

87 'Rápidamente escogí diversos ingredientes que puse dentro, y después de haber dado una vuelta al mapamundi, volverlo y envolverlo, arriba se abrió un agujero con todos los cielos, todas las estrellas de Turquía, y sacudió de repente una mano todos los planetas, y al fin pude cazarlos todos y meterlos dentro del alambique de mi cerebro, y después de haberlos puesto al fuego lento lento, para extraer bien bien toda la sustancia, he extraído que en tal hora y en tal punto nace el año astrológico presente 1661'. La traducción es mía.

de incorrecciones gramaticales, el Villano de Valle Calda asegura que, después de que hubiese llegado a sus oídos que los pronósticos salen a la venta bajo el patrocinio de un personaje ilustre, ha tomado la decisión de dedicarle el suyo a los vendedores de salazones

> Il putricinio di voi altri magnifici e untuossisimi signori pizzicaroli come quelli che di salumi tenete le botteghe ripiene. Ma che disse botteghe? Scuole piuttosto doverei chiamarle, mentre in esse oggi si sono ritirate tutte le scienze in persona di tanti dottori, e degli altri uomini sapienti e virtuosi, che sopra de'vostri bariglioni ad aringare tra di loro concorrono (1705: 5).

Asimismo, confiesa que, a pesar de haber nacido en un valle, ha aprendido astrología mirando las estrellas y el arcoíris:

> Pertanto io pure essendo uno de' più vecchi della villa, benchi non abbia studiato la Lettera, per esser nato in una valle, dove ci nascono più lupi, che uomini. [...] Ho volsuto fare stampare questo lunario, per far vedere che ancor'io sono strogolo, benchè non abbi studiato la stralucia, poiche conosco a tastone le stelle aranti, le stelle fritte, l'arco baleno, il carro, le gallinele, con tutti gl'altri animali, che vanno a pascere per il Cielo (1705: 3).

En una advertencia «Al dolce lettore», el Villano censura las «bugiarde invenzioni» ('mentirosas invenciones') de los astrólogos, instándole a no creerle ni a él ni a los otros (1705: 5). Luego declara haber memorizado los nombres de los astrólogos famosos, los cuales trastoca deliberadamente para hacer reír: «Graudio Turlomeo, Tincone Brache, Nicolò Scoppiernico, Lanzispergilo, Albuemazzato, i Bueli, Caccalindo e molti altri strologi famosi [...]. E così burlando, burlando con poca fatica mi son fatto stirologo anch'io» (1704: 6).

El «Discorso generale sopra l'anno 1705» y las fases lunares exponen noticias verídicas combinadas con constantes digresiones burlescas. Así se describen los dos eclipses que se esperan para ese año: «Due volte in quest'anno comparirà mascherato da Cinzia Apollo, una volta ai 22 di maggio, e altra ai 16 di noviembre, ma perchè in detti tempi si troverà in paesi da noi assai lontani, non potrà esser di noi veduto col mostaccio coperto, e però lo lasciaremo andare per il su viaggio» (1705: 9). Otras referencias se expresan con la seriedad debida, como evidencia el novilunio de marzo:

> 24 martedì. Luna nuova a h. 6 m. 16. Spero buone giornate in compagnia del vento, che suole spazzare e mantenere l'aria pulita. Gli infermi staranno male e per curarli questo giorno non è a proposito, siccome nemmeno il 25, 26, 27 e 28, quali sono inutili per pigliar medicine, e il 29 e 30 sono cattivi per cavar sangue. Nemicizie, risse, litti e travagli per ogni parte, e la fraude esercitarà tutte le arti e professioni con danno del prossimo (1705: 19).

La publicación acaba con las secciones breves fijas, un apartado donde el Villano daconsejos dispares (aunque en su mayor parte son perogrulladas, del estilo de «si está nublado es porque no ha salido el Sol») y una tabla con las horas del amanecer y del ocaso.

Durante el siglo XVIII, en el Gran Ducado de Parma se editan almanaques en los que los astrólogos son campesinos de la llanura padana. Michele Chiari los considera pertenecientes al modelo «letterario-burlesco-dialettale» (2011: 29). De entre toda la producción, sobresalen *La Fodriga da Panoccia* y el *Caporal Quattords Cazzabal*:

> Il primo numero del *Caporal* reperito sul mercato antiquario risale al 1749, ma, essendovi apposta un'autorizzazione ecclesiastica alla stampa concessa nel 1703, alcuni studiosi ritengono di dover anticipare di oltre quarant'anni le avventure del caporale di Fugazzolo. Mancando però la prova decisiva, ossia la presenza di un almanacco scritto e stampato in quegli anni, la prudenza obbliga ad assegnare alla *Fodriga* la palma di più antico lunario, fissando rispettivamente nel 1725 e nel 1749 le date di inizio delle due collezioni, non escludendo però per entrambi gli opusculi esordi in anni, anche di molto, precedenti (Chiari, 2011: 31).

Las series inician su andadura respectivamente en los años 1725 y 1749, ya que no se ha encontrado el ejemplar del *Caporal* para el 1703 que consta en el expediente de censura mencionado por Chiari. Su permanencia en el tiempo se prolonga hasta el siglo XX en el caso de la *Fodriga*. Sin embargo, el «Fondo Almanacchi» de la Biblioteca Palatina de Parma, que es donde se albergan estas piezas, ha extraviado las muestras de los almanaques de la *Fodriga de Panoccia* del setecientos, mientras que las entregas del *Caporal* solo se cuentan desde 1767.

La Fodriga de Panoccia tiene como personaje principal a Federica (*Fodriga* en dialecto), una especie de bruja que, según cuenta la leyenda, se habría dedicado a adivinar el futuro de sus vecinos durante años, hasta que fue procesada y condenada a morir en la hoguera (Chiari, 2011: 43). En cuanto a su contenido literario,

> il lunario costa di un dialogo, o commedia, ove la Fodriga gioca sempre il ruolo di protagonista, di un pronostico e del calendario con le lunazioni. [...] Nelle commedie ricorrono temi caratteristici: il vecchio che sposa una giovane, il nobile spiantato e vanitoso, l'avaro, la donna capricciosa. [...] A ciascun mese è premessa una vignetta, incisione in legno di ingenuo stile arcaico, in cui figura costantemente come soggetto una contadina, la Fodriga stessa, mentre svolge le varie faccende che i mesi, ogni anno, ripropongono (Chiari, 2011: 43).

El Caporal Quattordes Cazzabal proviene de Fugazzolo, una localidad del Val Baganza, cercana al pueblo Ca di sarvadegh, que en dialecto quiere decir 'casa de los hombres salvajes' (Chiari, 2011: 47). Su esquema argumental se asemeja al de la *Fodriga*:

> Anche il *Caporal* dunque costa di una commedia, di un pronostico, del calendario con le lunazioni, a volte di proverbi. Mancano le vignette dei mesi. [...] Gli argomenti e i personaggi delle commediole annuali sono quelli della tradizione popolare: il servo astuto, la padrona vanesia, il nobile spiantato e borioso, il servo sciocco e, naturalmente, il vanaglorioso Caporal Fabroni, che esercita, di volta in volta, le più svariate professioni, da bottegaio, a mezzadro, astrologo, servitore antiquario e infine *sartor* (Chiari, 2011: 47).

En la dedicatoria de 1767, el Caporal determina cómo llegó a dedicarse a la astrología, habiendo sido, como ocurre en muchos almanaques jocoserios, por pura casualidad:

> Andand una seira a spars pr la città, pr fortouna m'incontri Chiaccarella da Casalmazor, ch'feiva da Staffer ad una ruzlà d'numai novei, ch'aiva condut pr fari amministrar sott alla Schela d'Mser Tognon pubblic Meistr dla Città, e brav Rigolator d'sta zovintù numalesca. Fat el nostr cirimoni, gh'sata in test d'vuleirm condur segh a Casalmazor a ter un po d'aria, e pr pu obbligarem, m'diss cal ghiva una bella alturia circa d'tarsent brazza d'alturia, giust a priposit per strolgar el strel (1766: 5).

Seguidamente, previene al lector sobre los vaticinios, porque son una estratagema con la que los astrólogos se llenan los bolsillos:

> Gran cosa, can n'so capir, com l'om fissà in una imponion d'farr ric con al zegh d'una sorta incerta, fundada sul fals, ch'una vota anca dsinganna, mi zert lettor sta vostra sfiducia la stym una solenissima matteria pr issr mal sicura, issend ch'al futur nigon al pel pinitrar. Al so ca m'arspondrì, che più vor con al studi de zart Sgabl an vincì gran dnar, e s'son fat ric. Mi subt v'arspond, che cost è un colp d'fortouna accidintial; ma nem dsì po quant n'an pars, e andà in maloura pr vleir dar a ment a sta scienza falazza [...]. Cost al dit di castian da ben è stà un invinzion del dmoni pr far pravarticar la povra zenta, con la spiranza d'guadagnar, ma pr al più restan ingannà (1766: 9).

La ficción tiene visos de comedia: bajo un epígrafe que señala el inicio del juicio del año, los nombres de los personajes aparecen compendiados en una lista. Esto permite saber que, en esta entrega, el Caporal trabaja como «portinaio in casa del Sig, Bonifacio, gentiluomo» (1766: 14). También comparecen Vanelia, esposa de Bonifacio, su hija, Filipetta, el «sig. Ten Tempesta», su hermano, unos cuantos médicos y otras tantas figuras pintorescas (1766: 14). La historia se desarrolla como sigue:

> Indialogh che fa al Caporal Cazzabal qual trovandess ramengh senza mister, va pr città alla fort una. A cas s'incontra un tal Bonifaci gentilom, qual s'intend la miseria del det Caporar, al le tes in ca pr ajutaral e al fa fortinar dla so ca. Da lì a poc temp s'ammala gravement. Al Patron al la fa durar dal so Medagh dett Scartoz, vudend po

cal mal s'aggrava fa far consult da tri dottor. Al Caporal vudends all'istrem fa tes-tamnt. In fen po guariss, e in una conversazion, ch'fa far al patron, in un spegg, pr via d'strologica magia, fa comprar l'ann 1767 (1766: 15).

Siempre en modo dialógico, se refiere cómo Caporal estaba sin ocupación yendo de una ciudad a otra. Un día se encuentra con el rico y generoso Bonifacio quien, al verle en tan penosa situación, se apiada de él y le hace portero de su casa. Después de un tiempo entregado a esta tarea, Caporal enferma y Bonifacio convoca a diversos médicos para que le sanen. En medio del delirio causado por la fiebre, Caporal hace su testamento y, de paso, dicta el juicio de 1767.

Al lado de los rústicos, los doctores ridículos protagonizan una gran cantidadde almanaques literarios jocoserios impresos en Italia. Se trata de una tipología cultivada con especial esmero en el setecientos, cuando la crisis reputacional del arte adivinatoria había alcanzado su cénit:

Nel mondo comico della piazza e nelle maschere della commedia dell'arte trovano le loro origini i dottori plusquamperfetti del Settecento, dal milanese Zaccagnino Astrologo Indovino al bolognese Al Braghiron Astrologh Nov, tutti firmano almanacchi annuali solo parzialmente burleschi, limitatamente al dialogo che introduce al lunario e al calendario, stilati secondo i moduli stereotipati del tempo. Mssir Dirindina Pueta Arvinà racconta come, per necessità di vivere, si sia improvvisato lunarista virtuoso al fine di guadagnare qualcosa senza fatica (Casali, 2003: 231).

Como los charlatanes, los doctores ejercen de astrólogos con el único deseo de lucrarse, aunque sea a costa de engañar a los crédulos con sus archisabidos embustes.

En los almanaques jocoserios en los que se personan los «doctores ridículos», la ficción se refleja solamente en el diálogo de apertura. Zaccagnino Astrologo Indovino, «mercante di pepe e sale», además de almanaquista, estampa cuatro pronósticos para los años 1705, 1717, 1769 y 1776, aunque es posible se hayan perdido ejemplares. La ordenación de los textos permanece inmutable en todas las entregas: en cuatro diálogos (uno por cada estación), Zaccagnino entabla una conversación con un personaje dado, y a raíz de la charla se ofertan los vaticinios. En 1717, Zaccagnino departe con Battistone, un campesino, acerca de lo que se espera para el año próximo. Aquí es Battistone quien enuncia las precogniciones a cambio de pequeños favores que Zaccagnino le concede, que casi siempre consisten en comida:

Z: Finiamola di grazia, io ti darò una buona colazione, ma prima devi accennarmi che cosa hai cavato dall'astrologo tuo patrone circa a quest'inverno. B: Col sapore della colazione in bocca io vi dico, che il mio patrone doppo haver fatto un esatto calcolo sopra le figure astrologiche, si è lasciato intendere, che Venere in propia esaltatione, e

> Giove in sua triplicità saranno i signori mastri di Casa, i Signori dominatori dell'anno.
> Z: […] Due dominatori benefici? Ah, che non ne possiamo sperare se non una buona
> annata (1716: 8).

Pero Battistone no es en realidad quien tiene los conocimientos para realizar las predicciones, sino su patrón, así que Zaccagnino le chantajea para que le robe los cálculos y así tener él mismo la oportunidad de darlos a la estampa.

Esta escena, correspondiente al invierno, se cierra con los dos personajes yendo a almorzar a una *osteria*, pues Battistone no consiente en seguir hablando si no es después de haberse llevado algo al estómago. Los tres cuadros restantes se desarrollan de idéntico modo: los presagios aparentemente serios sobre el clima, las cosechas, la salud y los acontecimientos políticos se entremezclan con el diálogo jocoso establecido entre los personajes. Finalizada la última estación (el otoño), el humor desaparece de la composición. Las secciones breves fijas, las lunaciones y los demás apartados (una tabla con la llegada y la salida del correo ordinario de Milán y unas reglas de agricultura) se excluyen del artificio.

En 1769, Zaccagnino charla con varios personajes, no con uno solo. En particular, Floriano, al enterarse de que este asegura ser un doctor, no puede evitar soltar una sonora carcajada: «Tu sei dottore? Lo sarai di Sinigaglia! Oh, questa sì che è curiosa! […] Oh, che da ridere di questo matto! Lustrissimo signor Zaccagnino, gli faccio riverenza» (1768: 5). Ante la insistencia de Zaccagnino en presentarse como astrólogo, Floriano le insulta haciendo hincapié en su condición de loco: «Sei matto, o sei fuori di te stesso»; «sei tanto goffo, che non mi capisci»; «matto ubriaco» (1768: 10, 17). En este almanaque, Zaccagnino enuncia sus juicios a cambio de un «zecchino», o sea, por una moneda (1768: 15). Ahora es él mismo quien desempeña el papel del bobo, pues solo piensa en comer y en beber vino, lo cual puede permitirse gracias a las ganancias que le reportan sus vaticinios:

> Adesso spi, che me sento la panza consolada. Son stado dal me Scior Barba l'Oste, e
> ho magnado diese boccali de vin, un bon zesto de menestra, una pugnatta de pan,
> quattro briccioni d'insalata, e ho bevudo un bon piatto de stuffado e dei zecchin, che
> ho guadegnado el gho ancora una gran brancada de spezzi che i sarà almanca ses quat-
> trini […]. L'è put'anca una bella gossa a esser strolego! Con la strangolaria se trova da
> magnar e da bever dappertutto. Mi ho fado una pellada de matangoni che squasi non
> me posso mover (1768: 16, 21).

Nuevamente, tan solo el discurso anual lleva puesta la máscara burlesca.

Una personalidad adicional que forma parte de la estirpe de los astrólogos burlescos es el Duttour Lema, que en 1755 compone en Bolonia un reportorio en dialecto. En esta ocasión, el autor adiciona un «Dscors tra l'duttour Munsù

Lema e Slanza gnuch sinsal da Spus» que no guarda relación con los asuntos tratados en el pronóstico. Después vienen las secciones breves fijas y el discurso general. Ese año también ve la luz en Bolonia el piscator de Al Braghiron, «astrologh nov», que se abre con un «Dialogh fra Braghiron, al sgnor conte Brisla e al sgnor Guazzett Mercant in tla mostra dla butteiga dal caffè». En un ambiente tan alejado de los claustros universitarios como es el café, Al Braghiron, que a todas luces es un personaje paródico, proclama que, luego de mucho estudiar, se ha convertido en profesor de astrología. Como en el almanaque del Duttour Lema, ni el juicio universal, ni las secciones breves fijas, como tampoco el diario de los cuartos de Luna, entran dentro del marco ficcional.

El boloñés «dottore Dirindina» , amén de astrólogo, es «poeta arvinà, tugnin sò scular» ('poeta arruinado y bobo escolar'). En el título de su almanaque para 1758 admite que ha concebido su discurso «da una fantasì senz'arposs. Per divertimeint del person affazindà e per far impiegar ai spinsirà una part dal teimp». Sus conjeturas son, por tanto, simples «inssuni» ('ensueños'). El «Dscors dll'ann in general. Con quell del quatter stason, ch'al mettn' inssem. Mssir Dirindina poeta arvinà, tugnin sò scular e la signora smorfia mader dla capitombola ballarina d'prima bussla» está formado a partir del diálogo que entablan en verso las figuras mencionadas en el epígrafe. La burla tiene la capacidad de impregnar las lunaciones; valga como ejemplo la previsión para el 15 de marzo, donde la voz poética comenta relajadamente el frío que hará en Cuaresma:

> Mò l è fredd anch un puchttin,
> e s'al difèn quì conftin,
> ch'la mattina e in campagna.
> Huì gulus: as bev, e as magna,
> mò d'cert bccun bisò far seinza,
> ch'quest'e al teimp dla penitenza

(1757: 30–31).

El papel del año 1759 es exactamente igual, solo cambian los personajes que hablan con Dirindina. En 1797, el «Dialogh con al sgner duttour Cudghen, cavalir d'la sgnera Buttirina, al sgner Mattarel Buffon dell'cunversazion, con al sgner Bunifazi poeta, marè dla sgnera buttirina e la sgurbia tò serva» deja de tener relación con el resto de secciones. Sin embargo, en la cuarta del invierno, sin que se explique el porqué, se encaja un soneto que, lejos de ser burlesco, remite a la tradición de embellecer los juicios de las estaciones con poesía:

> Delle lor verdi fronde, or più non veste
> Il piano e il colle e i cigni e i lusignoli

Taccion le pene lor, e i dolci duoli,
e d'ogni ricco ammanto autun si sveste.

Fansi veder neve e pruine leste
Ad indurir le acque entro de'scoli:
drizzan li augelli peregrini i voli,
e gli arbor Borea impetuoso investe.

Lungi da noi per capricorno il Sole;
schifando ormai le notti e tardi e nere,
il giro ha volto in più gradito loco.

Infuria perciò il verno quanto puole,
e nel burmal furor, che lega e fere,
par sdegni il Sol prestarei un po' di fuoco

(1797: 47).

En aspectos lunares se dice que el calendario se ha adaptado al reloj francés, es decir, que la tipología de almanaque literario jocoserio resistió en los Estados italianos al advenimiento de Napoleón.

En España, el máximo exponente de la vertiente literaria jocoseria es Diego de Torres Villarroel. Acostumbrados a leer los *Sarrabales* y los *Gottardos,* sus contemporáneos no se cansaron de alabar «la nueva invención de Torres» (Cernadas, 1761: 26). La crítica hispánica actual ha asumido la tesis del genio creativo torresiano (Zavala, 1987: 70; Martínez Mata, 1990: 838; Menéndez Martínez, 1994–1995: 498; Mercadier, 2000: 336). Sin embargo, lo cierto es que en Italia había propuestas muy similares a la del piscator salmantino tanto en la forma como en el fondo. Es indudable que existe una «homología estructural» entre los almanaques jocoserios italianos y españoles, dado que, sin que pueda establecerse una relación directa entre los testimonios (traducción, copia, relaboración de pasajes…), hay elementos que repiten en uno y otro. La imagen del doctor demente es reproducida por Torres, tiñendo sus pronósticos de un acerado autobiografismo. La urgencia de lucro se repite en el corpus de los piscatores españoles, así como las constantes alusiones al carácter falsario de las previsiones. Josep Maria Sala Valldaura puso de manifiesto cuánto le deben las pronosticaciones torresianas al teatro (1999: 427), algo que también ha sido recalcado por los investigadores italianos a propósito de la producción jocoseria (Casali, 2003: 233). Con todo, Torres impregna su obra del acervo literario español áureosecular, y más concretamente, del estilo burlesco de Francisco de Quevedo. De esta suerte, logra fabricar un almanaque literario *al hispánico modo.*

Los especialistas sugieren que el modelo jocoserio se instituye en España entre 1725 y 1730 (Durán López, 2015a: 47, 55; Mercadier, 1979: 601). Los opúsculos que Torres da a la imprenta antes de esa fecha rezuman un «barroquismo cultista» (Durán López, 2015a: 47) tendente a la alegoría, repleto de frases largas y ampulosas, en línea con el estilo que el *Sarrabal* había traído de Italia[88]. En el «Discurso por la figura celeste y aspectos de los planetas, y del señalador del tiempo horario de la alteración del aire, de las cosechas y sucesos políticos en general» del *Ramillete de los astros* (1719), se anuncia el advenimiento de la primavera mediante el uso de un lenguaje preciosista y refinado:

> Sembrando aljófares que le administra la Aurora, vistiendo los prados de matizadas alfombras, enriqueciendo los árboles de sazonados frutos, dando aliento a las canoras aves y consuelo a todo lo vegetable, llega la vistosa, fecunda, alegre y fresca Primavera, la cual entra este presente año de 1719 a 21 de marzo a las cuatro y 35 minutos de la mañana, hora en que el luminoso Apolo entra pisando en su dorada carroza el primer grado de Aries (1718: 1).

El embajador de Apolo y volante de Mercurio es el primer impreso anual escrito por Torres donde hay versos (Durán López, 2016: 6–8). En el prólogo, el autor argumenta en favor de su apuesta: «En la parte judiciaria explico los aforismos en verso; que aunque tuve aborrecidas las musas [...] por los créditos que me gané, me obliga un especial mandado, por cuyo cumplimiento aventuraré la mayor esperanza» (1721: sin numerar). Estos poemas enigmáticos sustituyen a las novedades políticas de los cuartos de Luna:

> Un pícaro de lo fino,
> que oculta su patria y gente,
> y en las conchas solamente
> se sabe que es peregrino,
> roto fatiga el camino,
> hecho un mísero gualdrapa.
> En los pueblos hurta y rapa,
> racional astuta zorra:
> él es garnacha y es gorra,
> y continuamente escapa

(1721: 1).

---

88 «I compilatori di questi libri, non di rado letterati, si soffermano spesso sulla presentazione lirica delle parti dell'anno: l'inverno "freddo e tremante", dall'aspetto "umido e squallido" appare rivestito di "giacci e brine"; la primavera è "deliziosa" e "verdeggiante"; l'estate è rappresentata dal sole che percorrendo i "celesti campi" entra nel segno del cancro, mentre l'autunno è annunciato dall'ingresso del "dorato carro" nel segno della vergine» (Casali, 2003: 55).

> Cae un pobre, y quien no lo es
> tanto en sus causas enreda,
> que consigue su interés:
> quitándole la moneda
> hacerlo cuartos después
>
> (1721: 5).

El «Discurso general sobre el año común de 1722» es una defensa de la doctrina de la pronosticación astral construida mediante el encadenamiento de citas de las Sagradas Escrituras y de los libros de los doctores de la Iglesia (1721: sin numerar).

En el *Juicio de los políticos acontecimientos de todo el universos y particular diario de los cuartos de Luna* (1723), los futuros contingentes son enmascarados en una «Arcadia pastoril»:

> El año pasado escribí los aforismos judiciarios en verso, obligado de un superior mandato: para introducir los de este año con alguna novedad, he querido fingir una Arcadia, en donde andan disfrazados, con los nombres pastoriles de Fabio, Silvio, Laura y Flore, los príncipes, princesas y potentados del mundo (cuyos horóscopos tuve presentes al tiempo de escribir este diario) y en todo voy siguiendo esta metáfora; y al que ignora estos preceptos, le doy un campo dilatado para que comente lo que quisiere; y el que por diversión intentare averiguar estas conjeturas, lea con reflexión las lunaciones, que es muy posible, noticias le den luz para la inteligencia; y si no, paciencia, que no seré yo el primer pronóstico que le haya hecho devanar los sesos (1722: sin numerar).

La metáfora alcanza las lunaciones, donde las personalidades ilustres son remplazadas por pastores:

> En las riberas de Escorpión se reclutan todo género de gentes, pastores, ganadores, mayorales; porque Anfriso se halla sufocado de que en las riberas de Géminis se siente un asalto, en donde los astutos lobos de Aries robaron algunas presas. En las selvas de Libra hay ejecuciones que desasosiegan aquellos moradores. En la mar buenos vientos; y para salir al campo a diversión y a caza es buena ocasión. Las enfermedades son catarros que terminan con grandes fiebres. Dolores de oídos, y los gotosos padecerán mucho. El temporal es inconstante, ya sol ya frío, pero los vientos muy suaves y poco dañoso (1722: 4).

> Trabaja Silvio en aclarar los tratos de una alianza, en quien consiste el sosiego de toda la ribera de Piscis. Anfriso regala con decretos favorables a los de Géminis. La marinería se adelanta con grandes pagas para fábrica de naves, así comerciantes como de guerra. Fiebres sinocales, fluxiones de vientre y dolores de oídos. Frío está el tiempo y sobradamente húmedo, y el viento es furioso (1722: 10).

El italiano Andrea Alibani ya se había inspirado en el género eclógico para su pronóstico en verso *Lidia ninfa* (1658). Más cercana a las fuentes italianas originales se encuentra la *Melodrama astrológica* (1724), que emula el arquetipo alegórico-teatral que practicaban los astrólogos desde mediados del siglo XVII. De nuevo, la expresión se caracteriza por la búsqueda de sofisticación, nada que ver, por ahora, con los chistes que más tarde singularizarán los textos torresianos.

La *Academia poética-astrológica* (1725) pone en escena una «metáfora estructurante [...] de una academia poética, es decir, imita las juntas formales de poetas que se reunían para competir con sus versos sobre motivos prefijados» (Durán López, 2015a: 53–54). La impostación de «congresos» y «sínodes» es un motivo recurrente en la literatura astrológica, donde los planetas se desenvuelven con «metáforas» y «circunloquios» (Casali, 2003: 106). Sin embargo, aquí Torres empieza a hacer uso de algunos de los procedimientos que van a caracterizar su quehacer como pronostiquero. En el prólogo, acude a la *retórica charlatanesca* solicitando sin tapujos los cuartos de la clientela: «Si quieres mofarte, te ha de costar el dinero» (1724a: sin numerar). Al tiempo, se esfuerza por unificar las partes útiles de la pronosticación con la ficción, que cada vez ocupa un espacio mayor: «El entendimiento se recrea con lo variable. [...] Ya tienes, lector mío, entretenimiento para descabezarte» (1724a: sin numerar).

Por otro lado,

> el «Juicio del año» ya está volcado al artificio literario, con estilo a medias paródico y a medias ya perdulario: ofrece la información sobre el señor del año y demás datos astrológicos en tono jocoso, para pasar de inmediato a un largo desarrollo de la academia en cuestión, con personajes alegóricos que sueltan extensas tiradas poéticas, formulan las reglas del certamen e imitan detalles y convenciones de tales reuniones. En los cuartos de luna la ficción prosigue con abundantes versos (Durán López, 2015a: 54).

Para reconocer las diferencias con su escritura anterior, conviene comparar las descripciones de los planetas que contienen los almanaques alegórico-teatrales, hechas en un registro decididamente reverencial, con la inversión de los tópicos que lleva a cabo el narrador de la *Academia*:

> Saturno, que es estrella de edad y bastante machucha, se venía paso a paso lleno de gota y juanetes [...]. La gorrona de los luceros, la relamida Venus, muy denguera, llena de untos, polvos y lunares, estaba desde su cielo haciendo la gata a muchos mozos. [...] Júpiter estaba de muy mal aspecto. [...] Mercurio había vuelto a la edad de los niños, y se entretenía en apelmazar el aire y hacer copos de nieve (1724a: 2–3).

Hecho este simulacro, los siguientes textos irán ajustándose progresivamente a la horma jocoseria:

> En la *mojiganga de* 1727 [...] por vez primera comparece el estilo perdulario, marca indeleble de su modelo. Hasta ese año se había servido de motivos cultos: pastorales,

mitologías, melodramas, academias poéticas…, y observaba la coloración ancestral del género, con sus sublimidades y afectación de misterio. En los prólogos y otros lugares hablaba a ratos con su voz, pero en el resto impostaba la de *Sarrabales* o *Gottardos*. Ya en 1725 había ensayado registros paródicos que deconstruían el estilo astrológico acostumbrado, pero es en 1727 cuando encuentra su mundo castizo y popular; su lenguaje callejero, su Quevedo y sus personajes apicarados, y rara vez los abandonará cuando escriba pronósticos (Durán López, 2015a: 54).

Efectivamente, en *La mojiganga* (1727), el *Juicio nacido en la casa de la locura* (1728) y *La gitana* (1729) convergen múltiples elementos que van a terminar conformando el almanaque literario torresiano, como son los vituperios hacia los compradores —«zalameros medrosos» (1753a: sin numerar); «si eres intérprete malicioso, que a fuerza de comentos quieres creer a tus cavilaciones, no vienes seguro y eres una bestia» (1727c: sin numerar)— y el ansia por aumentar la hacienda propia: «lo que importa es que suelten ustedes el metal» (1727c: sin numerar). La convicción de que las expresiones judiciarias son trápalas para hacerse con los reales de plata de los inocentes lectores serepite a menudo: «los médicos y los cazadores viven de lo que matan: los astrólogos y los letrados viven de lo que mienten» (1727c: sin numerar); «ya bastaban diez años ha que te estoy diciendo que no creas mis mentiras, y aquí no encontrarás más verdad, que la que finja tu intención o amor propio» (1753a: sin numerar).

En cuanto a la estructuración del artificio, este consiste en varios aspectos. En el apartado que precede al discurso general, titulado «Introducción al juicio del año», un narrador en primera persona, identificado con Torres Villarroel, conversa por las calles y las plazas con los peculiares personajes que le asaltan. En último término, estas ridículas figuras ayudarán al Gran Piscator a elaborar el pronóstico, proporcionándole los versos de las estaciones y de las fases de la Luna. En *La mojiganga*, Torres, que pasea por las Gradas de San Felipe, se topa con un astrólogo, «gañán de estrellas y perdiguero de semillas» (1753a: sin numerar). Este almanaque es tremendamente sustancioso desde el punto de vista metaliterario, pues los dos pronostiqueros discuten entre ellos acerca de cuál es la mejor estrategia para componer reportorios. El compañero de Torres se queja de que, aunque cree haber aprendido la técnica, desconoce «el arte de vestirlos con aquella brillante tela de las metáforas» (1753a: sin numerar). A estas palabras, el protagonista contesta que

> es preciso ocultarlas [nuestras conjeturas] de la gente sencilla, por darles algún gusto, y por que logren mejor venta mis maulas, las he disfrazado unas veces en Arcadia pastoril, otras en Academia poética, Melodrama musical, etc., y la de este año la he de pintar en máscara […]. Los sucesos políticos […], pues estos hablan de las inclinaciones de los príncipes y poderosos de Europa […], en virtud de la figura de sus nacimientos, para disfrazarlas sin la antigua pesadez de un *Poderoso de Aries*, y un *Potentado*

de Libra, acomodaremos sus humores, ideas y condiciones a las aves y brutos con quienes tengan más semejanza y simpatía, y que estos vengan en parejas de caballerías menores, con el orden ridículo que se observa en las mojigangas (1753a: sin numerar).

Da por terminada la perorata después de haberle recomendado a su acompañante extender la invención al diario de cuartos de Luna.Si sigue su recomendación, le augura un enorme éxito, pues el papel «lo comprarán las viejas mejor que las bulas» (1753a: sin numerar).

En 1728 se presenta un personaje histórico, el impresor Antonio Marín, que junto al almanaquista hace una visita a la Casa de los Locos de Toledo para que estos les provean de juicios. Al año siguiente, Torres se encuentra en el taller de Juan de Moya «con otros perillanes, que acuden al olor de la cazuela de los papelones que hierven en su tienda» (1728: 1). Pero no serán ellos sus colaboradores, sino dos gitanas, de las que él mismo declara que «sin duda me las llevó mi deseo, para enmaridar su buena ventura con mi astrología» (1728: 1–2).

En este escrito hay abundancia de sus típicos retratos grotescos:

> Nunca miré visión tan espantosa. Su cuerpo era más agudo que un aforismo y más largo que una pretensión; los cabellos lacios y mugrientos, amasados por algunas partes con borra de aceite y se congregaban a raíz del cogote, repartiéndose después en dos rabos de cochino; la frente con rasgos, líneas y arrugas, tan rayada como cañón de carabina y tan escrita como melón: asomaba en vez de nariz, la pantorrilla de un gañán; las cejas estaban en opiniones; en sótano los ojos, de los cuales corrían por los lagrimales abajo dos listas de pringue; la boca solo con un colmillo apolillado; y finalmente, su rostro estaba sucio de las horas, descuadernado de los años y embadurnado del tiempo (1728: 2).

Las estaciones se engalanan con los sonetos, las seguidillas y las quintillas entonadas por las mujeres, al igual que las lunaciones. El narrador cierra la composición con una prometedora despedida: «Aquí concluye la metáfora de la buena ventura [...]. Adiós, amigos, hasta el año de 1730» (1729: sin numerar).

«En 1730, con *El mundi novi*, se estabiliza una única secuencia denominada "Introducción al juicio del año..." (hasta 1729 jugaba con encabezados tradicionales o diferenciaba una breve introducción del discurso general), en cuyo final se integran los juicios de las estaciones con epígrafes propios. Ahí el modelo queda ya cerrado» (Durán López, 2015a: 55). Numerosos críticos se han detenido a examinar en qué consiste exactamente la propuesta literaria de Torres. Emilio Martínez Mata establece una estructura dividida en cuatro apartados interrelacionados entre sí:

> a) una dedicatoria [...], b) un prólogo al lector, c) la *introducción al juicio del año,* en donde desarrolla una pequeña ficción que le permite presentar las previsiones para

el nuevo año, y d) los *jucios,* uno para cada estación, en los que se entremezclan las efemérides, cómputos del año y movimientos de los astros con coplas, adivinanzas, refranes y predicciones meteorológicas, de enfermedades y de imprecisos aconteci-mientos (1995: 75–76).

Para Guy Mercadier, la «fórmula definitiva» consta de las partes subsiguientes:

> a) une dédicace, souvent fort longue, à un noble personnage (parfois le souverain lui-même) [...]; b) un prologue au lecteur ; c) une «Introduction au pronostic de l'an-née», sur un argument romanesque toujours renouvelé jusqu'en 1767, pour amener l'annonce des éphémérides et des prédictions ; d) quatre «pronostics», un pour cha-que saison, où raparaissent parfois les personnages qui animent l'introduction, et où s'entremêlent prédictions cocasses, *coplas,* proverbes, devinettes, qui se retrouvent encore en grande quantité dans : e) les éphémérides proprement dites, avec les conseils d'usage à l'intention des médecins et des agriculteurs (2003 : 98).

Fernando Durán López pone énfasis en seis rasgos elementales: «la expansión en tamaño, estilo y funciones de la dedicatoria y el prólogo», «el título y la intro-ducción», «la unidad del texto», «la incorporación del verso», «la supresión del bloque misceláneo» y «el estilo perdulario» (2015a: 45–47). De acuerdo con su parecer, Torres elabora su particular factura con base al «modelo extendido» representado por el *Sarrabal de Milán* (2016: 9). No obstante, teniendo en cuenta que se conocen ejemplos de almanaques literarios jocoserios anteriores impresos en Italia, cabe hipotetizar que el Gran Piscator de Salamanca hubiese leído alguno de ellos o, cuanto menos, tuviese noticia de su existencia. Sea como sea, la afirmación de Durán López ayuda a entender ciertas peculiaridades del modelo español, como es la relevancia que adquieren los paratextos, donde el autor relata sus desavenencias con la Universidad de Salamanca, se duele de los males que le aquejan en la vejez y presume de las cantidades que gana con la venta de suspiscatores. Además, en ellos entabla un «perpetuo diálogo con el público», demostrando su «ambivalente negociación de prestigio con las éli-tes y su polifacética construcción autorial como Piscator —persona, personaje, seudónimo y heterónimo, todo a un tiempo—» (Durán López, 2015a: 45). Las dedicatorias y los prólogos no son frecuentes en los ejemplos italianos adscritos a la categoría de lo jocoserio, por lo que es plausible que Torres se inspirase para esto en el *Sarrabal*[89]

Torres otorga una enorme importancia a las dedicatorias, que actúan como un mecanismo de autopromoción, pero también como una forma de plasmación

---

89 De entre todas las muestras analizadas, solo el impreso de Ottavio Ingrillani los
   incorpora.

de sus vivencias. Resultan especialmente significativas las que redacta mientras está exiliado en Portugal (1733, 1734 y 1735), en las que denuncia, en un registro ovidiano, la injusticia que se está cometiendo con él al tenerle lejos de su patria.

Los prólogos son fundamentales para entender su modo de escribir. Estos consisten en «un diálogo agresivo y burlón, empecinado en airear el éxito y dinero como contrapesos al menosprecio de los doctos» (Durán López, 2015a: 45). Los casos en los que Diego de Torres desdeña al lector, llamándole «zafio», «rudo» o «ignorante», a la vez que alardea de los ingresos que este mismo le proporciona, son tantos y tan variados que solamente citaremos unos pocos. *Los pobres del hospicio de Madrid* (1736) trae un proemio en el que el astrólogo reconoce que el más sabio de los de su clase «es un embaidor que solo estudia en hurtarte el tiempo y el real de plata» (1753b: sin numerar). En *El hospital de Antón Martín,* (1741), se vanagloria de «no haberte lisonjeado en mi vida ni en obra alguna con los nombres de *pío, cándido, discreto,* y otros arrumacos con que te ensoberbecen los demás escritores zalameros y medrosos» (1753c: 256–257). Un año después, manifiesta que los dineros que ha recibido «me han socorrido de manera que me ha sobrado para desperdiciar» (1741: sin numerar). En «Al lector, sea quien fuere», le interpela diciendo que quiere «tirarte algunas pedradas, que cada una te cueste un real de plata» (1745: sin numerar). En el pronóstico de 1748 ensarta una ristra de insultos con los que pretende censurar la soberbia del hipotético comprador del almanaque:

> Zángano de la República, holgazán perdurable, pelmazo eterno, mazacote presumido, ignorante perezoso, que te sustentas de la ponzoña de tu ojeriza, que sorbes las zupias de tu asqueroso genio, que te estiras sobre toda tu pereza y roncas y roncas sobre los almohadones de tu endemoniada presunción […]. Ha meses que estoy trascendiendo a polvillo de sepulcro, y si por este año me toca la china de entrar en el hoyo, quiero que sepas que no estoy arrepentido de haber hisopeado la vanidad y la murmuración con los pelos de mi pluma […]. Gracias a Dios que me dio fortaleza para saludarte con cintarazos de papel y mojicones de tinta, y ojalá te molieran bien los huesos los autores acoquinados, que se quedan en el mundo llamándote *pío,* siendo un insolente, y *benévolo* siendo un malvado malicioso (1747: sin numerar).

En *El santero de Majalahonda y el sopista perdulario,* vuelve a despreciarlo declarando que sus reales de plata ya no le son necesarios porque atesora bienes a raudales:

> Cómpralo, o déjalo, que para mí todo es uno; porque ya no necesito para tener sustentado a mi cuerpo y asegurada mi buena opinión, ni de tu dictamen, ni de tus aplausos, ni de tu real de plata. Dalo de limosna a otro de los mendigos almanakeros principiantes, o a otro pobre que tenga mejor hambre que la mía, y te aseguro, que irá más bien empleado que en las patochadas de estos cuatro pliegos de papel (1765: 10–11).

La mendacidad de las previsiones justifica los denuestos, algo que el autor acepta sin sentirvergüenza: «Ha once años que estudio en escribir mentiras y burlar reales de plata a escondidas de la razón, y cogiéndole las vueltas a la voluntad, robo en una parte, y miento en todas, sin lástima de mi juicio, temor de mi conciencia ni susto de mi alma» (1729: sin numerar); «este pronóstico es como los demás un rebujón de disparates y mentiras. Los príncipes, que mueren, los potentados, que enferman, las casas, que se caen, y los navíos que se hunden, todos se fabrican y se hacen en la cabeza de los astrólogos, y de allí no salen las desgracias, ni las felicidades» (1738b: sin numerar); «no se cuenta de otro que haya ganado a astrología pura y a mentira seca y confesada más de cincuenta mil ducados, solo en veintiocho años de embustero, como yo demostraré haberlos gastado y recogido» (1750: sin numerar); «aunque me muera en él [año 1765], yo te juro, que no te has de escapar ni ver libre en muchas Navidades de mis historietas, ni de mis embustes, ni de mis adivinallas [sic.], ni de mis romances, ni de los encontrones y gritos de los ciegos y los carteles, ni de las citas, guiñaduras y sonsacas de Ulloa» (1765: sin numerar).

A los prólogos se les adjudican unos títulos tan acres como su contenido: «A los lectores juiciosos u orates, puercos o curiosos, que Dios me envíe» (1731), «A los lectores crédulos, mentecatos y malignos» (1732), «Vaya un poquito de prólogo, que solamente habla con los ociosos, bergantes, presumidos y murmuradores; y si yo vivo, no será el último que vaya detrás de ellos» (1748), «Sartenazo ochenta y tres (y por mí llámese prólogo) a los bergantes, ociosos, embusteros y murmuradores, paulinas del trabajo, entredichos del aprovechamiento y censuras descomulgadas del pobre, que cae en la desgracia de la aplicación» (1750), etc. Es obvio que las vejaciones no son más que un recurso burlesco de los tantos que aparecen diseminados por las páginas del opúsculo. De hecho, tal y como la entienden los expertos, la burla remite a un «comportamiento entre lúdico y agresivo, cuyo fin es poner en ridículo a una persona o cosa» (Joly, 1997: 42). Los materiales los encuentra Torres en el argumentario de los detractores de la teoría de la influencia celeste, quienes reprobaban a los que confiaban en ella tachándoles de necios, torpes e insensatos, mientras que los astrólogos eran vistos como unos orates embusteros ávidos de incrementar su caudal.

La mayor enjundia reside en la ficción, formada por una narración denominada «Introducción al juicio del año», a la que se le agregan cuatro composiciones poéticas (una por estación) y variadas estrofas dispuestas en los cuartos de Luna. Al almanaque se le otorga también un título que resume su argumento.

La crítica actual no ha dudado en elogiar abiertamente esta serie de textos —no así los versos, que para Russell P. Sebold eran «detestables» (1992: 103)—. Sobre la prosa, Juan Luis Alborg dejó escrito que

> las *Visiones y visitas* no representan un caso único en la obra de Torres, sino tan solo
> su concentración masiva, como el pintor que agrupa sus cuadros en una exposición.
> En la afición de Torres [...] por los maestros de la picaresca, la sátira y el costum-
> brismo del Siglo de Oro, más que nostalgia restauradora o admiración por lo pretérito,
> nos parece ver un simple afán por capturar materiales para su propia obra; mate-
> riales que él potenciaba y exageraba, para llevarlos hasta el límite de extravagancia
> que reclamaba su propio genio [...]. Torres es una incomparable fuente del idioma
> (1989: 359–360).

Guy Mercadier se preguntaba «si el género de la novela —o por lo menos de la novela corta—, poco floreciente en el siglo XVIII, no encuentra en el almanaque un campo de ensache inesperado» (1979: 604). Manuel M. Pérez López piensa que en los almanaques literarios andan escondidas «páginas que son parte de la "narrativa perdida" de la primera mitad de una centuria a la que se creyó cerrada al placer de novelar» (1998: 26)

La disposición que Torres plantea para sus almanaques es modificada en contadas ocasiones, como cuando entre 1753 y 1766 intercambia los poemas por refranes o por adivinanzas (Durán López, 2015a: 56–57). La ensambla-dura de las diferentes piezas del pronóstico se halla fuertemente cohesionada, puesto que

> a pesar de la dualidad palmaria entre las secuencias literarias y astronómicas del opús-
> culo, [...] su [de Torres] gran aporte consiste en la integración de todos los elemen-
> tos, al extender el artificio narrativo de cada entrega a las demás secciones, en mayor
> o menor medida. Hay que entender que la introducción al juicio de Torres —y en
> grado incluso mayor en varios seguidores— no es una ficción insertada *dentro del*
> almanaque, sino una ficción *dentro de la cual* se inserta el almanaque (Durán López,
> 2015a: 46).

Esto es, son los personajes ficticios quienes colaboran con el astrólogo para pre-parar el folleto, encargándose él de la parte demostrativa y ellos de la judiciaria.

La historia sigue un solo núcleo argumental: el Yo narrador, que representa a Torres Villarroel, se encuentra por sorpresa con una o varias figuras esper-pénticas, bien en su propio hogar, bien en un paseo por la ciudad (normal-mente Madrid o Salamanca). «La aventura relatada se sitúa casi siempre en un ambiente onírico», como ha indicado Mercadier (1979: 604), aunque el recurso del sueño no siempre se explicita. Comúnmente, el encuentro acontece durante los meses de verano, que es cuando los pronostiqueros hacían sus cálculos para que estuviesen listos en el invierno. Tras un breve diálogo, los personajes se ofrecen a prestarle su ayuda al astrólogo-escritor para inventar las novedades políticas, de modo que participan activamente en el proceso de elaboración del opúsculo. Este procedimiento lo ejecuta el autor mediante el empleo de un sin-gular «estilo perdulario» que ha sido descrito como la peculiarísima coloración que Torres Villarroel imprime a sus pronósticos. [...] Esa frondosidad verbal tiene mucho de popular, de léxico oído en las calles, aldeas y gentes de toda calaña. [...] Hay en ello mucha lectura de Quevedo y otros ingenios del XVII, y no poca inventiva personal. Y su talento es diferente al de Quevedo, por más que lo admire: Torres es ante todo descriptivo y busca el efectismo de un vocabulario bizarro, de la sonoridad, la mezcla de registros lingüísticos, los símiles y la desautomatización de frases hechas o refranes, pero en cambio es sobrio a la hora de crear metáforas o dilogías. Nada en los *Sarrabales* u otros almanaqueros auguraba tal estilo, de modo que hay que atribuir a Torres el estrecho lazo anudado entre los almanaques y esa lengua literaria, e igualmente entre la práctica de la astrología y el humor satírico. Serán decenas quienes, con varia fortuna y yendo a la contra de las tendencias de la prosa moderna, pintarán descripciones coloristas y verbosas de escenas populares y tipos estrafalario (Durán López, 2015a: 47).

El «autor-narrador» constituye, junto con los prólogos y dedicatorias, uno de los dos «vectores del autodiscurso» señalados por Mercadier (2009: 217). Torres se retrata a sí mismo en consonancia con la imagen del astrólogo «tunante» pero, a diferencia de los italianos, que creaban caracteres risibles para desempeñar el papel principal de sus escritos (Duttour Lema, Dirindina, Al Braghinon...), él hace del astrólogo demente su propio *alter ego*, difuminando así las barreras entre la realidad y la ficción. Son muchas las veces en las que se pinta como un pícaro o un ocioso: en la «Introducción al juicio del año 1747», él y quienes le siguenson tachados de «galfarras» (1746: 6). En 1753, una enferma del hospital de la fuente del Toro exclama al verle que «o es el diablo, o es Torres» (1752: 5). Poco después, un médico huye de la escena «disparando reniegos y maldiciones contra el astrólogo y la astrología» (1752: 10). La narración de *Los peones de la obra del Real Palacio* cuenta que un «bachiller bodeguero», extrañado por el semblante taciturno que ve en Torres, le recuerda su pasado mojarrilla para intentar sacarle una sonrisa:

¿Quién creyera, señor Torres, que Vm. que (sin hacerle agravio), es un pícaro, sollastre y libre, que ha vivido con el mundo tan de punta, que siempre miró de cuerno sus pasmarotas y sus promesas, y que se ha reído a chorros de sus invenciones, asechanzas, galanuras y bachillerías? ¿Quién dijera, que Vm. (vuelvo a decir) que ha sido el folijón y el Juan Rana de este siglo porque ha gastado lo más de su vida en tirar desde el tablado de sus papelones, pernadas aquí, vejigazos acullá, a un lado mofas, y carcajadas a otro, había de estar tan cazurro y tan emborrado en las murrias, en las manías y las desesperaciones? ¿Quién creyera que ahora que es la hora crítica en que rebullen sus deleites y sus tentaciones los espectáculos más asistidos de Madrid, el paseo y la comedia, había de estar Vm. en el páramo secadal de esta huerta engullido en una melancolía tan perruna, que no le ha dejado salir a buscar la conversación siquiera de algún Padre devoto y discreto de los muchos que viven guarecidos en esas celdas? ¿Quién pensara que un genio tan tolondrón y bullicioso había de amorrar y caer tan profundamente abochornado, en las tristezas y los aburrimientos? (1757: 3–4).

En más de una composición es Torres quien bosquejea autorretratos en clave burlesca:

> El salvaje del tiempo me tiene en el mundo hecho un fantasma: corbo, descuajado, con la poca melena de mi calvatrueno bien ventiscada con la ceniza de un pelote berrendo y desmayado, con los ojos hueros y derretidos en cagalutas y lagrimones, con los mofletes estrujados y llenos de alforzas, pliegues y hondonadas, con otros remusgos, porcinos y recancanillas (1755: sin numerar).

> Con los brazos escurridos hasta los calcañares; con las rodillas hincadas por las carrilleras; con los ojos estripados entre los párpados y las cuencas; desdichadamente mustio, aporreado y carcomido de unas desesperadas y vergonzosas imaginaciones, estaba yo una de las tardes de septiembre, jurándolas de tumba, sobre una poyata de la huerta del convento de San Gil, a cuyo venerable retiro me acorralaron las majaderías de mis tristezas y las sandeces de mis desatinadas aprehensiones. Tenía, a esta sazón, entoñada la cabeza en la tronerilla de un acongojado retrete, un viejo, conventual del siglo, que servía en esta santa recolección unas veces de mancebo de la mula, otras de peón del hortelano y las más de platicante de la bodega. Este, pues, luego que atisbó a mi estatura toda devanada y tan inmóvil como el poyo que la sostenía, bajó precipitado a socorrerme, persuadido a que estaba agonizando entre los entuertos y retortijones de alguna cólica estercorosa o que había marchado ya a vivir en la barriada de los muertos (1757: 1–2).

Así consigue componer su disfraz de «astrólogo-mago», «loco» e «histrión carnavalesco», resumida por Mercadier en la fórmula «trinidad burlesca» (2009: 279). Recordemos que la escritura del Yo no está totalmente ausente del corpus de pronósticos italianos, pues Antonio Manilio y Cornelio Ghirardelli se habían hecho protagonistas a sí mismos de sus respectivos diálogos. Igualmente, en el marco del modelo jocoserio, Ottavio Ingrillani y Francesco Melega asumen sin complejos el cometido de interpretar a los astrólogos disparatados, aunque el nivel de complejidad de las ficciones que estos crean sea menor que las que salen de la pluma del Gran Piscator.

La peor parte, sin embargo, se la llevan los sujetos que rodean al protagonista, «gentes de ordinario menospreciadas o ignoradas, todo un inframundo de marginados, de proscritos, de desposeídos, donde reina el harapo, la miseria, el estrago, todo un infierno, en una palabra» (Mercadier, 2003: 201). Una «galería esperpéntica», como acertó a definirla Alborg (1989: 359). Este universo está integrado por «truhanes, estudiantones, viejas, sacristanes, aguadores, pícaros, locos, enfermos» (Durán López, 2015a: 47), y aún cabría añadir a los cómicos, los mendigos, los huérfanos, los aldeanos, las brujas y, en general, a toda casta de gentes de mal vivir. Que las figuras pertenezcan al mundo del hampa es absolutamente necesario, pues de otro modo no se hubiese entendido que recayese en ellas una tarea tan deplorable como la de pronosticar influjos. Acerca de este particular se pronunciaban los censores, que dejaban entrever que únicamente con personajes de baja estofa el almanaque podía ser equiparado a un juego inofensivo:

> ¿Pues quién, por más ignorante que sea, dejará de conocer que es puramente juego lo que una gitana profiere? Y no dudo, que por esto deja de ser útil [...] para todos: pues el presumido de recóndito, hallará diversión en apurar lo que es embeleso; el político, en concretar los sucesos que acaecieren; el fatigado, de hallar alivio a su tarea en el conjunto de sus novedades; y el juicioso, en despreciar todo lo que es anuncio voluntario o futuro contingente por el *Deus super omnia*[90].

Para concebir sus figuras, Torres se vale de los recursos de la sátira antiastrológica. Giovanni Battista Noceto, en el *Antigastorello* (1659), certificaba que la teoría de la influencia astral se sustentaba en «juegos de palabras» ('filastrocche') de los se aprovechaban los astrólogos «como gitanos muy astutos» ('come astutissimi zingari') (citado en Casali, 2003: 207). En un almanaque tan alejado de la musa festiva como es el *Sarrabal,* se decía que las credenciales de la astrología judiciaria «se las van quitando sus profesores en estos tiempos, reduciendo su certidumbre a refranes de vieja y venturas de gitana» (1728: sin numerar). En el prólogo de *La nueva ciudad de San Fernando,* Torres revelaba que

> los interlocutores de mis escenas todos han sido gentes bajunas, hombres de mala muerte y pobrecillos, que casi no componen mundo, pues al más estirado le faltan muchas varas para mercader. De barbero abajo puedes discurrir a quién le habrá cogido el nubarrón de mis acertujas; pero de ahí arriba no tienes qué buscar [...]. Otros albañiles de kalendarios te dirán (aunque sepan que los amenaza un destierro o una coroza) que sus juicios se dirigen a los primeros hombres del mundo; pero no los creas, y hazle esta caridad a su inocencia, porque entre nosotros no hay arte ni regla para presumir de la vida, ni de los sucesos de los hombres, ni de las hormigas, ni de los burros ni de otro algún viviente, y mucho menos de la de los sujetos de algún carácter; porque quien mejor sospecha y adivina de algunos movimientos y acciones es el trato y la familiaridad: Mira tú, ¿qué persona de buena crianza y de entendimiento ha de permitirnos a su comunicación, ni fiarse de nosotros para nada, siendo los astrólogos los botargas, los mojarrillas y cagalaollas del mundo? (1748: sin numerar).

Los diálogos que entabla la voz ficcional con sus contertulios son breves, ya que lo realmente importante es que estos den paso al juicioanual. Aun así, destacan las observaciones metaliterarias, donde los personajes reflexionan acerca del carácter de la obra. En 1731, un capellán se pregunta «cómo se doran las píldoras, que nos recetan rebozadas con el oropel de la metáfora, el baño de la

---

90 Censura del licenciado Pedro Vázquez Venegas a *La gitana* de Diego de Torres Villarroel para el año 1729.

ambigüedad y la pintura del equívoco y otros acertijos y quisicosas, que además de pintar más sabrosa y aun más fiel la conjetura, hacen más apetecible la locución» (1730b: 2). En *El cuartel de los inválidos,* cuando estos se enteran de que han llegado los «señores pronostiqueros», «dejaron la comida, y rodeados de nosotros nos majaron a preguntas de si ¿habría guerras?, si ¿se pagaría la tropa?, si ¿se anegarían muchas naves?» (1738b: 6). Un tal Don Desdicha transmite al protagonista una interesante observación: «sabemos, gracias a Dios, lo que nos basta para nuestro gasto, y a futuros no tenemos envidia al más mentiroso, lo que nos tiene arrastrados es la imitación de estas ideas del seo Torres, que ni son calendarios, ni pronósticos, y hace con ellas unos pronósticos y calendarios, que le cuestan poco y le valen mucho» (1738b: 6). La «Introducción» de *El hospital de Antón Martín* (1741) expone el modo en el que el astrólogo Don Babilés, que había ido a parar a ese lugar «por haberle salido mal los kalendarios», solicita a Torres inventar las coplas, las cuales arregla con glosas extraídas de poemas de Quevedo:

> Dijóme también [Don Babilés], que en las continuadas vigilias que lo habían desvelado, entretuvo algunas partes de la noche en hacer versos, y que tenía atronadas unas glosas poéticas que explicaban los sucesos de las cuatro estaciones del año de cuarenta y uno; que respecto de que él no podía tirar con la vida a tanto tiempo, me pedía, por el paso en que estaba, que las pusiese en mi pronóstico para que no se malograse su trabajo (1753c: 261).

El componente de la narración que requiere una mayor profundidad de análisis recae en la descripción. Martínez Mata demostró hace años que Torres deposita en las caricaturas su «vocación de estilo» (1983: 150). En referencia a los almanaques, recientemente se ha recalcadoque es «en los pasajes descriptivos de los personajes» donde el profesor salmantino hace gala de su manejo del idioma (Menéndez Martínez, 1994–1995: 517). En efecto, en las «Introducciones» surgen gran cantidad de retratos escatológicos elaborados mediante la yuxtaposición de hipérboles y comparaciones que ponen de manifiesto el carácter estrafalario de los individuos. El mecanismo de degradación del referente estriba en recalcar sus defectos físicos mediante la animalización o la reificación, en ridiculizar sus ropajes y en cubrir el ambiente que les rodea de hedor y podredumbre:

> Entre ocioso y fatigado y divertido estuve un breve rato, hasta que me espantó el recreo y la quietud un hombrecillo bullicioso, compuesto de monerías y ademanes; acongojado de bragadura, sorbido de asentaderas, lucio de canillas, empalagoso de camisón, follajudo de cuadriles, enarbolado de faldones, tan hueco, como si trajese por bajo un par de ganapanes; figurilla de Tarasca, embodriada de cartafolios, trapos y ballenas. Venía amarrado a un espadín venial, con sus arranques de ciática, y se asomaba con su

peluquinillo melindroso y arremangado de orejas, pero tan empapado de harina, que me pareció que acababa de bañarse en una tahona (1741: 1–2).

Un galopín de caballeriza, romo, tuerto, denegrido, estercolado el rostro de mojicones de materia, verrugas de podre y privadas de costras; tan desfarrapado y gritón, que parecía ayudante de verdugo y peón de pregonero (1743: 1).

Un mozote de treinta años, tan osco y ceñudo como un jabalí, engullido hasta los corvejones en un zurrón de pellejas; y con unas pantorrillas de carnero y sus albarcas de cochino cumplía los restantes cabos de su brutal y enmarañada vestidura. Era relleno de lomos, atosigado de humanidad, rabilargo de carrilleras y cubierto lo demás del rostro con un cortezón amusco, y más rebutido de grasa que el coleto de un maragato (1744: 1–2).

Era el tal niño regordete, bermejo y tiñoso, con la mollera embadurnada con dos parches de pez y trementina. Era hundido de narices, y por una de sus ventanas se le guindaba un moco verde mal maduro, tan grande como el badajo de una campana. Era también descabalado de ojos, sumido de costillares, tronzo de cuartillas, tuerto de zancas; y finalmente era tan defectuoso, que se conocía a la legua que el pobrecito era de los fabricados a prisa, a oscuras y con miedo (1745: 5–6).

Un hombre tinaja, abigarrado de miraduras, frenético de ojos, con las carrilleras desparramadas hacia los oídos a los que rodeaban un par de orejas tan ramplones y duras, como dos zapatos de carruco. La boca era de una gruta, y entre la maleza de los dientes se le descubrían dos zanjas, por donde podían correr a sus anchos el Duero y el Pisuerga; sus bigotes estaban a trechos, salpicados de un pelambre lacio y cetrino, y al extremo del rostro un escobajo en ademán de hisopo, con unas cerdas frisonas que parecía barba de puerro recién arrancado de la tierra (1750: 5–6).

Reconocer la influencia de Quevedo es indispensable para entender el sentido de las deformaciones imaginadas por Torres Villarroel. Diferentes estudios han señalado la deuda que los almanaques literarios dieciochistas mantienen con la literatura del Siglo de Oro, y en particular, con la vertiente festiva de la escritura del Señor de la Torre de Juan Abad (Mercadier, 1979: 604; Zavala, 1987: 76; Martínez Mata, 1995: 145). El autor de *El Buscón* se recrean en pintar una «corporalidad grosera» conductora de «hedor, parásitos» y representativa de la «degradación física y ambiental» (Arellano, 2001: 45), que recuerda a los peculiares tipos de los pronósticos astrológicos[91].

A la extravagancia de las descripciones se suma el recurso de la onomástica burlesca, que no hace sino incrementar el componente humorístico; así,

---

91 Un análisis detenido de la cuestión en «"¿Quién, por un real de plata, no compra un Siglo de Oro?": nueva aproximación al binomio Quevedo / Torres Villarroel a través del retrato de la *vetula* en el almanaque literario (1719–1767)» (Lora Márquez, 2021).

las brujas del campo de Barahona (1731) responden a los nombres de Chupona, Escopetilla, Peroles, Carranchona o Comina, mientras que los niños de la Doctrina (1746) se llaman Cazcarria, Pelilla, Mangajo y Chirlota. En las *Aventuras en la abadía del duque de Alba* (1751), tiene lugar una conversación entre el Señor Roto, el Señor Viejecito, el Caballero Gordo y el Señor de los Girones. Y así, la generalidad de las figuras recibe un nombre chistoso que concierta con su apariencia risible.

Las representaciones de los ambientes, pese a ocupar un espacio menor que los retratos, no pasan desapercibidas en el conjunto de la producción almanaquera torresiana. Ciertas investigaciones apuntan hacia ellas como un precedente del costumbrismo hispánico (Sebold, 1975; Pérez López, 2002). En las historias, el Yo «es un caminante errabundo, pensador, observador, solo entre la multitud (con la que sin embargo interacciona), cercano al mundo de los traperos, aguadores y demás oficios que se desempeñan en la calle» (Álvarez Barrientos, 2020b: 733). En su deambular, conoce la corte y los barrios castizos, «Lavapiés, Barquillo, la plaza Mayor, la Puerta del Sol, los lavaderos del Manzanares, el Prado», con sus «plazas, calles, tabernas, puertas de casa, teatros, boticas, librerías, ventas, paseos [y] ferias» (Álvarez Barrientos, 2020b: 747–748). Aunque emparentados con la cultura de la plaza públicaentendida a la manera de Bajtín, estos lugares acogen «una moderna concepción más burguesa y crítica del hombre sociable, que apunta más a la futura opinión pública habermasiana» (Durán López, 2017: 48).

En consideración al material poético, predomina el verso de arte menor, con preferencia por la seguidilla compuesta, seguida de los romances, las coplas, las cuartetas y las quintillas (Martínez Mata, 1995: 144; Durán López, 2016). El endecasílabo se deja ver en forma de soneto, pero su presencia es menos notable (Durán López, 2016). El significado de las composiciones tiende a la oscuridad, pues el autor trata de aplicar un «maquillaje» eficaz a las novedades políticas, militares y áulicas (Casali, 2012b: 282). Los poemas que ocupan el sitio de los pronósticos judiciarios en las estaciones y en las fases de la Luna suelen estar antecedidos por un párrafo en prosa a modo de preámbulo. Puesto que nobuscan transmitir ninguna información , serían intercambiables de un almanaque a otro si no fuera porque normalmente son los personajes de la narración quienes los recitan:

> Luego que acabé de asentar en el papel estas apuntaciones sobre el estado del cielo y de los acontecimientos naturales, le dije a Roque que desembuchase sus jácaras, y acompañándose con el violón de su torno, y sin dejar de hacer sus mazorcas, cantó media docena de romances y muchas seguidillas [...] y de ellos escogí el siguiente, por ser más expresivo:

Afuera, afuera, que arrojo
diez barreños de acertujas:
Agua va; fuera que mancho
porque el agua es algo turbia.
Escóndase en su prudencia
del diluvio de mi pluma
el que no quiera calarse
desde los pies a la nuca.
Como agua en Carnestolendas
voy a echar mis conjeturas,
que sobre un mundo tan ruin
solo se ha de verter chunga.
A cuatro pies, cien embustes
corren calles y tertulias,
y a la edad de niñas vuelven
unas mentiras caducas.
Para deslumbrar, sin susto,
unos bribones sus culpas
echan las cabras de todo
a los duendes, y las brujas.
No hay que creer duendes, ni trasgos
arrobos, ni gatatumbas:
Ojo, que son trampantojos
de esta infame garulla.
Otros recientes sopones
nuevas pandectas estudian,
porque quieren arrollar
las caninias y las fusias.
Con Baldos y caldos hacen
una endemoniada zupia,
que para ellos es refresco,
para nosotros basura.
A talegazos se hunde
el colegio de la chusma,
y prosiguen la pendencia,
las maldiciones y pullas.
Los perillanes de antaño
a la bartola se tumban,
porque tienen por los pelos
agarrada la fortuna.
Con la piedad aparente,
y la tiranía oscura
se entromete un gran maulón,
que lo que limpia embadurna.

> Así va todo: así cuelan
> las drogas y las injurias,
> que el mundo es loco perenne,
> y siempre hará de las suyas

(1747: 9–10).

Algunos sucesos políticos van en el plato del siguiente soneto, el que los tragare, buen provecho le hagan.

> Gorra y rodilla entierra un oficial
> Fruncido, y escondiendo el oropel,
> Hace sus arrumacos a un laurel,
> Porque sirva a sus sienes de frontal.
>
> Otro muy reverendo magistral
> Arriba desde el frontis de un cancel,
> Y con lágrimas tiernas a un dosel,
> Una punta le pide en su sitial.
>
> Otro ejerto en prior y ministril,
> Lleno de bascas ya del facistol,
> Trueca por el baúl el santo atril.
>
> De la ronda por fin sale el farol,
> Y descubre a su moco de candil,
> Cuanto no pudo ver de Sol a Sol

(1751: 19–20).

Redúcense a la siguiente copla los sucesos de esta conjunción: tiene muchos sentidos, y no tiene ninguno:

> Del acero, y la llama
> la ardiente ruina
> hace a una plaza centro
> de mil desdichas:
> Su estrago causa
> a infelice lisonja
> de la desgracia

(1738b: 21)

La seguidilla es muy misteriosa, allá se las haya con ella el que la leyere.

> Cargan con más prisiones
> a un pobre preso,
> y la prisión desata
> su cautiverio:
> Porque los grillos

> su inocencia, y justicia
> dicen a gritos.

(1744: 28).

Acaba el año con muchas conferencias pendientes en asuntos de Estado, política y guerra. Unos y otros interesados se explican bellísimamente con el significado del acertijo, y dan mucho contento al público.

> Entera he nacido yo,
> y para servir de algo,
> fue preciso me cortasen
> un pedazo de mi rabo.

(1766: 62).

Durante la década de 1730, una cantidad significativa de astrólogos españoles, alentados por la fama de Torres Villarroel, prueban suerte en el negocio de los impresos anuales. Lo hacen copiando el modelo instituido por el Gran Piscator de Salamanca, hasta el punto de que se habla de ellos como de «imitadores» y a sus obras se las califica de «plagios» (Mercadier, 1979: 601). La factura queda fijada de tal forma que un pronostiquero afirma con rotundidad: «Es uso en los pronósticos dedicatoria seria, pronóstico jocoserio y juicio con folías y fandango» (Horta Aguilera, 1738: 1). La razón que justifica el repentino surgimiento de la turba de replicantes se debe a que, hasta el año 1734, Torres estuvo desterrado en Portugal, lo que no hizo sino ponerle «los dientes largos a varios escritores e impresores codiciosos de hacerse con el real de plata de sus muchos lectores» (Durán López, 2015a: 59). Apegados al modelo jocoserio, estampan sus piscatores Francisco León y Ortega (1733–1746), Gómez Arias (1735–1750), Pedro Sanz (1746–1749), Isidoro Ortiz Gallardo de Villarroel (1751–1768), Tomás Martín (1752–1763) y Antonio Romero Martínez Álvaro (1759–1763)[92]. Los remedos fueron tantos y tan persistentes que terminaron por molestar a Torres que, a su vuelta del exilio, se vio obligado a pelear por conservar el nicho de mercado que le disputaban. Sus palabras dan buena cuenta de ello:

> Yo me vine, lector (seas quien fueres), muchos años por la carretera de las chanzas, cargado de coplas, inventivas y burlas, y llegué siempre bueno, y con ganancia de descargar mis kalendarios en la posada de tu gusto. Ahora son tantos los burros que se han entrado en la calzada, que me atropellan y arrancan a mordiscos, no solo la

---

92 En *Celestiales desatinos. Antología de almanaques literarios del siglo XVIII (1733–1767)* (2022), Eva María Flores Ruiz compendia las aportaciones más significativas de estos émulos.

mercaduría, sino la carne de los lomos; y temo que me han de dejar en los zancarrones antes que me venga la orden de Dios para empezar la carrera de esqueleto (1739b: sin numerar).

No hubo perdulario ni sopón que no soltase su pronóstico, y hurtándome el agua que yo tenía estancada para mis necesidades, salieron hisopeando de apodos, metáforas e inventivas a todo el mundo [...] Te advierto (como ya viejo en el oficio) que para engañar al vulgo busques otro vestido diferente del que yo pongo a mis embustes, porque el de los apodos e invenciones está ya roto, y este es mío, y lo he menester hasta que Dios disponga otra cosa (1740a: 3–4).

Me han imitado las salvajadas (1741: sin numerar).

Los seguidores mantienen la costumbre de dedicar el folleto a un alto dignatario. De la misma manera, reproducen el «prólogo jactancioso» popularizado por Torres, entablando un diálogo con los lectores caracterizado por la altivez y la socarronería:

Si este es oficio de faranduleros y tramposos, pocos hay que no lo sean en su oficio (León y Ortega, 1732: 1).

Se me da un rábano de todas tus invectivas sátiras y maldiciones, que bien sabes está enseñada la andorga de mi fantasía a tolerar tus borrachadas (Gómez Arias, 1735: sin numerar).

Lector, allá va lo que es: no te niego, que es una farandulla esta de ser almanaquero [...]. Yo confieso mi farándula, pero has de saber, que no te vendo gato por liebre (Sanz, 1746a: sin numerar).

Ven acá, murmurador maligno, hipocritón, embustero, gran petate; a ti te digo lectorcillo burdo insensato, como quiera que seas, crudo o maduro, dime: ¿por qué estás garleando y cacareando, echándome en los hocicos que le faltaba a mi pasado pronóstico el cómputo de los eclipses? (Martín, 1760: sin numerar).

> Censúrame sin desvío
> todas las faltas y sobras,
> que mientras tú de mis obras,
> yo de tus dientes me río
>
> (Romero Martínez Álvaro, 1760: sin numerar).

Si por llamarte pío, benévolo y cándido, dieras una peseta por el piscator, y en vez de criticarlo, moderlo y escupirlo lo dejaras correr con sus simplicidades o sus discreciones, ya, aunque de mala gana y a regañadientes, me atrevería a bautizarte con semejantes epítetos. Pero si eres tan ruin y tan bellaco, que de cualquier modo ni has de dar más que el real de plata, ni has de dejar de decir lo que se te antojare, ¿por qué quieres tú que yo caiga en la vileza de adulador y embustero? (Ortiz Gallardo de Villarroel, 1761: sin numerar).

A las «Introducciones» en prosa acuden personajes de igual catadura que los que pululan en las historiastorresianas. Estos también se arriman a un narrador en primera persona que se identifica con el autor histórico:

> Más lacio, que Manolillo sin tabaco de hoja, que caballero pobre en casa de pariente rico, y que amante sin dinero en el día de su dama, estaba yo después de haber casi comido, una siesta de cierto mes del año, arrojado sobre una cama, por mal nombre, puesto, que según los mordiscos que me daba, ronchas que me hacía y contusiones que me ocasionó, mejor merecía el nombre de Cancana, o Purgatorio de madera, que de lecho. Sobre este potro, digo que estaba tan mal hallado, como si estuviera sobre un montón de deudas o un jergón de celos, haciendo mil calendarios para formar mi pronóstico. Tenía el espíritu a la jineta, dando mil corcovos, brincos y cabriolas, con un medio galope a la idea, sin poder embridar el juicio, ni poner cabezón al discurso. Estaban barajados mis ojos, desmoladas mis mejillas, trabucada mi frente, en tortura mi boca; y puesto, finalmente, el resto de mi lánguida estatura en gresca, bullaje y mojiganga (León y Ortega, 1735: 12).

> Recogido al cuartel de diversos melancólicos pensamientos, refugiado en el lóbrego aposento de discursos filosóficos, pálido el aspecto, seca la lengua, en consternación el celebro [sic.], y para decirlo todo, muertas todas mis acciones, me hallaba una de aquestas [sic.] tardes pasadas [...]. No bien había llegado y dicho las palabras de «hola, hola» (que es cantar de los perdidos) cuando salió a recibirme una venerable vieja de esta traza: calzaba sus tres varas y cuarta, la cara era un negro arriscado pergamino, la nariz símbolo de la largueza, los ojos dos endiabladas guiñaduras, las orejas pencas vizcaínas, los dientes paletas milanesas y el pelo lucio grasiento y algo enrizado: traía en la mano derecha una pluma y un hacha en la siniestra, siendo el traje un ropón negro, bordado a tizones del infierno (Gómez Arias, 1735: 1-2).

> Blasfemando del mundo, renegando del demonio y hecho de hieles contra la carne, al verme hecho un haragán, santiguando caminos y haciendo ladrar perros, por no verme sujeto a la vanidad, a la hipocresía ni a las faldas, caminaba yo la víspera del señor San Juan por la tarde, desde la villa de Talavera para la de Cebolla. [...] Cogióme la noche y con ella di con mi cuerpo en una pequeña aldea llamada Mañosa [...], en donde por lo extraviado, no hallé en el mesón más aparato, que paredones adornados con los chorros de las goteras [...]. De la puerta para dentro todo era cama, según me dijo la mesonera, que era una viejezuela, entre fantasmón y esqueleto, con una cara tan arrugada que sus dos mejillas parecían fuelles, sus ojos tan retirados en el cogote, que no les podría dar pique la vista más perspicaz; la nariz y la barba debían ser amigas, porque a cada resuello se besaban a manera de tenazas; la boca despoblada de dientes y muelas, y con tantos pliegues, abierta, parecía bolsón de avariento, y cerrada, boca trasera de estomagón ahíto. Lo demás del cuerpo colgado de bayeta negra, parecía hachero de monumento (Sanz, 1745: 1-3).

> Halléme un día de los del florido y deleitoso mayo confuso y ofuscado con varias ideas en una pequeña población de La Mancha (llamada El Viso), dado al descanso (si es

que le puede tener quien padece confusiones) en una de sus cómodas posadas. Sería la hora octava de la mañana, cuando de improviso llegaron dos gitanas que a fuer de limosna andaban juntando algunas pequeñas refecciones para ayuda de mantener el vital aliento (Martín, 1760: 4–5).

En esta desmedida universidad del ocio [el Prado Viejo], donde consigue cursar facultades el apetito, y desde las primeras letras del cariño, tiene escuelas y cátedras asignadas la libertad, advertí, por mucho rato, el modo con que en cada uno de sus generales leía el ahínco y se graduaba el despacho, hasta que acercándoseme un sacristán de la guiropa el rostro achaflanado, los ojos garzos, las cejas rodas, las narices canceradas, la boca enjuta, los dientes ralos, las quijadas de salchicha, tronzo de orejas, y con más gibas que cresta de pavo, sin más cortesías que llanezas, se arrellanó a mi derecha (Romero Martínez Álvaro, 1760: 4).

El Rorro, que así se llamaba el calesero, que era un tagarote pasmado, torcido y anquiseco, con la cara sembrada de granujos, verrugas y costurones de viruelas, calvo hasta las comisuras, y desde allí atrás con cuatro pelos lacios y desgalamidos que remataban en el cogote, formando un moño miserable como cuarta de tabaco de hoja o salchicha de pastelero, que las vende por docenas (Ortiz Gallardo de Villarroel, 1762: 3).

Los espacios escogidos vuelven a ser la Puerta del Sol, las riberas del río Manzanares, los barrios del Barquillo y Lavapiés, el Prado Viejo, la Biblioteca Real de Madrid, además de algunas aldeas y pueblos que puntualmente sirven al astrólogo como telón de fondo de sus aventuras.

La disposición de los poemas sigue el orden el establecido por Torres, con escasas excepciones (Durán López, 2016: 34–39). Se repiten las preferencias métricas y el sentido de las estrofas se encubre una vez más con chistes y voces confusas:

Sorprende la muerte a un ministro cuando estaba más descuidado en medio de los graves negocios de su cuenta. Eso, dijo el Capigorrón, yo lo diré a punto de solfa.

> Fabio estaba pensando
> un nuevo arbitrio para nuevo mando,
> entró un paje a avisarle
> de que la muerte pretendía hablarle;
> mas Fabio respondió con humor fiero:
> ¿No me ves ocupado, majadero?
> no puede ahora, id enhoramala,
> y decidla que espere en la antesala

(León y Ortega, 1734: 32).

Lo político anda mediano, menos un galancete, aunque pequeño, que se levanta con el santo y la lismona.

Galancete de piernas
niño lo bailas
al bello sonsonete
que te hace Anarda:
siendo tus brincos
en su gracia chistosa
dulces hechizos

(Gómez Arias, 1735: 55).

Función de Belona, anuncia el sacristán en esta Luna:

En las tropas de Túnez
lleva espitarte,
con invencible aliento
el estandarte.
Anda bolero,
en hora mala vete
a otro perro…

(Sanz, 1745: 26).

Aunque los sucesos políticos y elementales van rebozados en las cuartas del año, con los aforismos de Cardano, Albumasar, Haly, Leopoldo y otros. Con todo no se olvidaron los mozalbetes de que los volviese a repetir en los siguientes sonetos y seguidillas de las Lunas:

Una tropa de chulos, ten con ten;
entran a la taberna de rondón,
después de agotado en cangilón
riñen con todos, sin saber con quién.

De esta locura, bacanal vaivén,
da cuenta a la justicia un gran soplón,
presumiendo que en esta ocupación,
lo ha de pasar el pobre más que bien.

Llegan cuatro corchetes al motín,
dejan a todos, como el padre Adán,
huyen ligeros por oculto fin.

Y fingiendo, que arrojan alquitrán,
al soplón cuando pide algún cuatrín,
es unos palos lo que más le dan

(Martín, 1753: 26–27).

Con este preliminar (dijo D. Guillermo) allá van los demás sucesos en las coplas del siguiente romance:

> Año de sesenta y uno,
> no mintiendo las estrellas,
> acá de tejas abajo
> habrá lo que bueno sea.
> Habrá en el invierno fríos
> lluvias en primavera,
> en el estío calores,
> y en el otoño tormentas.
> en el mar habrá borrascas,
> en las Juntas diferencias,
> en los estudios cuestiones,
> y azotes en las escuelas.
> Habrá voces en las plazas,
> gritería en las tabernas,
> mutaciones en los patios
> y pleitos en las audiencias

(Ortiz Gallardo de Villarroel, 1760: 15).

> Una dama sin desdén,
> y un galán que falso está
> apuestan entrambos a
> quien engaña más a quién

(1762: 31).

Laureano Hermendre (1730), Bernardo Quirós (1740), Crisanto Antonio Sousa da Riba (1747–1748) y Francisco Martínez Molés (1755–1756) ensayan el almanaque literario torresiano, aunque con menos fortuna que los autores antes citados. Otros pronostiqueros combinan los resortes de lo jocoserio con el didactismo, caso de Alejos de Torres (1735–1747), Francisco Horta Aguilera (1739–1748) y Germán Ruiz Gallirgos (1735–1739). Francisco de la Justicia y Cárdenas (1737–1749) y Jorge de Cárdenas (1737–1751) expanden la literatura a prácticamente la totalidad de la pronosticación.

A partir de 1767, coincidiendo con la prohibición de imprimir pronósticos astrológicos en España, el género decae. La situación se agrava con la muerte de Diego de Torres Villarroel el 19 de junio de 1770 en el Palacio de Monterrey, cuando el anciano piscator contaba setenta y seis años. No será hasta el siglo XIX cuando el almanaque recupere el vigor de antaño, aunque en este contexto renovado, los gustos de los consumidores le conducirán por unos derroteros harto dispares.

Hasta el siglo XVIII, los pronósticos lusos se adaptaban al prototipo básico o misceláneo. Excepcionalmente, la literatura se manifestaba en régimen de «copresencia», pero sin ejercer una función central. Sin embargo, en el setecientos[93], «os prólogos sóbrios com informações honestas foram sendo substituídos por pequeñas historietas em que o astrólogo era a figura central. Este aparecia invariavlmente retratado como um pobre homem, um indigente a quem a vida difícil havia obrigado a dedicar-se ao cálculo astrológico» (Carolino, 2002: 75). Con todo ello, «o útil junta-se ao divertido, nos almanaques, que assim podem ao mesmo tempo entreter, divertir, e orientar» (Lisboa, 2021: 264). Los elementos básicos del género se mantienen, a saber: las secciones breves fijas, el discurso general y las lunaciones. Por añadidura, los astrólogos portugueses continúan incorporando un reducido apartado misceláneo con consejos sobre agricultura a imitación del *Chiaravalle*[94]. Estas piezas coexisten con pequeñas narraciones jocosas, amalgamadas con versos varias veces, en las que el Yo narrador da cuenta de las tertulias en las que participa y de sus divertidas salidas por las calles lisboetas. Como se demostrará, existen motivos suficientes para postular una «filiación textual» directa entre los almanaques jocoserios españoles y los portugueses, ya que el material expresivo empleado por ambas tradiciones presenta notables concomitancias. Las fechas, además, favorecen la hipótesis, pues si Torres abandona Portugal en 1734, el primer pronóstico jocoserio portugués, el *Sarrabal Saloio* de Cosme Francês, data del 1735[95]. Tal y como habían hecho los españoles, los piscatores de Portugal aprovechan la ausencia del Gran Piscator para apoderarse de su modo de decir.

No obstante, los lusos no reproducen pasivamente la estructura del formato torresiano. Tanto es así que la disposición de los temas en sus papeles resulta algo confusa. Si aparecen rimas, lo hacen sin seguir esquemas lógicos, como si el almanaquero las repartiese guiándose por su propio capricho. Como los almanaques jocoserios italianos, los portugueses carecen de dedicatoria, seguramente porque, al tratarse de un opúsculo festivo, sus autores viesen poco

---

93 Títulos y años de validez de los almanaques literarios jocoserios aparecidos en Portugal en el siglo XVIII: *Sarrabal Saloio* de Cosme Francês (1735–1751), *Audiência astronómica* de Afonso Castanho (1737), *O cego astrólogo* (1738–1742), *Sarrabal cidadão* de Fuas Feio Fialho (1741– 1751), *Sarrabal camponês* de Almeno de Macao Olho (1751), *O preto astrólogo* (1758–1761), *Sarrabal Lisbonense* de José Damião De Lagos (1759), *Sarrabal Alentejão* de Plácido Lusitano (1759) y *Novo pronóstico e curioso lunário* de Bigorrilhas (1760).

94 El sello editorial del *Pescatore di Chiaravalle* se tradujo al portugués con el título de *Almanach Lusitano para todo o reino de Portugal e suas conquistas* […]. *Deduzido dos epítomes do grande Sarrabal Milanês* desde el año 1711. Véase Lora Márquez, 2022b.

95 Aunque es posible que haya algún testimonio anterior desaparecido, pues en el prólogo de ese año, el autor agradece la buena aceptación de la entrega de 1734 (1734: 4).

decoroso hacérselo llegar a una personalidad ilustre. De vez en cuando se presentan dedicatorias burlescas, como esta de Fuas Feio Fialho para el año 1741, en la que solicita a las damas las codiciadas monedas:

> A mim, senhoras, a mim, que sou um sarrabal cidadão dotado de prendas, cheio de circunstâncias, a mim, que escovo o vestido, empasto a cabeleira e faço a miúdo a barba, a mim, que cheiro a pastilhas e faço cortesias de pé quebrado as damas, e finalmente a mim, que sou o senhor dom Fuas tão conhecido nas esquinas, como celebrado nas praças, é que devem voltarse os vossos agrados. [...] A mim é que era bem aplicada a esmola do vosso vintém [...]. Senhoras, os Sarrabais em Lisboa são como as modas en França, se tem o agrado das damas, levam atrás de si o das mais pessoas (1741: sin numerar).

Como indica Carolino (2002: 75), las historias se acomodan en el espacio del prólogo. En un número reducido de testimonios, la metáfora se extiende al juicio del año, pero no es lo habitual. Los poemas de las fases lunares pueden ser recitados por el narrador, siendo extraño que la labor recaiga en los personajes. Los prólogos efectúan, pues, un doble desempeño, como contenedores de la metáfora y como sostenedores de un diálogo con el público que es burlón y agresivo a un tiempo: «O crédulo é insultado. Se ao leitor agrada e serve o folheto, este assume que a carapuça não lhe serve» (Lisboa, 2021: 263–264). Los astrólogos reclaman con desvergüenza los *vinténs* de sus lectores, sin que por ese motivo dejen de tildarlos de bobos por dar pábulo a las mentiras del almanaque. Para ello, usan títulos bizarros para sus prólogos, como también había hecho Torres en España: «Notícia disfarçada em conto para desengano dos meus leitores» (Costa, 1735); «Monomachia aos meus críticos, e notícia prévia a todos os leitores, ou bons, ou maus» (Costa, 1736); «Vexame e notícia prévia a quaisquer leitores» (Costa, 1737); «Caso impensado» (Pequeno, 1739); «Carta, prólogo, dedicatória, introdução, proémio, prelúdio, advertência prévia (ou que vossas mercês quiseram) a todo o que sabe ler» (Pequeno, 1742); «Isca aos leitores e ratoeira aos basbaques» (Fialho, 1741); «Advertência sem que se podia passar, mas com que se pode rir» (Fialho, 1746); «Notícia trágico-festiva e ridículo-séria» (Fialho, 1751). Pero lo realmente llamativo es comprobar que al menos cuatro de estos epígrafes se denominan «Introdução» (Costa, 1751; Macao Olho, 1751; Lagos, 1759; Lusitano, 1759), quedando así emparentados de manera definitiva con la técnica torresiana.

Así pues, los prólogos están inspirados en las convenciones de la *retórica charlatanesca*:

> Se este ano de 1741 ainda não chegou, ne não pode fazer a segurança de corresponder com as suas obras as minhas palabras, como quero eu meter-me a pronosticar? Assim é; mais se eu, em minha consciência, entendo que sei tanto nestas matérias como

qualquer Sarrabal Saloio, como qualquer Damião Francês e como qualquer cego na astrologia, isto é, o Cego Astrólogo, se eu sei que posso mentir como elles, para que perderei os seus emolumentos, sendo dotado dos mesmos requisitos? (Fialho, 1741: 4).

Cosme Francês, Sarrabal Saloio, *Doctor in partibus, Magister in Artibus,* declaro por mim e por todos da minha faculdade que tudo o que se lê neste e nos mais prognósticos não é mais que uma travessura da ideia, uma ficção engenhosa, e pelo que respeita as predições dos tempos, revoluçõens políticas e ameaças de enfermidade, uma ténue conjectura, ou para melhor dizer, uma mentira de 24 quilates, artíficios de pobres vergonhosos com que procuram garfiar as vossas mercês os vinténs que lhes não haviam de dar para remédio de tantas fomes [...]. E como o ano se dispõe para muitas mentiras, mentirão todos os oficiais, mentirão os procuradores, mentirão os nobres, os mecânicos, os grandes e os pequenos, e com esta liberdade também eu mentirei neste prognóstico, se Deos não mandar o contrário (Costa, 1735: 16–17).

Ha tantos anos que temos correspondência, que estou admirado da teima com que me esperas e da facilidade com que eu te não falto. Não acabas de entender que o que te escrevo, são parvoíces, adivinhações tolas, destemperos de juízo e curiosidades ociosas [...]. Deixate de prognósticos que é patarata, e lê por algum livrinho devoto de tantos como cada dia se imprimem con celo louvável [...]. Se queres ouvir uma historia, dame atenção de velha e credulidade de rapaz (Costa, 1745: 3–6).

En otras páginas es posible leer párrafosanálogos donde el astrólogo declara la inutilidad de su actividad. Fuas Feio Fialho confiesa que su almanaque es un «disparate», y que lo escribe para «satisfazer ao povo» (1745: 6). Al año siguiente, lo da por finalizado haciendo públicas estas frases: «Está o prognóstico acabado, e não tenho dúvida que a pena desencaminhada pela propensão que me deu a natureza, resvalasse, e de quando em quando deixasse cair do bico alguma parvoíce, das muitas que por baixo delle está metendo o meu furor» (1746: 24). Por su parte, Pai Daniel exclama: «Vamoze a pronosticar, ou para mior dizer, a escrever, maize que seja acertar, que só por erro nesta sciencia se acerta» (1757: 6)[96].

El narrador en primera persona se identifica con el firmante del folleto, pero no así con el autor. En este sentido, es preciso tener presente que los almanaques portugueses dieciochescos son anónimos. El hábito de utilizar seudónimos estaba tan asentado, que en el *Prognóstico prosopoético,* la musa Terpsícore, al enterarse de que Endimião Português estaba decidido a escribir un reportorio, le pregunta si pensaba ocultarse «debaixo de alguma onomatopeia anagramática ridícula, como é costume, bem praticado e mal permitido» (1736: 16).

---

96 Mantenemos la gramática original de la serie de *O preto astrólogo* que trata de reproducir la forma de hablar portugués de los africanos.

Muchos pronostiqueros, para disimular su identidad, acuden al tópico de la *rusticitas*, autoproclamándose *Sarrabal Saloio* (Cosme Francês), *Sarrabal Camponês* (Almeno de Macao Olho) o Bigorrilhas, un «pastor natural da Serra da Estrela». En contraposición, Fuas Feio Fialho rubricaba sus opúsculos como *Sarrabal Cidadão*, esto es, urbano, mostrándose como un petimetre. Hay apuestas originales, como la de António Pequeno, *O cego astrólogo*, un ciego papelista metido a pronosticador. También resulta singular la propuesta de Pai Daniel, *O preto astrólogo*, un esclavo de Costa da Mina. Al morir su amo, que se dedicaba a la astrología, este se ve inmerso en la tesitura de relevarle en el oficio para mantener a la familia[97]. Plácido Lusitano (*Sarrabal Alentejão*) y José Damião de Lagos (*Sarrabal Lisbonense*) se limitan a indicar su lugar de procedencia, como acostumbraban a hacer los piscatores españoles.

Estos autores imaginados procuran divertir a sus lectores y oyentes, tanto por los lances que viven, como por su propia condición. El componedor de almanaques se configura como una figura «concebida para ser zombada […]. O astrólogo aparece retratado muitas vezes como um ser solitario, indigente, a quem as circunstancias de vida, dificeis e arduas, conduziram à actividade de astrólogo productor de almanaques, associando sistemáticamente esta figura à propensão para a mentira e ao oportunismo» (Carolino, 2003: 228, 330). En 1735, Cosme Francês dibuja un retrato de sí mismo «vestido de poeta, sem o ser por ofício, fomes de músico, contemplaçõens de matemático, rompantes de médico, porfias de lógico, barbas de filósofo, trapaças de jurista, cara e presumpção de teólogo» (1734: 8). En otro pronóstico, describe el lamentable aspecto de su capa con una comparación gongorina: «Tomando nos ombros uma capa com mais olhos (isto são buracos) que tinha na cola o cisne de Venus, que na opinião de Góngora o mesmo que o pavão de Juno, se forem poucos, sejam os de Argos, para que por todas as partes visse o meu corpo o que passava» (1741: 2). António Pequeno canta y baila para distraer el hambre «em quanto não chega o tempo dos reportórios» (1741: 9). Luego, hace una defensa de su profesión, al ser lo único que le permite cubrir sus necesidades materiales: «Peço a todos, digam mal de nossas prosas, abominem os nossos versos, culpam os nossos prognósticos, e que nos tenham per os mais néscios do mundo, que o nosso principal cuidado é o agrado comum, porque este é o que recose os desgarros do vestido e apaziga os gritos do estômago» (1741: 10).

---

97 En fechas recientes se ha publicado un trabajo centrado en el estudio de esta innovadora marca (Carolino, 2022).

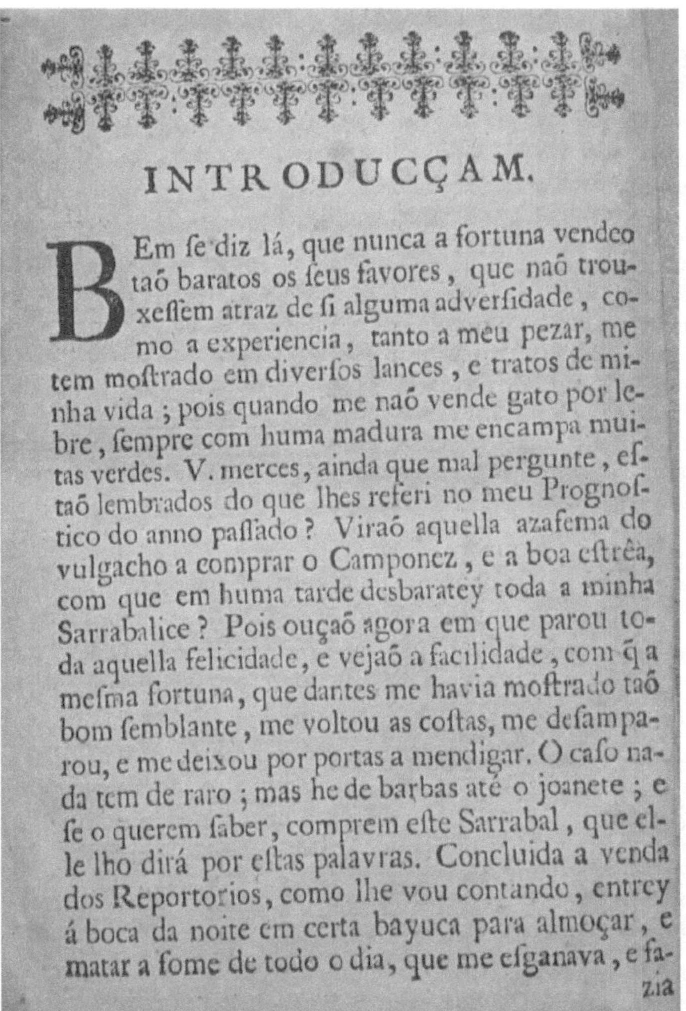

INTRODUCÇAM.

BEm fe diz lá, que nunca a fortuna vendeo
taõ baratos os feus favores, que naõ trou-
xeffem atraz de fi alguma adverfidade, como a experiencia, tanto a meu pezar, me
tem moftrado em diverfos lances, e tratos de minha vida ; pois quando me naõ vende gato por le-
bre, fempre com huma madura me encampa muitas verdes. V. merces, ainda que mal pergunte, ef-
taõ lembrados do que lhes referi no meu Prognof-
tico do anno paffado ? Viraõ aquella azafema do
vulgacho a comprar o Camponez, e a boa eftrêa,
com que em huma tarde desbaratey toda a minha
Sarrabalice ? Pois ouçaõ agora em que parou toda aquella felicidade, e vejaõ a facilidade, com q̃ a
mefma fortuna, que dantes me havia moftrado taõ
bom femblante, me voltou as coftas, me defampa-
rou, e me deixou por portas a mendigar. O cafo nada tem de raro ; mas he de barbas até o joanete ; e
fe o querem faber, comprem efte Sarrabal, que elle lho dirá por eftas palavras. Concluida a venda
dos Reportorios, como lhe vou contando, entrey
á boca da noite em certa bayuca para almoçar, e
matar a fome de todo o dia, que me efganava, e fa-
zia

Figura 5. «Introdução» del *Sarrabal camponês* de Almeno de Macao Olho para el año 1751. Ejemplar conservado en la Biblioteca Geral da Universidade de Coimbra.

Fuas Feio Fialho fue pintor callejero y comediante antes de dedicarse a la astrología, un trabajo que elige porque requiere poco esfuerzo y una escasa inversión económica y, en cambio, reporta buenos dineros: «Um prognóstico é fácil de fazer porque diga uma pessoa o que quiser, ninguém lho costuma a averiguar. Não me leva mais cabedal que duas folhas de papel e dez reais de tinta. A impressão custa pouco. Eu sempre faço aqui negócio» (1741: 6).

Con respecto a Pai Daniel, este era

> segundo a sua propia narrativa, um velho homem nascido no Golfo da Guiné e vindo para Portugal como escravo tal como tantos e tantos africanos. Quis o destino –ou melhor, a imaginação do seu autor- que ele fosse servir um senhor português que se interessava por astrologia. Quando o seu senhor morreu vítima do terremoto que destruiu Lisboa em 1755, face à indiferença pelo velho escravo que lhe tinha a viúva de seu antigo senhor, este viu-se numa situação de miséria absoluta. E foi aí que pensou em fazer prognósticos astrológicos, pelo que decidiu roubar os livros de astrologia e os instrumentos necessários outrora pertecentes ao seu senhor. Assim se iniciou nos fictícios cálculos astrológicos (Carolino, 2002: 78).

En este almanaque, el autor reproduce «as características fonéticas, morfológicas e sintáticas do português falado por essa população africana» (Carolino, 2002: 80). En la salida de 1758, la más temprana de la serie, reclama su derecho a beneficiarse económicamente con la venta de los almanaques, al igual que los hombres blancos: «Com que, sioro branca, entrê a fazer minhas repertoria com grande confiança porque se vozo por mentir ganhaze dinheira, mim está certo que ha de mentir maize, que todos home branca junto» (1757: 6).

Ocasionalmente, la peripecia principia en el cuarto del astrólogo, una estancia lóbrega y sucia:

> Bem descuidado estava eu no canto de uma loje alheia, de que a Majestade Suprema dos astros na manhã de 21 de março de 1737 me visitasse em tão horrível, escura e tenebrosa habitação (Castanho, 1737: 4).

> Exasperado, impaciente e combatido das insolências temerárias, com que a fome esgalgada com terríveis unhadas me rasgava as tripas, enfastiado com a insipidez dos três males que fazem menos apetícivel a minha estância: chuva, fumo e ama insuportável [...]. Desejando reparar os violentos golpes com que ingratidão abalava e estremecia o meu cuidado, na elevação de um tosco e miserável empenho com desterro voluntário me trasplante y com bexiga escorbútica, a país estranho (Costa, 1739: sin numerar).

> Acabadas as minhas tarefas, visitadas as minhas estações, tropeçado nas palhas, escalavrando as canelhas, gemendo com a carga de minha importuna cabeça os ombros, como peregrino insofrível, entrei na noite de 21 de março no meu lúgubre aposento tão alegre de vida que passo a gozar de insípida modéstia de meu cego

companheiro, e a não se me pegar a língua, minha irresoluta barbaridade romperá em desatinos os laços que me prendiam a voz, no tormentoso obséquio com que me recebeu. «Isto são horas, irmão da tumba, gato pingado, feixe de trovas e canastra de imundície? Isto são horas para vir observar a entrada do Sol no signo de Aries e dirigir o prognóstico para o ano que vem? Diga por onde andou, serpente tragadora da cuba mais fonda, ouriço fatal aos dias alegres, por onde andou?» (Pequeno, 1739: 2).

El narrador camina por los lugares más emblemáticos de la capital portuguesa: el caracol de Graça (Fialho, 1746), el Hospital Real de Todos os Santos, la Praça do Comércio (también conocida como Terreiro do Paço), la Alfandênga (Costa, 1735), el barrio del Rossio (Costa, 1737), las escaleras de la Sé Velha, la iglesia de Loreto (Costa, 1742), etc. También aparecen espacios rurales, como la villa de Oliveira (Costa, 1737) y Montemor-o-Novo (Costa, 1740). Pese al aparente realismo, el elemento onírico envuelve los relatos de un modo más marcado que en los almanaques españoles: «Quem dorme, as vezes sonha disparates, e a nenhum por sonhar se le faz processo» (Pequeno, 1741: 8); «Investiu Morfeo comigo, entrando a sonhar, representoume a fantasia» (Lagos, 1758: 2).

Las andanzas en las que se ven envueltos los personajes son múltiplesLa prosa abunda en raras descripciones de personajes que recuerdan a las que Diego de Torres Villarroel puso en boga en España. Cosme Francês se encontraba el día 21 de marzo de 1735 sentado debajo de un fresno sin saber con qué conceptos ataviar su pronóstico, cuando «dilatando a vista para o Ponte, quasi a espaço de tres milhas divisei um vulto tamano *quamanho* o Polifemo de Góngora» (1735: 10). La apariencia del monstruo era verdaderamente asombrosa, pues

> o focinho era cabisbaxo, a testa rugosa, os olhos encapotados, as faces peras sorvadas, a barba falvagina [sic.], o corpo como pá de galé, as pernas como fueiros de carro, as mãos como garfos de palha, e toda esta máquina cobria, por lhe não viram os mais podres, com um capote safado, que as vezes traçava aos ombros, e com um chapéu de Mariola enfeitado sobre uma cabeleira de rabo de touro (1735: 11).

Este le entrega una llave con la que poder mirar dentro de las cabezas de poetas, lógicos, filósofos y otra clase de hombres (1735: 12–13). El regalo debió serle útil al astrólogo, pues después de aquello toma «o caminho para Lisboa, certo, que nesta chave tinha remédio para qualquer occasião de empenho, e chegado o dia 21 de março, sem mais trabalho a meti na cabeça, donde saiu esta breve PROGNOSTICAÇÃO PARA O ANO DE 1736» (1735: 13).

En 1737, el narrador camina por el Rossio portando un estrambótico traje que atrae la atención de «um grande número de mulheres que vendem couves, alfaces, rábanos, etc.» (1736: 6). Por una conjunción de sucesos impredecibles, acaba entablándose una lucha entre el astrólogo y las verduleras, que se valen de su mercancía para derrotarle:

> A tudo estava eu presente desejando ver o fin desta escaramuça, e acabada a batalha, a que concorreram todas as mais, e infinidade do povo pasmadiço, com algum sangue, grande perda de cabelos. Limpos os rostros untados de ovos, sangue e poeira, lembradas de que eu fora o primeiro motivo da já sossegada bulha, descabeladas, sem çapatos, de comum acordo me investiram, atirandome com ovos quebrados. E logo as outras, crendo ser eu o que fizera a perda, continuaram sobre mim tal chuveiro de pedras, peras, cebolas, repolhos e marmelas, que me foi preciso, correndo mais ligeiro que um veado, escaparme a sua raiva e furia, metendo-me por varios becos, até que as perdi de vista nas escadas do Carmo (1736: 7).

Acude en socorro del piscator un «homem carregado, baixo, ancho, gordo, rechonchudo, mistura de línguas, falso de notícias, embolismo de patranhas, almário de necedades», que dice ser un admirador del *Sarrabal Saloio* (1736: 7).

En el año de 1740, mientras daba vueltas a cómo componer su reportorio, es asaltado por «três individuos, títeres langhinosos, macacos hipocondríacos, arlequins insípidos, memos impertinentes e camaleões famintos [...], sem mais aplicação que a que bastava para serem os de primeira graduação nos lugares de seis vizinhos» (1739: sin numerar). Estos son un sacristán, un barbero y un maestro que quieren aprender las nociones básicas de astrología. Cosme Francês no tiene empacho en explicarles en qué consisten sus «patranhas almanakiras»:

> Arenga para captar a benevolência dos leitores, dispor o ânimo dos néscios, entreter a expectação dos basbaques, humedecer a secura das lunaçoens, aquentar as frialdades do inverno, enfeitar o desalinhado de um prognóstico e precisar geralmente a todos a comprar mentiras a vintém (1739: sin numerar).

Uno de los almanaques más interesantes desde una óptica literaria es el *Sarrabal Saloio* del año 1742, dado que la figura con la que dialoga la voz ficcional es Torres Villarroel:

> Ouvi cousas que não estão escritas nem são para se escreveram, e prosseguiria nesta aplicação se me não detivera o receio de me prenderem este papel, e juntamente o famoso Torres na entrada de sua *Viagem fantastica*. Tanto que este me vio em traje de *faranduleiro*, compadecido de me ver submergido nas ondas da ignorância, depois de me saudar, agasalhar e ouvir, me disse estas ou outras palavras equivalentes: «Peregrino Saloio, adonde caminhas? Pertendes ser anatomista do visível e invisível de ambas as esferas? Dificultosa empresa! [...]. Sem mais luz que a tua cega fantasia, dormindo a perna solta, fiado em que podes correr na posta do teu pensamento, intentas a mais embaraçada jornada? Se é para aproveitar-lhes a outros, deixa semelhante cuidado; pois já de tudo e para tudo ha livros, e o que quiser saber, procure-os e compre-os» (1741: 4–5).

Cuando el personaje de Torres pronuncia su discurso, el interlocutor le responde:

> Ouvi ao Senhor Torres com atenção que merecia um castelhano tão célebre. Porém, como desejo evitar as horrendas bocas da crítica, que só a mim censura, deixando livre o campo aos mais, lhe pedi licença para lhe representar o que me pareceu, e concedendoma, lhe disse: «Senhor Torres, bem sabe v.m. como está o século, e que suposto que nas dispensas da Retórica tenham os cozinheiros de livros sal, pimenta e açúcar para abrir-lhes as ganas do gosto aos leitores, nenhum até agora faz uma *pipitoria* tal, que todos os paladares gostem della. [...] Confesso que não tenho humor para contentar a todos, pois se escrevo alegre, enfado aos tristes, se sério, aos festivos, se grave, aos ligeiros, e em um mesmo prato não sei oferecer manjar que ao mesmo tempo delle goste o alegre e triste, o pezado e ágil, o riso e o choro, o desenfado e a circunspecção» (1741: 5–6).

Torres le insta a dejar de escribir desatinos y a tener fe en Dios. A continuación, recita un soneto en portugués, de significado intrincado, y dan comienzo las cuartas de las estaciones: «Assim falou Torres, e assentado na sua cadeira de morrer se foi como um passarinho. E eu fiquei tão melancólico que perdi o juízo, do ano digo, que eu como nunca o tive não o podia perder. E entendendo que se exponera as suas quatro partes tinha satisfeito ao prognóstico, comencei a discorrer que tal seria o INVERNO» (1741: 6).

António Pequeno, el ciego papelista, recorre las calles de Lisboa despachando el género:

> «Folinha nova para o ano que vem, reportórios novos. O Saloio crítico, o Damião com crédito e o Mono da Corte». Assim caminhava eu, lançando o meu pregão pela rua direita de S. Roque, quando chegando as varandas de Loreto, ouvi umas vozes, que bradavam: «Peguem, senhores, peguem, segurem-me, agarrem-me, prendam-me esse noveleiro, esse cambaio, esse embusteiro, esse rombo lobo, esse historiador. Pegem nelle senhores, que agora entra pelo becco della astrologia». Juntouse a isto tal confusão de rapazes, mulherõens e mariolas, que entendendo eu ser a história comigo, pois vinha María das Flores, mulher de João Redondo aquelles deus célebres bonecos com que os cegos algumas vezes costumam divertir gente de pouca estofa, gerigonça inventada para rapar os meios tostões (1738: 2–3).

María das Flores tiene «cara de adufe, nariz de quadrante, olhos de caldo de rato, faces de escumadeira, boca de azado velho, dentes de Sansona desarmada, orelhas de tigre horrendo» (1738: 4). Su voz es «áspera, desencovada do abismo do peito» (1738: 4).

En un mesón, Almeno de Macao Olho charla con «dois tunantes, verdadeiros professores *de la vida airada*», que no tardarán en intentar robarle (1750: 6–7).

Un almanaque que guarda gran parecido con los de Diego de Torres por la organización de los contenidos es el *Prognóstico e curioso lunário para o ano de 1759* de Plácido Lusitano. A diferencia del resto, en él son los personajes los que trabajan con el astrólogo en la elaboración de los presagios. En la «Introdução», el narrador se halla

> saindo de casa uma tarde do mês passado, e querendo acaso atravessar o arco das mentiras, para gozar por alguns instantes a vista do mar, de repente me vi assaltado de uma caterva de pícaros, desertores estadistas, rudes profetas de disparates ou bandarras do mal cozinhado [...], e sem mais cerimónia, exórdio ou comprimento, me impedio um delles o passo, con motivo de pedirme uma nova ideia com que podesse vestir os falsos testimunhos do seu almanaque, dizendo, que estava determinado a trocar a vida airada picaresca pela traficância sarrabalica (1758: 5).

El protagonista, luego de hacerles ver que «qualquer embeleco» basta para «vestir de ponto em branco um Sarrabal» (1758: 6), escoge algunos voluntarios de entre los varios contertulios para que le ayuden a tejer el disfraz del pronóstico:

> Então voltandome para os mais concurrentes, lhes preguntei se naquelle rancho haveria quatro camaradas que quizessem ajudarnos a obra, e todos com o dedo no ar, responderam *eu, eu,* protestando que bem podiam passar por astrólogos porque dormiam ao sereno, andavam torrados ao Sol, e que no caso que fossem necessários versos, tinham loucura poética em abundância. A vista disto, escolhi daquelle montão quatro machacaces dos mais espertos: o primeiro era un tunante raso de narices, mas homem de tanto desgarro na vida, como no vestido, ja desfeito dos tempos e tisnado de carnes [...]. O segundo era um corcovado mui buliçoso e espevitado arrimado a duas muletas. O terceiro era um pícaro encostado a uma muleta desnecessária, porque não tinha mais macela que um colar de alporcas ao pescoço. O último era um trapilha, sem mais roupa, que uma camisa de mangas perdidas que se estava rindo pelas ilhargas uma jaqueta curta dos nós, e tão faminta, que não se forrava com seu dono (1758: 8–9).

Mientras que el protagonista se encarga de redactar la parte técnica del juicio del año, las figuras idean unos «apéndices» incluidos en las estaciones en los que justifican la legitimidad de utilizar el estilo burlesco en los piscatores. Concluidas las lunaciones, para las que se reserva un tono circunspecto, el narrador se despide de sus amigos dispuesto a dar a la estampa el almanaque, el cual es ya lo suficientemente irrisorio como para gustar a los clientes:

> Acabada a prognosticação e receibidas ultimamente as rústicas cabeçadas e costumadas zumbaias dos concurrentes me despedi delles agradecido pelo recheio com que engrossaram esta éica minha creaturinha, que não sair a praça vestida do ridículo e extravagante enfeite da jocosidade, como inútil se lhe podear o comun desprezo do público que nestes artificiosos embustes encontra um não sei que de aprazível (1758: 31).

Los demás pronostiqueros viven experiencias en las que se relacionan con seres de semejante catadura.

La presencia de la poesía no es tan notable como en España; de hecho, solo unos cuantos almanaques portuguesesrecurren a ella[98]. A veces se intercala dentro de la prosa, desempeñando funciones narrativas o descriptivas. En el *Sarrabal Saloio* del año 1737, la aventura empieza con un romance:

Há del rey, há que del rei! Assim bradava e gritava eu na noite em que me roubaram quasi na entrada da rua da Oliveira e

> acudiu a esta voz um tecelão
> e com uma chuça velha um taverneiro,
> mas fugiu por entre elles o ladrão:
> apareceu também um quadrilheiro,
> que inquirindo do caso com voz branda,
> vendome nu e cru e sem dinheiro,
> o não quiz procurar daquella banda,
> aonde em certas lojes escondido
> sem trabalho, cuidado nem demanda,
> disfarçando e vestindo o meu vestido
> alguns dias esteve com receio,
> de que por alguem fosse conhecido

(1736: 5).

Fialho describe en una octava al «horroroso fantasma» que le asalta en el caracol de Graça:

> Não acabava quando uma figura
> se mostra no ar robusta e válida
> de disforme e grandíssima estatura
> o rostro carregado a barba esquálida;
> Os olhos encurvados a postura
> medonha e má que a cor terrena e pálida.
> Cheios de terra e crespos os cabelos.
> A boca negra, os dentes amarelos

(1740: sin numerar).

Fuas Feio Fialho tiene el hábito de agregar poemas en las fases lunares, pero estos se permanecen ajenos a la «Introdução». En concreto, en 1741, 1745 y 1746 realiza variaciones burlescas respecto al tópico del Zodiaco. Del signo Leo, comenta:

---

98 Costa, 1737 y 1742; Pequeno, 1738, 1739, 1740 y 1742; Fialho, 1741, 1745, 1746 y 1751; Pai Daniel, 1758, 1760 y 1761.

Quart. Cresc. as 9 hor. da m. em 15 gr. de Libra. Tempo sereno. A Libitina não se descuida porque é tão inexorável que se não satisfaz com os tributos de Marte [...].

> O Leão dizem ser o rei dos brutos;
> e o Sol é tambem dos luminares.
> Querem lá fazer alguns estatutos,
> em que mandem fazer canículares.
> Por aí viram logo muitos astutos.
> Mercúrios com galeros e talares;
> e se a orden se houver de executar,
> Todo o mundo com ella ha de suar.

(1744: 17).

En 1751 adjudica una «Trova em favor da agricultura» a cada mes del año.

En las lunaciones del *Sarrabal Saloio* también se muestran poemas, aunque estos no siguen una ordenación específica. La entrega de 1737 únicamente trae siete composiciones cuyo sentido remite a la inclinación que sentían los astrólogos por encubrir las predicciones.

Destaca el hecho de que varias composiciones empleen el español. Es importante recalcar que en 1733 y 1735 Torres había acrecentado sus pronósticos con rimas en portugués. Por consiguiente, es perceptible una relación intertextual entre ambas tradiciones, también en este aspecto:

Cuidava eu no embuste que lhe diria nesta quadra e me apareceu um castelhano que me mandou escrever esta novidade, e que o tempo descobriria, lá va por sua conta a risco:

> Vejo[99] en un sepulcro estar
> diferentes cuerpos muertos,
> y tan grandes voces dar,
> que yo me paré a escuchar
> si gritaban los conciertos.
>
> Oílos, y voceaban
> con sus voces bien pulidas
> allí mismo donde estaban,
> y eran las voces que daban,
> sin sentidos muy sentidas

(1736: 15).

---

99 Se conserva la forma portuguesa del original.

Pensativo no que podia dizer nesta quadra, ouvi uma forte voz que dizia

> En una cárcel me echaron
> mis amigos más que hermanos,
> y ellos con sus propias manos
> de la prisión me sacaron.
> Y por confirmar la paz
> me encierran en sus entrañas,
> yo con mis potentes mañas
> me vengo, por ser sagaz.
> Adivinhem agora,
> o que isto será

(1736: 27).

En 1742, el autor consiente en introducir una única estrofa: un madrigal en español en el que el Yo poético conversa con un gusano que habitaba entre los libros de su biblioteca:

> Biblioteca interior, cuerpo en resumen,
> de muchos tomos el menor volumen,
> No me dirás, Pelilla, vientre toda,
> cenáculo de ciencias, sino boda;
> ¿por qué razón te casas con lo corto?
> Pues que no la concibes, yo la aborto.
> Ya que de mí la impetras
> mancando allí las letras,
> el gusano responde, que infelice
> musitando en un ay!, así me dice:
> Yo que entre lo sutil vivo en mi centro
> me entiendo acá por dentro,
> quien vive de las letras nunca crece,
> Ni quien come lo ajeno se engrandece,
> muchos escritos hay, que con mascarlos,
> ya más puedo tragarlos.
> No muerdo yo tan solo el buen *Idilio*,
> gusanos hay también que, al gran Virgilio,
> que justo el césar perdonó la llama,
> roer pretenden la incorrupta fama,
> sin que él de su conciencia
> mordisquee la insapiencia.
> esto dijo el insecto de un escolio,
> que lo puedo citar en cualquier folio

(1741: 14–25).

En la serie *O cego astrólogo* solo hay partes versificadas en el diario de cuartos de Luna de 1742. Concretamente, los días 19 de junio y 21 de septiembre encierran dos sonetos tomados de los *Ocios políticos* de Diego de Torres Villarroel (1726):

> Que me robe lo justo la violencia,
> que se explique el coraje vengativo,
> y que el odio se enoje, no es motivo
> para que yo desprecie mi paciencia.
>
> De la envidia la bárbara influencia
> con risa burlo, y con semblante esquivo,
> que en no hacer resistencias a lo altivo
> funda mi condición la resistencia.
>
> A justos manda Dios, y pecadores
> que coman todos lo que el rostro suda,
> y otro glotón me traga mis sudores.
>
> Tiénteme la ambición, la furia acuda,
> que a despreciar codicias y furores
> Epicteto me enseña, y Dios me ayuda

(1741: 28–29)[100].

> En la mano derecha el pobre tiene
> un peñasco pendiente, que le inclina;
> dos alas en la izquierda, que en camino
> al solio, que su estudio le previene:
>
> Como el mundo a su ciencia estrecho viene,
> quiere volar, fortuna predomina,
> ejecuta su intento, y examina,
> que grave peso el mundo le detiene:
>
> El gremio que le dio naturaleza,
> desde la tierra se remonta al cielo,
> porque a tanto se extiende su agudeza:
>
> ¿Mas qué importa, o rigor o desconsuelo,
> si envidiosa detiene la pobreza
> la virtud generosa de su vuelo?

(1741: 34)[101].

---

100 «Conformidad en un trabajo donde la envidia de alguno le quitó de comer» (1726a: 4).

101 «Traduciendo el emblema 120 de Alciato, que comienza *Dextra tenet lapidem, &c.*» (1726a: 36).

Pai Daniel anexa doce poemas a las lunaciones, en consonancia con los meses del año:

Março

Segundo mi pensamenta,
neste mez no calendario,
denota haver tempo vario,
ouça vozo, e experimenta;
lança os terra a sementa,
e seja os tempo que for,
pode Deos virtude pôr,
e nunca he bom o fiar,
no que mim pronosticar,
que Deos e nosso Sior

(1757: 16).

Las poesías de las lunaciones comparten espacio con recomendaciones sobre el cultivo de la tierra, razón para pensar que no era estrictamente necesario suprimir la miscelánea del modelo extendido para dar forma a un almanaque literario, solo había que reducir su dimensión.

Cuatro almanaques, el *Pronóstico prosopoético* de Endimião Português (1737), *O astrólogo cortesão* de Protásio Apiano (1738), el *Teatro universal de novidades* de Francisco Carlos da Silva (1741) y el *Pronóstico falível* del Sarrabal Disfarçado (1750) toman prestados algunos rasgos del almanaque literario jocoserio para formular una tipología distinta. En estas muestras, continúa habiendo un narrador que dialoga con personajes dispares, pero el ambiente en el que se desarrollan los hechos es marcadamente alegórico, al tiempo que la burla ha desaparecido casi al completo. En el primero, un poeta se hallaba «ao pé de um verdinegro cipreste» (1736: 5) cuando se le aparecen las musas Melpómene, Terpsícore y Urania. Las tres reflexionan acerca de a quién le corresponde la tarea de otorgarle un don al escritor, y al final se decide a hacerlo Urania, dejándolo convertido en un «astrólogo poético» (1736: 7–8).

El almanaque de Protásio Apiano comienza con una «Introdução» a la manera torresiana:

Enfadado já de sofrer amos nestas cidades por espaço de cinco lustros (tanto tempo ha que sai da Moita para esta grande mata) e desejoso de melhorar de estado, sacudindo o tirano jugo da servidão que me oprimia na noite de 22 setembro 1737 acclamei a liberdade fugindo a insolência, indigestão, loucura e barbaridade de um homem avesso dos homens e adverso a sua própria naturaleza. Era este um fumfurrumfum, largato pintado, cameleão de agrados, cocodrilo faminto, cagado com botas, persevejo cheiroso e mosquito importuno nas conversações prudentes (1737: 2–3).

Pero, después que el narrador hubiese departido con diferentes figuras mitológicas (Narciso, Ulises, Anteo…), el pronóstico se convierte en un recital de versos.

El *Teatro universal* de Francisco Carlos da Silva ubica al astrólogo en una «triste e quase subterrânea habitação que a contraria sorte me deu por domicílio» (1740: 3). De repente, la voz en primera persona es transportada a un prado florido, donde coincide con la Aurora, el Sol y la Matemática. Esta última es una dama que porta un compás y una esfera y quien enuncia el discurso anual.

El Sarrabal Disfarçado también sitúa el inicio de su historia en la habitación en la que vive, aunque una vez que entra en la estancia una misteriosa presencia, el narrador es transportado a unas «regiões aéreas […] aos jardins de Flora [ou] as selvas de Diana» (1749: 8–9), que bien podrían identificarse con el Parnaso, donde le está esperando el dios Apolo.

En otros territorios, las historias donde se mezclan las burlas y las veras asoman en el género del almanaque al igual que en Italia, España y Portugal. En América del Norte,

> almanac narratives included short moralistic and humorous pieces or jokes; much longer stories of the same type, labeled «anecdotes» by the almanac-maker; stories of Indican captivities; scientific instruction made more pleasing in narrative form; and firsthand accounts of unusual events and people […]. Humorous anecdotes frequently contained social satire directed against marriage and the middle-class professions. Stories of encounters between the rustic and the city dweller ended with the rustic's outsmarting his smart friends (of course!). It is difficult to categorize the subject matter of some stories told simply to entertain. […] Just as frequent are the purely scatalogical (Stowell, 1977: 199, 205).

La serie *Poor Richard's Almanack* de Benjamin Franklin (1733–1757) ejemplifica lo dicho en el párrafo anterior. En ella, un granjero llamado Richard (un rústico, una vez más), de ingenio un tanto simple y atolondrado, escribe sus pronosticaciones aconsejado por su esposa Bridget, que siempre procura sacarlo de sus ensoñaciones.

4.3.3. Almanaque en verso

Integran este subcapítulo aquellos almanaques escritos prevalentemente en verso, sea porque la rima afecta a la totalidad de la obra, sea porque hay una mayoría de apartados donde esta se utiliza. Quedan fuera de la clasificación los pronósticos burlescos, que adoptan una forma poética, pero excluyen las noticias de utilidad.

Los almanaques italianos versificados sorprenden tanto por su heterogeneidad como porque se dan a conocer en fechas muy tempranas. La muestra inaugural data del año 1577 y está compuesta por Tommaso Girardelli —a veces firma como Ghirardella o Ghirardello—, nacido en Trento, y que da a la estampa sus piscatores entre 1555 y 1577. Sus publicaciones más antiguas se ajustan al esquema de pronóstico básico, pero en 1577 concibe una idea novedosa que pasa por incluir «alcuni versi, che trattano le meravigliose cose che hanno da seguire». En efecto, inmediatamente después de un escueto discurso anual (ocupa un total de veinte líneas), el astrólogo da comienzo a un reducido diario de cuartos de Luna, donde por cada uno de los meses del año inventa una *quartina* que suplanta a los aforismos judiciarios:

> Mercurio questo mese pieno e lento
> farà sentir suo effetto in Lombardia
> cagion che sia più d'ogn' un mal contento
> l'aviso che verrà è già posto in via

(1576: sin numerar).

> Io non posso mancar di sempre dire
> quel che mi mostra questa nobil arte.
> chel raccolto di quel che suol venire
> no sarà si cattivo come mette Marte.

(1576: sin numerar).

Las influencias de los eclipses están enunciadas de la misma manera:

> L'eclisse di quest'anno auditor miei,
> ci mostra effetti di grand'importanza
> non so se Italia, Spagna over la Franza
> piangerà i effetti crudi e rei.
> Mi sento il cor doler di tanto dire.
> Di quest'eclissi che son molt'importuni.
> Che molti illustri, si vestirà di bruno
> tl nome di cui non ve lo posso dire.

(1576: sin numerar).

Al contrario que Girardelli, Andrea Alibani irrumpe en el mercado editorial de las pronosticaciones con una fórmula innovadora, para virar hacia posturas más conservadoras en los años venideros. Su pronóstico para el año 1658 está escrito por Lidia, «ninfa di Felsinea», que es retratada en la portada portando una corona de laurel, un carcaj y un arco, rodeada por los instrumentos de la astrología (el compás, la esfera, la pantómetra…). En el prólogo, ella misma se presenta ante el público, al que espeta: «se fallo giudica tù, che Lidia è donna e non Dea» (1658: sin numerar). En el discurso del año, Lidia cuenta que, en medio de la soledad del valle, quiso aprender astrología:

> Gli annali scrivendo
> sin à quel giorno appunto,
> ch'entra nel primo grado
> de l'Ariete il Sole;
> ponderando quel punto
> vedi il corrente annale,
> che cinquant'otto notato,
> col millesimo suo centesimo seco;
> vedi che solo assunto
> nel solito tugurio
> mal composto Mercurio,
> nel'usato suo segno
> de'duoi Gemelli ignudi
> sua vecchia insegna.
> Al maestoso aspetto
> ne dimostra evidente,
> che de l'anno presente
> fia dator delle leggi.
> O secolo infelice:
> quest'anno esser sol deve
> anno sol pien di danni,
> anno sol pien d'inganni,
> stragge frà gl'animali,
> ne'miseri mortali morte, e flagello

(1658: sin numerar).

Prosigue dando en verso el vaticinio de las estaciones, donde los datos prácticos son postergados en virtud del deleite que produce la materia poética. Tanto las secciones breves fijas como el diario de cuartos de Luna quedan al margen del artificio. Al haberse colocado un poema en el lugar de la sección central del pronóstico, queda claro que la literatura no actúa como un mero ornato, sino que Alibani quiso que esta ejerciese una función clave dentro de la obra.

Tommaso Maria Martinelli tan solo imprime dos piscatores mientras vive, pero en ambos aplica formulaciones literarias sumamente originales. Si en *Le scene del fato* inaugura la corriente de los almanaques alegórico-teatrales, en la *Musica delle sfere* lleva a cabo una de las modulaciones más conseguidas de los pronósticos versificados. En una nota dirigida a los lectores, critica a aquellos que piensan que la astrología es poco más que un pasatiempo (1658: sin numerar), aunque su propuesta tiene mucho de deleitosa. La ficción es una estratagema para transportar hacia un segundo plano los presagios judiciarios; así lo refleja en la «Protesta», cuando recalca que sus precogniciones han nacido de la «poética pluma, no del corazón del cristiano» (1658: sin numerar)[102]. La completitud del opúsculo se desarrolla en verso, normalmente como canción («canzona») italiana, aunque también hay sonetos, sobre todo en los cuartos de Luna. El tono es pretendidamente culto, críptico a veces, con continuas alusiones a la mitología. Martinelli, consciente de su rareza, alardeaba del lenguaje oscuro y excéntrico que manejaba:

> Sarà forse chi per troppa oscurità e poco ordine di stile darà di naso alla mia Musa [...]. Si toccano gli accidenti alla sfuggita, per non aver argomenti di verità sicura sull'astrologia. All'oscurità del metro supplisca il lume della discrezione, e se pensi che questa è musica accordata alle sfere, non alla cetra [...]. Chi intoppa in qualche pensiere duramente esplicato parli, o scriva, che non ricuso di farmi intendere, e chi ha voglia di contradire sfoghi la bile con l'inchiostro, e li sarà disposto a punta di penna (1658: sin numerar).

El texto está lleno de metáforas intrincadas, lo que lo convierte en prácticamente imposible de descifrar: «Crudele è chi procura / al fosco parto de le sedi orrende / la pupila ammorzar, che l'ombre accende»; «sai, perchè Delia ha spento / del mobil fronte il pallido tesoro?»; «venenoso portento / colma i bassi contorni, e già le sfere / a fulminar scoccano freccie altere»; «al Dio veloce in Sagittario assunto / fosca è l'erta magione / che annuncia a noi mortifero conflitto» (1658: 11–14). Los escritos de Alibani y de Martinelli se enmarcan dentro de la tendencia de la «poesia del cielo» de estilo barroquizante, caracterizada por «una esigenza di eleganza e di raffinatezza» (Casali, 2003: 56).

La Musa astrologa. Pronostico sopra l'anno bisestile MDCLXXX (Venecia, 1680) se abre con una dedicatoria versificada al que lee. La Musa, que se desenvuelve en cuartetos, solicita el favor del comprador, declarando que, si su idea es bien recibida, escribirá más pronósticos (1680: sin numerar). Le sucede un canto —también en cuartetos— dirigido a Euterpe, musa de la Música, de la que espera obtener inspiración (1679: sin numerar). A partir de este punto, con excepción de los párrafos en prosa donde aparecen consignados los detalles astronómicos, todo es poesía. El juicio anual está repartido en rótulos, «sopra la qualità dell'aria di quest'anno», «sopra la raccolta», «sopra l'infermità», «sopra l'eclissi», habiéndosele asignado a cada uno una composición (1680: 9–12). Sin renunciar al cuarteto, en el diario vienen expresadas dos poesías por cuarto, una relativa a las condiciones del tiempo y otra a los asuntos del mundo. Como las estaciones se acoplan a esta sección, también a ellas se les adjudican dos poemas. En el plenilunio de mayo se especifica:

---

102 «Le parole fato, destino, fortuna, sorte, nume, deità, e simili, che sono traboccate dalla poetica penna, non già dal cuore del cristiano».

> Sopra le qualità dell'aria
>
> Pioggia e tuoni in principio, e vento australe
> della quarta nel fine il Ciel minaccia.
> Il sestile la pioggia a noi procaccia,
> e le Pleiadi il vento antarticale.
>
> Sopra gli affari del mondo
>
> Scorrerie de soldati fan gran danno
> in una fredda terra boreale
> guerriero ordir d'un animo regale
> ad una gran città riporta affanno.
>
> Meraviglie narrate e non credute
> in questi giorni, però false sono.
> O bel colpo vuol far fulmineo tuono
> quanto spermi vegg'io di ben perdute
>
> (1680: 29).

El almanaque termina con una tabla con los mejores días del año para realizar sangrías y tomar medicinas.

La tartana degli influssi del gran Pescatore di Dorsoduro (1696), veneciano como *La Musa astrologa*, guarda algún parecido con ella en cuanto a la factura externa, si bien el componente burlesco es mayor en este pronóstico. «Scrivo per burlar», comenta impúdicamente el anónimo autor (1695: 21). Sus rasgos, sin embargo, no hacen posible la adscripción a lo jocoserio dado que no se observan los motivos temáticos y formales que singularizan la corriente.

Luego de haberse entretenido leyendo un prólogorimado , el lector se topa con el Pescatore di Dorsoduro sentado en el cielo, mientras conversa en cuartetos con la figura alegórica de la Astrología. El Pescatore salta, por indicación de ella, en una una embarcación pesquera y llega a tierra. Es entonces cuando empieza a dictar el pronóstico del año, intercalando extensos poemas a propósito de las estaciones con algunos más escuetos en las fases de la Luna. Las informaciones de provecho se reducen a la hora en que sale y se pone el Sol y a la especificación del día en el que tienen lugar la Luna nueva, llena, creciente y decreciente. Por lo demás, la comicidad que impregna las previsiones impide interpretarlas con seriedad: «Freddi e venti, che in letto ne fa andar / bonorivi, si ben longhe è la notte»; «aria piùttosto calda e insirocada / se tonizasse non saria stupor»; «volubile sarà la primavera / come è solita ogni anno eser così» (1695: 24, 31, 32). La cabecera continuó imprimiéndose hasta 1715.

En el curso del setecientos, el almanaque en verso inicia andaduras no antes vistas. Principia el recorrido Pier Lionardo Ricci, quien declara que su obra «è stata da me compilata con nuovo metodo, cioè a dire, molto diverso da quello che da altri astrologi in tali cogiunture suol praticarsi» (1711: 11). Dicho esto, aporta un poema en versos sueltos «in lode e difesa dell'astrologia», en el que sostiene que, si esta no suele decir la verdad, no ha sido como consecuencia de propias faltas, sino por la incapacidad de quienes la practican y por la credulidad del vulgo:

> E quindi avvien, che l'imperito volgo, / bramoso di saper ciò, che promesso / gli abbian de gli astri i non erranti moti, / dal folle, e van ciarlar d'uomini astuti, / che per farsi stimar ciò, che non sanno, / ardiscon di predir ciò, che non sanno, / è ben spesso ingannato: il che cagione / è poi, che al più degli uomini sospetta / tutta è de gli astri la sublime scienza, / e da molti schernita e vilipesa, / per l'altrui colpa, e non per suo difetto (1711: 15).

El *Discorso* trae consigo las informaciones pertinentes acerca de las posiciones de los planetas y las predicciones en torno a la agricultura, el tratamiento de las enfermedades y los sucesos futuros. No obstante, en el inicio se incorporan glosas de poemas de Francesco Petrarca, Alessandro Marchetti y Tito Lucrezio Caro, al que tradujo del latín al italiano el propio Marchetti. Las cuartas están escoltadas por un poema donde se dibuja un cuadro a propósito de los motivos primaveral, otoñal, invernal y veraniego. El verso escogido es la octava real:

> Orche ritorna la stagion de'fiori,
> e riconduce a noi l'erbe novelle:
> danzan le grazie, e i lascivetti amori
> con i pastor, con le ninfe agili, e snelle:
> Racconta l'ardor suo Silvio a Licori,
> Zeffiro spira in queste parti, e in quelle:
> Scherzan lieti gli augei tra fronde e fronde,
> gli animal nelle selve, i pesci in l'onde.
>
> Del celeste monton scaldan le corna
> di più benigno Sol tiepidi rai;
> tal che allor, che ei sorgendo a noi ritorna,
> s'odon cantar gli uccelli allegri e gai:
> di più splendido lume il Ciel s'adorna,
> e più tranquillo è il Mar, che fosse mai;
> spiran per l'aria sol placidi venti
> ride il ciel, la natura e gli elementi

(1711: 20).

En el diario, los meses se engalanan con poesías de un autor latino o italiano: el mes de abril presenta una composición de Petrarca; junio, de Lucrezio; octubre, una anacreóntica de Marchetti; diciembre viene con un poema de Lodovico

Ariosto. (1711: 25–39). Como es habitual, las secciones breves fijas son elididas del juego poético.

L'Effemeridi di Parnaso per l'anno MDCCLVIII se inaugura con una cita del *Ars poética* de Horacio: «Lectorem delectando, pariterque monendo». El «Discorso generale» está formado a partir de una concatenación de pareados heptasílabos con rima consonante. También hay notas a pie de página que aclaran el significado de determinados versos. El tono es culto y son frecuentes los ataques a la «turba del popolazzo / sempre ignorante, e pazzo» (1757: 3). Las averiguaciones astronómico-astrológicas casi no se dejan ver. El folleto finaliza con el calendario anual.

Oculto tras el sobrenombre de «Scopatore di Parnaso», Romedio Antonio Gallicioli publica en Trento un par de almanaques en verso (1764 y 1770). El primero se compone de dos partes: una extensa dedicatoria a Cristoforo Sizzo, recién elegido obispo de Trento, y el pronóstico astrológico propiamente dicho. Este último arranca con un juicio del año que no se aleja de los cauces de expresióntradicionales:

> Ci conviene sperare, che in quest'anno dominato da Giove, ed inclinato più alla siccita che alla umidezza, riescierà il vino a perfezione. Il fieno di prima e seconda segagione sarà abbondevole: orzo pure, e segala in quantità, ma la raccolta del formento sarà mediocre. Peri più che pomi, ed in competente numero le prugne e cerase, ma scarsezza di noci e ghiande. Riesciranno i piselli, la lente ed i cecci. Il canapè resterà curto, ma buono. Scarseggeremo di lupoli, ma avremo gran copia d'avena e di miglio [...] In parlando delle infermità e delle guerre, basta dire, che siamo nella solita valle di miseria e di pianto, e che le maggiori potenze fanno grandiosi preparamenti militari (1763: 3).

En contraste, luego de las secciones breves fijas, figuran dos sonetos que se dirigen mutuamente Scopatore y Pellegrino. El diario de cuartos de Luna está repleto de sonetos encajados aleatoriamentey declamados por un autor fingido: «sonetto di uno speculativo», «sonetto di un direttore di spirito», «sonetto di un medico», «sonetto di uno stoico»… Una lista de los arciprestes y obispos de la diócesis de Trento sirve de conclusión a la pronosticación.

A juzgar por el título[103], el piscator de 1770 debió ser parecido al anterior, eliminándose, claro está, el poema laudatorio al obispo. Por desgracia, no han sobrevivido testimonios hasta la actualidad.

La voz poética de *Il Poeta Astronomo. Almanacco Per l'Anno 1771* refiere que «l'almanacco io faccio / propriamente sol per mio diletto», sin renunciar

---

103 *Lo Scopatore di Parnasso. In Compagnia del Pellegrino Pronostico per l'Anno MDC-CLXX. Composto dal Dottor Romedio Antonio Gallicioli.*

a la burla en ningún caso: «se vien la barzeletta, non la taccio» (1770: 26). Es evidente que las noticias astrológicas, expresadas en octavas reales, son un pretexto para producir versos: «Comincia questo inverno veramente / siccome insegna l'astronomic' arte / allora quand ogn'anima vivente / s'è mal vestita o dal fuoco si parte, / dal freddo incomodata si risente, / e dura, com' ho letto in varie carte, / sinchè nell'aria splandesi il calore / del freddo a discacciar tutto il rigore» (1770: 21);

> I legnami a tagliari di gennaio,
> de'quali vuoi serviti a fabbricare,
> agricoltore, non si sia discaro;
> E se vuoi, che quei possano durare
> tagliali allor che Luna non far chiaro:
> Nè volgi il tuo pensiero a seminare
> in questo mese alcuna cosa mai,
> che la semente e l'opra gitterai

(1770: 25).

Bajo el anagrama de Mastro Baldone dell'Avacquanasa, Baldassarre Dall'Acqua, un poeta mantuano, confecciona para el año 1777 *La Giostra de'Pianeti [...]. Pronostico poetico*. Demuestra tener una predilección hacia la sextina, aunque también compone sonetos. Es posible que antes hubiese estampado un almanaque semejante, según deja entrever en el prólogo (1776: 5). En cualquier caso, termina prometiendo un nuevo número si el presente se despacha bien en las tiendas (1776: 144), pero no consta que lo diese nunca a la imprenta.

Los trozos rimados abarcan el discurso general del año y los cuartos de Luna. Asimismo, se incluyen poemas en unas secciones interpuestas en el diario que tratan de los números de la lotería, un argumento usual en los almanaques italianos del XVIII. En las páginas finales se adjunta una traducción de la *Batracomiomachia* de Homero. Como ocurre en tantos reportoriosen verso, las poesías tratan sobre astrología, pese a que el conocimiento pueda extraerse de ellas sea escaso o nulo:

> Entra marzo da freddo aspro irritato;
> perchè in quarta a Mercurio passa Giove;
> e Saturno col trino commove
> di burrascosi venti orribil fiato:
>
> Pur spero avrem rigore temperato
> per Venere ed il Sol; ma fa rie prove
> Marte su gl'Egri e guerre ancor promove
> per Saturno ch'ha in sesta, e Luna allato.

> Ma poi quadrando al Sol lo stesso Marte,
> per più dì esalerà caldo vapore,
> ma d'aggressori intanto il Mondo infesta:
>
> Poscia Mercurio posto in Austral parte,
> della giustizia esercita il rigore,
> che omicidari per punire arresta

(1776: 39).

Giorgia Giusti, con arreglo a algunas notas autobiográficas introducidas por Dall'Acqua, conecta este almanaque con el modelo español, pensando seguramente en Diego de Torres Villarroel (2005: 107). En realidad, poco tiene que ver la apuesta del poeta mantuano con la del Gran Piscator de Salamanca, e incluso si atendemos a la escritura del Yo, lo que *La Giostra de'Pianeti* contiene son apuntes aislados, alejándose del desbordamiento de la propia personalidad de los almanaques torresianos.

A medio camino entre las burlas y las veras, *Il Meneghino critico* junta rimas en italiano con otras en dialecto lombardo. Tanto en el discurso general como en las lunaciones los pensamientos declarados son una representación de la *retórica charlatanesca* :

> Lettor che prendi questo libro in mano,
> se per sorte non sai di poesia,
> o sei poco cortese, o poco umano,
> tienti i quattrini in tasca, e vanno via

(1781: 1).

No es arriesgado plantear la posibilidad de que el *Almanacco delle donne* estampado en el taller turinés de Michele Briolo entre 1784 y 1785 y que rubrica «Madamigelle N.N.» fuese un almanaque en verso:

Nell'introduzione in versi, ricca di riferimenti alla letteratura latina (Orazio, Virgilio, Ovidio), l'autore o autrice raccontava di aver avuto un'educazione tradizionale per una donna (accennava alle ore passate a filare o a cucire) a cui però un giorno, sollecitata dalla sorella e dalla madre, si era ribellata: «La madre nello scrivere /andonne esercitando. / Allor fu, che il mio genio / de' suoi lavor fu pago, / d'allor fu delle lettere / sempre mio cuor più vago». [...] L'interesse per la cultura e non la passione d'amore era il consiglio che l'anonimo dava alle sue lettrici. Tuttavia l'apello alla libertà delle proprie scelte anche culturali non significava liberazione del ruolo di moglie, che, secondo l'autore, doveva continuare ad essere la massima aspirazione per una donna. Inutile era, a suo avviso, il ricorso alla gelosia e al lusso per mantenersi un affetto: «Dal cuor sgombrate ques'inique brame / in voi l'uomo si specchi, e si confonda». Il mondo a cui faceva riferimento era quello delle donne nobili e dell'alta borghesia. Numerosi erno infatti gli articoli dedicati alla moda, all'acconciatura, al rito della «toeletta» (Braida, 1989: 205).

Maurizio Pipino, un médico de Turín enamorado de la poesía tradicional piamontesa, publica en la oficina de Ignazio Soffietti el *Almanacco di sanità* (1785–1789). Este se dividía en dos apartados bien diferenciados: en primera instancia, el lector se topaba con unas «Nozioni mediche facili ed utili ad ogni persona del dottor fisico Maurizio Pipino, pensionario regio». Seguidamente, hallaba un surtido de «Poesie piemontesi raccolte dal medico Maurizio Pipino». Estas habían sido sacadas de una antología de *Poesie piemontesi* que Pipino había preparado en 1783 (Braida, 1989: 92).

Al igual que el *Almanacco di sanità*, *L'Amazoni. Almanacco per l'anno bisestile 1788* fija una separación rotunda entre la sección inicial, conformada por un breve discurso anual y un diario de los aspectos de la Luna, y una segunda que acoge un poema narrativo titulado *Moenia*. Este consta de cuatro cantos formados por un número indeterminado de octavas reales. Como era de esperar, el argumento central son las amazonas, su belleza y su vida salvaje. No es descartable que el desconocido compilador estuviese pensando en imprimir una segunda entrega del almanaque, ya que dice estar dandoa conocer el comienzo del poema *Moenia*. Pero no parece que dicha publicación llegase realmente asalir al mercado.

En 1789 sale a la venta el boloñés *Almanacco storico-letterario* que, como su nombre indica, se mueve entre la historia y la literatura. En la portada leemos que ha sido producido «a spese di Floriano Canetoli». Los componedores debieron escribirlo a sabiendas de que era poco común, pues una nota al «Amico lettore» anuncia que al primer «volger d'occhio lo comprendari diverso [el almanaque]» (1788: sin numerar). Tanto sus condiciones materiales —abundan los grabados de enclaves europeos— como el elevado registro lingüístico que emplea, patentizan el alto grado de refinamiento que aspiraba a alcanzar este librito. Se abre con una descripción de la ciudad y de la fortaleza de Belgrado que viene junto con un grabado desplegable. Continúan varios sonetos des autores que, si no quieren utilizar sus propios nombres, los inventan o firman solo con sus iniciales (Cradamo Nefrasico, Filide P.A., G.T., Felsineo Macedonio…). Unos cuantos poemas están dedicados a personajes históricos, como Giuseppe II, Catalina II de Rusia, Gustavo III de Suecia o el conde Romanov. Los restantes son recreaciones sobre diferentes casuísticas, aunque siempre se menciona un personaje principal. Así, Gaetano Piacenti imagina a un soldado conversando con un gran visir en «Un soldato turco a Mehment Mussum-Kade Gran Visir così favella»:

> L'inclita tua prudenza, o mio signore,
> che sol ne scampa dai nemici fieri,
> di tal ardire ci riempie il cuore,
> che le lor forze noi sprezziamo alteri.
> E per fermo teniam, che vincitore
> i fanti sbigottiti e i cavaglieri
> di viltade ripieni al tuo valore
> offriran le loro armi, ed i destrieri:
> Chiederanti mercè per lo Dio loro,
> piangendo in vano la sua dura sorte
> t'offriran rare gemme, e lucid'oro;
> ma tu mai sampre generoso, e forte
> ardito sprezzarai il lor tesoro,
> e dono li farai solo di Morte

(1788: 15).

Tras esto, se acoplan un mapa desplegable y a color de Europa del este y un elenco de los príncipes otomanos. No hay rastro de la ficción ni en las secciones breves fijas ni en el diario de cuartos de Luna.

En los años 1748 y 1751, fray Juan de la Concepción concibe dos piscatores que cabría calificar de «poéticos». *El piscator inmortal* (1748), que publica como don Juan de Madrid, lleva a escena una metáfora en la cual varios personajes, encabezados por Don Quijote y Sancho, discuten acerca de cuestiones de diversa índole. El juicio del año recoge una amplia gama de estrofas: epigrama, canción real y endechas, pero también quintillas, romances y rendondillas (1747: 13–27). En el diario, nuevos poemas adornan las fases lunares, sustituyendo una vez más a los mundanos acontecimientos (1747: 27–57). En este almanaque, la ficción está enormemente cohesionada, pues los caracteres que protagonizan el artificio del comienzo son quienes entonan los poemas de después. Los elementos provechosos, en cambio, brillan por su ausencia, ya que han quedado reducidos a un breve párrafo en las estaciones y a notaciones de corta extensión, del tipo «cásate», «granizo», «niebla», «caza», en las lunaciones.

El *Tribunal del Parnaso: querella de Urania y juicio de Apolo* (1751), para el que el autor utiliza el nombre de José Roco, simula un cónclave entre los planetas, las musas y los dioses de la mitología clásica. En sus palabras, las poesías se usan para «disfrazar» los vaticinios políticos (1750: 10). La disposición sigue el patrón establecido en *El piscator inmortal*:

Las políticas ocurrencias son las que expresan estas

ENDECHAS REALES

La blanca corderilla
del venturo amo
al rigor de la parca,
orbe mucho cubrió de luto trágico.
Aquella vid frondosa,
que tanto arrojó pámpano,
estéril de racimos
dejó al dueño infeliz la sed de Tántalo.
Aunque segur tajante
destrozar quiso un plátano,
para llenar la selva
mil renuevos produce cada vástago.
En sus resoluciones
se ostenta Celio rápido,
mostrando que era industria
cuanto hasta ahora le mintió flemático

(1750: 16).

Bien quisiera (dijo Talía) poder evitar una desgracia, pero, sin que dependa de
mi arbitrio, sucederá que
Dos zorros de gravedad
uno a otro contradicen:
Sobre si mentira dicen,
o si dicen verdad.
Llegó otro con caridad,
y les dijo: Majaderos,
¿para qué son tantos fieros?
Supuesto que nadie duda,
que está la verdad desnuda,
mas no puede estar en cueros

(1750: 25).

Con posterioridad, Diego Antonio Cernadas y Castro y Juan Rubio de Villegas
entran a formar parte del grupo de componedores de almanaques versificados:

Diego Antonio Cernadas y Castro, que firmaba «el cura de Fruime», se animó en 1762
a importar la estructura del almanaque para un artefacto poético-prosístico, de contenido astrológico muy disminuido y que era solo un vehículo para ensartar largos
poemas de temática principalmente religiosa. En 1767, en las postrimerías de la época
dorada del género, Juan Rubio de Villegas escribía su pronóstico íntegramente en
verso (Durán López, 2016: 39).

Como deja ver el subtítulo de *Kalendario doloroso* con el que Cernadas y Castro bautiza a su piscator, este trata sobre mariología. Yendo a la contra de la *retórica charlatanesca* que impregnaba la mayoría de los pronósticos españoles, Cernadas se dirige al piadoso lector para pedirle su tiempo, «que vale más que todo tu dinero» (1762: sin numerar). El texto está integrado por una «Introducción» en prosa decorada con décimas en las que una voz narrativa que se identifica con el autor histórico conversa con un personaje llamado Carlos acerca del arte de confeccionar almanaques. Pese a que antes se ha renunciado a los reales de plata de los lectores, la narración no está exenta de tintes torresianos, pues sus características descripciones continúan estando presentes: «su estatura es esópica, pelo gorgónico, frente de sátiro, cejas lunáticas, ojos estrambóticos, nariz de bucéfalo, barba de cáñamo, boca troglodítica, labios géticos, espaldas de galápago, panza de tímpano y piernas de espárrago» (1762: 23). La diferencia esencial reside en el diario de cuartos de Luna, repleto de composiciones poéticas de temática religiosa, con especial predilección por la figura de la Virgen. Terminado el mes de diciembre, se adjunta una *Loa para la fiesta de los dolores gloriosos de María Santísima en Fruime* (1762: 128).

El *Nuevo piscator granadino* de Juan Rubio de Villegas está escrito en verso casi en su totalidad: prólogo, «Introducción al juicio del año 1767» y lunaciones. Solo se salvan las estaciones, en las que hay fragmentos en prosa que predicen lo que se espera de la primavera, el verano, el otoño y el invierno. Tampoco las secciones breves fijas y las partes útiles del diario de las fases de la Luna plantean ninguna clase de ficción. En cuanto a la métrica, es destacable la variedad, pero se le otorga una indudable primacía al romance y a la seguidilla con bordón. Por lo general, los pasajes tienen un tono festivo, si bien conservan el propósito de oscurecer la expresión:

> Las buenas intenciones
> de un soberano
> las oculta un valido
> falaz y zaino;
> pues buenas aguas
> tal vez por los conductos
> parecen malas
>
> (1766: 44).

> Cierta real orden sale
> De regia testa,
> Mas la oculta el manejo
> Que la maneja;
> Y así se ocultan

Muchas órdenes regias,
Porque se ocultan

(1766: 46).

El almanaque en verso no representa un formato extendido en el territorio español, que se decantó abiertamente por la literatura jocoseria. Además, el tipo se desarrolla cuando el Gran Piscator normaliza la introducción de rimas en los pronósticos.Por el contrario, en los Estados italianos se documentan muestras desde el siglo XVI. Por otra parte, el traspaso del prototipo jocoserio a Portugal pudo influir en que los autores lusos rechazasen experimentar con nuevas fórmulas ficcionales. Únicamente el *Almanaque das Musas* (1793–1794), traslación del *Almanach des Muses* francés, ilustra el caso del almanaque en verso en Portugal. En él, los datos referentes a la astronomía y la astrología han desaparecido cuasi al completo:

> Assim, apesar do título e da periodicidade anual, esta publicação distanciava-se do formato usual ao privilegiar a componente de entretenimento sobre as outras funções do almanaque (calendarizar, informar, ensinar, etc.). Mais do que um instrumento de organização do tempo, o *Almanak des Muses* apresentava-se como um repositório da poesia posta em circulação no ano anterior, para deleite dos leitores (Anastácio, 2012: 60).

4.3.4. Almanaque-antología

El almanaque-antología será uno de los modelos más difundidos durante el siglo XIX. Orientado al deleite y al entretenimiento , no se percibe en él el predominio de ninguna forma literaria específica; antes bien, los cuentos se suceden a los poemas, estos a las adivinanzas, aquellas a las anécdotas, etc. A decir verdad, este es el prototipoque, enItalia, se identifica de manera mayoritaria con el almanaque literario dieciochesco (Braida, 1996: 190–191). En el reino de Piamonte consiguió alcanzar un alto grado de estimación, habiéndose destacado dos cabeceras: el *Almanacco monferrino* de Giuseppe Antonio Morano, un cura de Casale Monferrato (Turín, 1756–1794), y los *Capricci* del tipógrafo Bonaventura Porro (Turín, 1784–1785).

El *Monferrino* se erigió en el «punto di riferimento per altri almanacchi "letterari", caratterizzati da una critica del pronostico astrologico e da un interesse, seppure superficiale, alle mode, al teatro e alle letture più in voga in quegli anni» (Braida, 1990: 334). Logró granjearse una gran fama entre la población turinesa, que demandó tiradas de hasta 2500 copias. Los asuntos abordados mezclan los temas puramente literarios con contenidos de divulgación científica e histórica:

Alternando poesia e prosa, questo libretto non conteneva più né il pronostico astrologico, né compendi a puntate, ma articoli su temi svariati : dalle origini delle tradizioni
del Monferrato e delle feste popolari, ai costumi dei popoli orientali; dalla descrizione
delle «meraviglie» delle isole del Pacifico, a quella della rigidità del clima russo; dalla
critica delle previsioni meteorologiche divulgate dagli almanacchi, alla denuncia di
superstizioni ancora vive ai livelli più bassi della cultura. A differenza dei suoi colle-
ghi, Morano citava spesso le fonti da cui traeva le informazioni che riportava. Ad
esempio, in un articolo sulla poesia presso gli Arabi faceva riferimento alla traduzione
italiana della Universal History; parlando dell'origine della fanfara citava l'edizione
lucchese dell'*Encyclopédie*; in un articolo sulle malattie dell'infanzia citava i *Com-*
mentaria di Gerard Van Swieten. L'originalità di alcuni almanacchi rispetto ad altri
fu dunque fortemente condizionata dalla cultura del compilatore, dalla sua capacità di
mediare la propria preparazione con gli interessi del destinatario (Braida, 1990: 334).

La astrología, tanto en su dimensión práctica como teórica, tiene una escasa
representación en el almanaque (Braida, 1995: 43). El discurso del año, incluidas las cuartas de las estaciones, no aspira a seguir informando; muy al contrario, se limita a presentar una sucesión de versos en torno a variados tópicos
poéticos:

> Non avendo io altro fatto
> che ridur la prosa in versi
> riesciti niente terzi
> che vuol dir ben da buon patto
> a qualcun per far piacere,
> e il lettor intrattenere.
> Quali prego d'aggradire
> e non farli il muso storto,
> perchè scritto ho per diporto,
> e per l'ozio sol sbandire,
> ed a quei far rabbia, e smaeco,
> che infamar'quest'almanacco

(1797: 20).

En referencia a esta aparente falta de aplicación, Morano avisaba de que entre
las páginas del pronóstico los lectores hallarían el clásico cómputo del tiempo:

> Parrà strano a qualcuno che leggerà quest'almanacco il non ritrovare in esso descritte
> nè discorsi delle stagioni, come anche sotto ciascun quarto delle Lune, le predizioni
> dei cambiamenti dei tempi e i pronostici di ciò che deve succedere nel presente anno,
> siccome tutti gli altri compositori di almanacchi sogliono fare, per dare pascolo a
> certi imperiti e rudi uomini, che troppo creduli per infallibili le tengono (1773: 3).

Las secciones breves fijas y el diario de los aspectos de la Luna permanecen,
aunque esta última sección está repleta de poesías y artículos sobre cultura

general. Los poemas hacen referencia al clima, las enfermedades y las actividades agrícolas, etc., sin que de ellos pueda extraerse dato alguno de utilidad:

> Nel quarto o vien la neve, o soffia un vento
> sì freddo, che farà l'acqua impetrire
> e il vin forse nei vasi anche indurire
> quest'è del Ricci, e stop il sentimento
>
> (1797: 26).

Luego, en el ejemplar del 1774 se detallan los orígenes del Carnaval, se discute acerca de por qué los doctos son mal acogidos en su patria o de dónde proviene la costumbre de dar un aguinaldo en Navidad (1773: 73–182). En 1797, el lector se encuentra con varios sucesos extraordinarios, como el de una mujer inglesa que durmió tres semanas seguidas o el de un hombre que guardó en su estómago unas semillas de cereza hasta que murió (1796: 28–112).

Los *Capricci* son «una sorta di antologia di "pensieri sconnesi", di bizzarre riflessioni sulla società del tempo e di articoli polemici nei confronti del pronostico astrologico» (Braida, 1989: 84). Representan una de las pocas muestras dieciochescas en la que se sabe con certeza que colaboraron varios escritores, aun cuando la autoría colectiva no se implantaría definitivamente en el terreno del almanaque hasta elochocientos. Han sobrevivido evidenciasdel intercambio epistolar mantenido entre Porro y aquellas personas que participaron en la publicación (Braida, 1989: 84). El impresor incluso invitó a sus clientes a hacerle llegar propuestas manuscritas antes de septiembre para que formasen parte de la próxima entrega:

> L'editore si è incaricato di ricervere gli scritti per formarne uno o due volumetti ogni anno. Gli autori potranno fargli a lui pervenire prima di settembre, onde non se differisca l'impressione dell'anno successivo. Se alcuno rimarrà inedito, ciò avverrà dalla mancanza di facoltà di stamparlo. [...] Gli autori che vorranno appalesarsi possono essere sicuri del segreto, se lo brameranno, e saranno poscia pregati di gradire qualche esemplare del Lunario in testimonianza di gratitudine (1783: sin numerar).

Porro defendía que, mediante la adquisicón su papel, los compradores aprenderían muchas más cosas que con un almanaque al uso: «Qualunque giudizio ne forme il pubblico, esso certamente sarà più utile e più dilettevole di tanti altri lunari o almanacchi che fanno ormai rossore alla Italia con tante scempiaggini di cui ridondano» (1783: 10). El único apartado que subsiste del armazón tradicional del pronóstico es el lunario, aunque se presenta rodeado por fragmentos prosísticos. Entre otros detalles curiosos, se explica con suma minuciosidad cómo fabricar zapatos siguiendo el método geométrico de Leibniz (1783: 17–18). Casi todos los relatos ficcionales están teñidos de un cierto tono moralista;e el cuento «Il gatto da refettorio» describe cómo los gatos esperan agazapados a que les llegue la oportunidad de hacerse con algún alimento de la cocina, y de esta misma manera también actúan muchos seres humanos (1783: 41–42). En «Lavarsi il viso di sporcizia», el narrador critica la hipocresía de las mujeres: «Oh come imbrattate il vostro bel viso o donne, quando l'invidia spingevi a motteggiare le vostre simili, o a ritrovar difetti in loro» (1783: 17). Al año siguiente, relata los beneficios de beber café y enjuicia los *ballets* modernos (1784: 10–11). En los párrafos sucesivos, hace un repaso por los vestidos y los peinados de moda entre las damas de su tiempo, a la vez que anima a las señoras a no preocuparse en exceso por su aspecto físico: «La decenza, il garbo e l'ornamento del vestire è tutto proprio delle donne specialmente giovani, e bennate; ma la caricatura e l'eccesso io lo vorrei sbandito anche nelle donne vane, perchè di questo vizio è facile che se ne appicchi anche nelle altre sfere» (1784: 18–20). El lunario finaliza con el grabado de una nueva máquina que debía servir para acelerar la recuperación de los enfermos(1784: 97–104).

Tomando el camino emprendido por Morano y Porro, varios almanaqueros turineses de finales del XVIII practican el esquema antológico. En la década de 1790, el impresor Giuseppe Davico alumbra *La ninfa Doride,* «con proverbi e racconti mitologici» (Braida, 1989: 70). El mismo tipógrafo estampa durante dos años sucesivos (1790–1791) *Il novellista,* quecomo su nombre indica, contenía una novela. En este caso, el formato de publicación anual se combina con el método «por entregas», ya que la novela de 1791 es una continuación de la que había salido a la luz el año precedente. Además, las dos se publican de manera exenta luego de haberse presentado en el almanaque (1790: sin numerar). El texto de la novela está colocado al final del opúsculo, como una adenda. De igual modo, quien hubiese comprado el almanaque habría podido examinar el juicio del año, las secciones breves fijas y las lunaciones, estando estas adornadas con poemas en los cuartos:

> In questa fase cade
> un poco di pioggetta,
> che imbratta le contrade
> di fango in quantità.
> Ma pur si calma alquanto
> Il freddo rigoroso,
> e ciò qualche riposo
> ci dona in verità

(1790: 21).

Il sollievo dei malinconici se edita en el taller de Onorato Derossi en 1791 y su andadura se prolonga hasta el año 1828. Aquí la propuesta «consisteva in una formula nuova che non si esauriva in articoli di cultura generale, ma che offriva anche spazi per il divertimento, il "dilettevole"» (Braida, 1989: 75). En el pronóstico se ponen en práctica procedimientos literarios múltiples. Para empezar, el juicio anual toma la forma de una comedia. En 1791, es Il Gran Truffaldino, «astrologo ed indovino, cameriere e buffone della marchesa donna Irene Brusuvir» quien pronuncia el discurso general. La pieza está dividida en cuatro actos, uno por cada estación. Es una obra con la que se buscaba hacer reír, ya que Truffaldino abomina toda seriedad:

> La M.: Siete arrivato in tempo caro Dottore per sentir il nostro astrologo far le predizioni dell'autunno. Animo Truffaldino, dà principio al tuo discorso.
> Truf.: Silenzio siori mie iste ben colle orecchie averte, che mi do prezipizio ai miei prognostici della quarta stagion dell'anno che se ciama l'autunno l'avì donca da saver, che l'autun el scomenzarà ai 23 de settembre a ore 13 m. 46 sotto el dominò del piattonetto de Mercurio in Libra ascendente la siora Venere che l'ha voltà el Taffanario alla Mula indizio d'un tempo ingarbiado da nuvole e da temporai su precipizio (1790: 43).

A esta parte le siguen las secciones breves fijas y, a ellas, cuatro «sonetos morales» sobre las estaciones quese caracterizan más por lo jocoso que por lo decoroso u honrado (1790: 56–59). En las fases lunares comparecen numerosos secretos y enigmas en verso:

> Enigma V.
>
>> Danzano alcuni con le teste chine
>> agili assai per arte, e per natura.
>> E mentre van scorrendo ogni confine,
>> molti si vedon dalla sepoltura
>> saltar fuori, e le femmine vicine
>> gridan tutte tremanti di paura:
>> s'odon voci di duol, d'ira, d'amore,
>> e un solo è quel che fa tutto il rumore
>
> (1790: 67).

> Secreto V. Se qualcuno avesse perduto l'appetito prenda la decozione di tormentilla fatta in acqua, che è uno specifico singolarissimo, ed il contrasegno si è che corrugandosi con questa la fibre dello stomaco si rendono più abili a battere il cibo e digerirlo (1790: 68).

Después del diario viene dispuesto un trozo de novela, que se supone es la secuela de una historia previamente publicada: «Proseguimento e fine della storia della bella Dionigia figliuola del Re di Francia» (1790: 107–117). El cierre del almanaque recoge un listado de los soberanos europeos, una tabla con la salida y la llegada del correo y las equivalencias de las monedas de oro y plata.

En *Il genio de'tempi. Almanacco alla moda* (1785–1821) se adicionan, al término de los meses del año, «alcuni articoli in italiano, altri in francese, o brevi poesie sui più svariati argomenti quali l'amore, l'amicizia, il piacere, la massoneria, la medicina, la moda, i libri e gli autori moderni» (Braida, 1989: 196). *Il capriccioso, giornale eteroclito* (Turín, 1795) representa «una estrosa antologia dei generi letterari più svariati» (Braida, 1989: 77).

A finales de la centuria, en la Toscana empiezan a brotar series de almanaques-antología :

> La seconda metà del Settecento vedeva difatti la fioritura di varie iniziative che impegnavano il mondo tipográfico toscano su diversi piani. La stampa periodica cresceva e si specializzava e tutto questo sembrava riflettersi sulla produzione di astre pubblicazioni minori. Il *Cavalier servente. Almanacco per l'anno [...] dedicato al bel sesso,* il *Lunario alla moda* «corredato di figurini di mode miniati, di aneddoti e poesie», *L'almanacco del buon gusto* «con la traduzione del più bello e grazioso tra i romanzi in cui va la superba lingua francese intitolato *Paolo e Virginia* [...] con figure incise in rame, allegoriche delle peripezie dei due protagonisti», pareva riprendere la forma di quel giornalismo femminile *in nuce* che aveva dato vita a periodici di mode, a giornali per le dame e a *Biblioteche galanti* (Solari, 1989a: XXIII).

Muchos de los títulos mencionados están dirigidos a las mujeres, con lo que cabe pensar que estas fueron las potenciales receptoras de la literatura del almanaqueantológico, al menos en los primeros tiempos. Esta hipótesis ha sido constatada por Alberto Luporini quien, en su estudio sobre el almanaque femenino milanés, confirmaba la íntima relación que conecta el almanaque con la literatura y el género femenino en la segunda mitad del setecientos. Estas obritas, que brindan «alle loro lettrici componimenti in versi, raccontini, aneddoti e massime, passatempi divertenti, articoli di costume e figurini di moda» son, a su modo de ver, el antecedente directo de la *strenna* decimonónica, un tipo de impreso anual que aglutina composiciones en prosa y verso (1999: 5, 14).

La visibilidad del «almanaque-antología» en la península ibérica es menos notable que en los Estados italianos, seguramente debido al éxito del modelo literario jocoserio. En Portugal no existen ejemplares que imiten, siquiera de lejos, sus parámetros. En España, los ejemplos más cercanos son las series compuestas por José Julián López de Castro: *El Piscator de las Damas* (1753–1757) y *El aparador del gusto* (1755 y 1756). En ellas se amalgaman los cuentos con las poesías y los enigmas con las comedias y los juegos. Al igual que en Italia, el tamaño de las secciones útiles se minimiza —sobre todo en *El aparador del gusto*—, demostrándose así que el deseo principal del autor era ofrecer una lectura amena a su clientela. Cabe recordar que el almanaque femenino acoge de manera preferente el formato de la antología y que *El Piscator de las Damas* estaba dedicado precisamente a las mujeres (Lora Márquez, 2022a). En las dos cabeceras, la poesía y la prosa se alternan sucesivamente, al tiempo que los enigmas versificados pueblan el diario de los aspectos de la Luna. En las páginas finales suele disponerse un entremés firmado por el propio López de Castro —con excepción de la entrega de 1755—[104]. Las composiciones poéticas, pese a ocuparse de temas consabidos (cosechas, clima, medicina, etc.), no pretenden instruir, sino distraer a los lectores y lectoras: «Lluvias *como agua* anuncian, / vientos crecidos; / con que vendrán los lodos, / como *llovidos*»; «Gran cosecha señores, / tendrá el estado, / de machos bien *crecidos*, / y mal *criados*»; «Como digo el aceite, / cebada y trigo, / valdrán *a muy buen precio*, / como lo digo» (1752: 3–5). Los sucesos de las estaciones son un subterfugio para hacer reaparecer el discurso poético, como en esta seguidilla compuesta asignada al otoño:

> Coronado de cepas
> viene el otoño,
> ¡qué tiempo tan *de-vino*
> Para los lobos!
> Y así infinitos,
> a la taberna acuden,
> como los mosquitos.
> Los melones, sandías,
> Y los pepinos,
> ¿a cuántos de los muertos
> harán vecinos?
> A algunos pobres,
> las tercianas los *venden*,
> porque son *dobles*.
> Cuántas doncellas, cuántas
> Su *flor* rastrillan
> y luego decir suelen,
> ¡*ancha es Castilla!*
> Pero estas tales,
> *paran* en lo que *paran*
> otras que *paren*

> (1752: 6–7).

La literatura sale escoltada por informaciones heterogéneas, tales como «Historiales noticias excelentes de los años en que han sido inventadas algunas cosas» (1753 y 1754), donde se especifica el año en el que se introdujeron en tierras españolas multitud de inventos, costumbres y animales (la imprenta, los molinos, las corridas de toros, los papagayos…).

---

104 Véase «Piezas teatrales».

El aparador del gusto exhibe pequeñas narraciones en las fases lunares de tono desenfadado:

> Estando un viejo miserable a la muerte y con la candela en la mano, un hijo suyo, que le exhortaba en aquel trance, le dijo: «Padre, acuérdese Vmd. de la Pasión de Cristo». A lo que el moribundo respondió: «Ya me acuerdo, hijo; pero acuérdate tú de apagar la vela luego que haya entregado mi alma a Dios, para que no se gaste mucho» (1754a: 9).

Aparecen también proverbios, enigmas, poemas, etc., así como normas para jugar en sociedad:

> Para atar un hombre con un palo de forma que no pueda moverse, se le meten las manos entre la chupa y se le abotona bien para que no las saque. Hacésele luego sentar en el suelo, teniéndole uno por detrás y pasándosele un palo por entre el cuerpo y los brazos. Después se le levanta el pie izquierdo y se le pone sobre el palo, y ejecutando lo mismo con el derecho queda de modo que no se puede desatar hasta que se le saca el palo de entre los brazos (1754a: 22).

En 1754, el autor se decanta por las biografías resumidas de ilustres escritores y artistas: Lope de Vega, Francisco de Quevedo, Calderón de la Barca, Petrarca, el pintor Tiziano, Michelangelo Buonarroti, etc.

Por último, un título adicional se adhiere al elenco de «almanaques-antología» españoles es *El piscator de los viejos* (1757–1758). La primera salida la firma Francisco Suárez, mientras que la segunda corre a cargo de Simón Francisco Arciniego y Córdoba. En 1757, la «Introducción» se forma a partir de historias que relatan varios personajes viejos, de ahí el título de la obra. En los cuartos de Luna, los poemas y los cuentos son una invitación a la diversión y a la fiesta:

> Un hombre muy decidor, cayó enfermo en un lugar llamado Uña, y diciéndole el médico que se moría, pidió al punto le sacasen de aquel pueblo y le llevasen a otro. Preguntándole los asistentes por qué causa, respondió así: *Porque no quiero morir en Uña, como piojo* (1756: 15).

> En lo que busca estimación el hombre, suele hallar el desprecio.

> El que ser estimado
> busca con ansia,
> el desprecio hallar suele,
> que no buscaba:
> Pues el respeto,
> el mérito le adquiere,
> no el embeleco

(1756: 24).

Cuando la obra está a punto de acabar, se suman unos «Dichos de sabios sobre varios asuntos reducidos a metro» y unas «Noticias curiosas de agricultura» (1756: 105–111).

La apariencia del texto de 1758 tiene semejanza con la publicación de 1757, con la salvedad de que al término pueden verse una extensa serie de refranes —«si haces mal, espera otro tal», «el que antes nace, antes pace», «no hables sin ser preguntado y serás estimado»… (1757: 59)— y los ilustrativos «Consejos de un anciano» para vivir en la corte en prosa y verso:

Luego que entres en Madrid, haz estudio de no hablar por un año, sino lo preciso; pues con eso conseguirás enterarte de genios y tratos.

> Para saber con quién tratas,
> y de quién te has de guardar,
> un año (como novicio)
> cierra el labio, y algo más.

(1757: 60).

No porfíes, para no hacerte aborrecible.

> En diciendo lo que alcances,
> con tolerancia, y paciencia
> calla, y deja que se quede
> cada loco con su tema

(1757: 62–63).

Por último, en las dependencias que se te ofrezcan tratar, antes que escribas, escribe; antes que firmes, recibe.

> Borrar, para escribir bien,
> y escribir en recibiendo,
> es debido lo practique
> el hombre, que es sabio y cuerdo

(1757: 64).

El almanaque-antología tendrá no pocos seguidores en el siglo XIX en Europa, cada vez con menos presencia de las rúbricas de utilidad. La postrera metamorfosis está representada por el *Forget me not*, la singular propuesta editorial que implantó en la Inglaterra de la década de 1820 el librero y editor alemán Rudolph Ackermann. Pasado un tiempo verían la luz las versiones en francés, español e italiano hechas a imagen y semejanza del anuario inglés[105].

---

105 Acerca de las adaptaciones italianas del *Forget me not,* puede consultarse el libro de Luporini *Almanacchi milanesi per le donne* (1999). Para las españolas, véase Durán López (2015b).

Conclusiones

Los capítulos precedentes han ilustrado la trayectoria editorial, así como las transformaciones textuales experimentadas por el almanaque en España, los Estados italianos y Portugal en la Edad Moderna. Con ello, se ha plasmado la situación del género desde sus inicios, coincidiendo con la invención de la imprenta de tipos móviles, hasta el siglo XVIII, periodo en el quevive su momento de máximo apogeo.Inserto en esta coyuntura, el almanaque literario se presenta como una de las evoluciones más destacadas por tres motivos principales: la cantidad de obras que introducen temáticas ficcionales, la pluralidad de modalidades literarias existentes y su capacidad para mantener los niveles de demanda a lo largo de la siguiente centuria.

La conversión del «pronóstico docto» en un «libro de lectura» (Casali, 1985: 34) es el resultado de un proceso plurisecular consistente en la equiparación de las previsiones judiciarias con el entretenimiento. Toda vez que estas hubieron sido anatematizadas por la cultura contrerreformista y la mentalidad racionalista, el almanaque abandona su primitiva adhesión a los centros de poder. El desprestigio de la astrología favorece una transposición por la cual los juicios del profesor de universidad y el consejero áulico hacen reír a quienes los escuchan. Este procedimiento es asimilable al resto de mecanismos degradatorios de la cultura carnavalesca, ya que la estulticia es el «opuesto dialéctico» del conocimiento (Camporesi, 1991: 115). La transformación se produce de manera escalonada, de modo que, durante algún tiempo, en el ámbito de la producción almanaquera conviven las formas ligadas al *iudicium docto* con las expresiones más tempranas de la literatura de consumo:

> La cultura astrologica nelle sue variegate sfaccettature, attraverso processi di osmosi e scambi reciproci tra diversi ambiti socio-culturali, era infatti ampiamente condivisa dalla Corte e dalla piazza, dalle Accademie e dalle botteghe artigianali, dalla città come dalla campagna e la produzione di letteratura «almanacchistica» [...] assumeva tipologie diverse in vista di una lettura e di una appropriazione differenziate: dagli almanacchi-pronostici e avvisi astrologici —espressione di una cultura dotta—, agli oroscopi e ai lunari, redatti nell'opuscolo di poche carte o nel foglio volante stampati ad esempio in gran quantità a Bologna e distribuiti nelle strade, nelle fiere e nei mercati dai cerretani, dai cantastorie, dai guidoni di cui parla Piero Camporesi (Solari, 1992: 8).

El descubrimiento de una tradición antiastrológica vinculada al almanaque es útil a la hora de entender la aparición de determinadas modalidades literarias, como la jocoseria. Asimismo, ayuda a comprender la figura autorial del Gran Piscator de Salamanca, quien adoptó por propia iniciativa el rol de astrólogo ridículo[106].

De manera subsidiaria, esta investigación intercultural ha descubierto quiénes fueron los referentes de Torres Villarroel, una información que él rehusaba dar a sus lectores. En su obra, se advierte una única referencia a un autor de pronósticos extranjero, Eustachio Manfredi (1674–1739), profesor en el Estudio de Bolonia, sobre el que escribe:

> Tengo trabajados todos los eclipses de sol y luna hasta el año mil y ochocientos, que se los daré de muy buena gana a los astrólogos en ciernes que andan arrastrados para componer sus almanaques; y les hago una gran caridad, porque ya se les murió Eustaquio Manfredo, en cuya feria feriaban sus Lunas, y ahora, si no se valen de mi socorro, temo que se han de quedar capones de oficio (1972: 227).

El anterior testimonio demuestra que hubo astrólogos de origen italiano cuyos textos fueron conocidos en España en la primera mitad del setecientos. Sin embargo, el italiano practica un tipo pronóstico cultocuyo propósito no es en absoluto servir de entretenimiento a los compradores.

Pero este es un viaje de ida y vuelta, ya que Torres no solo buscar inspirarse en ejemplos foráneos, sino que también ejerce de modelo fuera del territorio español. Los almanaqueros lusos no se contentan con reproducir matrices genéricas, sino que copian el modelo literario español. Esta afirmación está sustentada en tres razones: primero, una lectura atenta de los pronósticos portugueses evidencia una intención clara de reproducir el estilo de Torres y sus seguidores. Además, este es invocado en el almanaque del año 1742 de Cosme Francês, seudónimo del fraile Vitorino José da Costa. En tercer lugar, es sabido que el salmantino residió en Portugal en dos ocasiones a lo largo de su vida:con veinte años escapa del hogar familiar en busca de aventuras y permanece en el país vecino casi dos años (García Boiza, 1911: 21–23). Más tarde ocurre el famoso destierro (1732–1734), momento en el que se ocupa de publicitar su trabajo en las ciudades portuguesas, donde imprime tres reportorios (Coímbra, 1733, 1734 y 1735). Seguramente, el triunfo del discurso jocoserio en España moviese a los portugueses a trasladar a su idioma aquella fórmula afortunada.

106　A este respecto, Mariano y José Luis Peset se preguntaban «¿Cómo podían entenderle y perdonarle los sesudos doctores? Su figura difiere de los otros catedráticos salmantinos; se destaca de la gravedad de las aulas y las disputas académicas» (1973: 517).

Dado que es posible reconocer una gran cantidad de similitudes a nivel textual, en el futuro convendría examinar cuáles son los medios de distribución de los almanaques en el mediodía de Europa, pese a que, como observa Jeroen Salman, los estudios tocantes a los sistemas de comercialización de los papeles en un ámbito transnacional son escasos:

> In the field of European book history, the dissemination of popular print is still little studied, and particularly from a comparative perspective. We do find edited volumes where different countries are studied side by side, but more integrated, comparative approaches are rare. Even within the field of popular print culture itself, it remains a challenge to find studies that address distribution of popular print with a Europe-wide scope (2021: 36–37).

No es descartable que los almanaques saliesen de loslímites políticos establecidos, aunque para ello tuviesen que saltarse la legislación vigente. Así lo cree Lodovica Braida en referencia a Piamonte: «il est en outre probable que certaines éditions ont franchi les frontières» (1996: 194). También sabemos que la etapa en la que España y Portugal formaban una unidad política, una red de distribución de impresos conectaba Lisboa con Madrid, Salamanca y Sevilla (Ramada Curto, 1991: 140). En el siglo XVIII, todavía había almanaques españoles e italianos que entraban en tierras portuguesas, pese a que las autoridades castigaban duramente a quienes les permitían el paso:

> Embora a importação fosse proibida, era muito difícil travar a circulação de almanaques estrangeiros, sobretudo espanhóis, introduzidos pelas fronteiras da Beira e de Trás-os-Montes, e penetrando até ao litoral, sobretudo no norte e centro do país. Em 1778, em Cabeceiras de Basto a polícia descobre 102 exemplares em casa de Manuel Pereira, então ausente, e 5 pacotes em casa de Bento Antunes, que é então detido. Segundo o relatório policial, era este contrabandista que recebia as folhas em maços e as juntava em cadernos antes de proceder à sua distribuição. Em 1779, segundo as mesmas fontes, sabe-se que os almanaques espanhóis entravam ainda pela vila de Almeida (Lisboa, 2002: 17).

En la *Histoire du colportage en Europe. XVe-XIXe siècle* (1993), Laurence Fontaine reconstruye la historia de una familia de vendedores ambulantes franceses, los *Brainçonnais*[107], dedicados a transportar folletos por España, los Estados italianos y Portugal[108]. Al tiempo, estos proveían de mercancías a otros mercaderes, fuesen itinerantes o estuviesen en posesión un puesto fijo.

---

107 François Lopez ya había hecho mención a este clan en «Gentes y oficios de la librería española a mediados del siglo XVIII» (1984).

108 Fontaine firma también un estudio titulado «Les Vendeurs de livres: réseaux de libraires et colporteurs dans l'Europe du Sud (XVIIe-XVIII siècles)» (1992).

El librero François Grasset, en una carta dirigida a Malesherbes en 1754, describía esta forma de comercio:

> Le commerce de la librairie en Espagne et au Portugal, de même que celui de beaucoup de villes d'Italie est tout entre les mais des français, tous sortis d'un village situé dans une vallée du Briançonnais dans le Dauphiné. Ces gens, actifs, laborieux et extrêmement sobres, passent successivement en Espagne et s'allient presque toujours entre eux. [...] Non seulement le commerce de la librairie est dans leurs mains, mais encore ceux des cartes de géographie, d'estampes, horlogerie, toiles, indiennes, bas, bonnet, etc. (citado en Fontaine, 1993: 69).

En *Mémoires sur la librairie* (1788), Malesherbes hace hincapié en que, gracias a este negocio, había materiales que llegaban a los lugares más remotos de Europa meridional, como Cádiz y Sicilia:

> J'ai appris par hasard qu'il se fait un grand commerce de libres imprimés en France, avec l'Espagne, le Portugal et l'Italie. [...] Ce commerce d'Italie et d'Espagne a pour objet des libres à l'usage de ces deux Nations, qui s'impriment à Lyon et dans d'autres villes meridionales, et ce sont des marchands ambulants ou colporteurs qu'on appelle *Bisoards,* et qui habitent aux environs de Briançon qui tous les ans descendent de leurs montagnes pour faire des pacotilles de livres à Lyon et ailleurs, et vont eux-mêmes les porter jusqu'à Cadix et en Sicile (citado en Fontaine, 1993: 292).

En fechas recientes, Lüsebrink ha vuelto a aludir al eje España-Italia-Portugal, animando a los especialistas a reconstruir «des réseaux de colporteurs, à partir d'un centre géographique (en l'espèce l'Oisans dans le Sud-Est de la France), et englobant une large aire de diffusion (allant ici du Sud de la France jusqu'à l'Italie, l'Espagne et le Portugal)» (1996: 426).

En lo sucesivo, será necesario continuar indagando acerca de estos y otros interrogantes que no se han terminado de dilucidar, aunque para ello habrá que esperar la llegada de la ocasión propicia, como se aguarda el nuevo año.

Agradecimientos

Este libro forma parte de los resultados del Proyecto de Investigación *Almanaques literarios y pronósticos astrológicos en España durante el siglo XVIII: estudio, edición y crítica* del Plan Estatal de Investigación Científica y Técnica y de Innovación, Ref. FFI2017-82179-P, desarrollado entre 2018 y 2021. Quisiera agradecer al Investigador Principal, y director de mi tesis doctoral, Fernando Durán López, el haber confiado plenamente en mí para realizar este trabajo. Por extensión, doy las gracias al Grupo de Estudios del Siglo XVIII (HUM-139) de la Universidad de Cádiz, que me ha brindado su ayuda en los proyectos que he llevado a cabo mientras ha durado mi periodo de formación investigadora.

A mis compañeras y compañeros investigadores de la UCA, porque hemos conseguido forjar un verdadero *esprit de corps*.

Por último, me gustaría reconocer el apoyo y la paciencia de mi madre, Virginia Márquez Martín, no solo en esta etapa importante de mi vida, sino en todos los momentos que hemos compartido.

Listado de figuras

Catálogos, diccionarios y obras de referencia

Aguilar Piñal, Francisco (1978), *La prensa española en el siglo XVIII. Diarios revistas y pronósticos*, Madrid, CSIC.

Aguilar Piñal, Francisco (1981–2001), *Bibliografía de autores españoles del siglo XVIII*, Madrid, CSIC.

Alborg, Juan Luis (1989), *Historia de la literatura española. 3, Siglo XVIII*, Gredos, Madrid.

Cantamessa, Leandro, *BiblioAstrology. Bibliography of books of, and dealing with, astrology printed from 1465 to 1930*. Catálogo en línea disponible desde Internet en http://www.biblioastrology.com [última consulta: 20/11/2022].

Coronas González, Santos M. (1996), *El libro de las leyes del siglo XVIII. Tomo tercero, libros VI, VII, VIII y IX (1767–1776)*, Madrid, Boletín Oficial del Estado.

Corriente, Federico (2008), *Dictionary of Arabic and allied loanwords*, Leiden / Boston, Brill.

Covarrubias, Sebastián de (1611), *Tesoro de la lengua castellana*, Madrid, Imprenta de Luis Sánchez.

Da Silva, Inocêncio Francisco (1858–1923), *Dicionário bibliográfico português. Estudos da Inocêncio Francisco da Silva aplicáveis a Portugal e ao Brasil*. A partir del tomo X el compilador es Brito Aranha, Lisboa, Imprensa Nacional.

Fantuzzi, Giovanni (1788), *Notizie degli scrittori bolognesi raccolte da Giovanni Fantuzzi, tomo sesto*, Bologna, Stamperia di San Tommaso di Aquino.

Grand-Carteret, John (1896), *Les almanachs français. Bibliographie-iconographie des almanachs — années — annuaires — calendriers — chansonniers — étrennes — états — heures — listes — livres d'adresses — tableaux — tablettes et autres publications annuelles éditées a Paris. 1600–1895. Ouvrage illustré de 5 planches coloriées et de 306 vignettes (affiches, reliures, titres et figures d'almanachs)*, Paris, J. Alisie et Compagnie, Libraires-Éditeurs.

Iriye, Akira y Saunier, Pierre-Yves (2009), *Palgrave Dictionary of Transnational History*, London, Palgrave Macmillan.

Nisard, Charles (1864 [1854]), *Histoire des livres populaires ou de la littérature de colportage depuis le XVe siècle jusqu'à l'établissement de la Commission d'examen des livres du colportage (30 novembre 1852). Par M. Charles Nisard, secrétaire-adjoint de la Commission*, Paris, Librairie d'Amyot, éditeur.

REAL ACADEMIA ESPAÑOLA (1726–1739), *Diccionario de la lengua castellana en que se explica el verdadero sentido de las voces, su naturaleza y calidad, con las frases o modos de hablar, los proverbios o refranes y otras cosas convenientes al uso de la lengua*, Madrid, Imprenta de Francisco del Hierro.

RICCARDI, Pietro (1870–1878), *Biblioteca matematica italiana: dalla origine della stampa ai primi anni del secolo XIX. Compilata dal Dott. Ing. Pietro Riccardi, professore di geodesia teoretica nella R. Università di Modena e socio della R. Accademia di Scienze, Lettere ed Arti di questa città*, 2 partes, 3 vols., Modena, Tipografia dell'Erede Soliani.

SIXTO V (papa) (1586), *Costituzione della santità de N.S. Sisto papa Quinto contra coloro che essercitano l'arte dell'astrologia giudiziaria e qualunque altra sorte di divinazioni, sortilegi, superstizioni, stregaria, incanti, eccetera, e contra coloro che leggono e tengono libri intorno a tal materia, eccetera. Tradotta in volgare per ordine di monsignor illustriss. e reverendiss. cardinale Paleotti arcivescovo di Bologna*, Roma, da gli eredi di Antonio Blado Stampatori Camerali.

VOLTAIRE (1827 [1764]), «Dictionnaire philosophique, portatif», en *Ouvres complètes de Voltaire*, Bruxelles, J. Wodon, imprimeur-libraire.

Bibliografía

Abati, Antonio (1671), *Poesie postume di Antonio Abati. Dedicate all'Eminentiss. e Reverendiss. Principe il signor cardinale Flavio Chigi*, Bologna, Giovanni Recaldini.

Aguilar Piñal, Francisco (1991), *Introducción al siglo XVIII*, Madrid, Júcar.

Aguilar Piñal, Francisco (1995), «Las guías de forasteros de Madrid en el siglo XVIII», *Anales del Instituto de Estudios Madrileños*, n.º XXXV, pp. 451–473.

Aguilar Piñal, Francisco (1996), «La Ilustración española», Francisco Aguilar Piñal (ed.), *Historia literaria de España en el siglo XVIII*, Madrid, Trotta, pp. 11–41.

Albini, Andrea (2010), *L'autunno dell'astrologia. Il declino scientifico del discorso sulle stelle da Copernico ai giorni nostri*, Roma, Odradek.

Albisson, Mathilde (2019), «En mala estrella: los pronósticos astrológicos y repertorios de los tiempos censurados por la Inquisición española (1632–1707)», *Studia historica. Historia moderna*, vol. 41, n.º 2, pp. 249–274.

Alciato, Andrea (1993 [1531]), en Santiago Sebastián (ed.) y Pilar Pedraza (trad.), *Emblemas*, Madrid, Akal.

Álvarez, Jesús T. (1983), «Los almanaques, instrumentos de la revolución liberal en los siglos XVII y XVIII», en Alberto Gil Novales (ed.), *La prensa en la revolución liberal: España, Portugal y América latina. Actas del Coloquio Internacional que sobre dicho tema tuvo lugar en la Facultad de Ciencias de la Información, Universidad Complutense, los días 1,2 y 3 de abril de 1982*, Madrid, Editorial Universidad Complutense, pp. 493–507.

Álvarez Barrientos, Joaquín (2006), *Los hombres de letras en la España del siglo XVIII: apóstoles y arribistas*, Madrid, Castalia.

Álvarez Barrientos, Joaquín (2020a), *El astrólogo y su gabinete. Autoría, ciencia y representación en los almanaques del siglo XVIII*, Oviedo, IFESXVIII / Ediciones Trea (Anejos de *Cuadernos de Estudios del Siglo XVIII*, 4).

Álvarez Barrientos, Joaquín (2020b), «Almanaque, ciudadanía y ciudad en la España del siglo XVIII», *Bulletin hispanique*, n.º 122-2, pp. 727–756.

Álvarez de Miranda, Pedro (1993), «Las academias de los novatores», en Evangelina Rodríguez Cuadros (ed.), *De las Academias a la Enciclopedia: el discurso del saber en la modernidad*, Valencia, Edicions Alfons el Magnànim, pp. 263–300.

Álvarez de Miranda, Pedro (1996), «La época de los novatores, desde la historia de la lengua», *Studia Historica. Historia moderna*, n.º 14, pp. 85–94.

ANASTÁCIO, Vanda (2012), «Almanaques: origem, géneros, produção feminina», *Veredas: Revista da Associação Internacional de Lusitanistas*, n.º 18, pp. 53-74.

ANDRIES, Lise (2003), «La culture populaire en question», en Lise Andries y Geneviève Bollème (eds.), *La bibliothèque bleue. Littérature de colportage*, Paris, Robert Laffon, pp. 9-15.

ANÓNIMO (1757), *Anti-reportório ou impugnação dos reportórios. Por um amante do público*, Porto, officina de Francisco Mendes.

ANÓNIMO (1762), *Avisos curiosos para os lavradores e agricultores em que se lhes da notícia dos tempos oportunos para plantar hortaliças e todo o género de árvores*, Lisboa, Ignacio Nogueira Xisto.

AÑORBE Y CORREGEL, Tomás de (1769), *La encantada Melisendra y Piscator de Toledo*, Valencia, imprenta de la viuda de José de Orga.

ARELLANO, Ignacio (2001), «La poesía satírico-burlesca de Quevedo: coordenadas esenciales», *Revista anthropos: Huellas del conocimiento*, n.º 6, pp. 39-48.

ARIÈS, Philippe (1987 [1960]), *El niño y la vida familiar en el Antiguo Régimen*, trad. Naty García Guadilla, Madrid, Taurus.

AVALOS, Ana (2007), *As Above, So Below. Astrology and the Inquisition in Seventeenth-Century New Spain*, tesis doctoral.

BAJTÍN, Mijaíl (1995 [1987]), *La cultura popular en la Edad Media y el Renacimiento: el contexto de François Rabelais*, trads. Julio Forcat y César Conroy, Madrid, Alianza.

BALDINI, Ugo (2001), «The Roman Inquisition's Condemnation of Astrology: Antecedents, Reasons and Consequences», en Gigliola Fragnito (ed.) y Adrian Belton (trad.), *Church, Censorship and Culture in Early Modern Italy*, Parma, Università degli Studi di Parma, pp. 79-110.

BARILLÀ, Enzo (2002), «Astrologia in cattedra: Ovidio Montalbani e il Taccuino astrologico presso lo Studio di Bologna», *Ricerca '90*, n.º 50, pp. 18-30.

BARONI, Isidoro (1903), «Gli almanacchi attraverso i secoli», *Emporium*, n.º 1, pp. 58-79.

BÈGUE, Alain (2016), «"Assurons-nous d'une félicité toute humaine". Lo jocoserio como manifestación del hombre moderno (1651-1750)», *Romance Notes*, vol. 56, n°. 3, pp. 383-392.

BEZZA, Giuseppe (2012), «L'eredità degli arabi», en Germana Ernst y Guido Giglioni (eds.), *Il linguaggio dei cieli. Astri e simboli nel Rinascimento*, Roma, Carocci editore, pp. 39-51.

BIANCHI, Isidoro (1797?), *Le società letterarie. Almanacco per l'anno 1798*, Cremona, per Giuseppe Feraboli.

BISI, Franco (1978), «Lunari, strenne, fogli volanti», en *Cultura popolare nell'Emilia Romagna. Espressioni sociali e luoghi d'incontro*, Milano, Silvana, pp. 156–184.

BOLLÈME, Geneviève (1969), *Les almanachs populaires aux XVII et XVIII siècles. Essai d'histoire sociale*, Paris, Mouton.

BOLLÈME, Geneviève (1971), «Les almanachs», en *La bibliothèque bleue. La littérature populaire en France du XVIe au XIXe siècle*, Paris, Julliard, pp. 61–87.

BONOMELLI, Marina (2010), «Gli almanacchi milanesi del Settecento della Società Storica Lombarda», *Archivio Storico Lombardo: giornale della Società Storica Lombarda*, año CXXXVI, serie XII, vol. XV, pp. 305–328.

BOTREL, Jean-François (1973), «Les aveugles colporteurs d'imprimés en Espagne», *Mélanges de la Casa de Velazquez*, n.º 9, pp. 417–482.

BOTREL, Jean-François (1974), «Les aveugles colporteurs d'imprimés en Espagne II: des aveugles considerés comme Mass-Media», *Mélanges de la Casa de Velazquez*, n.º 10, pp. 233–272.

BOTREL, Jean-François (2003a), «Almanachs et calendriers en Espagne au XIXe siècle: essai de typologie», en Hans-Jürgen Lüsebrink, York-Gothart Mix, Jean-Yves Mollier y Patricia Sorel (eds.), *Les Lectures du peuple en Europe et dans les Amériques (XVIII-XXe siècle)*, Bruxelles, Éditions Complexe, pp. 105–115.

BOTREL, Jean-François (2003b), «La construcción de una nueva cultura del libro y del impreso en el siglo XIX», en Jesús Antonio Martínez Martín (ed.), *Orígenes culturales de la sociedad liberal: España siglo XIX*, Madrid, Biblioteca Nueva, pp. 19–36.

BOTREL, Jean-François (2006), «Para una bibliografía de los almanaques y calendarios», *Elucidario. Seminario bio-bibliográfico Manuel Caballero Venzalá*, n.º 1, pp. 35–46.

BOTREL, Jean-François (2011), «Invención y cultivo de un objeto científico: la cultura del pueblo», en Ana Cabello, Miguel Cabrera, Malvina Guaraglia, Federico López-Terra, Cristina Martínez-Gávez (eds.), *En los márgenes del canon. Aproximaciones a la literatura popular y de masas escrita en español (siglos 20 y 21)*, Madrid, CSIC, pp. 15–30.

BOTREL, Jean-François y GOMIS COLOMA, Juan (2019), «"Literatura de cordel" from a Transnational Perspective», en Massimo Rospocher, Jeroen Salman y Hannu Salmi (eds.), *Crossing Borders, Crossing Cultures. Popular Print in Europe (1450–1900)*, Berlin, De Gruyter Oldenbourg, pp. 127–142.

BRAIDA, Lodovica (1989), *Le guide del tempo: produzione, contenuti e forme degli almanacchi piemontesi nel Settecento*, Torino, Deputazione Subalpina di Storia Patria.

BRAIDA, Lodovica (1990), «Metamorfosi ed evoluzione di un genere letterario: l'Almanacco piemontese nel '700», *Mélanges de l'école française de Rome*, n.º 102-2, pp. 321-351.

BRAIDA, Lodovica (1995), «Gli almanacchi italiani. Evoluzione e stereotipi di un genere letterario nel XVIII secolo», *Culture del testo*, n.º 2, 1995, pp. 39-55.

BRAIDA, Lodovica (1996), «Les almanachs italiens. Évolutions et stéréotipes d'un genre (XVIe-XVIIIe siècles)», en Hans-Jürgen Lüsebrink y Roger Chartier (eds.), *Colportage et lecture populaire. Imprimés de large diffusion en Europe, XVIe-XIXe siècles. Actes du colloque de Wolfenbüttel (21-24 avril 1991)*, Paris, IMEC, pp. 183-207.

BRAIDA, Lodovica (1997), «Gli almanacchi italiani settecenteschi. Da veicolo di "falsi pregiudizi" a "potente mezzo d'educazione"», en Maria Gioia Tavoni y Françoise Waquet (eds.), *Gli spazi del libro nell'Europa del XVIII. Atti del Convegno (Ravenna, 15-16 dicembre 1995)*, Bologna, Pàtron Editore, pp. 193-215.

BRAIDA, Lodovica (1998), «Dall'almanacco all'agenda. Lo spazio per le osservazioni del lettore nelle "guide del tempo" italiane», *ACME. Annali della Facoltà di Lettere e Filosofia dell'Università degli Studi di Milano*, n.º 3, pp. 137-167.

BRAIDA, Lodovica (2003), «Les almanachs italiens du XVIIIe siècle: véhicules de faux préjugés ou puissants moyens d'éducation», in Hans-Jürgen Lüsebrink, York Gothart Mix, Jean-Yves Mollier y Patricia Sorel (eds.), *Les lectures du peuple en Europe et dans les Amériques (XVIIe-XXe siècles)*, Bruxelles, Complexe, pp. 259-270.

BRAIDA, Lodovica (2011), «Gli studi italiani sui "libri per tutti" in antigo regime. Tra storia sociale, storia del libro e storia della censura», en Lodovica Braida y Mario Infelise (eds.), *Libri per tutti. Generi editoriali di larga circolazione tra antico regime et età contemporanea*, Torino, UTET, pp. 326-344.

BURKE, Peter (2006 [2004]), *¿Qué es la historia cultural?*, trad. Pablo Hermida Lazcano, Barcelona, Paidós.

BURKE, Peter (2014 [1978]), *La cultura popular en la Europa Moderna*, trads. Antonio Feros y Sandra Chaparro, Madrid, Alianza.

CADALSO, José de (1983 [1789]), *Cartas marruecas*, Joaquín Arce (ed.), Madrid, Cátedra.

CAMENIETZKI, Carlos Z. y CAROLINO, Luís Miguel (2009), «Astrologers at War: Manuel Galhano Lourosa and the Political Restoration of Portugal, 1640-1668», *Culture and Cosmos. A Journal of the History of Astrology and Cultural Astronomy*, vol. 13, n.º 2, pp. 63-85.

CAMPORESI, Piero (1976), *La maschera di Bertoldo. G.C. Croce e la letteratura carnevalesca*, Torino, Einaudi.

Camporesi, Piero (1991), *Rustici e buffoni: cultura popolare e cultura d'elite fra Medioevo ed età moderna*, Torino, Einaudi.

Capp, Bernard (1979), *Astrology and the Popular Press: English Almanacs, 1500–1800*, London, Faber and Faber.

Cárcel, Milagros y Trenchs, José (1979), «La tinta y su composición. Cuatro recetas valencianas (siglos XV–XVII)», *Revista de Archivos, Bibliotecas y Museos*, n.º 82, pp. 415–426.

Carneiro da Silva, Armando (1955), «Almanaques e folhinhas conimbricenses», *Arquivo de Bibliografia Portuguesa*, n.º 1, pp. 13–33.

Carnelos, Laura (2010), *Libri da grida, da banco e da bottega: editoria di consumo a Venezia tra norma e contraffazione (XVII–XVIII)*, tesis doctoral.

Carnelos, Laura (2016), «Street voices. The Role of Blind Performers in Early Modern Italy», *Italian Studies*, vol. 71, n.º 2, pp. 1–13.

Caro Baroja, Julio (1969), *Ensayo sobre la literatura de cordel*, Madrid, Revista de Occidente

Caro Baroja, Julio (1997a), «Almanaque», en Joaquín Álvarez Barrientos y María José Rodríguez Sánchez de León (eds.), *Diccionario de literatura popular*, Salamanca, Ediciones Colegio de España, pp. 26–29.

Caro Baroja, Julio (1997b), «Calendario», en Joaquín Álvarez Barrientos y María José Rodríguez Sánchez de León (eds.), *Diccionario de literatura popular*, Salamanca, Ediciones Colegio de España, p. 45.

Caro Baroja, Julio (1997c), «Lunario», en Joaquín Álvarez Barrientos y María José Rodríguez Sánchez de León (eds.), *Diccionario de literatura popular*, Salamanca, Ediciones Colegio de España, p. 197.

Carolino, Luís Miguel (2002), *A escrita celeste. Almanaques astrológicos em Portugal nos séculos XVII & XVIII*, Rio de Janeiro, Access Editora.

Carolino, Luís Miguel (2003), *Ciência, astrologia e sociedade: a teoria da influência celeste em Portugal (1593–1755)*, Lisboa, Fundação Calouste Gulbenkian / FCT.

Carolino, Luís Miguel (2022), «Astrologia, bom gosto e crítica social en meados do século XVIII: os almanaques de Pai Daniel, "Os Preto astrólogo"» en Fernando Durán López y Ana Isabel Martín Puya (eds.), *Torres Villarroel y los almanaques. Literatura, astrología y sociedad en el siglo XVIII*, Madrid, Visor, pp. 571–591.

Carolino, Luís Miguel y Leitão, Henrique (2006), «Natural Philosophy and Mathematics in Portuguese universities, 1550–1650», en Feingold Mordechai y Víctor Navarro-Brotons (eds.), *Universities and Science in the Early Modern Period*, New York, Springer, pp. 153–168.

CASALI, Elide (1977), «Cultura e superstizione religiosa», en Edmondo Berselli (ed.), *Storia dell'Emilia-Romagna*, Bologna, Imola, pp. 517–535.

CASALI, Elide (1985), «Dal *Iudicio astrologico* al *Libro universale*: la letteratura astrologica nell'età moderna», *Intersezioni*, n.º V, pp. 21–48.

CASALI, Elide (2003), *Le spie del cielo: oroscopi, lunari e almanacchi nell'Italia moderna*, Torino, Einaudi.

CASALI, Elide (2005), «L'eloquenza degli astri. Aspetti del paratesto nella letteratura pronosticante astrologica dell'Italia moderna», en Marco Santoro y Maria Gioia Tavoni (eds.), *Dintorni del testo: approcci alle periferie del libro. Atti del Convegno internazionale (Roma, 15–17 novembre 2004; Bologna, 18–19 novembre 2004)*, Roma, Edizioni dell'Ateneo, pp. 485–91.

CASALI, Elide (2009), «Il "Museo fisico-matematico" e gli almanacchi di Carlo Cesare Scaletta da Faenza (1666–1748): tra astrologia, enciclopedismo e nuova scienza», *Belle contrade della memoria*, Bologna, Pàtron, pp. 81–98.

CASALI, Elide (2012a), «Il diavolo dal mantello stellato e la condanna dell'astrologia», en Germana Ernst and Guido Giglioni (eds.), *Il linguaggio dei cieli. Astri e simboli nel Rinascimento*, Roma, Carocci editore, pp. 153–167.

CASALI, Elide (2012b), «Pronostici, almanacchi, libri di ventura», en Germana Ernst and Guido Giglioni (eds.), *Il linguaggio dei cieli. Astri e simboli nel Rinascimento*, Roma, Carocci editore, pp. 271–285.

CASAS-DELGADO, Inmaculada (2017), *Ecos de modernidad y paneuropeísmo en la literatura de cordel española (1750–1850): Catalogación y análisis del Fondo Hazañas*, tesis doctoral.

CASSANI, José (1737), *Tratado de la naturaleza, origen y causas de los cometas. Con la historia de todos los que se tiene noticia haberse visto y de los efectos que se les han atribuido, donde se manifiesta cuan sin fundamento se dice que son infaustos. Y con el método de observar astronómicamente sus lugares aparentes, y hallar los verdaderos en el cielo: su curso, su magnitud, distancia de la Tierra y de formar las efemérides, con lo demás que a la astronomía toca. Por el padre José Cassani, de la Compañía de Jesús, Calificador del Supremo Consejo de la Santa y General Inquisición, Maestro que ha sido de Matemáticas en los Reales Estudios del Colegio Imperial de la misma Compañía*, Madrid, imprenta de Manuel Fernández.

CÁTEDRA, Pedro M. (2002), *Invención, difusión y recepción de la literatura popular impresa (siglo XVI)*, Mérida, Editora Regional de Extremadura.

CERTEAU, Michel de, JULIA, Dominique y REVEL, Jacques (1974), «La beauté du mort», en *La culture au pluriel*, Paris, Union générale d'éditions, pp. 45–72.

CERTEAU, Michel de (1980), *L'invention du quotidien. Arts de faire*, Paris, 10/18 – Union générale d'éditions.

CHARTIER, Roger (1994), «"Cultura popular": retorno a un concepto historiográfico», Javier Antón y Montse Jiménez (trads.), *Manuscrits: Revista d'història moderna*, n.º 12, pp. 43–62.

CHARTIER, Roger y LÜSEBRINK, Hans-Jürgen (eds.) (1996), *Colportage et lecture populaire: imprimés de large circulation en Europe, XVIe-XIXe siècles. Actes du colloque de Wolfenbüttel (21–24 avril 1991)*, Paris, IMEC.

CHARTIER, Roger (1996), «Introduction. Librairie de colportage et lecteurs "populaires"», en Hans-Jürgen Lüsebrink y Roger Chartier (eds.), *Colportage et lecture populaire: imprimés de large circulation en Europe, XVIe-XIXe siècles. Actes du colloque de Wolfenbüttel (21–24 avril 1991)*, Paris, IMEC, pp. 11–17.

CHARTIER, Roger (2011 [1995]), «Lecturas y lectores "populares" desde el Renacimiento hasta la época clásica», en Guglielmo Cavallo y Roger Chartier (eds.), *Historia de la lectura en el mundo occidental*, Madrid, Taurus, pp. 335–351.

CHEVALIER, Maxime (1992), *Quevedo y su tiempo: la agudeza verbal*, Barcelona, Crítica.

CHIARI, Michele (2011), *I giorni sotto la Luna. Lunari, almanacchi e cantari: la cultura popolare parmense nella Biblioteca Palatina*, Parma, MUP.

COBOS BUENO, José M. (1996), «Un filomatemático extremeño del siglo XVIII: Jerónimo Audije de la Fuente y Hernández», *Memorias de la Real Academia de Extremadura de las Letras y las Artes*, 3, pp. 67–187.

COBOS BUENO, José M. (2006), «El terremoto de 1755 visto por Jerónimo Audije de la Fuente y Hernández, piscator de Guadalupe», en Francisco José González González, Juan Antonio Pérez Bustamante de Monasterio, José Cándido Martín Fernández, Federico Wulff Barreiro, José Francisco Casanueva González, Francisco Herrera Rodríguez (coords.), *Actas del IX Congreso de la Sociedad Española de Historia de las Ciencias y de las Técnicas: Cádiz, 27, 28, 29 y 30 de septiembre de 2005*, tomo 2, Cádiz, SEHCYT, pp. 1165–1175.

COBOS BUENO, José M. y VALLEJO VILLALOBOS, José Ramón (2014), *Jerónimo Audije de la Fuente y Hernández. El piscator de Guadalupe*, Editamas, edición digital.

CUETO, Lepoldo Agusto de (1869), «De la poesía castellana en el siglo XVIII», *Biblioteca de Autores Españoles*, Madrid, Manuel Rivadeneyra, pp. I-LV.

CONTRERAS MIRA, Mayte (2022), «La "Gran Piscatora Aureliense", una pluma oculta bajo faldas de mujer; y la "Pensadora del Cielo", o la piscatora perseguida», Fernando Durán López y Ana Isabel Martín Puya (eds.), *Torres Villarroel y los almanaques. Literatura, astrología y sociedad en el siglo XVIII*, Madrid, Visor, pp. 317–350.

Cunha, Margarida (2002), «A encadernação dos almanaques», en Rosa Maria Galvão (coord.), *Os Sucessores de Zacuto. O Almanaque na Biblioteca Nacional do século XV ao XX,* Lisboa, Biblioteca Nacional, pp. 25–27.

De Beni, Matteo (2014), «Las voces "Astronomía" y "Astrología" en el siglo XVIII español», en José María Santos Rovira (ed.), *Ensayos de Lingüística Hispánica,* Lisboa, Sinapis, pp. 273–288.

Díaz, Joaquín (1997), «Adivinanza», en Joaquín Álvarez Barrientos y María José Rodríguez Sánchez de León (eds.), *Diccionario de literatura popular,* Salamanca, Ediciones Colegio de España, pp. 16–18.

Díaz, Joaquín (2004), «Literatura de cordel: pliegos, aleluyas», en Joaquín Álvarez Barrientos (coord.), *Se hicieron literatos para ser políticos: cultura y política en la España de Carlos IV y Fernando VII,* Cádiz, Servicio de Publicaciones de la Universidad de Cádiz, pp. 63–82.

Díaz G. Viana, Luis (1999), *Los guardianes de la tradición: ensayos sobre la «invención» de la cultura popular,* Valladolid, Páramo Editorial.

Durán López, Fernando (2013), «De los almanaques a la autobiografía a mediados del siglo XVIII: piscatores, filomatemáticos y alrededores de Torres Villarroel», *Dieciocho: Hispanic enlightenment,* vol. 36, n.º 2, pp. 179–202.

Durán López, Fernando (2014), «Travesuras de un astrólogo: la autobiografía de Gómez Arias (1744)», *eHumanista: Journal of Iberian Studies,* vol. 27, pp. 29–51.

Durán López, Fernando (2015a), *Juicio y chirinola de los astros. Panorama literario de los almanaques y pronósticos astrológicos españoles (1700–1767),* Gijón, Trea.

Durán López, Fernando (2015b), *Versiones de un exilio. Los traductores españoles de la casa Ackermann (Londres, 1823–1830),* Madrid, Escolar y Mayo Editores.

Durán López, Fernando (2016), «Torres Villarroel y la poesía en los almanaques astrológicos», *Arte nuevo: revista de estudios áureos,* n.º 3, pp. 1–42.

Durán López, Fernando (2017), «De la plaza pública a la opinión pública: los espacios de la sociabilidad en los almanaques astrológicos del siglo XVIII», en Eva M. Flores Ruiz (ed.), *Casinos, tabernas, burdeles: ámbito de sociabilidad en torno a la Ilustración,* Córdoba, UCOPress, pp. 39–61.

Durán López, Fernando (2020), «Del tiempo cíclico al tiempo histórico: evoluciones e intersecciones entre almanaques y periodismo en la España del siglo XVIII», en Hans Fernández y Klaus-Dieter Ertler (ed.), *Periodismo y literatura en el mundo hispanohablante: continuidades – rupturas – transferencias,* Heidelberg, Universitätverlag Winter (Studia Romanica 225), pp. 15–46.

DURÁN LÓPEZ, Fernando (2021), *De las seriedades de Urania a las zumbas de Talía. Astrología frente a entretenimiento en la censura de los almanaques de la primera mitad del XVIII* Oviedo, IFESXVIII / Ediciones Trea (Anejos de *Cuadernos de Estudios del Siglo XVIII*, 6).

DURÁN LÓPEZ, Fernando (2022a), «Almanaques a real de plata: de la menudencia al libro en los pronósticos astrológicos del siglo XVIII», en Inmaculada Casas-Delgado y Carlos M. Collantes Sánchez (eds.), *La literatura de cordel en la sociedad hispánica*, Sevilla, Universidad de Sevilla, pp. 297–327.

DURÁN LÓPEZ, Fernando (2022b) (ed.), *Tras las huellas de Torres Villarroel. Quince autores de almanaques literarios y didácticos del siglo XVIII*, Madrid / Frankfurt, Iberoamericana Vervuert.

EÇA DE QUEIRÓS, José Maria (2011 [1896]), «Almanaques», en Irene Fialho (ed.), *Almanaques e outros dispersos*, Lisboa, INCM, pp. 249–84.

EÇA DE QUEIRÓS, José Maria (1970 [1909]), *Notas contemporâneas*, Lisboa, Editorial Livros do Brasil.

ENTRAMBASAGUAS, Joaquín de (1931), «Un memorial autobiográfico de don Diego de Torres Villarroel», *Boletín de la Academia Española*, tomo XVIII, pp. 395–417.

ERASMO DE ROTTERDAM (1953 [1511]), *Elogio de la locura*, Pedro Voltes Bou (trad.), Madrid, Espasa-Calpe.

ERNST, Germana y GIGLIONI, Guido (2012), «Introduzione», en Germana Ernst y Guido Giglioni (eds.), *Il linguaggio dei cieli. Astri e simboli nel Rinascimento*, Roma, Carocci editore, pp. 11–20.

ESPEJO, Cristóbal (1925), «Pleito entre ciegos e impresores», *Revista de la Biblioteca, Archivo y Museo*, n.º 6, pp. 206–236.

ÉTIENVRE, Jean-Pierre (2004), «Primores de lo jocoserio», *Bulletin hispanique*, nº. 106-1, pp. 235–52.

FEBVRE, Lucien y MARTIN, Henri-Jean (1999 [1958]), *L'apparition du livre*, Paris, Albin Michel.

FEIJOO, Benito Jerónimo (1778 [1726]), «Discurso VIII. Astrología judiciaria y almanaques», en *Teatro crítico universal, o discursos varios en todo género de materias para desengaño de errores comunes. Escrito por el muy ilustre señor D. Fr. Benito Jerónimo Feijoo y Montenegro, Maestro General de la Orden de San Benito, del Consejo de S.M., etc., tomo primero. Nueva impresión, en la cual van puestas las adiciones del suplemento en sus lugares*, Madrid, Joaquín Ibarra, pp. 190–216.

FERNÁNDEZ, Pura (2000), «El estatuto legal del romance de ciego en el siglo XIX: a vueltas con la licitud moral de la literatura popular», en Luis Díaz

G. Viana (coord.), *Palabras para el pueblo. Vol. I. Aproximación general a la literatura de cordel*, Madrid, CSIC, pp. 71–120.

Fernández de Moratín, Leandro (1846), «Juicio del año de 1813», en *Autores españoles, desde la formación del lenguaje hasta nuestros días, ordenada e ilustrada por D. Buenaventura Carlos Aribau*, tomo segundo, Madrid, imprenta de M. Rivadeneyra y Compañía, pp. 604-605.

Flores ruiz, Eva María (2022), *Celestiales desatinos. Antología de almanaques literarios del siglo XVIII (1733-1767)*, Gijón, Trea.

Fontaine, Laurence (1992), «Les Vendeurs de livres: réseaux de libraires et colporteurs dans l'Europe du Sud (XVIIe-XIXe siècles)», *Produzione e commercio della carta e del libro, sec. XIII-XVIII*, Firenze, Ist. Economica Datini, pp. 631–676.

Fontaine, Laurence (1993), *Histoire du colportage en Europe. XVe-XIXe siècle*, Paris, Albin-Michel.

Fontaine, Laurence (1996), «Colporteurs de livres dans l'Europe du XVIII siècle», en Hans-Jürgen Lüsebrink y Roger Chartier (ed.), *Colportage et lecture populaire: imprimés de large circulation en Europe, XVIe-XIXe siècles. Actes du colloque de Wolfenbüttel (21–24 avril 1991)*, Paris, IMEC, pp. 21–36.

Formica, Marina (1995), «Tra cielo e terra: gli almanacchi romani del XVII e XVIII secolo», *Studi settecenteschi*, n.º 15, pp. 115–162.

Galech Amillano, Jesús M. (2010), *Astrología y medicina para todos los públicos: las polémicas entre Benito Feijoo, Diego de Torres y Martín Martínez y la popularización de la ciencia en la España de principios del siglo XVIII*, tesis doctoral.

Galvão, Rosa M. (2002), «Nota prévia», en Rosa Maria Galvão (coord.), *Os Sucessores de Zacuto. O Almanaque na Biblioteca Nacional do século XV ao XX*, Lisboa, Biblioteca Nacional, pp. 29–30.

Gamarra Gonzalo, Alberto (2017), «Los "invisibles" del comercio del libro: perfil de varios vendedores ambulantes de impresos en el siglo XVIII», *Titivillus*, n.º 3, pp. 91–115.

García Aguilar, Ignacio (2017), «Carrera literaria e imagen autorial en Diego de Torres Villarroel», en Elena de Lorenzo Álvarez (coord.), *Ser autor en el siglo XVIII*, Gijón, Trea, pp. 137–162.

García Boiza, Antonio (1911), *Don Diego de Torres Villarroel. Ensayo biográfico*. Salamanca, imprenta de Calatrava.

García Collado, María Ángeles (1997), *Los libros de cordel en el Siglo Ilustrado. Un capítulo para la historia literaria de la España Moderna*, tesis doctoral.

García Collado, María Ángeles (2003), «Los pliegos sueltos y otros impresos menores», en Víctor Infantes, François Lopez y Jean-François Botrel (dirs.) y Nieves Baranda (coord.), *Historia de la edición y de la lectura en España, 1472-1914*, Madrid, Fundación Germán Sánchez Ruipérez, pp. 368-377.

García de Enterría, María Cruz (1973), *Sociedad y poesía de cordel en el Barroco*, Madrid, Taurus.

García de Enterría, María Cruz (1983), *Literaturas marginadas*, Madrid, Playor.

García de Enterría, María Cruz (1995), «Pliegos de cordel, literaturas de ciego», en José María Díez Borque (coord.), *Culturas en la Edad de Oro*, Madrid, Editorial Complutense, pp. 97-112.

Garzoni, Tommaso (1583), *Il teatro dei vari e diversi cervelli mondani. Nuovamente formato e posto in luce da Tommaso Garzoni da Bagnacavallo. Al clarissimo signore il sig. Vincenzo Garzoni, gentiluomo veneziano*, Venezia, Paolo Zanfretti.

Garzoni, Tommaso (1615 [1585]), *Plaza universal de todas las ciencias y artes. Parte traducida del toscano y parte compuesta por el doctor Cristóbal Suárez de Figueroa. A don Duarte, marqués de Frechilla y Villarramiel, marqués de Malagón, señor de las villas de Paracuellos y Hernáncaballero, comendador de Villanueva de la Serena*, Madrid, por Luis Sánchez.

Gimeno Puyol, María Dolores (2019), «Entre burlas y veras: las estrategias reivindicativas de Manuela Tomasa Sánchez de Oreja y Francisca de Osorio, escritoras de almanaques», *Cuadernos de Ilustración y Romanticismo*, n.º 25, pp. 273-89.

Gimeno Puyol, María Dolores (2020), «Las almanaqueras dieciochescas españolas y la reivindicación de la mujer escritora», *Cuadernos de estudios del siglo XVIII*, n.º 30, pp. 217-236.

Ginzburg, Carlo (2004 [1976]), *El queso y los gusanos. El cosmos según un molinero del siglo XVI*, trads. Francisco Martín y Francisco Cuartero, Barcelona, Península.

Giusti, Giorgia (2005), «Gli almanacchi mantovani del XVIII secolo. Tra "guide del tempo" e guide della città», *ACME. Annali della Facoltà di Lettere e Filosofia dell'Università degli Studi di Milano*, vol. 58, n°.1, pp. 99-156.

Gremigni, Elena (1996), *Periodici e almanacchi livornesi. Secoli XVII-XVIII*, Livorno, Quaderni della labronica.

Grendler, Paul (2002), *The Universities of the Italian Renaissance*, Baltimore, John Hopkins University Press.

Grilo Capelo, Rui (1994), *Profetismo e esoterismo: a arte do prognóstico em Portugal (séculos XVII-XVIII)*, Coimbra, Livraria Minerva.

Gomis Coloma, Juan (2015), *Menudencias de imprenta: producción y circulación de la literatura popular (Valencia, siglo XVIII)*, Valencia, Institució Alfons el Magnánim.

González González, Francisco José (2011), «El descubrimiento del universo en los siglos XVIII y XIX: doscientos años de avances en las observaciones astronómicas», *Cuadernos de Ilustración y Romanticismo*, n.º 4-5, pp. 99-122.

González-Sarasa Hernáez, Silvia (2013), *Tipología del impreso antiguo español*, tesis doctoral.

González-Sarasa Hernáez, Silvia (2016), «Las menudencias impresas en archivos y bibliotecas: clasificación, terminología y guía para su identificación», *Cuadernos de Historia Moderna*, vol. 41, n.º 1, pp. 169-198.

González-Sarasa Hernáez, Silvia (2019), *Tipología editorial del impreso antiguo español*, Madrid, Biblioteca Nacional de España.

Govoni, Paola (2011), «Scienza per tutti», en Lodovica Braida y Mario Infelise (eds.), *Libri per tutti. Generi editoriali di larga circolazione tra antico regime et età contemporanea*, UTET, Torino, pp. 181-199.

Gramsci, Antonio (1948-1951), *Quaderni del carcere*, Torino, Einaudi.

Greilich, Susanne y Mix, York-Gothart (2006), *Populäre Kalender im vorindustriellen Europa: der «Hikenden Boten / Messager boiteux». Kulturwissenschaftliche Analysen und bibliographisches Repertorium*, Berlin, De Gruyter.

Hazard, Paul (1985 [1946]), *El pensamiento europeo en el siglo XVIII*, trad. Julián Marías, Madrid, Alianza.

Hobsbawm, Eric y Ranger, Terence O. (1983), *The Invention of Tradition*, Cambridge, Cambridge University Press.

Hurtado Torres, Antonio (1980), «Pronósticos y lunarios burlescos de los Siglos de Oro. Índice bibliográfico», *Cuadernos bibliográficos*, n.º 40, pp. 53-82.

Hurtado Torres, Antonio y García de Enterría, María Cruz (1981), «La astrología satirizada en la poesía de cordel: el "Juyzio" de Juan del Encina y los "Pronósticos" de Rodolfo Stampurch», *Revista de literatura*, tomo 43, n.º 86, pp. 21-62.

Igartua Landecho, María Emilia (1991), *José Julián de Castro, autor popular del siglo XVIII*, tesis doctoral.

Iglesias Castellano, Abel (2022), *Entre la voz y el texto. Los ciegos oracioneros y papelistas en la España moderna (1500-1836)*, Madrid, CSIC.

Infantes, Víctor (1997), «Las ausencias en los inventarios de libros y de bibliotecas», *Bulletin hispanique*, n.º 99-1, pp. 281-292.

INFANTES, Víctor (2003), «La tipología de las formas editoriales», en Víctor Infantes, François Lopez y Jean-François Botrel (dirs.) y Nieves Baranda (coord.), *Historia de la edición y de la lectura en España, 1472-1914*, Madrid, Fundación Germán Sánchez Ruipérez, pp. 39-49.

INFELISE, Mario (2011), «Libri per tutti», en Lodovica Braida y Mario Infelise (eds.), *Libri per tutti. Generi editoriali di larga circolazione tra antico regime et età contemporanea*, Torino, UTET, pp. 3-19.

ISLA, José Francisco de (1787), «Glosas interlineales puestas y publicadas con el nombre del Licenciado Pedro Fernández a las Postdatas de Torres, en defensa del Dr. Martínez y del Teatro Crítico Universal. Dedicadas al mismo señor Bachiller don Diego de Torres, profesor de Filosofía y Matemáticas y catedrático pretendiente de Astronomía en la Universidad de Salamanca, Colegial Trilingüe, vicerrector y opositor a cátedras y beneficios curados en dicho obispado, etc.», en *Colección de papeles crítico apologéticos que en su juventud escribió el P. José Francisco de Isla, de la Compañía de Jesús, contra el Dr. D. Pedro de Aquenza, y el bachiller D. Diego de Torres, en defensa del R. P. Benito Jerónimo Feijoo y del Dr. Martín Martínez*, Madrid, imprenta de Pantaleón Aznar, pp. 85-158.

JAMEREY-DUVAL, Valentin (1981), *Mémoires.Enfance et éducation d'un paysan au XVIIIe siècle*, Jean-Marie Goulemot (ed.), Paris, Le Sycomore.

JOLY, Monique (1997), «Burla», en Joaquín Álvarez Barrientos y María José Rodríguez Sánchez de León (eds.), *Diccionario de literatura popular*, Salamanca, Ediciones Colegio de España, pp. 42-44.

KOYRÉ, Alexandre (1984 [1957]), *Del mundo cerrado al universo infinito*, tr. Carlos Solís Santos, Madrid, Siglo Veintiuno.

LAFUENTE, Antonio, PUIG-SAMPER, Miguel A., HIDALGO CÁMARA, Encarnación, PESET, José Luis, PELAYO, Francisco y SELLÉS, Manuel (1996), «Literatura científica moderna», Francisco Aguilar Piñal (ed.), *Historia literaria de España en el siglo XVIII*, Madrid, Trotta, pp. 965-1028.

LANDI, Patrizia (2012), *Leggere a Milano: almanacchi, strenne e periodici prima dell'Unità*, Milano, L'Ornitorinco.

LANUZA NAVARRO, Tayra M. (2009), «Astrological Literature in Seventeenth-Century Spain», *The Colorado Review of Hispanic Studies*, n.º 7, pp. 119-136.

LANUZA NAVARRO, Tayra M. (2017), «Astrology in court: the Spanish Inquisition, authority and expertise», *History of Science*, vol. 55 (2), pp. 187-209.

LISBOA, João Luís (1999), «Papéis de larga circulação no século XVIII», *Revista de História das Ideias*, vol. 20, pp. 131-147.

Lisboa, João Luís (2002), «Almanaques», Rosa Maria Galvão (coord.), *Os Sucessores de Zacuto. O Almanaque na Biblioteca Nacional do século XV ao XX*, Lisboa, Biblioteca Nacional, pp. 11–22.

Lisboa, João Luís (2021), «Duelo à Lua: o Sarrabal contra o Cego, cerca de 1740», *Convergência Lusíada*, vol. 32, n.º 46, pp. 259–277.

Llorens, Vicente (1953), «Una publicación romántica olvidada», *Nueva Revista de Filología Hispánica*, año 7, n.º 1-2, pp. 279–290.

Lora Márquez, Claudia y Martín Villarreal, Juan Pedro (2020), «A vueltas con "El Ángel del hogar": el almanaque como producto editorial femenino en el siglo XIX», *Ogigia: Revista electrónica de estudios hispánicos*, n.º 28, pp. 141–163.

Lora Márquez, Claudia (2021), «"¿Quién, por un real de plata, no compra un Siglo de Oro?": nueva aproximación al binomio Quevedo / Torres Villarroel a través del retrato de la *vetula* en el almanaque literario (1719-1767)», *La Perinola: revista de investigación quevediana*, n.º 25, pp. 213–234.

Lora Márquez, Claudia (2022a), «"El Piscator de las Damas" de José Julián López de Castro (1753-1757): un análisis transcultural del primer almanaque para mujeres español», Fernando Durán López y Ana Isabel Martín Puya (eds.), *Torres Villarroel y los almanaques. Literatura, astrología y sociedad en el siglo XVIII*, Madrid, Visor, pp. 615–636.

Lora Márquez, Claudia (2022b), «Los almanaques con miscelánea en España, Italia y Portugal durante el siglo XVIII. Relaciones e influencias de la "literatura de amplia difusión" en un panorama transnacional», *Archivum*, LXXII, pp. 297–351.

Lora Márquez, Claudia (2022c), «La poesía jocoseria en los almanaques literarios españoles y portugueses del siglo XVIII», *Cuadernos de Ilustración y Romanticismo*, 28, pp. 185–210.

Lora Márquez, Claudia (2022d), «Figuraciones de la ciencia en los almanaques literarios españoles del siglo XVIII», Claudia Lora Márquez y Gema Balaguer Alba (eds.), *La ciencia en la literatura española (siglos XVI-XIX)*, Berlin, Peter Lang, pp. 217–237.

Lopez, François (1984), «Gentes y oficios de la librería española a mediados del siglo XVIII», *Nueva Revista de Filología Hispánica*, n.º 1, vol. XXXIII, pp. 165–185.

Lopez, François (1996), «Los novatores en la Europa de los sabios», *Studia Historica: Historia Moderna*, vol. 14, pp. 95–111.

Lopez, François (1997), «La vida intelectual en la España de los novatores», *Dieciocho: Hispanic enlightenment*, vol. 20, n.º1, pp. 79–90.

Loff, Maria Isabel (1967), «Impressores, editores e livreiros do século XVII em Lisboa», *Arquivo di Bibliografia portuguesa*, n.º 12, pp. 49–84.

Luporini, Alberto (1999), *Almanacchi milanesi per le dame*, Milano, Edizioni Sylvestre Bonnard.

Lüsebrink, Hans-Jürgen (1996), «Postface», en Hans-Jürgen Lüsebrink y Roger Chartier (eds.), *Colportage et lecture populaire: imprimés de large circulation en Europe, XVIe-XIXe siècles. Actes du colloque de Wolfenbüttel (21–24 avril 1991)*, Paris, IMEC, pp. 425–430.

Lüsebrink, Hans-Jürgen (1998), «Littératures populaires et imprimés de large circulation en Europe. Perspectives d'analyses comparatistes et interculture-lles», *Dix-Huitième Siècle*, n.º 30, pp. 143–153.

Lüsebrink, Hans-Jürgen y Mollier, Jean-Yves (eds.) y Greilich, Susanne (colab.) (2000), *Presse et événement: journaux, gazettes, almanachs (XVIIIe-XIXe siècles): actes du Colloque international «La perception de l'évé-nement dans la presse de langue allemande et française» (Université de La Sarre, 12–14 mars 1998)*, Bern, Peter Lang.

Lüsebrink, Hans-Jürgen (2000a), «La littérature des almanachs: réflexions sur l'anthropologie du fait littéraire», *Études françaises*, vol. 36, n.º 3, pp. 47–64.

Lüsebrink, Hans-Jürgen (2000b), «Introduction», en Hans-Jürgen Lüse-brink y Jean-Yves Mollier (eds.) y Susanne Greilich (colab.), *Presse et événe-ment: journaux, gazettes, almanachs (XVIIIe-XIXe siècles): actes du Colloque international «La perception de l'événement dans la presse de langue alle-mande et française» (Université de La Sarre, 12–14 mars 1998)*, Bern, Peter Lang, pp. 1–6.

Lüsebrink, Hans-Jürgen (2002), «L'almanach: structures et évolutions d'un type d'imprimé populaire en Europe et dans les Amériques», en Jacques Michon y Jean-Yves Mollier (dirs.), *Les mutations du livre et de l'édition dans le monde. Du XVIIIe siècle à l'an 2000*, Canada, Les Presses de l'Université Laval / L'Harmattan, pp. 432–441.

Lüsebrink, Hans-Jürgen, Mix, York-Gothart, Mollier, Jean-Yves y Sorel, Patricia (eds.) (2003), *Les Lectures du peuple en Europe et dans les Amériques (XVIIIe-XXe siècles)*, Bruxelles, Complexe.

Lüsebrink, Hans-Jürgen (2003a), «Conclusion», en Hans-Jürgen Lüsebrink, York-Gothart Mix, Jean-Yves Mollier y Patricia Sorel (eds.), *Les lectures du peuple en Europe et dans les Amériques (XVIIe-XXe siècles)*, Bruxelles, Com-plexe, pp. 343–348.

Lüsebrink, Hans-Jürgen (2003b), «Traduire l'almanach populaire: essai de typologie et mise en perspective socio-culturelle», en Hans-Jürgen Lüse-brink, York-Gothart Mix, Jean-Yves Mollier y Patricia Sorel (eds.), *Les lectures du peuple en Europe et dans les Amériques (XVIIe-XXe siècles)*, Bruxelles, Complexe, pp. 145–155.

Lüsebrink, Hans-Jürgen (2011), «"Volksliteratur", "Trivialliteratur", "Kolportageliteratur": concettualizzazioni e prospettive comparatiste nella letteratura di larga circolazione (in Germania e in Francia)», en Lodovica Braida y Mario Infelise (eds.), *Libri per tutti. Generi editoriali di larga circolazione tra antico regime et età contemporanea*, Torino, UTET, pp. 279–292.

Mandrou, Robert (1964), *De la culture populaire en France aux XVIIe et XVIIIe siècles. La bibliothèque bleue de Troyes*, Paris, Stock.

Manni, Domenico Maria (1758), «Vita di Francesco Moneti», en *Veglie piacevoli, ovvero notizie dei più bizzarri e giocondi uomini toscani, le quali possono servire di trattenimento. Scritti da Domenico M. Manni, accademico etrusco*, tomo II, Firenze, Giovanni Battista Stecchi.

Manzo, Luciana, «Almanacchi, lunari e calendari piemontesi nelle collezioni dell'Archivio Storico». Disponible desde Internet en http://www.comune.tor ino.it [última consulta: 16/11/2022].

Marchesini, Cesare (1940), «Almanacchi italiani», *Gutenberg Jahrbuch*, pp. 177–188.

Marchi, Roberto (2000), «Ovidio Montalbani e Giordano Bruno. Teoria del minimo e aspetti della cultura matematica, medica e astrologica nella Bologna del '600», *Bruniana & Campanelliana*, vol. 6, n.º 2, pp. 553–560.

Martín Puya, Ana Isabel (2019), «El pobrecito Manuel Pascual: almanaques burlescos entre el ingenio, la literatura y el negocio», *Cuadernos de Ilustración y Romanticismo*, n.º 25, pp. 251–271.

Martínez, Martín (1727?), *Juicio final de la astrología en defensa del teatro crítico universal, dividido en tres discursos. Discurso primero: que la astrología es vana y ridícula en lo natural. Discurso segundo: que la astrología es falsa y peligrosa en lo moral. Discurso tercero: que la astrología es inútil y perjudicial. Por el doctor don Martín Martínez, médico honorario de familia de Su Majestad, examinador del Real Proto-mendicato, profesor público de anatomía, socio y segunda vez presidente de la Regia Sociedad Médico-química de Sevilla, etc. Dedicado al Excmo. Señor marqués de Santa Cruz y Bayona etc., mi señor*, Sevilla, Diego López de Haro.

Martínez, Martín (1779 [1726]), «Carta defensiva que sobre el tomo del Teatro Crítico Universal que dio a la luz el Rmo. P. Mro. Fr. Benito Feijoo, le escribió su más aficionado amigo D. Martín Martínez, doctor en Medicina y médico honorario de familia de S.M., profesor de anatomía, examinador del proto-mendicato, socio y actual presidente de la Regia Sociedad de Ciencias de Sevilla, etc.», en *Teatro crítico universal, o discursos varios en todo género de materias para desengaño de errores comunes. Escrito por el muy ilustre señor D. Fr. Benito Jerónimo Feijoo y Montenegro, Maestro General de la Orden de San Benito, del Consejo de S.M., etc., tomo segundo. Nueva impresión, en la cual van puestas las adiciones del suplemento en sus lugares,* Madrid, Joaquín Ibarra, pp. 322-352.

MARTÍNEZ MATA, Emilio (1983), «El estilo expresionista de Torres Villarroel», en *Historia y crítica de la literatura española. IV, Ilustración y Neoclasicismo,* José Miguel Caso González (ed.) y Francisco Rico (dir.), Barcelona, Crítica, pp. 145-150.

MARTÍNEZ MATA, Emilio (1990), «La predicción de la muerte del rey Luis I en un almanaque de Diego de Torres Villarroel», *Bulletin hispanique,* n.º, 92, pp. 837-45.

MARTÍNEZ MATA, Emilio (1995), «Las predicciones de Diego de Torres Villarroel», en *Estudios dieciochistas en homenaje al profesor José Miguel Caso González,* tomo II, Oviedo, IFESXVIII, pp. 75-84.

MENDOZA DÍAZ-MAROTO, Francisco (2001), *Panorama de la literatura de cordel española,* Madrid, Ollero y Ramos.

MENDOZA DÍAZ-MAROTO, Francisco (2011), «Gollerías para bibliófilos, 9: los almanaques, calendarios y pronósticos», *Hibris: revista de bibliofilia,* n.º 63-64, pp. 4-17.

MENÉNDEZ MARTÍNEZ, Benjamín (1994-1995), «Los almanaques y Diego de Torres Villarroel», *Archivum,* n.º 44-45, pp. 497-522.

MÉNÉTRA, Jacques-Louis (1998 [1982]), *Journal de ma vie: Jacques-Louis Ménétra, compagnon vitrier au XVIIIe siècle,* Daniel Roche (ed.), Paris, Bibliothèque Albin Michele Histoire.

MESTRE SANCHÍS, Antonio (1996), «Los novatores como etapa histórica», *Studia Historica: Historia Moderna,* n.º 14, pp. 11-14.

MESTRE SANCHÍS, Antonio (1998), «La aportación cultural de los novatores», *Torre de los Lujanes: Boletín de la Real Sociedad Económica Matritense de Amigos del País,* n.º 37, pp. 99-118.

MERCADIER, Guy (1972), «Introducción biográfica y crítica» en Guy Mercadier (ed.), *Vida, ascendencia, nacimiento, crianza y aventuras del doctor Diego de Torres Villarroel,* Madrid, Castalia, pp. 9-41.

MERCADIER, Guy (1978), *Textos autobiográficos de Diego de Torres Villarroel,* Oviedo, Universidad de Oviedo / Cátedra Feijoo.

MERCADIER, Guy (1979), «La paraliteratura española en el siglo XVIII: el almanaque», en *Hommage des hispanistes français a N. Salomon,* Barcelona, Laya, pp. 599-605.

MERCADIER, Guy (1990a), «Littérature populaire et traces d'utopie au XVIII siècle: le cas de Torres Villarroel et les almanachs», en Jean Pierre Étienvre (ed.), *Las utopías en el mundo hispánico: actas del coloquio celebrado en la Casa de Velázquez: 24-26-XI-1988*, Universidad Complutense y Casa de Velázquez, Madrid, pp. 95–108.

MERCADIER, Guy (1995), «Una pequeña "universidad en casa": el almanaque», en *Estudios dieciochistas en homenaje al profesor José Miguel Caso González*, tomo II, Oviedo, IFESXVIII, pp. 139–145.

MERCADIER, Guy (2000), «L'almanach en Espagne au XVIIIe siècle: métamorphoses d'un genre ouvert», *Cahiers d'études romanes*, n.º 4, pp. 335–347

MERCADIER, Guy (2003), «Épanouissement et évolution de l'almanach en Espagne au XVIIIe siècle», en Hans-Jürgen Lüsebrink, York-Gothart Mix, Jean-Yves Mollier y Patricia Sorel (eds.), *Les lectures du peuple en Europe et dans les Amériques (XVIIe-XXe siècles)*, Bruxelles, Complexe, pp. 97–104.

MERCADIER, Guy (2009 [1976]), *Diego de Torres Villarroel: máscaras y espejos*, en Manuel M. Pérez López (ed.) y Manuel de Lope (trad.), Salamanca, EDIFSA.

MIEGON, Anna (2008), *The Ladies' Diary and the emergence of the almanac for women, 1704–1840*, tesis doctoral.

MOLHO, Maurice (1976), «La noción de "popular" en literatura», en *Cervantes: raíces folklóricas*, Madrid, Gredos, pp. 11–33.

MOLL, Jaime (1994), *De la imprenta al lector: estudios sobre el libro español XVI al XVIII*, Madrid, Arco Libros.

MOLL, Jaime (1996), «El privilegio del calendario anual en el siglo XVII», en María Cruz García de Enterría, Henry Ettinghausen, Víctor Infantes y Agustín Redondo (eds.), *Las relaciones de sucesos en España (1500–1750): actas del primer Coloquio Internacional (Alcalá de Henares, 8, 9 y 10 de junio de 1995)*, Paris / Alcalá de Henares, Publications de la Sorbonne / Servicio de Publicaciones de la Universidad de Alcalá, pp. 253–260.

MOLL, Jaime (2003), «El impresor, el editor y el librero», en Víctor Infantes, François López y Jean-François Botrel (eds.), *Historia de la edición y de la lectura en España, 1472–1914*, Madrid, Fundación Germán Sánchez Ruipérez, pp. 77–84.

MOLLIER, Jean-Yves (2003), «Introduction», en Hans-Jürgen Lüsebrink, York-Gothart Mix, Jean-Yves Mollier y Patricia Sorel (eds.), *Les Lectures du peuple en Europe et dans les Amériques (XVIII-XXe siècle)*, Bruxelles, Éditions Complexe, pp. 11–14.

MOLLIER, Jean-Yves (2011), «Prodotti editoriali di larga circolazione: la via francese», en Lodovica Braida y Mario Infelise (eds.), *Libri per tutti. Generi editoriali di larga circolazione tra antico regime et età contemporanea*, Torino, UTET, pp. 311–325.

Montanari, Geminiano (1685), *L'astrologia convinta di falso. Col mezzo di nuove esperienze, e Ragioni Fisico-Astronomiche, ossia La Caccia del Frugn-volo di Geminiano Montanari Modanese Già Professore delle Scienze Mate-matiche nell'Uniuersità di Bologna, ed ora d'Astronomia e Meteore in quella di Padova. Scritta a Sua Eccellenza il Signor D. Giovanni Francesco Gonzaga Duca di Sabioneta, Principe di Bozolo, etc.*, Venezia, Francesco Nicolini.

Montanari, Anna Paola (1988), «Gli almanacchi lombardi del XVIII secolo», *Annali della Fondazione L. Einaudi*, n.º XXII, pp. 43–95

Montenegro de Castro Neves, Mario D. (2017), *A emergência da ciência moderna e a sua representação no texto dramático*, tesis doctoral.

Navarro-Brotons, Víctor (2006), «The Cultivation of Astronomy in Spanish Universities in the Later Half of the 16th Century», en Feingold Mordechai y Víctor Navarro-Brotons (eds.), *Universities and Science in the Early Modern Period*, New York, Springer, pp. 83–98.

Nogueira, Carlos (2000), «Aspectos da literatura de cordel portuguesa», en Pedro M. Cátedra García (dir.) y María Sánchez Pérez, Laura Puerto Moro, Eva Belén Carro Carvajal y Laura Mier Pérez (eds.), *La literatura popular impresa en España y en la América colonial: formas y temas, géneros, funcio-nes, difusión, historia y teoría*, Salamanca, Seminario de Estudios Medieva-les y Renacentistas, pp. 595–624.

Novati, Francesco (2004 [1907]), «La storia e la stampa nella produzione popo-lare italiana», en *Scritti sull'editoria popolare nell'Italia di Antico Regime*, Roma, Archivio Guido Izzi, pp. 71–117.

Palazzolo, Maria Iolanda (2011), «La battaglia degli almanacchi. Protestanti e cattolici nell'Italia liberale», en Lodovica Braida y Mario Infelise (eds.), *Libri per tutti. Generi editoriali di larga circolazione tra antico regime et età con-temporanea*, Torino, UTET, pp. 126–140.

Pardo Tomás, José (1991), *Ciencia y censura: la Inquisición española y los libros científicos en los siglos XVI y XVII*, Madrid, CSIC.

Parenzo, Aldo (1896), «Almanacchi veneti: breve saggio di bibliografia», *Ate-neo veneto*, a. 19, vol. 1, n.º 1, pp. 40–86.

Pasta, Renato (1997), *Editoria e cultura nel Settecento*, Firenze, Olschki.

Pazzagli, Carlo (1989), «Presentazione», en Gabriella Solari (aut.), *Almanac-chi, lunari e calendari toscani tra Settecento e Ottocento: introduzione storica e catalogo*, Milano, Milano Bibliografica, pp. V–VIII.

Pepe, Luigi (2006), «Universities, Academies and Sciences in Italy in the Modern Age», en Feingold Mordechai y Víctor Navarro-Brotons (eds.), *Universities and Science in the Early Modern Period*, New York, Springer, pp. 141–151.

Pérez López, Manuel M. (1998), «Para una revisión de Torres Villarroel», en Manuel M. Pérez López y Emilio Martínez Mata (eds.), *Revisión de Torres Villarroel*, Salamanca, Ediciones Universidad de Salamanca, pp. 13–35.

Pérez López, Manuel M. (2002), «Presentación», en Manuel M. Pérez López (ed.) y Diego de Torres Villarroel (aut.), *Los Sopones de Salamanca y otros relatos*, Salamanca, Clásicos de Salamanca, pp. 9–16.

Pérez-Magallón, Jesús (2002), *La cultura española en el tiempo de los novatores (1675–1715)*, Madrid, CSIC.

Pérez-Magallón, Jesús (2006), «Modernidades divergentes: la cultura de los novatores», en Pablo Fernández Albadalejo (coord.), *Fénix de España: modernidad y cultura propia en la España del siglo XVIII (1737–1766). Actas del congreso internacional celebrado en Madrid, noviembre de 2004, homenaje a Antonio Mestre Sanchís* Madrid, Marcial Pons, pp. 43–56.

Peset, Mariano y Peset, José Luis (1973), «Un buen negocio de Torres Villarroel», *Cuadernos hispanoamericanos*, n.º 279, pp. 514–536.

Peset, José Luis (2006), «Enlightenment and Renovation in the Spanish University», en Feingold Mordechai y Víctor Navarro-Brotons (eds.), *Universities and Science in the Early Modern Period*, New York, Springer, pp. 231–239.

Petit, Nicolas (1997), *L'éphémère, l'occasionnel et le non-livre à la bibliothèque Sainte-Geneviève (XVe-XVIIIe siècles)*, Paris, Klincksieck.

Piancastelli, Carlo (2013 [1913]), *Pronostici ed almanacchi. Studio di bibliografia romagnola*, edición de Lorenzo Baldacchini y presentación de Elide Casali, Bologna, Il Mulino.

Pinto, José (1755), *El Piscator de la Farsa, pronóstico contra pronósticos de don Diego de Torres y demás pronosticantes. Compuesto por D. José Pinto. Quien le dedica al Excmo. Señor duque de Arcos, etc. Contiene varios enigmas chistosas, serias y discretas, para pasar el tiempo, y una impugnación graciosa contra la astrología que hace la farsa en defensa suya*, Madrid, imprenta de Francisco Javier García.

Pitrè, Giuseppe (1982), «L'indovinello come passatempo», en Elide Casali (ed.), *Letteratura e cultura popolare*, Bologna, Zanichelli, pp. 135–140.

Pope, Randolph D. (1996), «La astuta ciencia de Torres Villarroel», *Revista hispánica moderna*, vol. 49, n.º 2, pp. 407–418.

Puerto Moro, Laura y Cortijo Ocaña, Antonio (2012), «La ilusión de la literatura popular», *eHumanista*, vol. 21, pp. 1–21.

Queiró, João Filipe (1997), «O saber: dos aspectos aos resultados. A Matemática», *História da Universidade em Portugal, tomo II (1537–1771)*, Coimbra, Universidade de Coimbra / Fundação Calouste Gulbenkian.

RABELAIS, François (1974 [1533-1544]), *Pantagrueline prognostication pour l'an 1533. Avec les almanachs pour les ans 1533, 1535 et 1541. La grande et vraye pronostication nouvelle de 1544. Téxtes établis, avec introduction, commentaires, appendices et glossaires per M.-A. Screech, assisté par Gwyneth Tootill, Anne Reeve, Martine Morin, Sally North et Stephen Bamforth*, Paris, Droz.

RADICH, Maria Carlos (1981), *Almanaque: tempos e saberes*, Coimbra, Centelha.

RAMADA CURTO, Diogo (1991), «Dos livros populares», en João Pais de Brito (ed.), *Portugal moderno. Tradições*, Lisboa, Pomo, pp. 131-147.

RAMADA CURTO, Diogo (1996), «Littératures de large circulation au Portugal (XVIe-XVIIe siècles)», en Hans-Jürgen Lüsebrink y Roger Chartier (eds.), *Colportage et lecture populaire. Imprimés de large diffusion en Europe, XVIe-XIXe siècles. Actes du colloque de Wolfenbüttel (21-24 avril 1991)*, Paris, IMEC, pp. 229-329.

RAMOS TINHORÃO, José (1988), «Os almanaques de prognósticos em "língua de negro" no século XVIII», en *Os negros em Portugal: uma presença silenciosa*, Alfragide, Caminho, pp. 248-262.

REVEL, Jacques (1986), «La culture populaire: sur les usages et les abus d'un outil historiographique», en *Culturas populares: diferencias, divergencias, conflictos: actas del coloquio celebrado en la Casa de Velázquez, los días 30 y 1-2 de diciembre de 1983*, Madrid, Editorial Universidad Complutense de Madrid, pp. 223-240.

REYES GÓMEZ, Fermín de los (1999), «Los impresos menores en la legislación de imprenta (siglos XVI-XVIII)», en Sagrario López Poza y Nieves Pena Sueiro (eds.), *La fiesta: actas del II Seminario de Relaciones de Sucesos (A Coruña, 1998)*, A Coruña, Sociedad de Cultura Valle Incán, pp. 325-338.

RIBEIRO GUIMARÃES, José (1872), *Sumário de vária história: Narrativas, lendas, biografias, descrições de templos e monumentos, estadísticas, costumes, civis, políticos e religiosos de outras eras*, Lisboa, Rolland & Semiond.

RODRÍGUEZ DE LA FLOR, Fernando (1996), «La "Ciencia del Cielo": Representaciones del saber cosmológico en el ambiente de la Contrarreforma española», *Millars. Espai i Història*, n.º XIX, pp. 91-121.

RODRÍGUEZ MARÍN, Francisco (1986), *Los refranes del almanaque. Recogidos, explicados y concordados con los de varios países románicos*, Sevilla, imprenta de Francisco P. Díaz.

RODRÍGUEZ SÁNCHEZ DE LEÓN, María José (1996), «Literatura popular», en Francisco Aguilar Piñal (ed.), *Historia literaria de España en el siglo XVIII*, Madrid, Trotta, pp. 327-367.

RODRÍGUEZ SÁNCHEZ DE LEÓN, María José (1997), «Piscator», en Joaquín Álvarez Barrientos y María José Rodríguez Sánchez de León (eds.), *Diccionario de literatura popular*, Salamanca, Ediciones Colegio de España, pp. 273-274.

Romero Ferrer, Alberto (2020), «La literatura de almanaques y pronósticos: otra fuente para el estudio del teatro español de la primera mitad del siglo XVIII (1710–1767)», *Annali del Dipartimento di Studi Letterari, Linguistici e Comparati,* vol. 62, n.º 1, pp. 75–102.

Romero Ferrer, Alberto (2021), «Entremeses, follas y almanaques: otro capítulo del teatro breve de la primera mitad del Dieciocho», *Cuadernos de Estudios del Siglo XVIII,* n.º 31, pp. 349–376.

Romero Ferrer, Alberto (2022), «José Julián López de Castro: sonaja, zambomba, poeta aquilón y coplero venal. Otro Parnaso literario del siglo XVIII», en Fernando Durán López (ed.), *Tras las huellas de Torres Villarroel. Quince autores de almanaques literarios y didácticos del siglo XVIII,* Madrid, Iberoamericana Vervuert, pp. 623–670.

Ruiz Pérez, Pedro (2012a), «Para la historia y la crítica de un periodo oscuro: la poesía del Bajo Barroco», *Calíope: Journal of the Society for Renaissance and Baroque Hispanic Poetry,* vol. 18, n.º 1, pp. 9–25.

Ruiz Pérez, Pedro (2012b) (ed.), «Pronóstico burlesco, de mucha graciosidad, para el año que viene, diferente de todos los que han salido en esta corte. Compuesto por Juan Jiménez Caballero», *PHEBO (Poesía Hispánica en el Bajo Barroco).* Disponible desde Internet en http://www.uco.es/phebo/ [última consulta: 13/11/2022].

Ruiz Pérez, Pedro (2017), «Polémica e institución literaria: el caso Gómez Arias», *eHumanista: Journal of Iberian Studies,* vol. 37, pp. 79–102.

Sala Valldaura, Josep Maria (1999), «Talía juguetona o el teatro de Torres Villarroel», *Revista de literatura,* tomo 61, n.º 122, pp. 427–47.

Salman, Jeroen (2021), «The Dissemination of European Popular Print: Exploring Comparative Approches», *Quaerendo,* vol. 52, n.º 1–2, pp. 36–60.

Salzberg, Rosa (2010), «In the mouth of charlatans. Street performers and the dissemination of pamphlets in Renaissance Italy», *Renaissance Studies,* vol. 24, n.º 5, pp. 638–653.

Sánchez Carretero, Cristina (2000), «De historias y romances: las clasificaciones de los géneros editoriales y textuales en los pliegos de cordel», en Luis Díaz G. Viana (coord.), *Palabras para el pueblo. Vol. I. Aproximación general a la literatura de cordel,* Madrid, CSIC, pp. 429–486.

Sánchez Espinosa, Gabriel (2011), «Los puestos de libros en las gradas de San Felipe el Real de Madrid en el siglo XVIII», *Goya: Revista de arte,* n.º 335, pp. 142–155.

Sanz, Pedro (1746b?), *Pleito crítico contra los pronósticos y pronostiqueros de la corte de este año de mil setecientos cuarenta y seis. Seguido ante el Sol, superintendente general de los astros, y Júpiter su asesor, por querella dada por el fiscal de las estrellas, nombrado en el encanto de Mañosa. Su autor el bachiller don Pedro Sanz, profesor de Filosofía, Medicina y Matemáticas en la Universidad de Salamanca, discípulo del doct. don Diego de Torres Villarroel*. Dedícase a los muy ilustres señores rector y colegiales, del insigne colegio del Canto de Garnica, Burgos, Imprenta de la Santa Iglesia Metropolitana de Burgos, por Julián Pérez.

SEBOLD, Russell P. (1975), «El costumbrismo y lo novelístico en los "Pronósticos" de Torres: análisis y antología», en *Novela y autobiografía en la Vida de Torres Villarroel*, Ariel, Barcelona, pp. 153–160.

SEBOLD, Russell P. (1992), «Torres Villarroel, costumbrista moderno», en Francisco Rico (coord.), *Historia y crítica de la literatura española*, vol. 4, tomo 2, Barcelona, Crítica, pp. 103–107.

SOARES, Ernesto (1946), *Almanaques, prognósticos, lunários, sarrabais do século XVIII em Lisboa*, Lisboa, Tipografia de Ramos, Afonso & Moita.

SOBRERO, Alberto (1983), «Lunari popolari italiani nel Settecento», *Berichte: Arbeitshefte zum romanischen Volksbuch*, n.º 6.

SOBRERO, Alberto (1987), «Crudeli e compasionevoli casi. La cronaca nera nella letteratura popolare a stampa», *La Ricerca Folklorica*, n.º 15, pp. 19–26.

SOLARI, Gabriella (1989a), *Almanacchi, lunari e calendari toscani tra Settecento e Ottocento: introduzione storica e catalogo*, Milano, Milano Bibliografica.

SOLARI, Gabriella (1989b), «L'importanza di alcuni materiali minori: almanacchi, lunari e calendari. Considerazioni a margine di una ricerca sulla stampa popolare nei secoli XVIII e XIX», *Biblioteche oggi*, n.º 4, pp. 489–495.

SOLARI, Gabriella (1992), «Temi e problemi in uno studio comparato degli almanacchi italiani», *Padania*, n.º 6, pp. 4–19.

STOWELL, Marion Barber (1977), *Early American Almanacs: The Colonial Weekday Bible*, New York, Burt Franklin & Company.

SWETZ, Frank J. (2020), *The Impact and Legacy of* The Ladies' Diary *(1704–1840): a Women's Declaration*, Pennsylvania, American Mathematical Society.

TESTER, Jim (1990 [1987]), *Historia de la astrología occidental*, trad. Lorenzo Aldrete, Madrid, Siglo Veintiuno.

THOMAS, Keith (1971), *Religion and the Decline of Magic: Studies in Popular Beliefs in Sixteenth and Seventeenth Century England*, London, Weidenfeld and Nicolson.

THORNDIKE, Lynn (1923), *A History of Magic and Experimental Science*, New York and London, Columbia University Press.

TORRES VILLARROEL, Diego de (1726a), *Ocios políticos, en poesías de varios metros del Gran Piscator de Salamanca don Diego de Torres Villarroel. Las recogió y saca a la luz su mayor amigo don Isidoro López del Hoyo, y este las dedica a don Agustín Fernández Portocarrero Moscoso, hijo de los Excelentísimos condes de Palma, y arcediano de la Santa Iglesia de Toledo,* reimpreso en Sevilla, Diego López de Haro.

Torres Villarroel, Diego de (1726b?), *El ermitaño y Torres, aventura curiosa en que se trata lo más secreto de la filosofía y otras curiosidades de los misteriosos arcanos de los chemistas. Dedicad a la excelentísima señora doña Sebastiana Ruiz de Alarcón Álvarez de Toledo Enríquez de Guzmán Hurtado de Mendoza Pacheco Sotomayor y Meneses etc., condesa de Tendilla, primogénita de los señores marqueses de Palacios, vizcondes de Santarén, etc. Por mano del excelentísimo señor don Ignacio Guzmán, marqués de Almarza Flores de Ávila, etc.,* [s.l.], [s.i.].

Torres Villarroel, Diego de (1726c?), *Posdatas de Torres a Martínez en la respuesta a don Juan Barroso sobre la Carta defensiva que escribió al Rmo. Padre fray Benito Feijoo. Y en ellas explica de camino el globo de luz o fenómeno que apareció en nuestros horizontes el día diecinueve de octubre de este año de mil setecientos veintiséis,* Salamanca, imprenta de la Santa Cruz.

Torres Villarroel, Diego de (1726d?), *Montante cristiano y político en pendencia música-médica-diabólica. Lo desenvainó don Diego de Torres, catedrático de prima de Matemáticas en la Universidad de Salamanca. Y le dedica al sr. Don José Manuel de Quevedo, etc.,* Sevilla, Diego López de Haro.

Torres Villarroel, Diego de (1726e?), *Sacudimiento de mentecatos habidos y por haber. Respuesta de Torres al conde de Maurepaf, fiscal de la academia de París. Y de camino es carta a todos los fiscales de sus obras,* Madrid, imprenta de don Gabriel del Barrio.

Torres Villarroel, Diego de (1727a?), *Entierro del Juicio final y vivificación de la astrología herida con tres llagas en lo natural, moral y político, y curada con tres parches. Parche primero: la astrología es buena y cierta en lo natural. Parche segundo: la astrología es verdadera y segura en lo moral. Parche tercero: la astrología es provechosa y útil en lo político. Compuesto por don Diego de Torres, catedrático de Matemáticas, etc. Dedicado al Excmo. Señor marqués de Santa Cruz y Bayona, etc., mi señor,* Sevilla, imprenta de Diego López de Haro.

Torres Villarroel, Diego de (1727b), *Lo más precioso y preciso de las medicinas. Cartilla astrológica y médica que enseña el tiempo idóneo para la recta aplicación de los remedios en las enfermedades agudas, crónicas, etc. La dedica al muy ilustre señor don Amador Merino de Malaguilla, colegial del Mayor de Santa Cruz de Valladolid, canónigo doctoral de Ávila y maestreescuela de la insigne Universidad de Salamanca. Su autor don Diego de Torres Villarroel, catedrático de Matemáticas en la Universidad de Salamanca,* Salamanca, Eugenio García de Honorato.

TORRES VILLARROEL, Diego de (1730a), *Vida natural y católica. Medicina segura para mantener menos enferma la organización del cuerpo y asegurar al alma la eterna salud. Dedicada al señor don Francisco Javier de Morales y Velasco, caballero de la Orden de Calatrava y oficial segundo de la secretaría del Estado. Por Diego de Torres Villarroel, catedrático de prima de Matemáticas en la Universidad de Salamanca*, Madrid, imprenta de Antonio Marín.

TORRES VILLARROEL, Diego de (1737a?), *Médico para el bolsillo, doctor a pie, Hipócrates chiquito. Medicina breve, fácil y barata para mantener los cuerpos con salud y curarlos de los achaques más comunes. Sirve, desde este presente año, hasta el día del juicio particular de cada pobre. Por el Doct. D. Diego de Torres, catedrático de Matemáticas en la Universidad de Salamanca*, Salamanca, en la imprenta de la Santa Cruz, por Antonio Villarroel y Torres.

TORRES VILLARROEL, Diego de (1738a), *Anatomía de todo lo visible e invisible: compendio universal de ambos mundos. Viaje fantástico: jornadas por una y otra esfera, descubrimiento de sus entes, sustancias, generaciones y producciones. Noticia de los movimientos y naturaleza de los cuerpos terrestres y celestiales y ciencia de los influjos de los eclipses de Sol y Luna hasta el fin del mundo. Dedicada al Excmo. Señor D. fray Gaspar de Molina y Oviedo, cardenal de la Santa Iglesia Apostólica Romana, exgeneral de la orden de San Agustín, comisario general de la Sta. Cruzada, presidente del Real y Supremo Consejo de Castilla, obispo de Málaga etc. Por su autor el doctor don Diego de Torres Villarroel, del gremio y claustro de la Universidad de Salamanca y catedrático de prima de Matemáticas*, Salamanca, Antonio Villarroel.

TORRES VILLARROEL, Diego de (1739a), *Extracto de los pronósticos de El Gran Piscator de Salamanca, desde el año de 1725 hasta el de 1739. Compone este libro todas las dedicatorias, prólogos, invenciones en verso y prosa de dichos pronósticos. Dedicado a la señora doña Manuela de Salamanca y Saldívar, condesa de Saucedilla, marquesa de Ureña y de Molina, dama de honor de la reina Nuestra Señora doña Isabel Farnesio, que Dios guarde. Por su autor el Doct. D. Diego de Torres Villarroel, del gremio y claustro de la Universidad de Salamanca y su catedrático de Matemáticas, etc.*, Salamanca, imprenta de la Santa Cruz, por Antonio Villarroel y Torres,

TORRES VILLARROEL, Diego de (1740a), *Arte de hacer kalendarios de veras y pronósticos de burlas. El uno útil a la Iglesia de Dios para sus comunidades eclesiásticas, catedrales, religiones, etc. Con una tabla de los cómputos eclesiásticos desde el año de 1740 hasta el de 1800. Y el otro no tiene más provecho que para gastar un cuarto de hora simplemente sale en versos esdrújulos, porque el argumento no tiene que perder. Su autor el doctor don Diego de Torres Villarroel, del gremio y claustro de la Universidad de Salamanca y su catedrático de prima de Matemáticas etc.*, Sevilla, en la imprenta Real de don Diego López de Haro.

Torres Villarroel, Diego de (1752a), *Libro segundo en el que se continúan las ideas extractadas de los pronósticos con sus prólogos y dedicatorias, que empiezan desde el año de 1745 hasta el de 1753, y al fin otros papeles sobre los mismos asuntos. Dedicado al excelentísimo señor don Zenón de Somodevilla, marqués de la Ensenada, etc. Por su autor el Doct. D. Diego de Torres Villarroel, del gremio y claustro de la Universidad de Salamanca y su catedrático de Matemáticas, y su catedrático de Matemáticas jubilado por el rey Nro. Señor, etc.*, Salamanca, Pedro Ortiz Gómez.

Torres Villarroel, Diego de (1752b), *Tomo IX. Extracto de los pronósticos de El Gran Piscator de Salamanca, desde el año de 1725 hasta el de 1753. Compone este libro todas las dedicatorias, prólogos, invenciones en verso y prosa de dichos pronósticos. Dedicado a la señora doña Manuela de Salamanca y Saldívar, condesa de Saucedilla, marquesa de Ureña y de Molina, dama de honor de la reina Nuestra Señora doña Isabel Farnesio, que Dios guarde. Por su autor el Doct. D. Diego de Torres Villarroel, del gremio y claustro de la Universidad de Salamanca y su catedrático de Matemáticas, etc.*, Salamanca, por Pedro Ortiz Gómez.

Torres Villarroel, Diego de (1752c), *Tomo X. Libro segundo. En que se continúan las ideas extractadas de los pronósticos con sus prólogos y dedicatorias, que empiezan desde el año de 1745 hasta el de 1753, y al fin otros papeles sobre los mismos asuntos. Dedicado el primero al excelentísimo señor don Zenón de Somovilla, marqués de la Ensenada, etc. Por su autor el Doct. D. Diego de Torres Villarroel, del gremio y claustro de la Universidad de Salamanca y su catedrático de Matemáticas, etc.*, Salamanca, por Pedro Ortiz Gómez.

Torres Villarroel, Diego de (1753a), «La mojiganga», en *Extracto de los pronósticos de El Gran Piscator de Salamanca, desde el año de 1725 hasta el de 1753. Compone este libro todas las dedicatorias, prólogos, invenciones en verso y prosa de dichos pronósticos. Dedicado a la señora doña Manuela de Salamanca y Saldívar, condesa de Saucedilla, marquesa de Ureña y de Molina, dama de honor de la reina Nuestra Señora doña Isabel Farnesio, que Dios guarde. Por su autor el Doct. D. Diego de Torres Villarroel, del gremio y claustro de la Universidad de Salamanca y su catedrático de Matemáticas,* etc., Salamanca, imprenta de la Santa Cruz, por Antonio Villarroel y Torres, pp. 50–65.

Torres Villarroel, Diego de (1753b), «Los pobres del hospicio de Madrid», en *Extracto de los pronósticos de El Gran Piscator de Salamanca, desde el año de 1725 hasta el de 1753. Compone este libro todas las dedicatorias, prólogos, invenciones en verso y prosa de dichos pronósticos. Dedicado a la señora doña Manuela de Salamanca y Saldívar, condesa de Saucedilla, marquesa de Ureña y de Molina, dama de honor de la reina Nuestra Señora doña Isabel Farnesio, que Dios guarde. Por su autor el Doct. D. Diego de Torres Villarroel, del gremio y claustro de la Universidad de Salamanca y su catedrático de Mate-máticas, etc.*, Salamanca, imprenta de la Santa Cruz, por Antonio Villarroel y Torres, pp. 184–199.

TORRES VILLARROEL, Diego de (1753c), «El Hospital de Antón Martín», en *Extracto de los pronósticos de El Gran Piscator de Salamanca, desde el año de 1725 hasta el de 1753. Compone este libro todas las dedicatorias, prólogos, invenciones en verso y prosa de dichos pronósticos. Dedicado a la señora doña Manuela de Salamanca y Saldívar, condesa de Saucedilla, marquesa de Ureña y de Molina, dama de honor de la reina Nuestra Señora doña Isabel Farne-sio, que Dios guarde. Por su autor el Doct. D. Diego de Torres Villarroel, del gremio y claustro de la Universidad de Salamanca y su catedrático de Mate-máticas, etc.*, Salamanca, imprenta de la Santa Cruz, por Antonio Villarroel y Torres, pp. 254–268.

TORRES VILLARROEL, Diego de (1966 [1727–1728]), *Visiones y visitas de Torres con don Francisco de Quevedo por la Corte*, en Russell P. Sebold (ed.), Madrid, Espasa-Calpe.

TORRES VILLARROEL, Diego de (1972 [1743–1758]), *Vida, ascendencia, naci-miento, crianza y aventuras del doctor Diego de Torres Villarroel*, Guy Mer-cadier (ed.), Madrid, Castalia.

TURI, Gabriele (1990), reseña de *Almanacchi, lunari e calendari toscani tra Set-tecento e Ottocento: introduzione storica e catalogo, Belfagor*, vol, 45, n.º 3, pp. 351–355.

VELASCO, Honorio M. (1992), «Los significados de cultura y los significados de pueblo: una historia inacabada», *REIS: Revista Española de Investigaciones Sociológicas*, n.º 60, pp. 7–26.

VELASCO, Honorio M. (2000), «Cultura tradicional en fragmentos. Los alma-naques y calendarios y la cultura "popularizada"», en Luis Díaz G. Viana (coord.), *Palabras para el pueblo. Vol. I. Aproximación general a la literatura de cordel*, Madrid, CSIC, pp. 121–144.

VÉLEZ-SAINZ, Julio (2016), «De lo científico a lo folclórico: Astrólogos y Astro-logía en el teatro renacentista». Disponible desde Internet en www.cervantes virtual.com [última consulta 11/11/2022].

VIEGAS GUERRERO, Manuel y PINTO CORREIA, João David (1986), «Almanaque ou a sabedoria e as tarefas do tempo», *Revista ICALP*, vol. 6, pp. 43–52.

VILÀ URRIZA, Natàlia (2020), «El informe de Juan Curiel sobre los calendarios (1766–1767)», *Titivillus*, vol. 6, pp. 83–101.

VOLTAIRE (2018 [1763]), *Tratado sobre la tolerancia*, trad. Louis Simón Fernán-dez, Madrid, Verbum.

ZAVALA, Iris M. (1978), *Clandestinidad y libertinaje erudito en los albores del siglo XVIII*, Barcelona, Ariel.

ZAVALA, Iris M. (1980), «Entre ciegos anda el libro», en *El texto en la historia*, Madrid, Nuestra Cultura, pp. 155–183.

ZAVALA, Iris M. (1984), «Utopía y astrología en la literatura popular del setecientos: los almanaques de Torres Villarroel», *Nueva Revista de Filología Hispánica*, vol. 33, pp. 196–212. Traducción de (1983), «Astrology and utopia: the case of Diego de Torres Villarroel», *I & L*, vol. 4, n.º 17, pp. 349–357.

ZAVALA, Iris M. (1987), «El lector social concreto: los almanaques de Torres Villarroel», en *Lecturas y lectores del discurso narrativo dieciochesco*, Ámsterdam, Rodopi, pp. 62–80.

ZEMON DAVIS, Natalie (1982), «Stampa e cultura popolare», en Elide Casali (ed.), *Letteratura e cultura popolare*, Bologna, Zanichelli, pp. 116–127.

Títulos y localización de los almanaques citados[109]

ACCADEMICO OZIOSO (1682), *Il Giano celeste. Discorso astrologico circa i più notabili eventi del mondo sopra l'Anno 1682. Dell'Accademico Ozioso. Dedicato all'Illustriss. Sign. Alessandro Surian Nobile Veneto*, Venezia, per Giovanni Parè. UB Basel.

ALBIZZINI, Bartolomeo (1681?), *Trattato astrologico di quanto influiscono le stelle dal cielo a pro, e danno delle cose inferiori per tutto l'anno 1682. Calcolato alla longitudine, e latitudine della Sereniss. Città di Firenze. Da Bartolomeo Albizzini Fiorentino, Con l'aggiunta di un breve discorso fatto sopra le Massime Congiunzioni. Dedicato All'Illustrissimo, e Reuerendissimo Sig. e Pafron Colendiss. Il P.D. Benedetto Bertia da Verona Generale della Religione Vallombrosana*, Firenze, per Vincenzo Vangelisti. BCPJ.

AL BRAGHIRON (1754?), *Al Braghiron astrologh nov sovra l'ann MDCCLV. È s'la scrett in italian, perchè ai nè tant ch'en san lazzer al bulgnes. Dov s'intend al far dla Luna e i sù quart, al levar dal Sol, al mezz dè e la mezza nott, con in fin dou cabel, una pr'al lott d'Roma e l'altra pr al Lott d'Napel*, Bologna, Ferdinando Pisarro. BoBCA.

ALBRIZZI, Almorò (1740), *Fasti storici antico-moderni, sacro-profani raccolti da Almorò Albrizzi, fondatore della letteraria universale Società Albrizziana. Dove accomodate all'anno MDCCXXXX, si leggono di giorno en giorno con brevietà alcune rimarcabili notizie, ad esso giorno spettanti*, Venezia, [s.i.]. FiBN.

ALIBANI, Andrea (1658), *Lidia ninfa, che dimostra il variar dei tempi di giorno in giorno, con il far della Luna e suoi quarti. Discorso astrologico di Andrea Alibani. Calcolato diligentemente conforme le vere tavole astronomiche sopra il meridiano d'Italia, per tutto l'anno di nostra salute MDCLVIII*, Bologna, Carlo Antonio Peri. BGH.

---

109 Este apéndice pretende servir de orientación a quien desee acceder a las bibliotecas y archivos que albergan los títulos de los almanaques que han ido apareciendo en las páginas del presente libro. Por consiguiente, no aspira a sustituir los catálogos y los repertorios bibliográficos que detallan las diferentes ubicaciones de la totalidad de los ejemplares conservados.

Los almanaques de Diego de Torres Villarroel citados por el *Extracto* están incluidos en la «Bibliografía».

ANÓNIMO (1680), *La Musa astrologa. Pronostico sopra l'anno bisestile M.DC. LXXX. Calcolato ad uso di tutta Lombardia e Toscana. Dedicato al Molt'illustre ed eccellentissimo signor Giacomo Grandi, medico fisico, ecc.,* Venezia, Giacomo Zini. BNCR.

ANÓNIMO (1716?), *Il Barchetto di Buffalora, in cui il regolatore degli indovinelli di Cinzia notifica le sorte politiche e militari d'Europa sopra l'anno 1717. La notificazione de quali ha per il passato lasciata ad altri suoi discepoli, annettendo a queste le vicende dei tempi ed altri accidenti. Di più dissegna ogni giorno l'espositione delle Santissime quarant'ore,* Milano, Giuseppe Pandolfo Malatesta. MiBNB.

ANÓNIMO (1721?), *Il giraluna astrologico. Dialogo tra Zabell astrologo e Magone, giardiniero ed ortolano. Almanacco sopra l'anno 1722. Con le sue orazioni, stazioni, feste, lunazioni e tempi e giorni, non solo per seminare, piantare e governare fiori, erbe e semplici, ma le Lune ancora più proprie di arare terre e far altre opere di agricultura. Con altri segreti profittevoli e dilettevoli ai curiosi dell'arte campestre. In fine un diario con le feste, indulgenze e stazioni a chi lo vuole,* Milano, per Paolo Antonio Montano. CRB.

ANONIMO (1721?-1887?), *Il corso delle stelle osservato dal pronostico moderno Palmaverde. Almanacco piemontese per l'anno [...]. Dove si indicano le mutazione dell'aria, ecc., il giornale dei santi, le solennità, l'esposizione del venerabile nelle quarant' ore, la nascita dei sovrani e principi dell'Europa ecc., ed altre nuove particolari notizie,* Torino, Stamperia Fontana. AST.

ANÓNIMO (1745?), *Il veridico almanacco universale sperimentato per l'anno 1746. Dell' astrologo incognito indiano e nell'Accademia degli Oscuri, ossia l'Anonimo. Con aggiunta l'oracolo di Delfo, ovvero dialogo sopra gli avvenimenti astrologici del predetto anno distribuito partitamente sopra ogni mese. Opera del nuovo astrologo discepolo di Leopoldo Austriaco, col gabinetto in ultimo della fortuna, e servirà per utilità dei giocatori dei giocchi dei lotti sia per Roma e per Firenze,* Firenze, [s.i.]. FiBN.

ANÓNIMO (1751?), *Il Barchetto di Buffalora, in cui il regolatore degli indovinelli di Cinzia. Dall'aspetto degli astri tocca le influenze, che ne ponno avvenire, per dedurne gli avvenimenti politici e militari, con la vicende dei tempi, ed altri accidenti. Con i XIII oracoli cabalistici per i lotti, etc., sopra l'anno bisestile 1752. E più dinota ogni giorno l'esposizione delle Santissime Quaranta Ore e le stazioni di tutto l'anno, con altre varie notizie,* Milano, per Pietro Francesco Malatesta. MiBNB.

ANÓNIMO (1752?), *Il nuovo Mercurio torinese per l'anno 1753 in cui si tratta dell'epatta, degli ecclissi, delle stagioni, giusta il corso dei pianeti. Vi sono le feste principali di questa metropoli, le quarantaore, le assoluzioni, ecc. Colle nascite dei sovrani ecc., la tariffa delle monete, arrivo e partenza delle poste, con altre varie nuove particolari notizie,* Torino, Zappata. AST.

Anónimo (1755?), *La Luna in corso. Osservazioni astronomiche e storiche per l'anno bisestile 1756 del dottor Vesta Verde. Coll aggiunta dei santi particolari delle chiese ambrosiane e di Como, nelle quali per indulto pontificio restano permesse le opere servili coll'obbligo però della messa*, Milano e Lugano, all'istanza dell'autore. SSL.

Anónimo (1757?), *L'Effemeridi di Parnaso per l'anno MDCCLVIII. Dalle quali si conosceranno tutte le lunazioni e le loro accidenti; coll'aggiunta di una famosa cabbala per ogni mese di un celebratissimo arabo, tradotta nella nostra italiana favella, in grazie dei signori giocatori del Lotto, i quali con molta facilità potranno da essa ricavarne quei numeri, che più desiderano*, Forlì, Achille Marozzi. BCF.

Anónimo (1768?), *La torta dell'astrologo stellario per l'anno 1769. Composta di una commedia intitolata* L'ingordo sfortunato. *Di sonetti ed ottave in enigmi, di alcune vite d'uomini illustri nelle belle arti, accresciuta per qualche poco variarla e di varie altre cose curiose*, Bologna, per il Sassi. BoBCA.

Anónimo (1770?), *Il Poeta Astronomo Almanacco Per l'Anno 1771*, Milano, Giuseppe Galeazzi Regio Stampatore. BiASA.

Anónimo (1774?), *La torta dell'astrologo stellario per l'anno MDCCLXXV. Con un dialogo fra il signor Sempronio ed un amico che continua il discorso intrapreso l'anno scorso, cioè a parlare sopra l'affirtare i beni. Essendovi poi tutte le feste mobili e stabili, il far della Luna e suoi quarti, levar del Sole, mezzo giorno e mezza notte, con enigmi in ottave rime a mese per mese, ed altri versi ad ogni quarta in lingua bolognese molto curiosi*, Bologna, per il Sassi. BoBCA.

Anónimo (1778?), *La torta dell'astrologo stellario per l'anno MDCCLXXIX. Con la continuazione del dialogo fra un padre e due suoi figliuoli sopra la pratica agraria e che serve d'insergmaneto per i coltivatori delle terre. Essendovi poi tutte le feste mobili e stabili, il far della Luna e suoi quarti, levar del Sole, mezzo giorno e mezza notte, con enigmi in ottave rime a mese per mese, ed altri versi ad ogni quarta in lingua bolognese molto curiosi*, Bologna, per il Sassi. BoBCA.

Anónimo (1779?), *La torta dell'astrologo stellario per l'anno bisestile MDCCLXXX. Con la continuazione del dialogo fra un padre e due suoi figliuoli sopra la pratica agraria e che serve d'insergmaneto per i coltivatori delle terre. Essendovi poi tutte le feste mobili e stabili, il far della Luna e suoi quarti, levar del Sole, mezzo giorno e mezza notte, con enigmi in ottave rime a mese per mese, ed altri versi ad ogni quarta in lingua bolognese molto curiosi*, Bologna, per il Sassi. BoBCA.

Anónimo (1781?), *La torta dell'astrologo stellario per l'anno bisestile MDCCLXXXII. Con la continuazione del dialogo fra un padre e due suoi figliuoli sopra la pratica agraria e che serve d'insergmaneto per i coltivatori delle terre.*

Essendovi poi tutte le feste mobili e stabili, il far della Luna e suoi quarti, levar del Sole, mezzo giorno e mezza notte, con enigmi in ottave rime a mese per mese, ed altri versi ad ogni quarta in lingua bolognese molto curiosi, Bologna, per il Sassi. BoBCA.

Anónimo (1787?), *Le Amazoni. Almanacco per l'anno bisestile 1788,* Torino, Ignazio Soffietti. AST.

Anónimo (1789?), *Almanacco tortonese per l'anno 1790 coll'aggiunta di un dramma anfibio per cagion di musica da non rappresentarsi probabilmente nel Teatro Anatomico alla presenza di me notaio e signori testimonii infrascritti,* Tortona, Rossi. BTO.

Anónimo (1790?), *Il novellista. Almanacco per l'anno corrente 1791. In cui oltre il diario dei santi e varie poesie vi è una bellissima novella, che ha per il titolo* L'amico infedele, Torino, Giuseppe Davico. AST.

Anónimo (1794?), *La conversazione spiritosa, almanacco per l'anno 1795, contenente molti eruditi enigmi, tratti di spirito, aneddoti e piacevolezze d'ogni genere sì francesi che italiane dei migliori autori,* Milano, Giuseppe Taglioretti. SSL.

Anónimo (1794?), *Il nuovo corso di Porta Romana. Almanacco storico-galante per l'anno 1795,* [s.l.], [s.i.]. MiBNB.

Anónimo (1798?), *Diogene ritornato dall'altro mondo e fatto perlustrator di Milano. Almanacco cinico-veritiero per l'anno 1799. Colla corrispondenza al decadario francese dell'anno 70. all' 80. aggiuntevi altre notizie non meno utili che interessanti,* [s.l.], [s.i.]. MiBNB.

Apiano, Protásio (1737), *O astrólogo cortesão Protásio Apiano, Sarrabal ocioso, irmão por parte de Adão e Eva e de Gervásio Apiano, naturais, aquelle de Moita, este de Cascaes. Prognóstico e lunário para o ano 1738, cortado a medida do nosso pólo pelo meridiano de ambas Lisboas, 38 gr. e 45. min de tal ou qual elevação,* [s.l.], [s.i.]. BNP.

Arciniego y Córdoba, Simón Francisco (1757), *El piscator de los viejos de Lavapiés para el año de 1758. Adornado de agudezas, cuentos, refranes y otras curiosidades, así de agricultura, como de otras cosas. Su autor don Simón Francisco Arciniego y Córdoba, vecino de esta corte,* Madrid, imprenta de Francisco Javier García. BNE.

Argenti, Jerónimo (1730?), *El jardinero de los planetas, almanak nuevo sobre el año de 1731. Adonde se describen las predicciones, así lunares como solares, presagios de los aspectos principales de la Luna, de cuarto en cuarto divididos y de día en día examinados, y otras curiosidades, calculado al meridiano de la muy noble, leal y coronada villa de Madrid. Compuesto por el conde Nolegar Giatamor, astrólogo italiano de la Academia de los Intrépidos de la ciudad de Ferrara. Quien le dedica al muy ilustre señor don José Claudio de Bardaji,*

Bermúdez de Castro, marqués de Cañizar, Navarrens, etc., Madrid, oficina de Domingo Fernández de Arrojo. BNE.

Argenti, Jerónimo (1731?), *El jardinero de los planetas, almanak nuevo sobre el año de 1732. Adonde se describen las predicciones, así lunares como solares, presagios de los aspectos principales de la Luna, de cuarto en cuarto divididos y de día en día examinados, y otras curiosidades, calculado al meridiano de la muy noble y agusta ciudad de Zaragoza, y la muy noble y coronada villa de Madrid. Compuesto por el conde Nolegar Giatamor, astrólogo italiano de la Academia de los Intrépidos de la ciudad de Ferrara. Quien le dedica al Excmo. Señor don José Claudio de Bardaji, Bermúdez de Castro, Gurrea y Aragón, Borja, Urries y Navarra, marqués de Cañizar, Navarrens y Sanfelices, varón de Letux, Esterquel y de la Casa Negeyra, etc.*, Zaragoza, Oficina Real. BDPZ.

Argenti, Jerónimo (1732?), El jardinero de los planetas, en la nave de Aqueronte sobre el Ebro. Pronóstico para el año de 1733 general y particular, diario con cuartos de Luna, cosecha de frutos y mantenimientos, expresando diariamente el signo y grado que tiene la Luna, calculado sobre el meridiano de la muy noble y augusta ciudad de Zaragoza, y muy noble y coronada villa de Madrid. Compuesto por el conde Nolegar Giatamor, astrólogo italiano de la Academia de los Intrépidos de la ciudad de Ferrara. Quien le dedica a la muy ilustre señora doña Josefa Mariana Lorenza Urries de Urries etc., [s.l.], [s.i.]. BNE.

Argenti, Jerónimo (1733?), *El jardinero de los planetas. Pronóstico para el año de 1734 general y particular, diario con cuartos de Luna, cosecha de frutos y mantenimientos, expresando diariamente el signo y grado que tiene la Luna, calculado sobre el meridiano coronada villa de Madrid e ilustre ciudad de Zaragoza. Compuesto por el conde Nolegar Giatamor, astrólogo italiano de la Academia de los Intrépidos de la ciudad de Ferrara. Quien lo dedica al mayor milagro del mundo, al singular prodigio del cielo, la gran Virgen Madre de Dios del Pilar de Zaragoza*, [s.l.], [s.i.]. BNE.

Argenti, Jerónimo (1734a?), *La Galería de las estrellas. Pronóstico de los acontecimientos de todo el mundo, y en particular sobre las presentes guerras. Su autor el barón Ranogel Morgiaat, natural de la ciudad de Cracovia, profesor de Astronomía y Astrología en el augusto colegio de Parma, y en la célebre Universidad de Bolonia catedrático de Matemáticas. Y le dedica a la muy ilustre señora doña Teresa Pescatori, etc.*, Madrid, en la imprenta de la viuda de Aritzia. BNE.

Argenti, Jerónimo (1734b?), *El jardinero de los planetas. Pronóstico para el año de 1735 general y particular, diario con cuartos de Luna, cosecha de frutos, calculado sobre el meridiano coronada villa de Madrid e ilustre ciudad de Zaragoza. Compuesto por el conde Nolegar Giatamor, astrólogo italiano de la Academia de los Intrépidos de la ciudad de Ferrara. Lo dedica a la católica sacra real majestad de la reina nuestra señora Isabel de Farnesio, que Dios guarde*, Madrid, imprenta de José González. BNE.

ARGENTI, Jerónimo (1738?), *El jardinero de los planetas y teatro universal de novedades políticas, económicas y astrológicas. Pronóstico para el año de 1739 calculado sobre el meridiano de la villa y corte de Madrid. Compuesto por el conde de Nolegar Giatamor, profesor de Arte de Memoria, astrólogo italiano y de la Academia de los Intrépidos en la ciudad de Ferrara. Quien lo dedica al serenísimo señor infante don Felipe, etc.*, Madrid, [s.i.]. BNE.

ARREAGA, Juan de (1746?), *Piscator murciano. Con un agregado de prodigios, cosas no comunes y fuera del estado natural que han sucedido y dignas de que se sepan, como haberse vuelto muchas mujeres hombres. Con un caso que aconteció de esta especie en esta corte, como aconteció no ha mucho tiempo dónde, quién y cómo se llamó y el estado que tomó, citando linderos y arrabales, para si se quiere preguntar. Haber ido los irracionales a escuelas a oír filosofía. Llover hierro y sangre, con otras muchas maravillosas cosas y curiosidades que contiene, como se verá. Y una misteriosa y enigmática poesía, muy ajustada y arreglada a los sucesos políticos y naturales del año 46, todo citando autores de erudición y autoridad. Dedicado al excelentísimo señor D. Ignacio Pimentel, conde de Luna, duque de Arión y conde de Fontanar. Por don Juan de Arriaga, natural del reino de Murcia*, Madrid, [s.i.]. BNE.

ASTRINI, Fortunato (1763?), *La ruota del tempo osiano i pianeti in corso calcolati per il polo 41. m. 50. di Roma, che possono servire per tutta l'Italia. Discorso astronomico, fisico, medico, storico, critico per l'anno bisestile 1764. Dell'autore incognito Fortunato Astrini con un discorso tra l'astrologo, Talete vecchio, Ormindo, e monna Lucrezia. Ed in fine molte cose curiose per i dilettanti dell'agricoltura, diverse tavole numeriche, li gradi del sole, e della luna, le lunazioni degli ebrei, e la nascita de' principi*, Foligno, per Francesco Fofi stampator del Sant'Offizio di Spoleto. BUAB.

ASTRINI, Fortunato (1764?), *La ruota del tempo osiano i planeti in corso; calcolati per il polo 41.m.50. di Roma, che possono servire per tutta l'Italia: discorso astronomico, fisico, medico, storico, ciritico per l'anno 1765 dell'autore incognito Fortunato Astrini; con un discorso tra l'astrologo, Talete vecchio, Ormirdo, ed agricoltore; ed in fine molte cose curiose per i dilettanti dell'agricoltura, e diverse tavole numeriche: i gradi del Sole, e della Luna, le lunazioni degli ebrei, e la nascita dei principi*, Foligno, per Francesco Fofi. BSFGu.

AUDIJE DE LA FUENTE, Jerónimo (1751), *Preguntas de Bertoldo. Pronóstico y diario de cuartos de luna, para el año de MDCCLII. En el cual se da reglas para hallar con facilidad los novilunios, cuadraturas, plenilunios y eclipses de sol y luna, con otras curiosas preguntas. Su autor, Jerónimo Audije de la Fuente, filomatemático en la villa de Guadalupe*, Salamanca, por Pedro Ortiz Gómez. BNE.

Barros, Custodio de (1772), *Agricultor perfeito, muito útil e conveniente a todos os lavradores, pomareiros e jardineiros que desejam fazer com acerto e perfeição suas enxertias e sementeiras, cultivar as vinhas e pomares a tempo competente e necessário, ainda naquelles dias em que se declara que não são de guardar, por ser dispensados no bispado de Coimbra, para poder trabalhar, depois de ouvir missa. Composto para o ano de 1773 por Custodio de Barros lavrador e natural de Coimbra*, Coimbra, Pedro Ginioux. BGUC.

Barzini, Francesco (1661), *Il segretario delle stelle per l'anno MDCLXI. Calcolato al meridiano d'Italia secondo il calcolo del dottissimo Ticone. Per Francesco Barzini fiorentino. Dedicato al molt'Ill. e molto rev. Sig, Giovanni Fioresi*, Firenze, [s.i.]. FiBN.

Bezau, Panduro (1790?-1828?), *Il sollievo dei malinconici. Almanacco pellegrino del moderno astrologo e rosso vate Panduro Bezau. In cui oltre diverse erudite e curiose erudizioni storiche, mediche, geografiche ed enigmatiche v'è inserita per prefazione una commedia assai faceta divisa in tanti atti, quante sono le stagione dell'anno [...]*, Torino, Onorato Derossi. AST.

Bigorrilhas (1760), *Novo pronóstico e curioso lunário para o ano de 1760 bissexto: compreende Luas, dias, meses, dias santos, de jejum, festas mudáveis, nascimentos e ocasos do Sol, conselhos medicinais e outras muitas coisas. Composto por Bigorrilhas, pastor natural da Serra da Estrela, e astrólogo acérrimo*, Coimbra, Luis Seco Ferreira. BGUC.

Bondi, Paolo Emilio (1648?), *Il Giardiniero dei Pianeti, Che raccoglie i più scelti fiori, e mostra astrologicamente i particolari accidenti, che possono occorrere l'anno MDCIL. Che sarà il primo dopo l'Intercalare. Di Paolo Emilio Bondi. Dedicato All'Illustrissimo Sig. Il Sig. Co. Alfonso Ercolani*, Bologna, per Giacomo Monti. UCLA Library.

Bondi, Paolo Emilio (1650?), *Il Giardiniero dei Pianeti, che raccoglie i più scelti fiori, e mostra astrologicamente i particolari accidenti, che possono occorrere l'anno 1651 di Paolo Emilio Bondi*, Bologna, per Carlo Zenero. DSB.

Bondi, Paolo Emilio (1651?), *Il Giardiniero dei Pianeti, che raccoglie i più scelti fiori, e mostra astrologicamente i particolari accidenti, che possono occorrere l'anno 1652 di Paolo Emilio Bondi*, Bologna, per Carlo Zenero. FiBN.

Bondi, Paolo Emilio (1652?), *Il Giardiniero dei Pianeti, che raccoglie i più scelti fiori, e mostra astrologicamente i particolari accidenti, che possono occorrere l'anno 1653 di Paolo Emilio Bondi*, Bologna, per Carlo Zenero. DSB.

Bondi, Paolo Emilio (1653?), *Il Giardiniero dei Pianeti, che raccoglie i più scelti fiori, e mostra astrologicamente i particolari accidenti, che possono occorrere l'anno MDCLIV. Di Paolo Emilio Bondi bolognese*, Bologna, per Giacomo Monti. BCa.

Bondi, Paolo Emilio (1655?), *Il Giardiniero dei Pianeti, che raccoglie i più scelti fiori, e mostra astrologicamente i particolari accidenti, che possono occorrere l'anno bisestile 1656. Di Paolo Emilio Bondi bolognese. Al Reverendissimo Padre, il Padre D. Sebastiano Morosini Crucifero*, Bologna, per Giacomo Monti. FiBN.

BONGIOVANE, Silvio (1663?), *Scherzi astrologici sopra i più notabili avvenimenti del mondo, e mutanze del tempo dell'anno Bissestile MDCLXIV di Silvio Bongiovane. All'Altezza Serenisima del Signor Principe Cesare d'Este*, Bologna, eredi di Evangelista Dozza. BRos.

BONGIOVANE, Silvio (1666?), *Scherzi astrologici di alcuni avvenimenti del mondo, e mutanze del tempo per l'anno MDCLXVII. Di Silvio Bongiovane. All'Illustriss. e Reuerendiss. Sig. Monsig. Francesco Nerli. Vicelegato di Bologna*, Bologna, Giacomo Monti. Colección privada.

BONGIOVANE, Silvio (1667?), *Scherzi astrologici di alcuni avvenimenti del mondo e mutazioni del tempo per l'Anno MDCLXVIII. Di Silvio Bongiovane*, Bologna, per Giacomo Monti. BCa.

BONGIOVANE, Silvio (1670?), *Scherzi astrologici di alcuni avvenimenti del mondo e mutazioni del tempo per l'anno MDCLXXI. Di Silvio Bongiovane*, Bologna, Giacomo Monti. SB.

BONGIOVANE, Silvio (1671?), *Scherzi astrologici di alcuni avvenimenti del mondo, e mutazioni del tempo per l'anno bisestile 1672. Di Silvio Bongiovane. All'illustrissimo Senato di Bologna* , Bologna, Giacomo Monti. Colección privada.

BONGIOVANE, Silvio (1672?), *Scherzi astrologici di alcuni avvenimenti del mondo e mutazioni del tempo per l'anno MDCLXXIII. Di Silvio Bongiovane*, Bologna, Giacomo Monti. BNCR.

BONGIOVANE, Silvio (1673?), *Scherzi astrologici di alcuni avvenimenti del mondo e mutazioni del tempo per l'anno MDCLXXIV. Di Silvio Bongiovane*, Bologna, Giacomo Monti. BNCR.

BONGIOVANE, Silvio (1675?), *Scherzi astrologici di alcuni avvenimenti del mondo e mutazioni del tempo per l'anno bisestile 1676. Di Silvio Bongiovane*, Bologna, Giacomo Monti. BNCR.

BONGIOVANE, Silvio (1677), *Scherzi astrologici sopra l'anno MDCLXXVIII. Di Silvio Bongiovane*, Bologna, Giacomo Monti. BCa.

BONGIOVANE, Silvio (1679?), *Scherzi astrologici sopra l'Anno MDCLXXX. Di Silvio Bongiovane*, Bologna, eredi del Barbieri. BCa.

BORGES, Diogo (1605), *Discurso universal e pronóstico lunário do ano de Nossa Redenção 1605. Composto por Diogo Borges, doutor em Artes e Medicina, natural vezinho da cidade de Lisboa, a cujo meridiano vai calculado conforme as observações de Nicolau Copérnico. Com o juízo dos eclipses*, Évora, por Manoel de Lyra. BPE.

Bravo, Felipe (1683?), *Pronóstico y calendario de todas las fiestas del año, así de mandamiento, como las ordinarias que se guardan en el presente principado de Cataluña. Y asimismo las que tienen vigilias y ayunos y las cuatro témporas del año, y también los feriados que se hacen en la Real Audiencia y cortes de los ordinarios. Con sus cuartos de Luna, juicio del año, calculado al meridiano de Cataluña, Aragón y Valencia. Has de advertir que las fiestas que estarán señaladas con la señal* † *son de guardar, y los feriados de la Real Audiencia con este* * *y los de las cortes de los ordinarios con este otro* §. *Para el año de 1684 bisiesto. Por el maestro de astrología Felipe Bravo, natural de este Principado de Cataluña*, Barcelona, Antonio Lacavalleria. BCat.

Brito, Henrique Ambrósio de (1714), *Prognóstico e lunário com todas as mudanças do tempo do ano 1715. Observado ao meridiano da insigne cidade de Lisboa, corte do reino de Portugal. Por Henrique Ambrósio de Brito, natural de Penamacor*, Lisboa, Miguel Manescar. BGUC.

Budri, Pirlon da (1784?), *Il Dottor Pirlon da Budri, pronostico dilettevole sopra l'anno MDCCLXXXV. In cui si rappresenta una giocosa e morale commedia del celebre signor dottor Carlo Goldoni. Questo lunario sortirà ogni anno con una commedia affatto nuova di qualche accreditato autore*, Trento, Giambattista Monauni. BBdG.

Cacciardi, Carlo Antonio (1750?-1884?), *La sibilla celeste. Effemeride per l'anno [...]. In cui, oltre le solite astronomiche, ecclesiastiche e civili notizie, si da parimente il proseguimento delle geografiche concerniente in quest'anno la Polonia, la Prussia, la Pomerania ed il Brandeburgo. Coll'aggiunta degli ordinari della posta, delle fiere principali negli Stati di S.M. e della nuova tariffa*, Torino, Giacomo Giuseppe Avondo y sus herederos. AST.

Cacciardi, Carlo Antonio (1759?-1795?), *La pellegrina del mondo lunare. Calendario moderno per l'anno [...]. In cui colle solite astronomiche, ecclesiastiche, e civili, si dà il seguito alle notizie istorico-sacro-morali*, Torino, Giacomo Giuseppe Avondo y sus herederos. AST.

Canetoli, Floriano (1788?), *Almanacco storico-letterario per l'anno 1789*, Bologna, a spese di Floriano Canetoli. BCABo.

Caporal Quattords Cazzabal (1766?), *Il strel compassad pr dvartiment dl'ann 1767 dal Caporal Quattrords Cazzabal dla Nobl Villa d'Figazzel. Fat in lingua paisana parmsana, msurà e compassà st'pronostegh con al forcà e diasc a dascrazion, e con tutt el sov lunazion pr ciascon meis, e fest movubl e immovubl e uzili cmandad e giornà farià pr comad del strisse Signor podestà, azzò cal sapia quand l'ha e n'ha da tagnir rason in Palaz. Indicà al Signor me Carissem Zavatten Barboron famous tioccador da Violen da Casalmazor*, Parma, herederos de Monti. BPP.

CAPPONI, Giovanni (1623), *Discorso astrologico sopra l'anno bisestile MDCXXIV. Calcolato al meridiano di Bologna celebre madre de gli studi. Dall'ostinato accademico umorista. All'illustrissimo signore conte Marcantonio Ranuzzi conte della Porretta suo natural patrone*, Bologna, Vittorio Benacci. BCABo.

CÁRDENAS BALLERNA Y RÍO, Jorge (1740?), *La sibila del Lavapiés, segunda mujer de Manuel Pascual. Pronóstico verdadero para el año presente de 1740. Escríbele en defecto de su autora, por amanuense, don Jorge de Cárdenas Ballerna y Río, agente de negocios en esta corte*, [s.l.], [s.i.]. BNE.

CÁRDENAS BALLERNA Y RÍO, Jorge (1750?), *El Gran Piscator de la Casa del Campo. Pronóstico verdadero y fabuloso en que se diviertan imaginaciones desocupadas para el año de 1750. Su autor don Jorge de Cárdenas, astronómico in abstracto, natural y vecino de esta corte*, Madrid, [s.i.]. BNE.

CÁRDENAS BALLERNA Y RÍO, Jorge (1751?), *El Buscón de los astros, pronóstico del Sotoluzón, serijocoso, fabuloso y verdadero de los sucesos políticos y elementales, en que se diviertan noveleros y simples de todos cuatro costados para este año de 1751. Su autor don Jorge de Cárdenas, astronómico in abstracto, natural y vecino de esta corte*, Madrid, imprenta de José Martínez Abad. BNE.

CARLI, Niccolò (1636?), *Pronosticante ragguaglio intorno alle commozioni e varietà dei tempi nell'anno MDCXXXVII. Discorso astrologico*, Bologna, Carlo Zenero. Ejemplar extraviado.

CARLI, Niccolò (1641?), *Pronosticante ragguaglio intorno alle emergenze dell'anno 1642 del Valletto d'Urania*, Bologna, Nicolò Tebaldini. BCa.

CARLI, Niccolò (1646?), *Pronosticante ragguaglio intorno alle commozioni e varietà dei tempi nell'anno MDCXXXXVII. Discorso astrologico di Niccolò Carli Dottore di Filosofia e Medicina, Flemmatico Accademico dei Travagliati di Ravenna* , Bologna, Carlo Zenero. BV.

CARLI, Niccolò (1647?), *Pronosticante ragguaglio intorno alle commozioni e varietà dei tempi nell'anno bisestile 1648. Discorso astrologico di Nicolò Carli Dottore di Filosofia, e Medicina, Flematico Accad. dei Travagliati di Ravenna. All'Illustriss. & Eccellentiss. Sig. il Signor D. Sforza Buoncompagni*, Bologna, Carlo Zenero. BV.

CARLI, Niccolò (1648?), *Pronosticante ragguaglio intorno alle commozioni e varietà, dei tempi nell'anno MDCXLIX. Discorso astrologico di Niccolò Carli Dottore di Filosofia, e Medicina Flematico Accad, dei Travagliati di Rauenna. All'Illvstriss. e Reverendiss. Sig. Monsig. Marcello Santacroce Vicelegato di Bologna*, Bologna,Carlo Zenero. BL.

CARLI, Niccolò (1649?), *Pronosticante ragguaglio intorno alle commotioni, e varietà, de' tempi nell'anno MDCL. Discorso astrologico di Nicolò Carli dottore di filosofia e medicina. All'illustriss. monsig. Marcello Santa Croce vicelegato di Bologna*, Bologna, Carlo Zenero. BV.

Carnevale, Antonio (1639), *Gli arcani delle stelle intorno ai più notabili eventi nelle cose del mondo per l'anno 1639. Discorso astrologico del P.D. Antonio Carnevale della Congregazione del Buon Gesù di Ravenna* , Bologna, per Domenico Barbieri. Ejemplar extraviado.

Carnevale, Antonio (1649), *Gli arcani delle stelle intorno ai più notabili eventi nelle cose del mondo per l'anno MDCXLIX. Discorso astrologico del P.D. Antonio Carnevale della Congregazione del Buon Giesù di Ravenna. All'Altezza Serenissima di Carlo Secondo Duca di Mantova e Monferrato, etc.*, Bologna, per Carlo Zenero. BCCF.

Carnevale, Antonio (1650), *Gli arcani delle stelle intorno ai più notabili eventi nelle cose del mondo per l'anno MDCXLX. Discorso astrologico del P.D. Antonio Carnevale della Congregazione del Buon Giesù di Ravenna. All'Eminentissimo e Reuerendissimo Principe il sig. Cardinal Cybò della Provincia di Romagna ed essarcato di Ravenna de Latere Legato*, Bologna, per Carlo Zenero. BCCF.

Carnevale, Antonio (1651), *Gli arcani delle stelle intorno ai più notabili eventi nelle cose del mondo per l'anno 1651. Discorso astrologico del P.D. Antonio Carnevale della Congregazione del Buon Giesù di Ravenna. All'amplissimo senato della Repubblica di Lucca* , Bologna, per Carlo Zenero. BCCF.

Carnevale, Antonio (1652), *Gli arcani delle stelle intorno ai più notabili eventi nelle cose del mondo per l'anno 1652. Discorso astrologico di D. Antonio Carnevale da Ravenna*, Bologna, Carlo Zenero. BNCR.

Carnevale, Antonio (1653), *Gli arcani delle stelle intorno ai più notabili eventi nelle cose del mondo per l'anno 1652. Discorso astrologico di D. Antonio Carnevale da Ravenna*, Bologna, Carlo Zenero. BNCR.

Carnevale, Antonio (1654), *Gli arcani delle stelle intorno ai più notabili eventi nelle cose del mondo per l'anno 1654. Discorso astrologico di D. Antonio Carnevale da Ravenna. All'illustrissimo signore e padrone colendissimo il signor Carlo Torrigiani*, Firenze, Francesco Onofri, Stampatore Archiepiscopale. ATM.

Carnevale, Antonio (1655), *Gli arcani delle stelle intorno ai più notabili eventi nelle cose del mondo per l'anno MDCLV. Discorso astrologico di D. Antonio Carnouale Da Ravenna all'Illustriss. e Eccellentiss. Sig. e Pad. Colendiss. il Sig. Marchese Sig. Francesco Bibboni Libero barone del Sac. Rom. Imper. e Gentiluomo di camera della sacra Maestà del Re di Pollonia, e Svezia*, Firenze, per Francesco Onofri. BNCR.

Carnevale, Antonio (1656), *Gli arcani delle stelle intorno ai più notabili eventi nelle cose del mondo per l'anno MDCLVI. Discorso astrologico di D. Antonio Carnevale Da Ravenna alla Maestà Serenissima di Cristina Regina di Svezia, etc.*, Firenze, per Francesco Onofri. BNCR.

Carnevale, Antonio (1657), *Gli arcani delle stelle intorno ai più notabili eventi nelle cose del mondo per l'anno MDCLVII. Discorso astrologico di D. Antonio Carnevale Da Ravenna. All'eminentiss. e reverendiss. principe il signor card. Ottavio Acquaviva d'Aragona, della provincia di Romagna ed Esarcato di Ravenna de latere legato*, Firenze, Francesco Onofri. BNCR.

Carnevale, Antonio (1658), *Gli arcani delle stelle intorno ai più notabili eventi nelle cose del mondo per l'anno MDCLVIII. Discorso astrologico di D. Antonio Carnevale Da Ravenna. All'Eminentissimo e Reverendissimo Principe Card. Antonio Barberini Camarlingo di S. Chiesa*, Firenze e Venezia, [s.i.]. BNCR.

Carnevale, Antonio (1659), *Gli arcani delle stelle intorno ai più notabili eventi nelle cose del mondo per l'anno MDCLVIX. Discorso astrologico di D. Antonio Carnevale Da Ravenna. All'altezza Serenissima di Alfonso D'Este Duca di Modena, etc.*, Venezia, per Francesco Valvasense. Ejemplar extraviado.

Carnevale, Antonio (1660), *Gli arcani delle stelle intorno ai più notabili eventi nelle cose del mondo per l'anno MDCLX. Discorso astrologico di D. Antonio Carnevale Da Ravenna. All'Illustrissimo e Reverendissimo Signore e Padrone Colendissimo il Sig. Filippo Galilei vescovo di Cortona*, Firenze e Venezia, per Francesco Valvasense. BNF.

Carnevale, Antonio (1661), *Gli arcani delle stelle intorno ai più notabili eventi nelle cose del mondo per l'anno MDCLXI. Discorso astrologico di D. Antonio Carnevale Da Ravenna. All'Eminent. e Reverendiss. principe il sig. cardinale Volunnio Bandinelli della provincia di Romagna ed Esarcato di Ravenna di latere legato*, Venezia, per Pier Antonio Zamboni. FiBN.

Carnevale, Antonio (1662), *Gli arcani delle stelle intorno ai più notabili eventi nelle cose del mondo per l'anno MDCLXII. Discorso astrologico di D. Antonio Carnevale Da Ravenna. Alla Sacra Real Maestà Cristianissima di Luigi XIII Re di Francia e di Navarra*, Firenze, Francesco Onofri. FiBN.

Carnevale, Antonio (1663), *Gli arcani delle stelle intorno ai più notabili eventi nelle cose del mondo per l'anno MDCLXIII. Discorso astrologico di D. Antonio Carnevale Da Ravenna*, Firenze, Francesco Onofri. IMSS.

Carnevale, Antonio (1664), *Gli arcani delle stelle intorno ai più notabili eventi nelle cose del mondo per l'anno MDCLXIV. Discorso astrologico di D. Antonio Carnevale Da Ravenna. All'Altezza Serenissima di Ferdinando il Granduca di Toscana*, Firenze, Francesco Onofri. FiBN.

Carnevale, Antonio (1665), *Gli arcani delle stelle intorno ai più notabili eventi nelle cose del mondo per l'anno MDCLXV. Discorso astrologico di D. Antonio Carnevale Da Ravenna. All'Eminentiss. e Reverendiss. principe il sig. card. Celio Piccolomini. Della provincia di Romagna ed essarcato di Ravenna, di latere legato*, Firenze e Venezia, per Francesco Valvasense. Ejemplar extraviado.

CARNEVALE, Antonio (1666), *Gli arcani delle stelle intorno ai più notabili eventi nelle cose del mondo per l'anno MDCLXVI. Discorso astrologico di D. Antonio Carnevale Da Ravenna. All'Eminentiss. e Reverendiss. principe il sig. cardinale Girolamo Bonvisio, vescovo di Lucca e legato de latere di Ferrara e suo ducato*, Firenze, Francesco Onofri. FiBN.

CARNEVALE, Antonio (1667), *Gli arcani delle stelle intorno ai più notabili eventi nelle cose del mondo per l'anno MDCLXVII. Discorso astrologico di D. Antonio Carnevale Da Ravenna*, Firenze e Venezia, per il Valvasense. BL.

CARNEVALE, Antonio (1668), *Gli arcani delle stelle intorno ai più notabili eventi nelle cose del mondo per l'anno MDCLXVIII. Discorso astrologico di D. Antonio Carnevale Da Ravenna*, Firenze e Venezia, per Francesco Valvasense. ACRo.

CARNEVALE, Antonio (1669), *Gli arcani delle stelle intorno ai più notabili eventi nelle cose del mondo per l'anno bisestile MDCLXIX. Discorso astrologico di D. Antonio Carnevale Da Ravenna. All'Eminentiss. e Reverendiss. principe il sig. cardinale Carlo Roberto Vittori della provincia di Romagna ed esarcato di Ravenna di latere legato*, Firenze, Francesco Onofri. BCa.

CARNEVALE, Antonio (1670), *Gli arcani delle stelle intorno ai più notabili eventi nelle cose del mondo per l'anno MDCLXX. Discorso astrologico di D. Antonio Carnevale Da Ravenna. All'Eminentiss. e Reverendiss. principe cardinale Francesco Nerli arcivescovo di Firenze*, Firenze, per Francesco Onofri. FiBN.

CARNEVALE, Antonio (1671), *Gli arcani delle stelle intorno ai più notabili eventi nelle cose del mondo per l'anno MDCLXXI. Discorso astrologico di D. Antonio Carnevale Da Ravenna. All'Eminentiss. e Reverendiss. principe cardinale Palluzzo Altieri nipote di Nostro Signore e della S. Chiesa di Ravenna, archivescovo e principe*, Firenze, per Francesco Onofri. FiBN.

CARNEVALE, Antonio (1672), *Gli arcani delle stelle intorno ai più notabili eventi nelle cose del mondo per l'anno MDCLXXII. Discorso astrologico di D. Antonio Carnevale Da Ravenna. All'Eminentiss. e Reverendiss. principe cardinale Giulio Gabbrielli della provincia di Romagna e esarcato di Ravenna de latere legato*, Firenze, per Francesco Onofri. FiBN.

CARNEVALE, Antonio (1673), *Gli arcani delle stelle intorno ai più notabili eventi nelle cose del mondo per l'anno MDCLXXIII. Discorso astrologico di D. Antonio Carnevale Da Ravenna. All'Eminentiss. e Reverendiss. principe cardinale Francesco Nerli arcivescovo di Firenze*, Firenze, per Francesco Onofri. IMSS.

CARNEVALE, Antonio (1674), *Gli arcani delle stelle intorno ai più notabili eventi nelle cose del mondo per l'anno MDCLXX. Discorso astrologico di D. Antonio Carnevale Da Ravenna. All'Eminentiss. e Reverendiss. principe il sig. cardinale Francesco Nerli arcivescovo di Firenze*, Firenze, per Francesco Onofri. IMSS.

CARNEVALE, Antonio (1675), *Gli arcani delle stelle intorno ai più notabili eventi nelle cose del mondo per l'anno MDCLXXV. Discorso astrologico di D. Antonio Carnevale Da Ravenna. All'Illustriss. ed Eccellentiss. Sig. il sig. Giovanni Cornaro, del fu Sig. Niccolò Cavaliere e Procuratore di S. Marco*, Firenze, per Francesco Onofri. FiBN.

CARNEVALE, Antonio (1676), *Gli arcani delle stelle intorno ai più notabili eventi nelle cose del mondo per l'anno MDCLXXIVI. Discorso astrologico di D. Antonio Carnevale Da Ravenna. All'Eminentiss. e Reverendiss. Sig. il sig. card. Carlo Rossetti, vescovo di Faenza*, Firenze, per Francesco Onofri. FiBN.

CARNEVALE, Antonio (1678), *Gli arcani delle stelle intorno ai più notabili eventi nelle cose del mondo per l'anno 1678. Discorso astrologico di D. Antonio Carnevale Da Ravenna*, Ejemplar extraviado.

CASAMIA VENEZIANO, Pietro (1794?), *Il giro astronomico del celebre Astronomo, Fisico, e Cabalista Pietro G.P. Casamia Veneziano. Nel quale si espone la solita Dissertazione. Ossiaa Introduzione al detto Giro ritrovandosi in essa in succinto l'idea generale della grand'opera, divisa in dodici Libri, delle Effemeridi Mensili ec. (da uscire il primo Libro in Gennaio 1777.) con esservi impresso in essa prefazione numero sei tavole d'aggiunta per l'atto pratico d'una delle tre gran Cabale Responsive contenute in dette Effemeridi. Indi il proseguimento del gran Trattato delle Celesti Sfere in Dialogo, o Sfera del Mondo, intrapreso fino dalla grande Introduzione nel Giro del 1770. Ed è materia di grande impegno per l'autore, non che d'utile, e diletto ad ogni ceto di persone, come da' detti Trattati d'anno in anno si viene a dedurre: Oltre alle solite Tavole de' Numeri simpatici, mensili; e de' sette Dominanti Gradi del Sole ec. Vi si ritrova ancora la Tavola del corrente anno, e sue doppie Chiavi per i Signori Dilettanti. Il Pronostico per l'anno 1777 distinto in sei Discorsi, oltre alle Lunazioni, Discorsi Solari, e le Tavole delli numeri simpatici, Trini, Celesti, Planetari, Algebratici, Lunari, Figure numeriche, ed altre cose di pubblico utile, e diletto*, Faenza, Francesco Maria Montanari. BNN.

CASANOVA, Juan de (1662), *Lunario y pronóstico general del año del Señor M.DC.LXIII compuesto para diversas partes del mundo, y en particular para la ciudad de Valencia, reinos de Aragón, Cataluña, Navarra y Castilla, con los días buenos para sangrarse y medicinarse, por Juan de Casanova*, Valencia, Jerónimo Vilagrasa. BNE.

CASMACH, Francisco Guilherme (1646), *Brachylogia astrológica e apocatastasi apográfica do Sol, Lua e mais planetas, com todos os seus aspetos, eclipses e pronosticação dos seus efeitos para o presente ano de 646. Calculado pela nova e genuína teórica do motu celeste e tesouro das observações astronómicas lansbergienses e argólicas, parisienses e de Origano, tychonicas e próprias para o meridiano desta cidade de Lisboa. Composto e oferecido a nobreza lusitana. Pelo licenciado Francisco Guilherme Casmach, filósofo e astrólogo e cirurgião das Majestades reales*, Lisboa, Pedro Craesbeeck. BNE.

CASTANHO, Afonso (1737), *Audiência astronómica em que ao son dos ruidosos timbales se publicam notícias e novas. Pronóstico antigo composto de Astronomía moderna e fabricado para todos os pólos com elevação de 38 gr. e 42 min. para as duas Lisboas, aplicação divertida de Afonso Castanho, pescador de Alfama, assessor do Sol, Sarrabal marítimo e castelhano mor de Castelho Picão etc.*, Lisboa, Miguel Rodrigues. BGUC.

CERNADAS Y CASTRO, Diego Antonio (1762), *El cura y el sacristán. Kalendario doloroso por el piscator de Friume. Diario de cuartos de Luna con los sucesos elementales y misteriosos para este año de 1762. Primera parte. Dispuesto por el indignísimo capellán de la Dulcísima Madre Dolorosa, venerada en la iglesia parroquial de San Martín de Fruime, en el arzobispado de Santiago de Galicia. Dedícalo a su muy especial amigo el que lo leyere, sin más dedicatoria que el siguiente prólogo*, Madrid, Gabriel Ramírez. BNE.

CIRESTE, Andronico (1733?), *L'Ozio astrologo ossia il tempo perduto nello specolare gli influssi dell'anno MDCCXXXIV da Andronico Cireste*, Parma, Giuseppe Rosati. BPP.

CONCEPCIÓN, fray Juan de la (1744), *Piscator cómico para el año de 1745 o comedia astronómico alegórica titulada Guerra y paz en las estrellas. Escríbela don José Garro, profesor de Matemáticas, maestro en Filosofía y doctor en Sagrada Teología por la Universidad de Alcalá. Quien la dedica al Excmo. Señor conde de Saldaña, marqués de Tavara, conde de Villada, etc.*, Madrid, [s.i.]. BNE.

CONCEPCIÓN, fray Juan de la (1747?), *El piscator inmortal. Almanak y pronóstico de cuartos de Luna para el año de 1748. Compuesto por el bachiller don Juan de Madrid. Dedicado al muy ilustre señor don Jaime de Silva, hijo primogénito de los excelentísimos señores el señor don Antonio de Silva y mi señora doña María Hipólita Cebrián*, Madrid, [s.i.]. BNE.

CONCEPCIÓN, fray Juan de la (1750?), *Tribunal del Parnaso: querella de Urania y juicio de Apolo. Almanak y diario de cuartos de Luna para este año de 1751. Dale a luz don José Roco, futurario de Trajano Bocalini, en calidad de gacetero de aquel país*, Madrid, [s.i.]. BNE.

CORREIA DE LEMOS, António (1730), *Prognóstico e curioso lunário do ano bissexto de 1734. Para todo o reino de Portugal e Algarves, calculado ao meridiano da insigne corte e cidade de Lisboa oriental e occidental, cuja altura do pólo são 38 gr. e 42 minutos. Deduzida sua matéria das doutrinas relevantes de Ptolomeo e Sarrabal e outros graves autores. Contém os principais aspectos da Lua com o Sol, e dos mais planetas entre si, como também os eclipses, regras da agricultura e medicina, horas do nascimento e ocaso do Sol em todos os meses do ano, dominação dos signos celestes nas cidades e províncias do mundo e nascimentos dos nossos monarcas portugueses e mais família real. Composto per Damião Francês, natural de Villar de Frades,* Lisboa, Miguel Rodrigues. BNP.

CORREIA DE LEMOS, António (1731), *Prognóstico e curioso lunário do ano bissexto de 1732. Para todo o reino de Portugal e Algarves, calculado ao meridiano da insigne corte e cidade de Lisboa oriental e occidental, cuja altura do pólo são 38 gr. e 42 minutos. Deduzida sua matéria das doutrinas relevantes de Ptolomeo e Sarrabal e outros graves autores. Contém os principais aspectos da Lua com o Sol, e dos mais planetas entre si, como também os eclipses, regras da agricultura e medicina, horas do nascimento e ocaso do Sol em todos os meses do ano, dominação dos signos celestes nas cidades e províncias do mundo e nascimentos dos nossos monarcas portugueses e mais família real. Composto per Damião Francês, natural de Villar de Frades,* Lisboa, Pedro Ferreira. BNP.

CORREIA DE LEMOS, António (1733), *Prognóstico e curioso lunário do ano bissexto de 1734. Para todo e reino de Portugal e Algarves, calculado ao meridiano da insigne corte o cidade de Lisboa oriental e occidental, cuja altura do pólo são 38 gr. e 42 minutos. Deduzida sua matéria das doutrinas relevantes de Ptolomeo e Sarrabal e outros graves autores. Contém os principais aspectos da Lua com o Sol, e dos mais planetas entre si, como também os eclipses, regras da agricultura e medicina, horas do nascimento e ocaso do Sol em todos os meses do ano, dominação dos signos celestes nas cidades e províncias do mundo e nascimentos dos nossos monarcas portugueses e mais família real. Composto per Damião Francês, natural de Villar de Frades,* Lisboa, oficina Joaquiniana. BNP.

CORREIA DE LEMOS, António (1745), *Prognóstico metafórico e curioso lunário para o ano de 1746, segundo depois do bissexto. Para divertir aos meus aficionados leitores. Calculado para o nosso reino de Portugal, Algarves e mais partes de Europa. Contém os principais aspectos dos sete planetas e o que influem nas cousas sublunares: regras da agricultura e medicina, horas do ocaso do Sol em cada mês, dominação dos doze signos e planetas em varias partes do orbe e os nascimentos felices dos mossos monarcas portugueses e mais família real. Composto per Damião Francês, natural de Villar de Frades,* Lisboa, Pedro Ferreira. BGUC.

CORREIA DE LEMOS, António (1756), *Prognóstico metafórico e curioso lunário para o ano de 1757. Com todos os principais aspectos dos planetas e mudanças de tempos, eclipses, regras de agricultura e enfermidades. Calculado para a nossa corte e cidade de Lisboa a mais partes da Europa, notícia dos nossos monarcas portugueses e mais família real. Composto per Cosme Damião Francês, natural de Villar de Frades,* Lisboa, Manoel Soares. BGUC.

CORREIA DE LEMOS, António (1759?), *Prognóstico metafórico e curioso lunário para o ano de 1760 bissexto. Com todos os principais aspectos dos planetas e mudanças de tempos, eclipses, regras de agricultura e notícia dos nossos monarcas portugueses e mais família real. Composto per Cosme Damião Francês, natural de Villar de Frades*, Lisboa, officina da Augustissima Rainha Nossa Senhora. BGUC.

CORREIA DE LEMOS, António (1760?), *Prognóstico metafórico e curioso lunário para o ano de 1761. Com todos os principais aspectos dos planetas e mudanças de tempos, eclipses, regras de agricultura e enfermidades, calculado para a nossa corte e cidade de Lisboa e mais de Europa. Composto per Cosme Damião Francês, natural de Villar de Frades*, Lisboa, António Rodrigues Galhardo. BGUC.

COSTA, Vitorino José da (1734), *O Grão Pescador Cosme Francês, Sarrabal Saloio e irmão gémeo de Damião Francês, naturais ambos de Vila de Frades. Prognóstico geral para o ano 1735. Calculado e ajustado nas lunações ao meridiano de ambas Lisboas pela altura de nosso pólo 38 gr. e 42 min. de elevação, pouco mais o menos*, Lisboa, Pedro Ferreira. BNP.

COSTA, Vitorino José da (1735), *O Grão Pescador Cosme Francês, Sarrabal Saloio e irmão gémeo de Damião Francês, naturais ambos de Vila de Frades. Prognóstico geral para o ano 1736 bissexto e mal assombrado. Calculado e ajustado nas lunações ao meridiano de ambas Lisboas pela altura de nosso pólo 38 gr. e 42 min. de elevação, pouco mais o menos*, Lisboa, Manoel Fernandes Ferreira. BNP.

COSTA, Vitorino José da (1736), *O Grão Pescador Cosme Francês, Sarrabal Saloio e irmão gémeo de Damião Francês, naturais ambos de Vila de Frades. Prognóstico geral para o ano 1737, primeiro depois do bissexto. Calculado e ajustado nas lunações ao meridiano de ambas Lisboas pela altura de nosso pólo 38 gr. e 42 min. de elevação, pouco mais o menos*, Lisboa, Miguel Rodrigues. BGUC.

COSTA, Vitorino José da (1739), *O Grão Pescador Cosme Francês, Sarrabal Saloio e irmão gémeo de Damião Francês, naturais ambos de Vila de Frades. Almanak geral para o ano 1739 terceiro depois do bissexto. Calculado e ajustado nas lunações ao meridiano de ambas Lisboas pela altura de nosso pólo 38 gr. e 42 min. de elevação, pouco mais o menos*, Lisboa, officina de Miguel Rodrigues. BNP.

COSTA, Vitorino José da (1740), *O Grão Pescador Cosme Francês, Sarrabal Saloio e irmão gémeo de Damião Francês, naturais ambos de Vila de Frades. Almanak universal para o ano bissexto 1740*, Lisboa, officina de Miguel Rodrigues. BNP.

Costa, Vitorino José da (1741?), *O Grão Pescador Cosme Francês, Sarrabal Saloio e irmão gémeo de Damião Francês, naturais ambos de Vila de Frades. Prognóstico geral para o ano de 1742, primeiro depois do bissexto. Calculado e ajustado nas lunações ao meridiano de ambas Lisboas pela altura de nosso pólo 38 gr. e 42 min. de tal ou qual imaginaria elevação,* [s.l.], [s.i.]. BNP.

Costa, Vitorino José da (1745?), *O Grão Pescador Cosme Francês, Sarrabal Saloio e irmão gémeo de Damião Francês, naturais ambos de Vila de Frades. Almanak universal para o ano de 1746, II depois do bissexto. Calculado e ajustado nas lunações ao meridiano de ambas Lisboas pela altura de nosso pólo 38 gr. e 42 min. de tal ou qual imaginaria elevação,* [s.l.], [s.i.]. BGUC.

Costa, Vitorino José da (1750?), *O Grão Pescador Cosme Francês, Sarrabal Saloio e irmão gémeo de Damião Francês, naturais ambos de Vila de Frades. Almanak geral para o ano 1751, 3 depois do bissexto. Calculado e ajustado nas lunaçõns ao meridiano de ambas Lisboas pela altura de nosso pólo 38 gr. e 42 min. de tal ou qual imaginaria elevação. Contém além de muito e bom que sempre conteve, umas regras medicinais muito suficientes para conservar a saúde a quem nunca tiver de estar doente,* [s.l], [s.i.]. BGUC.

Costa, Vitorino José da (1759?), *O Grão Pescador Cosme Francês, Sarrabal Saloio e irmão gémeo de Damião Francês, naturais ambos de Vila de Frades. Almanak geral para o ano 1760. Calculado e ajustado nas lunações ao meridiano de ambas Lisboas pela altura de nosso pólo 38 gr. e 42 min. de tal ou qual imaginaria elevação. Contém além de muito e bom que sempre conteve, umas regras medicinais muito suficientes para conservar a saúde a quem nunca tiver de estar doente,* [s.l], [s.i.]. BNP.

Costa, Vitorino José da (1760?), *O Grão Pescador Cosme Francês, Sarrabal Saloio e irmão gémeo de Damião Francês, naturais ambos de Vila de Frades. Almanak geral para o ano 1761. Calculado e ajustado nas lunações ao meridiano de ambas Lisboas pela altura de nosso pólo 38 gr. e 42 min. de tal ou qual imaginaria elevação. Contém além de muito e bom que sempre conteve, umas regras medicinais muito suficientes para conservar a saúde a quem nunca tiver de estar doente,* [s.l], [s.i.]. BNP.

Coutinho, Pedro (1789–1790), *Tratado para lavradores, pescadores, caçadores, hortelãos e jardineiros [...]. Composto por Pedro Coutinho da província do Minho,* Lisboa, José de Aquino Bulhoens. BGUC.

Dall'Acqua, Baldassarre (1776?), *La Giostra de'Pianeti per l'anno MDC-CLXXVII. Pronostico poetico dell'astrologo detto per anagrama Mastro Baldone dell'Avacquanasa. Per l'anno secondo, che si espone alla critica con quest'opuscolo contenente l'annue operazioni e produzioni celesti, con pronostici mensuali, lunari e solari, e per ogni stagione, tutto fondato sugli autori più celebrati; le feste di precetto, ridotte, di divozione e i dì feriali; con aggiunte in quest'anno dodici tavole astronomiche, utilissime per giusto calcolo della mezzanotte, levar del Sole e mezzogiorno, oltre segnar giornalmente calende, none, ed Idi, ed altre ancora nobili erudizioni; colla mitologia dei mesi e dodici cabale per il lotto, differenti dallo scorso anno; e tutto ciò calcolato al polo di Mantova elevato di meridiano gradi 45 m. 11 ed in fine del presente inserto il secondo canto della Batracomiomachia d'Omero, in seguito dello già pubblicato, e promesso l'anno passato 1776 in questa medesima Giostra,* Mantova, Alberto Pazzoni. BLabr.

DA SILVA, Francisco Carlos (1740), *Teatro universal de novidades políticas, elementares e militares para o ano 1741 primeiro depois do bissexto. Que oferece ao senhor Carlos de Vico seu autor D. Francisco Carlos da Silva, professor de matemática,* Lisboa, Miguel Rodrigues. BGUC.

DOTTORE DIRINDINA (1757?), *Inssuni de Mssir Dirindina poeta Arvinà sovra l'ann 1758. Prodott da una fantasì senz'arposs. Per divertimeint del person affazindà e per far impiegar ai spinsirà una part dal teimp, ch'i strassinin a lezer sti fandoni senza offeisa dal sgnor, ne del person dal mond,* Bologna, Sassi. BoBCA.

DOTTORE DIRINDINA (1758?), *Inssuni de Mssir Dirindina poeta Arvinà sovra l'ann 1759. Prodott da una fantasì senz'arposs. Per divertimeint del person affazindà e per far impiegar ai spinsirà una part dal teimp, ch'i strassinin a lezer sti fandoni senza offeisa dal sgnor, ne del person dal mond,* Bologna, Sassi. BoBCA.

DOTTORE DIRINDINA (1766?), *Il dottore Dirindina, astrologo per divertimento. Calcolato col suo canocchiale nell'osservatorio delle esalazioni per l'anno 1797. Regolato sulle ore francesi ed italiane,* Bologna, [s.i.]. BoBCA.

DUTTOUR LEMA (1754?), *Usservazion souvra del sfer fatt dal Duttour Munsu Lema per l'ann 1755. Cun al far dla Luna, e i su quart, al livar dal soul al mezz dè, la mezza nott e mell'alter tiridir,* Bologna, por los herederos de Costantino Pisarri y Filippo Primondi. BoBCA.

ENGUERA, Pedro (1714?), *El Gran Gottardo Español. Almanak y discurso general sacado del influjo de los astros para el año 1715. Por don Pedro Enguera, profesor deMatemáticas en esta corte. Ajustadas las lunaciones al meridiano de la real corte y villa de Madrid. Dedicado al señor don José Grimaldo, marqués de Grimaldo, caballero de la orden de Santiago, comendador de Ribera y azeuhal en dicha orden, regidor perpetuo de la nueva colonia y ciudad de San Felipe en el reino de Valencia, gentilhombre de cámara de Su Majestad, de su Consejo en el Real de Indias y su primer secretario de Estado y del despacho universal y de la reina nuestra señora,* Madrid, [s.i.]. BRAH.

ENGUERA, Pedro (1722?), *El Gran Gottardo Español. Almanak y discurso general sacado del influjo de los astros para el año de 1723, compuesto por don Pedro*

Enguera, maestro de de los caballeros pajes del rey y alarife de Madrid, ajustadas las lunaciones al meridiano de esta real corte, Madrid, oficina de Juan de Aritzia. BNE.

ENGUERA, Pedro (1723?), *El Gran Gottardo Español. Almanak y discurso general sacado del influjo de los astros para el año bisiesto de 1724. Por don Pedro Enguera, maestro de Matemáticas de los caballeros pajes del rey nuestro señor. Ajustadas las lunaciones al meridiano de esta real corte. Dedicado al excelentísimo señor marqués de Grimaldo, del Consejo de Estado de Su Majestad, etc.,* Madrid, imprenta de Juan de Aritzia. BNCh.

ENGUERA, Pedro (1728?), *El Gran Gottardo Español. Almanak y discurso general sacado del influjo de los astros para el año de 1729. Por don Pedro Enguera, maestro de Matemáticas del rey (Dios le guarde) y de sus caballeros pajes; arquitecto, maestro de obras del juzgado de quiebras de rentas reales y servicio de millones; alarife de Madrid, de los nombrados por el Real Consejo para la tasa y medida de las casas. Ajustadas las lunaciones al meridiano de esta real villa de Madrid. Dedicado al excelentísimo señor marqués de Castelar, etc.,* Madrid, oficina de Juan de Zúñiga. BRAH.

Endimião Português (1736?), *Endimião Português. Prognóstico prosopoético, fabulógico, jocosério, metafórico para o ano de 1737. Dirigido ao meridiano de ambas Lisboas. Dedicado aos curiosos das Gazetas por um culto e oculto engenho desta corte,* Lisboa, na officina de Manoel Fernandes da Costa, impressor do Santo Officio. BNP.

FÁBREGA, Antonio Ángel de (1763), *Zumba de pronósticos y pronósticos de zumba. Criollo de trecho en trecho, mestizo de cuando en cuando. Si se pone el Sol o no se pone, sale la Luna o no sale, hace bueno o mal tiempo, hay nubes o está raso, cae o no cae lluvia, graniza o no graniza, descampa o no descampa, truena o no truena. Ajustado al meridiano de Madrid por el gran astrólogo castellano, el Lic. Antonio Ángel de Fábrega, matemático con filo y beneficiado en Burgos,* Madrid, imprenta de Gabriel Ramírez. BNE.

FÁBREGA, Antonio Ángel de (1767), *El Piscator chiquito por el cielo y lo demás por la tierra. Viaje soñado entre gallos y media noche en que se acomete la astrología y de camino se les hace a los astrólogos ver las estrellas. Hacíale el Lic. Don Antonio Ángel de Fábrega, beneficiado en las parroquiales unidas de San Andrés y Santa María la Blanca de la ciudad de Burgos. Y le dedica a la Excma. Señora marquesa de Valdecarzana,* Burgos, imprenta de José de Navas. BNE.

FEI, Giovanni (1661), *Lucidario astrologico, ovvero racconto dei celesti influssi da esperimentarsi nel presente Anno 1661. Calcolato al Meridiano d'Italia secondo le Regole dell'Eccellentiss. Lansbergio da Giovanni Fei Fiorentino. All'Illustriss. Sig. e Padron Colendiss. Il Sig. Caval.re Cosimo Campiglia Gran*

Tesoriere della Sacra Religione di Santo Stefano, Firenze, nella Stamperia di Francesco Onofri. FiBN.

FERNANDES DE COURA, Inocêncio (1711), *Almanach Lusitano para todo o reino de Portugal e suas conquistas para o ano de 1712. Deduzido dos epítomes do grande Sarrabal Milanês. Calculado na altura do meridiano de muito real cidade de Lisboa cuja altura do pólo do norte são 39 grãos por Inocêncio Fernandes de Coura. Contém mudanças lunares e alterações aéreas pela combinação dos planetas, regras medicinais, método de tudo o que pertenece a agricultura, um eclipse lunar neste nosso hemisfério, girantes do Sol e da Lua, grandeza dos dias, horas em que o Sol nasce e busca as ondas*, Lisboa, António Pedrozo Galrão. BGUC.

FERNÁNDEZ HURTADO, Antonio (1698?), *El nuevo Atlante español. Almanak universal para el año del señor de 1699. Calculado a la altura de 40 grados y 26 minutos, que es de la que goza la siempre noble, regia e insigne villa de Madrid. Dedicado a la muy alta reina, señora y abogada nuestra María Santísima en el primer instante de su purísima concepción sin pecado original. Y compuesto por D. Antonio Fernández Hurtado, profesor de Matemáticas en Granada*, Madrid, por Antonio Zafra. BNE.

FERNÁNDEZ HURTADO, Antonio (1699?), *El nuevo Atlante español. Almanak universal para el año del señor de 1700. Calculado a la altura de 40 grados y 26 minutos, que es de la que goza la siempre noble, regia e insigne villa de Madrid. Dedicado a la reina de los ángeles, María Santísima de las Angustias, patrona y abogada nuestra. Y compuesto por D. Antonio Fernández Hurtado, profesor de Matemáticas en Granada. Van al fin los nacimientos de los reyes y potentados que hoy reinan*, Madrid, por los herederos de Antonio Román. BNE.

FIALHO, Fuas Feio (1741), *Sarrabal cidadão. Astrólogo casquilho, anti-saloio crítico, brinco de estados e palito de damas, ou lunário verdadeiro. Para o ano de 1741, 1 depois do bissexto, calculado pelo meridiano de ambas Lisboas, que conforme a última observação feita neste reino com um tubo de 45 palmos, se acha estarem na altura de 38 grãos e 42 minutos da elevação do pólo, côvado mais ou menos. Contém as variações das Luas, os signos em que andam, os dias úteis para purgas, sangrias e caça. Avisos da agricultura, e uma curiosa cronologia das cousas mais memoravéis que tem sucedido neste reino, etc. Dedicado as senhoras de ociosidade de por seu autor dom Fuas Feio Fialho, matemático mor das Majestades Imaginárias*, Lisboa, oficina de Pedro Ferreira. BGUC.

FIALHO, Fuas Feio (1744), *Sarrabal cidadão. Astrólogo casquilho, desenfado do povo, remédio de cegos e palito de críticos ou lunário verdadeiro (ou para cada um chamar como quiser) para o ano de 1745, 1 depois do bissexto, ajostado pelo comprimento, largura e altura do nosso pólo que conforme as observações astronómicas de tudo tem bastante, e não me costou pouco a ajustar de papel um vestido tamanho e tão comprido. Contém uma pequena quantidade de introdução debaixo do nome de Advertência leve; e antes della um recado métrico para os seus amigos; um juízo suficiente para o presente ano; uma tabla excelente das maré, outra nova e não menos boa das leguas que entre si distam as cidades deste reino, e em fim um kalendario com todos os dias santos, e de jejum e seus aplausos métricos aos signos.* Composto por D. Fuas Feio Fialho, matemático mor das Majestades Imaginárias, Lisboa, Pedro Ferreira, impressor da Augustissima Raihna Nossa Senhora. BGUC.

Fialho, Fuas Feio (1745), *Sarrabal cidadão. Astrólogo casquilho, desenfado do povo, remédio de cegos e palito de críticos ou lunário verdadeiro para o ano de 1746, 2 depois do bissexto, ajostado pelo comprimento, largura e altura do nosso pólo que conforme as astronómicas observações de tudo tem bastante, e não me costou pouco ajustar-lhe este vestido. Contém uma célebre história que me sucedeu no caracol de Graça. Um suficiente juízo para o presente ano, nascimentos dos nossos invictissimos monarcas, uma tabla excelente das marés, outra das leguas que entre si distam as cidades deste reino umas das outras, e enfim um kalendario com todos os dias santos e de jejum e seus aplausos métricos aos signos, etc. Composto por D. Fuas Feio Fialho, matemático mor das Majestades Imaginárias,* Lisboa, Pedro Ferreira, impressor da Augustissima Raihna Nossa Senhora. BGUC.

Fialho, Fuas Feio (1750), *Sarrabal cidadão. Astrólogo casquilho, desenfado do povo, remédio de cegos e palito de críticos ou lunario verdadeiro para o ano de 1751, 3 depois do bissexto, ajostado pelo comprimento, largura e altura do nosso pólo que conforme as astronómicas observações de tudo tem muito, e seu A. de tudo tem pouco, e desta sciencia nada. Contém tudo quanto leva e nada mais. Composto por D. Fuas Feio Fialho, matemático mor das Majestades Imaginárias,* Lisboa, Pedro Ferreira. BGUC.

Francês, Rui Jacome (1752?), *Prognóstico e curioso lunário para o ano de 1753 primeiro depois do bissexto, calculado para o nosso reino de Portugal, Algarves e mais partes de Europa. Contém os aspectos dos planetas e o que influem nas cousas sublunares e regras de agricultura. Composto pelo verdadeiro Rui Jacome Francês, sobrinho legítimo e verdadeiro de Damião Francês, de génio diverso e em tudo oposto a seu irmão espúrio do mesmo nome, escrito em papel bastardo com poucas letras, aberto au buril em figura de ferro velho,* Lisboa, [s.i.]. BGUC.

Francês, Rui Jacome (1753?), *Prognóstico e curioso lunário para o ano de 1754 segundo depois do bissexto, calculado para o nosso reino de Portugal, Algarves e mais partes de Europa. Contém os aspectos dos planetas e o que influem nas cousas sublunares e regras de agricultura. Composto pelo verdadeiro Rui Jacome Francês, sobrinho legítimo e verdadeiro de Damião Francês, de génio diverso e em tudo oposto a seu irmão espúrio do mesmo nome, escrito em papel bastardo com poucas letras, aberto au buril em figura de ferro velho,* Lisboa, Francisco da Silva. BGUC.

GALHANO LOUROSA, Manoel Gomes (1636?-1674?), *Prognóstico e lunário do ano de [...]. Calculado ao meridiano de Lisboa, cabeça de Lusitania. Composto pelo licenciado Manoel Gomes Galhano Lourosa, médico e astrólogo, natural da villa de Almada,* Lisboa, António Alvarez. BNP.

GALLICIOLI, Romedio Antonio (1764), *Alcuni componimenti fatti da vari soggetti nella gloriosa elezione, possesso, e consacrazione di sua altezza reverendissima monsig. Cristoforo Sizzo del S.R.I. prencipe, e vescovo di Trento, raccolti in questo libro, e mandati alle stampe dal dottor Romedio Antonio Gallicioli, a quali siegue separatamente lo Scopatore dello stesso col Pellegrino, che intreccia le lodi della medesima nell'intero corso dell'anno,* Trento, per Giambattista Monavuni. BRos.

GALLICIOLI, Romedio Antonio (1769?), *Lo Scopatore di Parnasso. In Compagnia del Pellegrino Pronostico per l'Anno MDCCLXX. Composto dal Dottor Romedio Antonio Gallicioli,* Trento, per Giambattista Monavuni. Ejemplar extraviado.

GARBAGNÀ, Ambrus da (1643), *Giudizio astrologico sopra l'anno bissestile MDCXLIV D'Ambrus da Garbagna discepolo del Gran Zaboi da Monscia, in dialogo con Bosin da Venegon. All'altezza del polo grad. 44 che seruira per Lombardia, Romagna, Toscana etc. All'Illustrissimo Sig. il Sig. colonello Lodovico De Giorgi, collaterale generale e proveditore delle fortezze degli Stati e ducato di Urbino, Montefeltro e di Fano e governatore dei Bombardieri e nell'esercito di N. Sig. Tenente Generale dell'Artigleria,* Bologna, Giacomo Monti. SNSP.

GARBAGNÀ, Ambrus da (1644?), *Discorso Astrologico Scientifico e Prattico Di Ambrus Da Garbagnà discepolo del Gran Zaboi da Monza. In Dialogo con Bosin da Venegon per l'anno MDCXLVI. Dove si danno cento cinquanta precetti per bene astrologare, e si predicono le mutazioni dei tempi ed altre curiosità. Al Molto Illust. Sig. Il Sig. Benedetto Ferrari,* Bologna, Giacomo Monti. BCiA.

GARBAGNÀ, Ambrus da (1646?), *Discorso Astrologico per l'anno MDCXLVII. Fatto in dialogo da Ambrus Da Garbagnà Discepolo del Gran Zaboi da Monza, con Bosin da Venegon. Dove sopra i migliori fondamenti della professione si fabbricano le più belle predizioni, che si possano desiderare dai volonterosi di saper l'avvenire. In oltre si porta vn modo brevissimo per far le direzioni, e trovar, ipso facto, i circoli di positione di qualunque significatore in qual si voglia figura di Cielo. Inuentione bellissima del già Eccellentiss. Sig.*

Dottor Zoboli, publicata in vno dei suoi Astrologici Discorsi, ed ora desiderata sommamente da gli studiosi dell'Astrologia. Al Molt'Illust. Reuer. & Eccellentis Sig. D. Gio. Battista Codronchi Dell'una, e l'altra Legge Dottore, e Rettor Curato della Chiesa Parochiale di S. Catterina di Saragozza nella Città di Bologna, Bologna, Giacomo Monti. FiBN.

GHIRARDELLI, Cornelio (1630), *Ragionamento astrologico del sig. Cornelio Ghirardelli accademico vespertino in Bologna, nel quale introducendo egli alcuni suoi discepoli a modo di dialogo discorre in ciascuna lunazione con essi loro il modo di conoscere le mutazioni dei tempi e tutti quegli accidenti che possono succedere l'anno intercalare overo bissestile M.DC.XVIII. Dedicato all'Illustriss. Sig. il Sig. Francesco Maria Bentivogli conte e senatore,* Bologna, Girolamo Mascheroni. BCABo.

GHIRARDELLI, Cornelio (1630), *Discorso astrologico sopra l'anno M.DC.XXX nel quale si ragiona della mutazione dell'aria, degli eclissi solari e lunari, e di tutto quello che possa succedere in quest'anno. Aggiuntovi in fine alcuni documenti per uso della medicina. Dedicato all'Illustriss. ed Eccellentiss. Marchese de' C. Guido Bagni, Luogotenente Generale in Ancona e nelle Provincie della Marca,* Bologna, Clemente Ferroni. BCa.

GIRARDELLI, Tommaso (1554?), *Pronostico di M. Tommaso Ghirardello da Trento, cavallier di Rodi, della sacra maiestà cesarea sopra de l'anno MDLV,* [s.l.], [s.i.]. BAV.

GIRARDELLI, Tommaso (1555?), *Pronostico dell' eccellentissimo philosopho, dottore & Cavagliero di Rhodi M. Tommaso Ghirardello di Trento. Sopra l'anno del Bisesto M.D.LVI. Allo Invitissimo Carlo V Imperatore,* Trento, Paris Mantuano. BCCF.

GIRARDELLI, Tommaso (1566?), *Pronostico dell'anno M.D.LXVII di Tommasino Girardelli da Trento, sopra le quattro stagioni dell'anno, con il raccolto del presente e con la dichiarazione del pronostico del famosissimo Messer Antonio Torquato; qual narra i marauigliosi avvenimenti che hanno da incorrere, sino l'anno 1580,* Novara, [s.i.]. BCTr.

GIRARDELLI, Tommaso (1576?), *Pronostico nuovo dell'anno MDLXXVII. Dove si vede alcuni versi, che trattano le maravigliose cose che hanno da seguire. Con il lunario, & mutazione de tempi, con le feste mobile per tutto l' anno. Estratto per M. Tommaso Ghirardella da Trento cavaliere della cesarea maestà,* Bologna, Alessandro Benacci. VeBNM.

GÓMEZ ARIAS (1734?), *El embajador de los astros y volante de Mercurio. Pronóstico divertido para el año de 1735. Juicio de los acontecimientos morbosos y sucesos políticos de la Europa. Por el Gran Piscator de Castilla don Gómez Arias, maestro de Filosofía, profesor de Matemáticas, Retórica, Letras divinas y humanas,* Madrid, imprenta de José González. BUN.

Gómez Arias (1735?), *El palacio de Plutón y templo de Proserpina. Pronóstico divertido para el año de 1736. Por el Gran Piscator de Castilla don Gómez Arias. Dedicado a la excelentísima señora doña Francisca Javiera Bibiana Pérez de Guzmán el Bueno, duquesa de Osuna. Por mano de D. Felipe Medrano, mayordomo de la Casa de Su Exc. y camarero del Excmo. señor duque de Osuna, etc.,* [s.l.], [s.i.]. BUSC.

Gómez Arias (1736?), *Las fantasmas del sueño y Puerta del Sol de Madrid. Pronóstico entretenido y cálculo de los sucesos políticos de la Europa para el año que viene de 1737. Compuesto por el embajador de los astros y Gran Piscator de Castilla don Gómez Arias, maestro de Filosofía. Consagrado a los pies del excmo. y magnánimo señor don Zoilo Pedro Téllez Girón y Benavides, duque de Osuna, conde de Urueña, etc.,* [s. l.], [s.i.]. BNCh.

Gómez Arias (1737?), *El mayor monstruo de todos y dragón de los abismos. Pronóstico de los sucesos políticos de la Europa y diario de cuartos de luna para el año de 1738. Compuesto por el Gran Piscator de Castilla don Gómez Arias, profesor de Filosofía, medicina, astronomía, etc. Dedicado al señor don Manuel Escribano de la Fuente, mi señor, caballero del hábito de Santiago, etc .,* Madrid, imprenta de José González. BNE.

Gómez Arias (1738?), *Los relámpagos de Marte y Babilonia de Europa. Pronóstico y diario de cuartos de luna para el año de 1739. Juicio de los accidentes morbosos, alteraciones del aire y sucesos políticos de la Europa. Por el Gran Piscator de Castilla don Gómez Arias,* Madrid, imprenta de José González. BNE.

Gómez Arias (1743?), *El Gran Piscator D. Gómez Arias, para el año de 1744,* Madrid, [s.i.]. BNE.

Gómez Arias (1744?), *Pronóstico y diario de cuartos de Luna para el año de 1745. Dedicado al muy ilustre señor don Francisco Mendinueta, caballero del hábito de Santiago, señor de Pechas en el reino de Navarra, etc. Por don Gómez Arias, maestro de Filosofía, bachiller en Medicina, profesor de Matemáticas, letras sagradas y profanas, etc.,* [s.l.], [s.i.]. BNE.

Gómez Arias (1745?), *Los platicantes del Hospital General de Madrid. Pronóstico y diario de cuartos de luna, juicio de los acontecimientos naturales y políticos de Europa para el año de 1746. Dedicado al muy ilustre señor D. Juan Antonio de Guzmán y Toledo, marqués de Almarza y Flores-Dávila, etc. Por el Gran Piscator el doctor don Gómez Arias, maestro de Filosofía, graduado en la facultad de Medicina, profesor de Letras sagradas y profanas, etc. Con las licencias necesarias,* Madrid, [s.i.]. BNE.

Gómez Arias (1747?), *El piscator arrepentido, penitente y delatado por sí mismo para el año de 1747. Dedicado a la Excma. Señora doña María Luisa del Rosario, Fernández de Córdoba y Moncada, duquesa de Arcos, de Maqueda y*

Nájera, etc. Compuesto por don Gómez Arias, maestro de Filosofía, profesor de Matemáticas, graduado en Madrid, etc., Madrid, por Juan de Zúñiga. BNE.

GÓMEZ ARIAS (1747?), *La junta de noveleros. Pronóstico y diario de cuartos de luna, juicio de los acontecimientos naturales y políticos de la Europa para el año de 1748. Dedicado a la excelentísima señora condesa de Peralada, por la gracia de Dios, etc. Por el Gran Piscator don Gómez Arias, maestro de Filosofía, profesor de Matemáticas y Buenas Letras, etc.*, [s.l.], [s.i.]. BNE.

GÓMEZ ARIAS (1748?), *Las zahúrdas de Plutón, de don Francisco de Quevedo. Diario de cuartos de luna y juicio de los sucesos elementales y políticos de Europa para el año de 1749. Por don Gómez Arias. Dedicado al excmo. señor don Sebastián de la Cuadra, marqués de Villarias, del Consejo de Estado de S. M. C., etc.*, [s.l.], [s.i.]. BNE.

GÓMEZ ARIAS (1750), *El hospital de los locos de Zaragoza. Pronóstico evidente de don Gómez Arias para el año de 1750, y para todos hasta el fin del mundo. Dedicado al muy ilustre y esclarecido señor don Vicente de Montezuma, conde de Alba y marqués de Almarza y Flores Dávila, etc.*, Madrid, imprenta de José González. BNE.

GÓMEZ ARIAS (1750?), *El Piscator para el año de 1751. Claro, porque no tiene eclipses; cuerdo, porque está sin lunas; y alegre, porque va en verso. Dedicado a la excma. señora doña Bernarda Sarmiento Valladares Guzmán Dávila y Zúñiga, etc., duquesa de Atrisco, etc. Por D. Gómez Arias*, Madrid, [s.i.]. BNE.

GÓMEZ ARIAS (1753), *El pronóstico seguro. Piscator en verso, bueno, natural y barato, para el año de 1754. Dedicado al Sr. D. José Bermúdez, del Consejo de S. M. en el Real y Supremo de Castilla, etc. Por don Gómez Arias*, Madrid, Antonio Martínez impresor. BNE.

GONZÁLEZ, Teresa (1777?), *El estado del cielo para el año de 1778, arreglado al meridiano de Madrid. Pronóstico general, con todos los aspectos de los planetas entre sí, y con la Luna, el signo y grado que esta ocupa diariamente y los eclipses de los dos luminares. Juicio astrológico en cuanto a sucesos elementales y cosecha de frutos, dedicado a la Excma. Sera. Doña María Josefa Alonso y Condesa Duquesa de Benavente, de Gandía, etc., Grande de España de primera clase. Por La Pensadora del Cielo, doña Teresa González*, Madrid, en la Imprenta y Librería de D. Manuel Martín. BNE.

GONZÁLEZ GÓMEZ, Diego (1729?), *El Piscator de la corte. Pronóstico del año de 1730. General y particular diario con cuartos de Luna, fiestas de guardar, vigilias, cosechas de frutos, sucesos políticos y alteración del aire, declarando en qué signo se halla la Luna cada día, y sus aspectos calculados con los planetas, y de estos entre sí, y los eclipses de Sol y Luna. Computado todo al meridiano la muy noble, leal y coronada villa de Madrid. Compuesto por don Diego González Gómez, clérigo de menores y beneficiario del lugar de Olleros, del obispado de Palencia, astrólogo castellano. Quien le dedica a la Excma. Señora doña María Vicenta Arias Dávila Pacheco, etc.*, Madrid, Juan de Zúñiga. BNE.

GONZÁLEZ GÓMEZ, Diego (1730?), *El Piscator de la corte, pronóstico del año 1731. Diario con cuartos de Luna, cosechas de frutos, sucesos políticos y alteraciones del aire, declarando en qué signo se halla la Luna cada día, y sus aspectos calculados con los planetas, y de estos entre sí, y los eclipses de Sol y Luna. Computado todo al meridiano la muy noble, leal y coronada villa de Madrid. Compuesto por don Diego González Gómez, clérigo de menores y beneficiario del lugar de Olleros, del obispado de Palencia, astrólogo castellano. Quien lo dedica al señor don Francisco Arias y Centurión, primogénito de los señores marqueses de Casasola, etc.*, Madrid, Manuel Fernández. BRAH.

GONZÁLEZ GÓMEZ, Diego (1732?), *El Piscator de la corte, pronóstico del año 1733. Diario con cuartos de Luna, cosechas de frutos, sucesos políticos y alteraciones del aire, declarando en qué signo se halla la Luna cada día, y sus aspectos más principales, con los demás planetas, y de estos entre sí, y los eclipses de Sol y Luna. Computado todo al meridiano la muy noble, leal y coronada villa de Madrid. Compuesto por don Diego González Gómez, clérigo de menores y beneficiario del lugar de Olleros, del obispado de Palencia, astrólogo castellano. Quien lo dedica a la muy ilustre señora doña Juana Bustillo, Caldevilla, Vargas y Quincoces, etc.*, [s.l], [s.i.]. BNE.

GOTTARDO (1695) *Le stelle parlanti del Gottardo per l'anno di nostra salute 1695*, Venezia, per il Curti. BCPJ.

GOTTARDO (1696) *Le stelle parlanti del Gottardo cominciando dal 19 marzo 1696 sino al 18 marzo 1697 che è l'anno solare*, Venezia, per il Curti. BUB.

GOTTARDO (1697) *Le stelle parlanti del Gottardo. Cominciando dal 19 di marzo al 18 marzo 1697 che è il corso dell'anno solare*, Velletri, Honorio Piccini. BAV.

GOTTARDO (1699) *Le stelle parlanti del Gottardo. Cominciando dal 19 di marzo 1699 sino al 18 di marzo 1700 che è l'anno solare*, Lucca, Domenico Ciuffetti. BCPJ.

GRAN MIRANDOLANO, IL (1783?), *Il Gran Mirandolano Astrologo per divertimento. Sopra l'Anno 1784. Lunario nuovo, che serve anche per gli ebrei, e però vi sono i suoi giorni, mesi, feste digiuni, lezioni del sabato etc., le aperte e serrate del Banco Giro di Venezia ed altro molto erudito per osservazioni astronomiche, proverbi antichi e perpetui, giovevoli a tutti, e come avere veduto, gli anni scorsi veridico sopra ogni altro perchè cavato da libri sapientissimi. Vi sarà ad ogni Mese l'ora del levare del Sole; mezzogiorno, e mezzanotte all'uso Italiano, con una Cinquenaria pel Lotto, e nel fine la serie dei Sovrani, e Principi d'Europa, Colleggio Apostolico ec. Restano avvisati li Compratori, che questo Lunario non sarà dispensato che nella sola città di Carpi, e si vende un Paolo*, [s.l.], [s.i.]. Ejemplar extraviado.

Gran Pescatore di Chiaravalle (1729?), *Almanacco universale sopra l'anno 1730 del Pescatore di Chiaravalle. Dedicato a Sua Signoria Illustrissima il signor marchese don Giorgio Olivazzi regente per S.M.C.C. nel Consiglio d'Italia, vicepresidente del Senato Eccellentissimo di Milano, marchese di Spineta S. Paolo Riva d'Olio, Colombarolo, Uho ec., e confeudatario di Quatordio ec.*, Milano, Giuseppe Maganza. MiBNB.

Gran Pescatore di Chiaravalle (1741?), *Almanacco universale sopra l'anno 1742 del Pescatore di Chiaravalle.*, Milano, Carlo Antonio Lucca. SSL.

Gran Pescatore di Dorsoduro (1695?), *La tartana degli influssi del Gran Pescatore di Dorsoduro. Pronostico giocoso ovvero facetie in lingua veneziana sopra l'anno 1696. Consacrata all'illustrissimo ed eccellentissimo Giovanni Michiele, kavalier*, Venezia, Giacomo Zinni. BSB.

Gran Pescatore di Dorsoduro (1703?), *La tartana degli influssi del Gran Pescatore di Dorsoduro. Pronostico giocoso ovvero facetie in lingua veneziana sopra l'anno 1704*, Venezia, Giacomo Zinni. BCPJ.

Gran Pescatore di Dorsoduro (1705?), *La tartana degli influssi del Gran Pescatore di Dorsoduro. Pronostico giocoso ovvero facetie in lingua veneziana sopra l'anno bisestile 1706*, Venezia, Giacomo Zinni. BCPJ.

Gran Pescatore di Dorsoduro (1706?), *La tartana degli influssi del Gran Pescatore di Dorsoduro. Pronostico giocoso ovvero facetie in lingua veneziana sopra l'anno 1707*, Venezia, Giacomo Zinni. BCPJ.

Gran Pescatore di Dorsoduro (1710?), *La tartana degli influssi del Gran Pescatore di Dorsoduro. Pronostico giocoso ovvero facetie in lingua veneziana sopra l'anno 1711*, Venezia y Bologna, por el Longhi. BCPJ.

Gran Pescatore di Dorsoduro (1714?), *La tartana degli influssi del Gran Pescatore di Dorsoduro. Pronostico giocoso ovvero facetie in lingua veneziana sopra l'anno 1715*, Venezia, Giacomo Zinni. BCPJ.

Gran Piscator de Sarrabal de Milán (1708?), *Almanak universal sobre el año de 1709 del Gran Piscator de Sarrabal de Milán. Ajustadas las lunaciones al meridiano y altura del polo de Madrid. Dedicado al excelentísimo señor conde de Coruña, etc.*, Madrid, por Antonio Bizarrón. BRAH.

Gran Villano di Valle Valda, il (1705), *Arcolaio celeste, ovvero trascorso lunatico sopra gli influssi delle castrellazioni per l'anno che corre senza gambe 1705. Cavato dagli scritti di Francesco Moneti, e calculato all'altezza del nostro pollaro sotto del meridiano di tutti i tetti e mattonati di Italia. Accomodato al far della Luna, con tutti i suoi squarti dal Gran Villano di Valle Calda. Dedicato alla magnifica e untuosissima Accademia dei Signori Pizzicaroli*, Venezia, Domenico Lovisa. MiU.

Grimaldi, Lorenzo (1645?), *Discorso astrologico delle mutazione dei tempi e di altri accidenti dell'anno MDCXLVI. Di Lorenzo Grimaldi*, Bologna, Giacomo Monti. BGH.

GRIMALDI, Lorenzo (1646), *Discorso astrologico delle mutazione dei tempi e di altri accidenti dell'anno MDCXLVII. Di Lorenzo Grimaldi. All'Eminentissimo e Reverendissimo Sig. Il Sig. Card. Rossetti vescovo di Faenza*, Bologna, Eredi del Dozza. FiBN.

GRIMALDI, Lorenzo (1648), *Discorso astrologico delle mutazione dei tempi e di altri accidenti dell'anno MDCXLVIII. Di Lorenzo Grimaldi all'Illustrissimo Senato di Bologna*, Bologna, Eredi del Dozza. BCa.

GRIMALDI, Lorenzo (1649), *Discorso astrologico delle mutazione dei tempi e di altri accidenti dell'anno 1649. Di Lorenzo Grimaldi all'Illustrissimo e Reverendissimo Sig. Il Sig. Card. Savelli legato di Bologna*, Bologna, Eredi del Dozza. BCa.

GRIMALDI, Lorenzo (1650), *Discorso astrologico delle mutazione dei tempi e di altri accidenti dell'anno MDCL. Di Lorenzo Grimaldi all'Eminentissimo e Reverendissimo Monsig. Santa Croce Vicelegato di Bologna*, Bologna, Eredi del Dozza. BciA.

GRIMALDI, Lorenzo (1651), *Discorso astrologico delle mutazione dei tempi e di altri accidenti dell'anno MDCLI. Di Lorenzo Grimaldi all'altezza serenissima del signor Duca di Modena*, Bologna, Eredi del Dozza. FiBN.

GRIMALDI, Lorenzo (1652), *Discorso astrologico delle mutazione dei tempi e di altri accidenti dell'anno 1652. Di Lorenzo Grimaldi all'Eminentissimo e Reverendissimo Sig. Il Sig. Card. Colonna*, Bologna, Eredi del Dozza. BV.

HERMENDRE, Laureano (1729?), *El piscator volandero y Sarrabal de Madrid. Pronóstico para este año del señor 1730 con cuartos de Luna, cosechas de frutos y sucesos políticos y elementales. Declarando en qué signo, grado y minuto se halla la Luna cada día y las operaciones que se pueden hacer en cada uno, y los eclipses de Sol y Luna, computado al meridiano de esta noble corte y coronada villa de Madrid. Su autor D. Laureano Hermendre, presbítero natural de la diócesis de Ávila. Quien le dedica a la Excma. Señora doña María Teresa de Toledo, duquesa de Huesca etc., por mano de su hijo el Excmo. Señor conde de Galve*, [s.l.], Juan de Zúñiga. BNE.

HERMETE PEREGRINO (1648?), *Ozioso diporto: discorso astrologico delle mutazioni dei tempi ed altri accidenti dell'anno MDCXLIX. Di Hermete Peregrino. Al suo Esculapio. Il Molto Illustre ed Eccellentissimo Signore il Sig. Dottore Andrea Mariani Filosofo e Medico Eruditissimo*, Bologna, per Carlo Zenero. BNCR.

HERRADURA, Simón de la (1745), *El astrólogo bufón y perillán de la moda. Pronóstico de burla y burla de pronósticos que va por el filo de los ciegos haciéndose cuartos, no obstante tener tantos a letra vista para este año de 1745. Su autor don Simón de la Herradura, caballero a machi-martillo, graduado en la Universidad de Brutamonte y catedrático de Mazorral en la Academia de Alfarache*, Madrid, [s.i.]. BNE.

HORTA AGUILERA, Francisco (1738?), *El Totilimundi histórico-genealógico, cronológico y geográfico, pronóstico y diario de cuartos de luna, políticos y elementares. Su autor el ingenio cordobés, don Francisco Horta Aguilera, filomatemático hispalense. Dedicado al M. I. S. don Bernardo Justiniani y Echévrez, marqués de Peña Florida, del Consejo de su Majestad, etc.*, Madrid, imprenta de Manuel Fernández. BNE.

HORTA AGUILERA, Francisco (1739?), *La rueda de la Fortuna, y Totilimundi injerto: pronóstico el más noticioso, histórico, genealógico, cronológico y geográfico de cuartos de luna, políticos y elementares, para el año que viene de 1740, con la descripción de los reinos, repúblicas y señoríos del orbe, nombres de príncipes, a qué signos están sujetos, para la mejor inteligencia de todos. Su autor el ingenio cordobés don Francisco de Horta Aguilera, filomatemático hispalense. Dedicado al muy ilustre y magnífico señor don Lorenzo Ferrari y Porro, conde de Cumbre-Hermosa, gentilhombre de cámara de su Majestad, caballero del orden de Santiago, etc.*, Madrid por Antonio Sanz. BNE.

HORTA AGUILERA, Francisco (1740), *El Totilimundi en zancos y peregrino instruido: pronóstico el más noticioso, histórico, genealógico, cronológico y geográfico de los cuartos de luna, políticos y elementares, para el año que viene de 1741, con la descripción de los reinos, repúblicas y señoríos del orbe, confines de ríos y golfos; parajes donde se cría oro, plata, diamantes, perlas y zafiros; nombre de sus príncipes, a qué signos están sujetos, para la mejor inteligencia de todos. Su autor el ingenio cordobés don Francisco de Horta Aguilera, filomatemático hispalense*. Madrid, por Antonio Sanz. BNE.

HORTA AGUILERA, Francisco de (1741?), *El espejo encantado y totilimundi de aves, fieras, peces y animales, con las propriedades, virtudes, instintos y géneros de caza de ellos. Pronóstico el más noticioso de cuartos de luna, políticos y elementares, para el año de 1742, con los nombres y edades de los príncipes de Europa, a qué signos están sujetos, para la mejor inteligencia de un piscator; y una pítima saludable de observación. Las grandes noticias de la conjunción magna, que se celebra este año; y otras particularidades dignas de saberse. Su autor El Ingenio Cordobés D. Francisco de Horta Aguilera, filomatemático hispalense y de la Real Cademia [sic] de Caballeros Guardias Marinas de la ciudad de Cádiz. Dedicado al muy ilustre señor marqués de Casa-Madrid, etc*, Madrid, por los herederos de Juan García Infanzón. BNCh.

HORTA AGUILERA, Francisco de (1742?), *La pragmática del tiempo y totilimundi acuestas. Pronóstico el más noticioso, cronológico, histórico, moral y jocoserio, en el que se describe una receta general de términos astrológicos, con una monita individual de cómo deben portarse los majos y petimetres, oficios, tratos y comercios, con otras curiosidades dignas de saberse. Su autor el ingenio cordobés D. Francisco de Horta y Aguilera, filomatemático hispalense y de la Real Academia de caballeros de guardias de las marinas de la ciudad de*

Cádiz. Dedicado al muy ilustre señor don Diego Yáñez de Noboa Villa Marín Carantoña, etc., Madrid, [s.i.]. BNE.

HORTA AGUILERA, Francisco (1743?), *Claras enigmas de Urania y preguntón instruido. Pronóstico el más noticioso, político y elementar de los cuartos de luna y sus aspectos, con una declaración inteligible y sucinta de lo que es y cómo se congela la nieve, granizo, rocío, nube, lluvia, trueno, relámpago y rayo; llover sapos, ranas, lana, aceite y leche; haber cometas y exhalaciones, causa de las guerras, peste y hambre; con otras infinitas curiosidades astrológicas para el año de 1744. Su autor, El Ingenio Cordobés, D. Francisco de Horta Aguilera, filomatemático hispalense, y de la Real Academia de Caballeros Guardias Marinas de la ciudad de Cádiz. Dedicado al M. I. Sr. D. José Sarmiento Sotomayor y de los Ríos, conde de Portillo, etc.,* Madrid, [s.i.]. BNE.

HORTA AGUILERA, Francisco (1745?), *El cordobés vacilante y novelista en campaña. Pronóstico el más noticioso, político y elementar de cuartos de luna, con sus aspectos, y cronología de todos los reyes de España, desde Adán, hasta nuestro católico monarca don Felipe Quinto (que Dios guarde), con otras curiosidades astrológicas, para el año de 1745. Su autor, El Ingenio Cordobés, D. Francisco de Horta y Aguilera, filomatemático hispalense, y de la Real Academia de Caballeros Guardias Marinas de la ciudad de Cádiz. Dedicado al muy ilustre señor D. Joaquín de Olivares y la Moneda, marqués de Villacastel, visconde [sic] de Torre Antigua, mayordomo de S. M., su aposentador, y de la serenísima señora infanta delfina, etc,* Madrid, [s.i.]. BNE.

HORTA AGUILERA, Francisco (1745), *La gran esfera de Urania y curioso, divertido pronóstico, el más noticioso, histórico, político, geográfico y elementar de cuartos de luna, con sus aspectos arregladísimos, y promptuario histórico y geográfico de los reinos de la Gran Bretaña, sus tratos, comercios, genios, puertos, ciudades, fuerzas, escaseces y abundancia de ellos, con otras infinitas curiosidades astrológicas, para el año de 1746. Su autor, el Ingenio Cordobés, don Francisco de Horta Aguilera, filomatemático hispalense, y de la Real Academia de Caballeros Guardias Marinas de la ciudad de Cádiz ,* Madrid, [s.i.]. BNE.

HORTA AGUILERA, Francisco (1746?), *Estudioso a primer vista y astrólogo de repente, pronóstico el más noticioso, político, elementar y astrológico de cuartos de luna, con sus aspectos arregladísimos, con noticias de la extensión de Italia y Flandes y ciertas y puntuales reglas para saber el temporal que ha de hacer, por el sol, luna, estrellas, arcos y otras impresiones celestes, como por el sonido de las campanas, aves, peces y animales, con otras curiosidades astrológicas, para el año de 1747. Su autor El Ingenio Cordobés,* Madrid, [s.i.]. BNE.

HORTA AGUILERA, Francisco (1747?), *Filosofía natural con morales documentos, pronóstico el más noticioso, político y elementar de cuartos de luna, con sus aspectos arregladísimos, diferentes preguntas y respuestas filosóficas dignas de saberse, con otras curiosidades astrológicas, para el año de 1748. Su autor El Ingenio Cordobés, don Francisco de Huerta y Aguilera, filomatemático, clérigo beneficiado de las parroquiales de las villas de Sotos Albos y de las de Castro Serna, etc.*, Madrid, [s.i.]. BNE.

INCOGNITO ASTRONOMO (1768?), *L'Incognito Astronomo. Almanacco per l'anno 1769 utile e dilettevole, nel quale, oltre la levata del Sole, il mezzo dì, e la mezza notte ad ogni primo giorno del mese, ed anche a tutti i quarti della Luna, v'è ad ogni mese il modo di coltivare gli orti, li santi correnti a giorno per giorno, le stazioni, e le SS. 40 ore; ed al principio una bellissima, e brieve commedia, le cabale per il lotto, ed altre utili cognizioni*, Milano, Antonio Agnelli. SSL.

INGEGNERI, Carlo Guglielmo (1641), *Precognizioni astrologiche intorno alla mutazione dei tempi, et altri avvenimenti dell'anno 1642*, Bologna, herederos de Benacci. BciA.

INGRILLANI, Ottavio (1645?), *Nuova e curiosa grillaia degli influssi celesti sovra l'anno 1646. Rapsodiata dalli primi arcigogolanti italiani, & oltramontani, che abbia questa fallacissima arte almanaccante. Da Ottavio Ingrillani scritta a tutti quelli che cercano di passar il tempo senza perderlo. E dedicata all'illustrissimo sig. abbate Francesco Falconieri*, Bologna, Giovanni Battista Ferroni. BGH.

JACOBILI, Angelo (1619), *Discorso astrologico delle mutazioni dei tempi dell'anno 1619. Col pronostico dell'anno, delle quattro stagioni e dell'ecclisse lunare. Aggiuntovi due regole, una da osservarsi in dar medicine e cavar sangue e l'altra in piantare e seminare, con i giorni buoni e cattivi a tali esercizi. Calculato all'altezza polare di gradi 42 e m. 4 dell'alma città di Roma. Del sig. Francesco del quondam sig. Angelo Jacobili. All Illustriss. e Reverendiss. sig. il cardinale Crescentio*, Viterbo, [s.i.]. BNCR.

JUSTICIA Y CÁRDENAS, Francisco de la (1736?), *El gran piscator de Madrid en un estrado de damas. Diario de los cuartos de Luna, para su meridiano, para el año de 1737*, [s.l.], [s.i.]. BRAH.

JUSTICIA Y CÁRDENAS, Francisco de la (1737), *El piscator de la corte al juego del revesino. Diario de los cuartos de Luna y sucesos políticos de la Europa, para este año de 1738*, [s.l.], [s.i.]. BNE.

JUSTICIA Y CÁRDENAS, Francisco de la (1738b?), *Sueños hay que verdad son, y punto en contra de los astrólogos. Antídoto eficaz contra la general epidemia de piscatores falsos. Pronóstico chistoso, verdadero e indefectible. Cálculo seguro, fijo e irrefragable, y vaticinio cierto de los sucesos civiles, mecánicos y políticos de todas las cuatro partes del mundo para este presente año de 1739. Su autor el pobrecito Manuel Pascual. Sale a la luz pública esta obra por la común luz del día. Y se dedica al primero que pase por la calle. Parte primera*, Madrid, [s.i.]. BNE.

Justicia y Cárdenas, Francisco de la (1738b?), *Sueños hay que verdad son, y punto en contra de los astrólogos. Triaca magna contra el veneno de la astrología judiciaria. Continuación al cálculo verídico con todos los sucesos políticos, civiles y mecánicos del universo. Para los seis meses que restan al año de 1739 desde el día primero de julio hasta el último de diciembre. Segunda parte. Su autor el pobrecito Manuel Pascual. En que lo dedica al famoso y nunca bien celebrado señor Perico el de los Palotes*, Madrid, [s.i.]. BNE.

Justicia y Cárdenas, Francisco de la (1738c?), *El Piscator de Madrid: drama armónica en el teatro del mundo*, [s.l.], [s.i.]. BNE.

Justicia y Cárdenas, Francisco de la (1739?), *El soplón de los astros: Gran Piscator de Lavapiés. Pronóstico de burlas y burla de pronósticos. Vaticinio verídico, chistoso y entretenido de los sucesos políticos, civiles y mecánicos de los cuatro cachos del mundo para el año de 1740. Su autor el pobrecito Manuel Pascual. Sale esta obra por sus resmas contadas a la luz de un real de plata. Y se dedica al sapientísimo señor don, el otro. Primera parte*, [s.l.], [s.i.]. BNE.

Justicia y Cárdenas, Francisco de la (1740?), *Las alforjas astrológicas y gran monte de la Luna. El pronóstico de buen gusto y disgusto de pronósticos. Acertajo de los sucesos políticos, civiles, mecánicos y extravagantes que se están empollando en el huevo del mundo para el año de 1741. Su autor el Gran Piscator de Lavapiés, doctor en ambos tuertos y socio de su mujer, el pobrecito Manuel Pascual. Quien lo dedica a la señora doña Gertrudis de Sesma, marquesa de Ponteojos. Alforja segunda*, Madrid, [s.i.]. BNCh.

Justicia y Cárdenas, Francisco de la (1740?), *Segunda alforja y continuación al gran monte de la Luna. Pronóstico de buen gusto y disgusto de pronósticos. Acertajo de los sucesos políticos, civiles, mecánicos y extravagantes que se están empollando en el huevo del mundo para el año de 1741. Su autor el Gran Piscator de Lavapiés, doctor en ambos tuertos y socio de su mujer, el pobrecito Manuel Pascual. Alforja primera*, [s.l.], [s.i.]. BNE.

Justicia y Cárdenas, Francisco de la (1744a?), *El piscator de Don Quijote u [sic.]D. Quijote de los piscatores. Pronóstico verdadero o fabuloso compuesto por la Dulcinea de los astros, ingenio del Lavapiés, segunda mujer de Manuel Pascual. Tratado de los sucesos elementares y políticos, diario de los cuartos de luna para el año de 1745. Escrito en dos medios. Parte primera*, [s. l.], [s. i]. BNE.

Justicia y Cárdenas, Francisco de la (1744b?), *Segunda parte del Piscator de Don Quijote u [sic.] Don Quijote de los piscatores. Pronóstico jocoserio, histórico y político, y diario de los cuartos de luna del segundo medio año de 1745. Compuesto en sueños por la Dulcinea de los astros, ingenio del Abapiés, segunda mujer de Manuel Pascual; auxiliada de dicho caballero y de su escudero Sancho Panza*, [s. l.], [s. i.]. BNE.

Justicia y Cárdenas, Francisco de la (1745?), *Aventuras de la idea por desventurados juicios. Piscator famoso andante del caballero de la triste figura. Pronóstico verdadero o fabuloso, compuesto por d Don Quijote de la Mancha y su escudero Sancho. Tratado de los sucesos elementares y políticos y diario de los cuartos de Luna para el año de 1746. Sácalo a la luz D. Francisco de la Justicia y Cárdenas, favorecido de la Excma. protección del Excelentísimo señor marqués de Estepa,* [s.l.], [s.i.]. BNE.

Justicia y Cárdenas, Francisco de (1747?), *Las lavanderas del Manzanares y Gran Piscator del Río, que antes salió con la metáfora de Don Quijote. Pronóstico verdadero o fabuloso de los sucesos elementales y político, diario de los cuartos de Luna, para el próximo año de 1748. Compuesto por las madamas del estregón, deidades de la ribera y ninfas de la Florida. Y escrito por D. Francisco de la Justicia y Cárdenas,* Madrid, [s.i.]. BNE.

Justicia y Cárdenas, Francisco de (1748?), *Los aguadores de la fuente de la Puerta del Sol. Piscator de Mariblanca. Pronóstico verdadero o fabuloso de los sucesos elementales y políticos. Diario de los cuartos de Luna para este año de 1749. Compuesto por los comerciantes de las fregonas, obligados de los caminos de agua, tratantes de Neptuno y publicadores de quien da la vez. Y escrito por D. Francisco de la Justicia y Cárdenas,* Madrid, [s.i.]. BNE.

Lagos, José Damião de (1758), *Sarrabal lisbonense. Prognóstico jocosério para o ano de 1759, terceiro depois do bissexto. Contém os aspectos da Lua com o Sol, avisos medicinais e regras de agricultura para os lavradores, hortelãos, jardineiros e mais pessoas, que se aplicam a cultura e um catálogo dos santos naturais deste reino. Calculado ao meridiano da cidade de Lisboa pela altura de 38 gr. e 43 min. de elevação do pólo. Por José Damião De Lagos,* Lisboa, Manoel Coelho Amado. BGUC.

León y Ortega, Francisco (1732?), *El pronóstico entretenido. Diario general de cuartos de luna para el año de 1733. Juicio de los sucesos elementales y políticos de toda la Europa. Su autor don Francisco de León y Ortega,* Madrid, por Antonio Marín. BNE.

León y Ortega, Francisco (1733?), *El pronóstico entretenido y doctor duende. Diario general de cuartos de luna para el año de 1734. Juicio de los sucesos elementares y políticos de toda la Europa. Su autor don Francisco de León y Ortega, profesor de Filosofía y Matemáticas en la Academia de Barcelona. Dedicado a la Excelentísima Señora la condesa de Fuenclara,* Madrid, por Antonio Marín. BUSC.

León y Ortega, Francisco (1734?), *El pronóstico entretenido y asamblea de los políticos de botón gordo. Diario general de cuartos de luna para el año de 1735. Juicio de los acontecimientos elementales y políticos de toda la Europa. Su autor don Francisco de León y Ortega, profesor de Filosofía y Matemáticas en la Academia de Barcelona. Dedicado al Excmo. Señor Don Joaquín Diego*

María del Pilar de Silva y Portocarrerro, conde-duque de Aliaga, hijo de los Excelentísimos Señores condes-duques y señores de Híjar, etc, Madrid, por Antonio Marín. BNCh.

León y Ortega, Francisco (1735?), *El pronóstico entretenido y corral de comedias. Diario general de cuartos de luna para el año de 1736. Juicio de los sucesos elementares y políticos de toda la Europa. Su autor don Francisco de León y Ortega, profesor de Filosofía y Matemáticas en la Academia de Barcelona. Adviértese que las fiestas que son de precepto van con este señal + y las que se deben tan solamente oír Misa con este †,* Barcelona, por José Texidò, impresor del Rey. WU.

León y Ortega, Francisco (1736?), *El pronóstico entretenido y gabinete de Baco. Diario general de cuartos de luna para el año de 1737. Juicio de los sucesos elementales y políticos de toda la Europa. Su autor D. Francisco de León y Ortega,* Madrid, por Antonio Marín. BNCh.

León y Ortega, Francisco (1737?), *El pronóstico entretenido y jardín de Urania. Diario general de cuartos de luna para el año de 1738. Juicio de los sucesos elementares y políticos de toda la Europa. Su autor don Francisco de León y Ortega, profesor de Filosofía y Matemáticas en la Academia de Barcelona. Dedicado al Señor D. Lorenzo Ferrari Porro, conde de Cumbre Hermosa, etc.,* Madrid, imprenta de Lorenzo Francisco Mojados. BNE.

León y Ortega, Francisco (1738?), *El pronóstico entretenido y medicina del cielo. Diario general de cuartos de luna para el año de 1739. Juicio de los sucesos elementares y políticos de toda la Europa. Su autor don Francisco de León y Ortega, profesor de Filosofía y Matemáticas en la Academia de Barcelona. Quien le dedica al Señor D. Francisco Lobato y Ocampo, caballero del Orden de Santiago, etc.,* Madrid, en la imprenta y librería de Manuel Fernández. BNE.

León y Ortega, Francisco (1739?), *El pronóstico entretenido y estrado de damas. Diario general de cuartos de luna para el año de 1740. Juicio de los sucesos elementares y políticos de toda la Europa. Su autor don Francisco de León y Ortega, profesor de Filosofía y Matemáticas en la Academia de Barcelona. Quien le dedica a la ilustre Señora Doña Luisa Romero, marquesa de Ustáriz,* Madrid, en la imprenta de Lorenzo Francisco Mojados. BNE.

León y Ortega, Francisco (1744?), *Oráculo astrológico, pronóstico entretenido, diario de cuartos de luna, con los sucesos elementares y políticos de la Europa para este año de 1745. Su autor don Francisco de León y Ortega, profesor de Filosofía y Matemáticas en la Academia de Barcelona,* Madrid, en la imprenta de Gabriel Ramírez, Madrid. BNE.

León y Ortega, Francisco (1745?), *El D. Quijote astrológico y su vida. Diario de cuartos de luna para el año de 1746. Juicio de los sucesos elementares y políticos de toda la Europa, Su autor D. Miguel de Cervantes, Profesor de Filosofía y Matemáticas en la Academia de Barcelona*, [s.l.], [s.i.]. BNE.

Leonardis, Camillo de (1524), *Lunario al modo di Italia calcolato. Composto nella città di Pesaro per lo eccellentissimo dottore Maestro Camillo de Leonardis e da quello revisto. E aggiuntovi in fine un' epistola con un capitolo contra la turba pronunciante diluvio di acque e altre ruine, etc.*, Venezia, Benedetto e Agostino di Bindoni. BAl.

Licenciado Lampiño (1728), *El pronóstico más fijo y lunario general para este año de 1728. Sucesos precisos, eclipses y juicio del año. Su autor el licenciado Lampiño, natural de Vaciamadrid. Dedícale a la congregación de ciegos y faltos de vista de la coronada villa de Madrid*, Madrid, [s.i.]. BNE.

Lopes Serrão, Francisco (1683), *Pronóstico para o ano de 1654. Com as conjunções e mais aspectos da Lua e mundanças do tempo. Calculado ao meridiano de Lisboa. Pelo licenciado Francisco Lopes Serrão, matemático natural da villa de Abrantes*, Lisboa, Manoel da Silva. BPE.

López de Castro, José Julián (1752?), *El Piscator de las Damas o La quinta de Manzanares. Pronóstico el más cierto de cuanto ha de suceder en Madrid el año que viene de 1753, adornado de varias curiosidades, noticias, invenciones, enigmas o quisicosas, y del famoso entremés nuevo del Derecho de los tuertos, para casas particulares*, Madrid, imprenta de José Francisco Martínez Abad. BNE.

López de Castro, José Julián (1753?), *El Piscator de las Damas o Las comedias de Carabanchel. Pronóstico el más cierto de cuando ha de suceder en Madrid el año que viene de 1754, adornado de varias curiosidades, noticias, invenciones, enigmas o quisicosas, y del famoso entremés nuevo de Los indianos de hilo negro, para casas particulares*, Madrid, imprenta de José Francisco Martínez Abad. BNE.

López de Castro, José Julián (1754a?), *El Piscator de las Damas o Los jardines de Aranjuez. Pronóstico diario historial de los sucesos políticos y elementales para el año 1755. Exornado de diferentes chistosas curiosidades, graciosidades, batallas insignes, conquistas famosas, empresas memorables y casos peregrinos. Su autor José Julián de Castro*, Madrid, imprenta de José Francisco Martínez Abad. BNE.

López de Castro, José Julián (1754b?), *El aparador del gusto. Pronóstico diario universal para el año de 1755 adornada de varias históricas curiosidades, chistosas agudezas, escogidos refranes, sazonados cuentos, secretos de naturaleza, juegos de manos, quisicosas alegres, preguntas enigmáticas y divertidas coplas en exquisitos títulos de comedias*, Madrid, imprenta de José Francisco Martínez Abad. BNE.

LÓPEZ DE CASTRO, José Julián (1755a?), *El Piscator de las Damas o Los cármenes de Granada. Pronóstico diario historial de los sucesos políticos y elementales para el año de 1756. Exornado de diferentes exquisitas noticias, seguidillas alegres y bellas quisicosas junto un divertido entremés nuevo para sacas particulares*, Madrid, imprenta de Francisco Javier García. BNE.

LÓPEZ DE CASTRO, José Julián (1755b?), *El aparador del gusto. Pronóstico diario universal para el año bisiesto de 1756. Adornado de varias noticias curiosidades, chistes, adagios, cuentos, enigmas, historias, secretos y juegos de naipes. Junto con las vidas y hechos de los pintores más célebres de la Europa y de los más insignes poetas castellanos, portugueses, franceses y toscanos*, Madrid, Imprenta de Francisco Javier García. BNE.

LÓPEZ DE CASTRO, José Julián (1756?), *El Piscator de las Damas o La alameda de Sevilla. Pronóstico diario historial de los sucesos políticos y elementales para el año de 1757. Exornado de diferentes exquisitas noticias, seguidillas alegres y bellas quisicosas*, [s.l.], [s.i.]. BNE.

LÓPEZ DE CASTRO, José Julián [s.a.], *El Piscator sin igual en equívocos y chistes para hasta el fin del mundo y más adelante. El asunto es gracioso, las coplas elegantes y los conceptos agudos y las voces discretas y enigmáticas. Ideole una madamita de esta corte*, Madrid, [s.i.]. BNE.

LUSITANO, Plácido (1758), *Prognóstico e curioso lunário para o ano 1759 terceiro depois do bissexto. Com os aspectos da Lua com o Sol, avisos medicinais e regras de agricultura para os lavradores, hortelãos, jardineiros e mais pessoas, que se aplicam a cultura. Calculado para todo o reino de Portugal pelo meridiano da famosa cidade de Évora, segundo a altura 38 gr e 27 min. de elevação de pólo. Por seu autor Plácido Lusitano, astrólogo evorense*, Lisboa, Manoel Coelho Amado. BGUC.

MACAO OLHO, Almeno de (1750), *Sarrabal agricultor, novo astrólogo camponês. Prognóstico entretido para este ano de 1751, terceiro depois do bissexto, no cual se da método de plantar e transplantar as árvores de fruta. Para desenfado do povo, proveito de papelistas, palito de ociosos, logração de néscios e remédio de seu autor. Almeno de Macao Olho, professor de astrologia, lavoura e agricultura. Calculado do meridiano de Lisboa pela altura de 38 gr. e 40 min. de elevação do pólo*, Lisboa, Manoel Coelho Amado. BGUC.

MANILIO, Antonio (1495), *Del Summi pon. Del imperatoria Maiestatis, del christianissimo Re de Francia, et de i Serenissimi Re Ferdinando de Spagna, Alfonso de Sicilia, de i Il//lustrissimi. Signori Venetiani: De lo Excellentissimo Archiduca de Mi//lano; Fiorentini, Duca de Ferrara, Marchese di Mantova, senesi, pisani, genovesi, luchesi, bolognesi, dei perfidi mametani. Del Nascimento de Antichristo, de tutta l'Italia e delle città, loci e principi, delle parti oltramontane dello Stato, case, ruine, successi, prosperi ed avversi l'influenza delle stelle e presenza degli spiriti. Dello Excellentissimo e famosissimo astrologo Miser Antonio Manilio Pronosticon Dialogale in sino all' anno M.CCCC. LXXXXV ed ultra*, Forlì, Paolo Guarino y Giovanni de Bene. BC.

MARÍN, Francisco José (1745?), *El Piscator Complutense, que contiene las lunaciones, eclipses y demás cálculos astronómicos para el año de 1746. Trata historialmente de la fundación de Madrid, su primer recinto y diversas ampliaciones que ha tenido en tiempo que los romanos y moros le poseyeron. Se da noticia de sus armas, nombres, muros: puertas antiguas, con otras noticias curiosas. Con una exacta descripción geográfica de los Estados de Parma y Plasencia, la serie y sucesión de sus duques, desde el primero hasta el Serenísimo señor don Felipe de Borbón, infante de España. Compuesto por don Francisco José Marín, maestro en Filosofía y profesor de Matemáticas en la Universidad de Alcalá. Quien le dedica al Excelentísimo señor duque de Frías, etc.*, Madrid, viuda de Gabriel del Barrio. BNE.

MARTELLI, Giovanni Domenico (1703?), *Il Mercurio Celeste spedito dal meridiano di Firenze alle Provincie d'Europa per i futuri avvenimenti dell'anno bisestile 1704. Da Giovanni Domenico Martelli sacerdote fiorentino e dal medesimo dedicato all'illustrissimo signore cavaliere Guido Antonio Savelli*, Firenze, Stamperia di Cesare Bindi. FiBN.

MARTELLI, Giovanni Domenico (1705?), *Il Mercurio Celeste per le influenze sullunari dell'anno 1706. Di Giandomenico Martelli sacerdote fiorentino. All'Illustriss. e Reverendiss. Sig. e Padron Colendiss. Monsignore Anton Francesco Sanvitali Arcivescovo d'Efeso, Dell'una e dell'altra Segnatura Referendario; di Sua Santità Prelato Domestico, Vescovo Assistente, e Nunzio Apostolico con facultà di Legato à latere appresso l'Altezza Reale di Toscana*, Firenze, Michele Nestenus. FiBN.

MARTELLI, Giovanni Domenico (1709), *Il Mercurio Celeste per le influenze sullunari nell'anno 1709. Calcolato alla longitudine e latitudine di Firenze da Giovanni Domenico Martelli sacerdote fiorentino. All'Illustriss. Sig. e Padron Colendiss. Il Sig. Cav. Pietro Ughi*, Firenze, Michele Nestenus e Antonmaria Borghigiani. FiBN.

MARTÍN, Tomás (1751?), *Pronóstico y diario de cuartos de luna, juicio de los acontecimientos naturales y elementales de la Europa para este año de 1752, dedicado al muy ilustre señor don Juan Agustín Álvarez, Maldonado, Figueroa, Díez Barrientos, Sirguero, Herrera, etc., señor de la villa de Moleón, alcaide perpetuo de su castillo y fortaleza, patrono de la iglesia y Colegio de la Merced Descalza de esta ciudad y de la parroquia del Sr. San Blas, y del Colegio Seminario de los Niños Doctrinos de la ciudad de Ciudad Rodrigo, etc. Escrito por D. Tomás Martín, profesor de Matemáticas en la Universidad de Salamanca y discípulo del Dr. D. Diego de Torres*, Salamanca, por Pedro Ortiz Gómez. BNE.

Martín, Tomás (1752?), *La ermita de la Salud. Pronóstico y diario de cuartos de luna, juicio de los acontecimientos naturales y elementales de la Europa para este año de MDCCLII, dedicado al señor D. Antonio Osorio Guzmán, Espínola, Rodríguez de Villafuerte, Bracamonte, Menchaca, Fonseca, Alba, Pérez de Vivero, etc., mariscal de campo de los reales ejércitos de Su Majestad, y Comendador de Alcolea en la Orden de Calatrava, etc., escrito por D. Tomás Martín, profesor de Matemáticas en la Universidad de Salamanca y discípulo del Dr. D. Diego de Torres*, Salamanca, Pedro Ortiz Gómez. BNE.

Martín, Tomás (1753), *Preguntas y respuestas de unos mozalbetes. Pronóstico y diario de cuartos de luna, con los sucesos elementales, áulicos y políticos de la Europa para este año de 1754. Dedicado al señor don Blas Fernando de Lezo, Solís, Enríquez, y Dávalos, etc. Compuesto por don Tomás Martín, profesor de Matemáticas en la Universidad de Salamanca y discípulo del Dr. D. Diego de Torres* , Salamanca, Pedro Ortiz Gómez. BNE.

Martín, Tomás (1754), *Concilio entre los capitulares de Guinea. Pronóstico y diario de cuartos de luna, con los sucesos elementales, áulicos y políticos de la Europa, para este año de 1755. Compuesto por don Tomás Martín, profesor de Matemáticas en la Universidad de Salamanca. Quien lo dedica a don Francisco Ximénez González, racionero en la Santa Iglesia Catedral de la ciudad de Ávila*, Salamanca, imprenta de Pedro Ortiz Gómez. BNE.

Martín, Tomás (1755?), *Pleito criminoso entre Bartolo y su amo. Pronóstico y diario de cuartos de luna, con los sucesos elementales, áulicos y políticos de la Europa, para este año de 1756. Compuesto por D. Tomás Martín, profesor de Matemáticas en la Universidad de Salamanca y discípulo del Dr. D. Diego de Torres Villarroel, del gremio y claustro de dicha universidad y su catedrático de Matemáticas jubilado por el Rey Nuestro Señor. Quien lo dedica al señor don Francisco Cosío, canónigo en la Santa Iglesia Catedral de la ciudad de Ávila*, Salamanca, Eugenio García de Honorato, impresor de la Universidad. BHMM.

Martín, Tomás (1760?), *Las gitanas del Viso y alojeros de Cádiz. Pronóstico y diario de cuartos de luna, según el meridiano de Madrid, con los sucesos elementales, áulicos y políticos de la Europa para el año de 1761. Por D. Tomás Martín, profesor de Filosofía, Teología, Escolástica y Moral en el Convento de San Esteban, académico que fue de la Academia que en los Clérigos Menores fundó el Ilmo. Mateo, obispo de Murcia, académico en la Academia de Medicina del Hospital General y profesor de Matemáticas en esta Universidad de Salamanca y discípulo del Dr. don Diego de Torres Villarroel, del gremio y claustro de esta universidad y catedrático de Prima jubilado en dicha facultad, por el Rey Nuestro Señor,* Salamanca, Eugenio García de Honorato, impresor de la Universidad. BUCLM,

Martín, Tomás (1762?), *El astrólogo escondido y poeta sin figura. Pronóstico y diario de cuartos de luna según el meridiano de Madrid, con los sucesos áulicos y políticos de la Europa, para el año de 1763, por D. Tomás Martín, profesor de Matemáticas en la Universidad de Salamanca y discípulo del Dr. D. Diego de Torres Villarroel,* Salamanca, en la imprenta nueva de Nicolás Villargordo. BUCLM.

Martinelli, Tommaso Maria (1657?), *Musica delle sfere nell'anno MDCLVIII di Tommaso Maria Martinelli, cavaliere di Santo Stefano e conte di Perni. All'altezza serenissima di Carlo II, duca di Mantova, Monferrato, etc.,* Cesena, per il Neri. BEIC.

Martinelli, Tommaso Maria (1659), *Le scene del fato per l'anno MDCLIX. Di Tommaso Maria Martinelli da Cesena, cavaliere di Santo Stefano e Conte di Perni. All'altezza serenissima Isabella Clara Di Austria, arciduchessa e duchessa di Mantova e Monferrato,* Cesena, per il Neri. BNCR.

Martínez Molés, Francisco (1755), *El Piscator Complutense. Conclusiones de los colegiales chofistas. Diario de cuartos de luna y juicio de los acontecimientos naturales y políticos de toda la Europa, para este año de 1756. Su autor don Francisco de Valdemoros, profesor de teología en la Universidad de Alcalá. Con licencia,* Madrid, imprenta de Juan de San Martín. BNE.

Martins da Veiga, Diogo (1606), *Juízo, discurso e pronóstico do tempo e ano de mil seiscentos e seis, e da criação do mundo de cinco mil e quinhentos e sesenta e oito, calculado conforme a doutrina do sapientissimo rei dom Afonso de Castella o Sábio, ao meridiano da mui antiga e augusta cidade de Braga. Autor Diogo Martins da Veiga, bracarense. E no fim se contém uma relação das grandezas e cousas notáveis da cidade de Lisboa com as freguesias, mosteiros e ermidas que nella ha,* Lisboa, Pedro Crasbeeck. BPE.

Martins Ferreira, José (1608), *Pronóstico e lunário mui copioso do ano de mil e seiscientos e oito e da criação do mundo de 5570. Calculado conforme a doutrina del rei dom Afonso o Sábio e de outros graves autores ao meridiano da mui nobre cidade de Lisboa, e serve pera todo o reino de Portugal. Composto por don José Martins Ferreira, natural do Mosteiro e couto de São Pedro de Roris, junto a cidade do Porto. E relatasse no fim delle um compêndio das grandezas e cousas notáveis de entre Douro e Minho com outras cousas curiosas deste reino,* Lisboa, Pedro Crasbeeck. BPE.

Mattioli, Bartolomeo (1656), *Discorso astrologico delle mutazioni dei tempi, e degli altri notabili eventi nelle cose del mondo, che secondo i calcoli dell'arte si possano cavare da celesti giri con li giorni buoni, e cattiui, e far operazioni medicinali. Per l'anno bisestile 1656. Di Bartolomeo Mattioli,* Lucca, Francesco Marescandoli. FiBN.

Melega, Francesco (1652), *Scapricciamient bizzar d'zrvell ouerament la quinta scienza d'tutti fluss, e rfluss dl' strell, ch' mostra tutt quant i accident, ch'han da ugnir al mond, tant in matieria di tiemp, quant dl'prson san ò amala, con al far la Luna e sua quart, pr' l'ann MDCLIII. Lavurier fatt per la mazer part d'nott e lambicà lum d'Candela e d'strell. Da un zintilhom dal cunta, e cuntadin dla citta, ch' pr' la puurtà dl'inzegn n's' hà anch' psù cumprar un nom all'usanza, a bnfici d'tutt i virtuus d'Itaglia*, Bologna, per Carlo Zenero. BCiA.

Melega, Francesco (1653), *Qvinta Scienza Cava' Dai Influs D'Tutt L'Strel Dal Ciel Lambiché à gozza à gozza da un zruel d'vedr azzò ch'l'an sapa d'Ram. Cumpusition salutista pr'sauers guuernar quand al s'hà con che da tutt quant i dsuiers accident, ch'possin uccorer in tutta la carriera d'st'Ann MDCLIV. Tant in materia di mal, quant dl'tramudazion dal temp, e dgli altr cos dal Mond. Lavurier fatt à posta pr prseruar agn sorta d'prson san, e libr dal mal dl'ozi. Da vn Cuntadin nmigh dal parlar turlì, / scritt in lengua d'papagall / part à piè, part à Cauall / mò senza sella*, Bologna, Giacomo Monti. NL.

Melega, Francesco (1654), *Quinta scienza cavà pr forza d'inzegn, e d'urdign dà i influss d'tutt quant l'dsuers strell och'in tal ciel, e lambichè cunform alla vera art, e al me solit; cumpusition salutifra pr sauer acgnosr al ben dal mal, e pr sauer ab mod, e al temp d; guardars dai incontr cattiv, ch'mnazza l'strell in tutta la carriera d'st'ann MDCLV [...]. Con l'usseruation dal far dla luna, e suo quart [...]*, Bologna, Giacomo Monti. NL.

Melega, Francesco (1660), *Quinta scienza stravagant cava senza fuog, e senza guant da l'Strell fiss, e dagi'errant, mdiant la qual al s'ved tutt quant i dsuers accident, ch'han da vccorer a st'mond dentr dalla carriera dl'ann astrulogich prsent 1661. Tant in materia dl' tramudation dal temp, far dla Luna e suo quart, quant dl' malatii e aler còs curios dal dvers mond. Zanzum astrulogich cuntadinesch / ver è rial, mò in stil burlesch, / fatt quand iera mà piu fresch, stand à siedr appress à un desch, e buand cun fa vn tudesch*, Bologna, Giovanni Battista Ferroni. BCa.

Meneghino critico, Il (1781?), *Il Meneghino critico. Almanacco per l'anno 1782*, Milano, Cesare Orena, Stamperia Malatesta. MiBNB.

Moneti, Francesco (1684?), *Urania fatidica. Commedia nuova da recitarsi nel Gran Teatro del Mondo in quest'anno MDCLXXXV. Capriccio astromantico-poetico. Di Francesco Moneti da Cortona. Dedicato all'Illustrissimo Signore, conte e cavaliere Bustico Davanzati, gentiluomo fiorentino*, Firenze, Andrea Orlandini. BNCR.

Moneti, Francesco (1697?), *Apocatastasi celeste, ovvero discorso astrologico circa gli avvenimenti del mondo per l'anno 1698*, Foligno, Nicolò Campitelli. BCPJ.

Moneti, Francesco (1699), *Apocatastasi celeste, ovvero annua rivoluzione intorno agli avvenimenti del mondo per l'anno 1699. Discorso astrologico di*

Francesco Moneti da Cortona. Dedicato all'illvstriss. Sig. Bali Gregorio Redi, Arezzo, Lazzaro Loreti. FiBN.

Moneti, Francesco (1700?), *Apocatastasi celeste, ovvero annua rivoluzione intorno agli avvenimenti del mondo per l'anno 1701. Con un Discorso del modo d'assegnare le lunazioni ai mesi civili dell'anno solare. Con il calendario ebraico, quale contiene tutte le feste, e digiuni degli ebrei, come si vedono ordinati nella Sacra Scrittura. Di Francesco Moneti da Cortona*, Firenze, per Vincenzo Vangelisti. BNCR.

Moneti, Francesco (1703), *Apocatastasi celeste, ovvero annua rivoluzione per gli avvenimenti del mondo nell'anno bisestile 1703. Discorso astrologico di Francesco Moneti da Cortona. Dedicato all'Illustrissima Signora M. Maddalena Alberti Guadagni*, Venezia, Giovanni Antonelli. NL.

Moneti, Francesco (1704), *Apocatastasi celeste, ovvero annua rivoluzione per gli avvenimenti del mondo nell'anno bisestile 1704. Discorso astrologico di Francesco Moneti da Cortona.* Venezia, Giovanni Antonelli. Ejemplar extraviado.

Moneti, Francesco (1704?), *Apocatastasi celeste, ovvero annua rivoluzione per gli avvenimenti del mondo nell'anno 1705. Discorso astrologico di Francesco Moneti da Cortona. Al Molt'Illustre Sig. Antonino Magliani, Cassiere Generale delle Poste di S.A.R. di Toscana*, Firenze, Giuseppe Manni. BCPJ.

Moneti, Francesco (1706?), *Apocatastasi celeste, ovvero annua rivoluzione per gli avvenimenti del mondo nell'anno 1707. Discorso astrologico di Francesco Moneti da Cortona. All'eccellentiss. Sig. Marchese Francesco Maria Machiavelli Marchese del Sacro Romano Imperio e Conte di Quinto*, Firenze, [s.i.]. BNCR.

Moneti, Francesco (1708?), *Apocatastasi celeste, ovvero annua rivoluzione per gli avvenimenti del mondo nell'anno 1709. Discorso astrologico di Francesco Moneti da Cortona*, Firenze y Perugia, Costantini. BCPJ.

Moneti, Francesco (1709?), *Apocatastasi celeste, ovvero annua rivoluzione per gli avvenimenti del mondo nell'anno 1710. Discorso astrologico di Francesco Moneti da Cortona*, Foligno, Pompeo Campana. BSFGu.

Moneti, Francesco (1711?), *Apocatastasi celeste, overo annua rivoluzione Per gli avvenimenti del mondo nell'anno bisestile 1712. Discorso astrologico di Francesco Moneti da Cortona. All'Illustrissimo Signore Ottavio Salvati Vitelleschi Nobile di Foligno*, Foligno, Pompeo Campana. Ejemplar extraviado.

Moneti, Francesco (1712?), *Apocatastasi celeste, ovvero annua rivoluzione intorno agli avvenimenti del mondo per l'anno 1713. Di Francesco Moneti di Cortona. Dedicato all'Illustrissima Signora M. Maddalena Alberti Guadagni*, Firenze, Stamperia di S.A.R., per Jacopo Guiducci, e Santi Franchi. IMSS.

Moneti, Francesco (1714?), *Apocatastasi celeste, ovvero annua rivoluzione per gli avvenimenti del mondo nell'anno 1715. Discorso astrologico di Francesco Moneti da Cortona*, Foligno, Pompeo Campana. BCPJ.

Moneti, Francesco (1719?), *Apocatastasi celeste, ovvero annua rivoluzione per gli avvenimenti del mondo nell'anno MDCXX. Discorso astrologico di Francesco Moneti da Cortona. All'illustrissimo Signore Gio. Battista Giusti Patrizio di Foligno* , Foligno, Pompeo Campana. BCPJ.

Moneti, Francesco (1723?), *Apocatastasi celeste, ovvero annua rivoluzione per gli avvenimenti del mondo nell'anno MDCCXXIV. Discorso astrologico di Francesco Moneti da Cortona*, Foligno, Pompeo Campana. BCPJ.

Montalbani, Ovidio (1647?), *Stilbologia discorso astrologico sopra l'anno bisesto 1648. Dove pienamente si ragiona della stella Mercurio, e si additano quei mondani avvenimenti, che si ponno congetturare dai vari posti, e configurazioni delle stelle fisse, ed erranti, in riguardo principalmente delle sincrasi dei luminari; con l'appendice in fine dei tempi economici e medicinali. Di Ovidio Montalbani il Rugiaemico della Notte, e fra gli indomiti lo Stellato. Alla Serenissisima Altezza di Madama Margherita Medici Duchessa di Parma, di Piacenza, etc.* , Bologna, presso Giovanni Battista Ferroni. BCa.

Montalbani, Ovidio (1652), *Diologogia, ovvero delle cagioni, e della naturalezza del parlare, e spezialmente del più antico e più vero di Bologna, Difeso, lodato e riferito alla stella di Giove. Discorso colle astrologiche ispezioni per l'anno MDCLIII. Di Ovidio Montalbani Dottore Fil. Coll. e Legista. All'eminen.mo, e Reuer.mo Principe, Sig. e Padrone Colendiss. Il Sig. Card. Lomellini Legato di Bologna* , Bologna, Carlo Zenero. BoBCA.

Montalbani, Ovidio (1653), *Cronoprostasi felsinea, ovvero Le Saturnali Vindicie del Parlar Bolognese e Lombardo, dove le origini erudite di molte voci e forme di dire di lui proprie si suelano da ben fondate ragioni, ed autorità valevoli approvate. E conchiudesi che quello stesso idioma non deve posporsi a qualunque altro d'Italia più celebrato. Discorso di Ovidio Montalbani Prof. Filos. Coll. e Dottor di Leggi. Aggiuntovi le astrologiche ricercate dell'Anno MDCLIV. Per le notizie dei tempi, ed affari mondani. All'Illustrissimo Senato di Bologna*, Bologna, Giacomo Monti. BNF.

Montalbani, Ovidio (1659?), *Filautiologia, ovvero del vero amore di se stesso. Discorso con la giudiziaria riflessione delle stelle dell'anno bisestile MDCLX. Per la precognizione de gli effetti sensibili delle cose e per la medicina. Di Ovidio Montalbani. In Amendue i Collegi dell'Arti Liberali di Bologna, decano, dottor legista e professore publico di sapienza morale nell'Università della sua patria. All'illustrissimo Senato di Bologna*, Bologna, Giacomo Monti. BCa.

MONTALBANI, Ovidio (1663), *Eticofisiologia, ovvero delle naturalezze morali. Colle Astrologiche temporaneità prevedute dell'anno MDCLXIV. Di Ovidio Montalbani. All'Eminentiss. e Reverendiss. Sig. e Padron Colendiss. il Sig. Cardinale Pietro Vidoni Legato a Latere degnissimo di Bologna* , Bologna, Giacomo Monti. FiBN.

MORANO, Giuseppe Antonio (1773?), *Almanacco monferrino per l'anno volgare 1774 di Nervisio Pantegamero Eppeton con particolari erudizioni*, Torino, Giuseppe Davico. AST.

MORANO, Giuseppe Antonio (1796?), *Almanacco monferrino per l'anno volgare 1797 di Nervisio Pantegamero Eppeton con particolari erudizioni*, Torino, Giuseppe Davico. BCAl.

MUÑOZ, Antonio (1746?), *Discurso astronómico y pronóstico general desde el año de 1746 hasta el fin del mundo. Al meridiano de Madrid, en elevación de cuarenta grados, ciento más o menos. Su autor don Antonio Muñoz, catedrático de prima de Buen Humor*, Madrid, imprenta de Manuel Fernández. BNE.

MUÑOZ, Antonio (1750?), *Pronóstico de verdades y mentiras para el meridiano de Madrid para este año de 1750 y para los demás que el que le tenga le quisiese guardar. Compuesto todo en seguidillas con sus estribillos por don Antonio Muñoz*, Madrid, imprenta de Manuel Fernández. BNE.

MUÑOZ, Antonio (1752?), *El cortesano, el labrador y el sacristán. Pronóstico al revés para el año de 1752. Su autor don Antonio Muñoz que se lo dedica a la Excma. Señora duquesa de Medina-Sidonia*, [s.l.], [s.i.]. BNE.

ORTIZ GALLARDO, Judas Tadeo (1772?), *Cálculo astronómico: pronóstico de cuartos de Luna y demás movimientos celestes, según el meridiano de Madrid. Con todos los sucesos elementales de Europa: cómputo eclesiástico y kalendario general de santos y festividades para el año que viene de 1773. Por don Judas Tadeo Ortiz Gallardo, catedrático de prima de Matemáticas en la Universidad de Salamanca. Quien lo dedica a la señora doña Manuela Montezuma, Torres, Carvajal, Nieto de Silva, marquesa de Cerralbo, de Almarza y de Flores Dávila, etc.*, Madrid, imprenta de Manuel Martín. BNE.

ORTIZ GALLARDO, Judas Tadeo (1773?), *Breve disertación sobre el tiempo. A quien compaña el cálculo astronómico y cómputo eclesiástico para el año que viene de 1774. Arreglado al meridiano de Madrid por don Judas Tadeo Ortiz Gallardo, del gremio de la Universidad de Salamanca y su catedrático de prima de Matemáticas. Quien al ilustrísimo señor obispo de la misma ciudad*, Madrid, imprenta de Manuel Martín. BNE.

ORTIZ GALLARDO DE VILLARROEL, Isidoro (1750?), *Manojito de utilidades y observaciones. Pronóstico y diario de cuartos de luna, juicio de los acontecimientos naturales y elementales de la Europa para este año de M.DCC.*

LI. Dedicado al Excmo. Sr. D. Fernando de Silva, Álvarez de Toledo, Baumont, Hurtado de Mendoza, etc., condestable y chanciller de Navarra, duque de Huéscar, conde de Gálvez, Lerín, Morente, Fuentes, etc. Gentilhombre de Cámara de su Majestad con ejercicio, teniente general de los Ejércitos de su Majestad, capitán de la primera Compañía de sus Reales Guardias de Corps, Caballero del Toisón de Oro, etc. Escrito por el Pequeño Piscator de Salamanca, D. Isidoro Ortiz de Villarroel, sobrino y discípulo del Doct. D. Diego de Torres, etc., Salamanca, imprenta de Pedro Ortiz Gómez. BNE.

ORTIZ GALLARDO DE VILLARROEL, Isidoro (1751?), *Pronóstico y diario de cuartos de luna, juicio de los acontecimientos naturales y elementales de la Europa para este año de 1752. Dedicado al señor D. Bartolomé de Valencia, del Consejo de su Majestad, director de Rentas Generales y Provinciales etc. Escrito por el Pequeño Piscator de Salamanca, el B. D. Isidoro Ortiz Gallardo de Villarroel, sustituto de la cátedra de prima de Matemáticas, sobrino y discípulo del doctor D. Diego de Torres, etc.,* Salamanca, imprenta de Pedro Ortiz Gómez. BNE.

ORTIZ GALLARDO DE VILLARROEL, Isidoro (1752), *El mesón de Santo Tomé de Zabarcos. Pronóstico y diario de cuartos de luna, con los sucesos elementales y políticos de la Europa para este año de 1753. Dedicado al señor don Vicente Pascual Vázquez Coronado, marqués de Coquilla, conde de Montalvo, de Cameros, de Gramedo, vizconde de Monte Rubio de la Sierra, señor de las villas de Montalvo, Gramedo, Morezuelas, etc. Por el B. D. Isidoro Ortiz de Villarroel, catedrático de prima de Matemáticas en la Universidad de Salamanca ,* Salamanca, imprenta de Pedro Ortiz Gómez. BNE.

ORTIZ GALLARDO DE VILLARROEL, Isidoro (1753), *El estudiante legista y calesero poeta. Pronóstico y diario de cuartos de luna, con los sucesos elementales, áulicos y políticos de la Europa para este año de 1754. Dedicado al señor don Blas Fernando de Lezo, Solís, Enríquez y Dávalos, etc. Por el doct. D. Isidoro Ortiz Gallardo de Villarroel, del gremio y claustro de la Universidad de Salamanca y su catedrático de prima de Matemáticas,* Salamanca, imprenta de Pedro Ortiz Gómez. BNE.

ORTIZ GALLARDO DE VILLARROEL, Isidoro (1754), *Sueño con visos de verdad. Pronóstico y diario de cuartos de luna, con los sucesos elementales, áulicos y políticos de la Europa para este año de 1755. Dedicado al exmo. señor D. Francisco de Paula Silva y Toledo, marqués de Coria, comandante de la Real Brigada de Carabineros, etc. Por el doct. D. Isidoro Ortiz Gallardo de Villarroel, del gremio y claustro de la Universidad de Salamanca y su catedrático de prima de Matemáticas,* Salamanca, imprenta de Pedro Ortiz Gómez. BNE.

ORTIZ GALLARDO DE VILLARROEL, Isidoro (1755?), *Los arrieros bejaranos. Pronóstico y diario de cuartos de luna, con los sucesos elementares, áulicos y políticos de la Europa para el año que viene de 1756. Dedicado al señor don José Antonio de Orcasitas, caballero del hábito de Calatrava, comisario de Marina del departamento de Ferrol, etc. Compuesto por el Pequeño Piscator de Salamanca, el doctor D. Isidoro Ortiz Gallardo de Villarroel, del gremio y claustro de su Universidad y su catedrático de prima de Matemáticas,* Antonio Villargordo, Salamanca. BNE.

Ortiz Gallardo de Villarroel, Isidoro (1756?), *La Puerta del Sol. Pronóstico diario de cuartos de luna, con los sucesos elementares, áulicos y políticos de la Europa para el año de 1757. Dedicado al señor don Joaquín Maldonado Rodríguez de las Varillas, conde de Villagonzalo, etc. Escrito por el Pequeño Piscator de Salamanca, el doctor don Isidoro Ortiz Gallardo de Villarroel, del gremio y claustro de esta Universidad y su catedrático de prima de Matemáticas,* Salamanca, Antonio Villargordo. BNE.

Ortiz Gallardo de Villarroel, Isidoro (1757?), *Los cofrades de la tuna y maestros de la bribia. Pronóstico y diario de cuartos de luna, con los sucesos elementales y políticos de la Europa para este año de 1758. Dedicado al muy ilustre señor D. Francisco Ventura Orense Motezuma y Guzmán, conde de Villalobos. Escrito por el Pequeño Piscator de Salamanca, el doctor D. Isidoro Ortiz Gallardo Villarroel, del gremio y claustro de la Universidad de Salamanca y su catedrático de Matemáticas,* Salamanca, Antonio Villargordo. BNE.

Ortiz Gallardo de Villarroel, Isidoro (1758), *Las gradas de San Felipe el Real. Pronóstico diario de cuartos de luna, con los sucesos elementales y políticos de la Europa para este año de 1759. Dedicado al excmo. señor don Antonio López de Zúñiga Avellaneda y Bazán, Ayala, Chaves, Chacón, Enríquez y Mendoza, Cárdenas, Rojas, Luna y Vargas, Acevedo, Osorio, Salas y Valdés, conde de Miranda, duque de Peñaranda, marqués de la Bañeza, vizconde de la Valduerna, marqués de Mirallo y Valdunquillo, conde de la Calzada y Casarrubios del Monte, etc. Por el Pequeño Piscator de Salamanca, el doctor don Isidoro Francisco Ortiz Gallardo de Villarroel, del gremio y claustro de la Universidad de Salamanca y su catedrático actual de Matemáticas.* Madrid, Joaquín Ibarra. BHMM.

Ortiz Gallardo de Villarroel, Isidoro (1759), *Los ciegos. Pronóstico diario de cuartos de luna, con los sucesos elementares, áulicos y políticos de la Europa para el año de 1760. Su autor el Pequeño Piscator de Salamanca, el doctor don Isidoro Francisco Ortiz Gallardo de Villarroel, del gremio y claustro de la Universidad y catedrático actual de Matemáticas. Dedicado a la excelentísima señora doña Mariana de Silva Meneses Sarmiento de Sotomayor, duquesa de Huéscar, etc.,* Madrid, Joaquín Ibarra. BNE.

Ortiz Gallardo de Villarroel, Isidoro (1760), *Los sopistas salmantinos y médicos cursantes. Pronóstico diario de cuartos de luna, con los sucesos elementares, áulicos y políticos de la Europa para el año de 1761. Dedicado al excelentísimo señor don Martín Fernández de Velasco y Pimentel, marqués del Fresno, etc. Por el doctor D. Isidoro Francisco Ortiz Gallardo de Villarroel, del gremio y claustro de la Universidad de Salamanca y catedrático actual de Matemáticas,* reimpreso en Madrid por Andrés Ortega. BNE.

Ortiz Gallardo de Villarroel, Isidoro (1761), *Los saludadores. Pronóstico diario de cuartos de luna, con los sucesos elementares, áulicos y políticos de la Europa para el año de 1762. Por el Pequeño Piscator de Salamanca, el doct. D. Isidoro Francisco Ortiz Gallardo de Villarroel, del gremio y claustro de la Universidad de Salamanca y su actual catedrático de Matemáticas. Dedicado al excelentísimo señor don Pedro Guzmán el Bueno, duque de Medina Sidonia,* Madrid, por Andrés Ortega. BNE.

Ortiz Gallardo de Villarroel, Isidoro (1762), *El puente de barcas y venta de San Pelayo. Pronóstico diario de cuartos de luna, con los sucesos elementares, áulicos y políticos de la Europa para el año de 1763. Por el Pequeño Piscator de Salamanca, el doctor don Isidoro Ortiz Gallardo de Villarroel, del gremio y claustro de esta Universidad y su catedrático de Matemáticas. Dedicado al excmo. señor don Pedro López Zúñiga, etc., marqués de la Bañeza y brigadier de los Ejércitos de Su Majestad, etc.,* Madrid, por Andrés Ortega. BNE.

Ortiz Gallardo de Villarroel, Isidoro (1763), *El Pequeño Piscator de Salamanca para este año de 1764. Pronóstico diario de cuartos de luna, con los sucesos elementares, áulicos y políticos de la Europa. Por el doct. don Isidoro Francisco Ortiz Gallardo de Villarroel, del gremio y claustro de la Universidad de Salamanca y su catedrático de Matemáticas,* Madrid, por Andrés Ortega. BNE.

Ortiz Gallardo de Villarroel, Isidoro (1764), *El Pequeño Piscator de Salamanca para este año de 1765. Pronostico diario de cuartos de luna con los sucesos elementares, áulicos y políticos de la Europa. Por el doct. don Isidoro Francisco Ortiz Gallardo de Villarroel, del gremio y claustro de la Universidad de Salamanca y su catedrático de Matemáticas,* Madrid, por Andrés Ortega. BNCh.

Ortiz Gallardo de Villarroel, Isidoro (1765), *El decano de los tunos y rector de los sopistas. Pronóstico diario de cuartos de luna y juicio de los acontecimientos naturales y políticos de la Europa para el de 1766. Por el Pequeño Piscator de Salamanca, el doctor don Isidoro Francisco Ortiz Gallardo de Villarroel, del gremio y claustro de la Universidad de Salamanca y su catedrático de Matemáticas. Dedicado al señor don Vicente Pardo, abogado de los Reales Consejos y agente fiscal del Consejo de Hacienda. Con las licencias necesarias,* Madrid, Andrés Ramírez. IU.

Ortiz Gallardo de Villarroel, Isidoro (1766), *Embajada de los astros, sueño astronómico. Pronóstico diario de cuartos de luna, con los sucesos elementares y políticos de la Europa, para el año 1767, por el Pequeño Piscator de Salamanca, el Doct. D. Isidoro Ortiz Gallardo de Villarroel. Dedicado al excelentísimo señor don Pedro Alcántara López de Zúñiga, conde de Miranda, duque de Peñaranda, etc.*, Madrid, Andrés Ramírez. BNE.

Ortiz Gallardo de Villarroel, Isidoro (1767), *Discurso cosmográfico e histórico, efeméride manual de los movimientos y apariencias celestiales, para el año de 1768 de nuestra era y meridiano de Madrid. Por el catedrático de matemáticas de la Universidad de Salamanca don Isidoro Ortiz Gallardo y Villarroel. Dedicado al excelentísimo señor venerando bailío del Santo Sepulcro Fr. D. Luis de Arias, etc.*, Madrid, Andrés Ramírez. BNE.

Osorio, Francisca de (1755?), *Pronóstico burlesco, la Musaraña del Pindo. Su autora doña Francisca de Osorio, vecina de Santa Cruz de la Zarza. Dedicado al Doct. D. Diego de Torres Villarroel, del gremio y claustro de la Universidad de Salamanca y su catedrático de matemáticas jubilado por el rey N.S. etc., para el año de 1756*, Madrid, imprenta de Antonio Marín. BNE.

Osorio, Francisca de (1756), *La Musaraña del Pindo. Pronóstico burlesco para el año de 1757. Su autora doña Francisca de Osorio, natural de esta corte. Dedicado al Excmo. Señor D. Francisco Ponce de León, duque de Arcos, de Maqueda y Nájera, etc. gentilhombre de la cámara de S.M. con ejercicio*, Madrid, oficina de Gabriel Ramírez. BNE.

Osorio, Francisca de (1757), *La Musaraña del Pindo. Pronóstico burlesco para el año de 1758. Su autora doña Francisca de Osorio, natural de esta corte. Dedicado al Excmo. Señor D. Francisco Ponce de León, duque de Arcos, de Maqueda y Nájera, etc. gentilhombre de la cámara de S.M. con ejercicio*, Madrid, oficina de Gabriel Ramírez. BNE.

Pai Daniel (1757), *O preto astrólogo, pronóstico diário dos quartos, Luas e mais conjunções e movimenta dos astra. Com os sucessos elementa dos Europa, nos que toca aos meridiana dos Lisboa, para os ana de 1758 composta pelo Pai Daniel. Os preta safia natural dos Costa da Mina*, Lisboa, Ignacio Nogueira Xisto. BGUC.

Pai Daniel (1759), *O preto astrólogo, pronóstico diário dos quartos, Luas e mais conjunções e movimenta dos astra. Com os sucessos elementa dos Europa, nos que toca aos meridiana dos Lisboa, para os ana de 1760, bissexta. Composta pelo Pai Daniel. Os preta safia natural dos Costa da Mina*, [s.l.], Pai Basião. BGUC.

Pai Daniel (1761), *O preto astrólogo. Sarrabal divertida e curiosa para os ana 1761 primeiro depois de bissexta. Composta pelos veio os Pai Daniel, que ter agora nome de Safarrana. Para quem quiser lançar fora os merancoria ramosa*, Coimbra, Antonio Simoens Ferreira. BGUC.

PAIS FERRAZ, António (1654), *Pronóstico e lunário do ano de 1654. Com as conjunções e mais aspectos da Lua com o Sol e mudanças do tempo. Calculado ao meridiano da cidade de Lisboa. Composto por António Pais Ferraz, filósofo e matemático, natural desta corte e cidade de Lisboa*, Lisboa, por João Alvarez de Leão. BPE.

PILASQUA, Giovanni Battista (1651), *La tragicommedia delle sfere intitolata La bizarria dei tempi. Dell'anno dopo la venuta del Salvatore MDCLI, terzo dopo l'intercalare. Descritta in quattro atti, che sono le quattro stagioni; distinta in 48 scene che sono i noviluni, pleniluni e quadrati. Rappresentata dall'erratiche e fisse stelle del Cielo, stando per spettatori i curiosi mortali. Composta dal molto illustre e molto reverendo sig. D. Giovanni Battista Pilasqua, professore di filosofia, teologia e matematica. E dedicata all'Illustriss. e Eccellentiss. Sig. Niccolò Delfini*, Bologna, Carlo Zenero. BCABo.

PEQUENO, António (1737?), *O cego astrólogo. Antonio Pequeno, filho bastardo do Sarrabal Saloio oferece as senhoras franças e guapas da corte, as que o foram e que ainda o não são, este grande pronóstico para o ano 1738, segundo depois do bissexto. Calculado en França e ajustado na lunações ao meridiano de ambas Lisboas pela altura do nosso pólo 38 gr. e 42 min. de curiosa elevação, etc.*, Lisboa, Miguel Rodrigues. BGUC.

PEQUENO, António (1738), *O cego astrólogo. Antonio Pequeno, filho bastardo do Sarrabal Saloio oferece a todos os cegos, cegonhas e tortos este grande para o ano 1739, terceiro depois do bissexto. Calculado en França e ajustado na lunações ao meridiano de ambas Lisboas pela altura do nosso pólo 38 gr. e 42 min. de curiosa elevação, etc.*, Lisboa, Miguel Rodrigues. BGUC.

PEQUENO, António (1739?), *O cego astrólogo. Antonio Pequeno, filho bastardo do Sarrabal Saloio [...] para o ano 1740*, [s.l.], [s.i.]. BGUC.

PEQUENO, António (1741), *O cego astrólogo. Antonio Pequeno, filho bastardo do Sarrabal Saloio. Pronóstico particular para o ano 1742, segundo depois do bissexto. Calculado e ajustado nas lunações pela altura do nosso pólo e meridiano de ambas Lisboas pela altura do nosso gr. e minut.. de tal o qual elevação etc.*, Lisboa, Miguel Rodrigues. BGUC.

PÉREZ, Atanasio (1754?), *El nuevo piscator de los pajes. Pronóstico diario de cuartos de Luna para el próximo año de 1755, con el nuevo entremés de Los médicos de la moda*, Madrid, imprenta de José Francisco Martínez Abad. BNE.

PÉREZ, Sebastián Pedro (1760?), *Nueva folla astrológica de teatro que para curar las dolencias de España representan en el de la Europa los planetas y signos, distribuidos en cuatro jornadas que desempeñan las anuales estaciones, formando el piscator del año 1761. Adornado con los sucesos políticos y militares en seguidillas peruleras y un divertido diario consejero. Su autor Sebastián*

Pedro Pérez, administrador de la estafeta de la ciudad de Sigüenza, Madrid, imprenta de la viuda de Manuel Fernández. BNE.

PÉREZ REINANTE, Cristóbal (1759?), *Folla astrológica que representa en el teatro de la Europa por los planetas y signos, formando el piscator del año 1760. Y alegóricamente tratando en ella la feliz influencia del reinado de nuestros católicos monarcas, distribuida en cuatro jornadas, con un diario divertido en décimas y los sucesos políticos y militares en los cuartos de sus lunaciones. Su autor Cristóbal Pérez Reinante, residente en la villa de Torija. Dedicada a la Excelentísima señora doña María Isidra de la Cerda y Guzmán, etc.* Madrid, imprenta de Antonio Muñoz del Valle. BNE.

PIETRAMELLARA, Giacomo (1510), *Iudizio del maestro Iacobo Pietramellara del ano 1510 al reverendissimo [...] Francesco dei Alidosi cardinale de Pavia e della inclita città di Bologna e tutta Romagna legato dignissimo [...]. Dato in Bologna per il maestro Giacomo Pietramellara.* BL.

PIPINO, Maurizio (1784?-1788?), *Almanacco di sanità per l'anno [...]*, Torino, Ignazio Soffietti. AST.

PORRO, Bonaventura (1783?), *Capricci. Volume Primo. Lunario per l'anno 1784*, Torino, imprenta de Bonaventura Porro. AST.

PORRO, Bonaventura (1784?), *Capricci. Volume Secondo. Lunario per l'anno 1785*, Torino, Bonaventura Porro. AST.

QUIRÓS, Bernardo (1739?), *El Astrólogo Fantasma y Gran Piscatori curioso y entretenido. Almanak, pronóstico y diario de cuartos de Luna para el año bisiesto de 1740. Juicio de los sucesos elementales y políticos de Europa: contiene diverso número de curiosidades. Dedicado a la muy ilustre señora doña María Peñateli y Rubi, señora de las Baronías de Ayerbe, la Peña, etc.*, Zaragoza, Antonio Lafuente. BNE.

REIMÃO, Crispim Roberto (1736), *Prognóstico e curioso sarrabal para o ano de 1737 primeiro depois do bissexto. Calculado ao meridiano das cidades de Lisboa ocidental e oriental, cuja altura do pólo são 38 gr. e 42 min. deduzido das doutrinas mais relevantes de Ptolomeu e outros graves autores. Contém os principais aspectos da Lua com o Sol, as horas em que este nasce e se põe em todos os meses del ano, eclipses do Sol e da Lua, regras medicinais, avisos aos lavradoress e segredos naturais a elles mui importantes, com as principais influençass que os astros causam nos nascimentos, conforme suas naturezas e um discurso geral do ano. Composto por Crispim Roberto Reimão, natural da villa de Redinha*, Lisboa, Miguel Rodrigues. BNP.

REIMÃO, Crispim Roberto (1737), *Prognóstico e curioso sarrabal para o ano de 1738 Calculado ao meridiano das cidades de Lisboa ocidental e oriental, cuja altura do pólo são 38 gr. e 42 min. deduzido das doutrinas mais relevantes de*

Ptolomeu e outros graves autores. [...] Composto por Crispim Roberto Reimão, natural da villa de Redinha, Lisboa, Miguel Rodrigues. BNP.

REIMÃO, Crispim Roberto (1738), *Prognóstico e curioso lunário para o ano de 1739 terceiro depois do bissexto. Calculado para todo o reino de Portugal: deduzido das doutrinas mais relevantes dos mais graves autores. Contém todos os aspectos da Lua com o Sol, regras de agricultura, observações para fabricar ferramentas, notícias do tempo, que tardam as cartas em ir e vir de todos os lugares do reino e outras muitas curiosidades. Composto por Crispim Roberto Reimão, natural da villa de Redinha,* Lisboa, Miguel Rodrigues. BGUC.

REIMÃO, Crispim Roberto (1742), *Prognóstico e curioso lunário para o ano de 1743 terceiro depois do bissexto [...]. Composto por Crispim Roberto Reimão, natural da villa de Redinha,* Lisboa, Miguel Rodrigues. BNP.

RICCI, Luca (1720?), *Vaticinio delle stelle tradotto in una tragicommedia. Discorso astromantico poetico di Luca Ricci perugino, astronomo speculativo ed accademico sicuro. Dedicato all'Illustr. Sig. e Pad. Col. il signore Giovanni Battista Mora,* Venezia, Biaggio Maldura. MiBNB.

RICCI, Luca (1722?), *Vaticinio delle stelle intorno à più notabili eventi del mondo per l'anno di nostra salute 1723 [...] Discorso astronomico e fisico,* Venezia, per Biaggio Maldura. SB.

RICCI, Luca (1723?), *Vaticinio delle stelle intorno alli più notabili eventi del Mondo per l'Anno di nostra salute 1724, bisestile; Discorso Astronomico, e Fisico di Luca Ricci, Perugino Astrologo speculativo, ed Accademico Sicuro,* Firenze, Gaetano Tartini y Santi Franchi. Ejemplar extraviado.

RICCI, Luca (1724?), *Vaticinio delle stelle tradotto in una tragicommedia. Discorso astromantico poetico di Luca Ricci perugino, astronomo speculativo ed accademico sicuro. Dedicato all'Illustr. Sig. e Pad. Col. il signore Giovanni Battista Bartolini Salimbeni,* Firenze, Gaetano Tartini y Santi Franchi. BNCR.

RICCI, Luca (1726?), *Urania fatidica commedia nuova da recitarsi nel gran teatro del mondo nell'anno 1727. Capriccio Astromantipoetico, composto da Luca Ricci Perugino Astronomo Speculativo, Operator Chimico, ed Accademico Sicuro,* Torino, Gianfrancesco Mairesse. BNUT.

RICCI, Luca (1729?), *Vaticinio delle stelle, intorno a piu notabili eventi del mondo. Per l'anno di nostra salute 1730. Discorso astronomico e fisico composto da Luca Ricci perugino astronomo speculativo [...] dedicato all'illustris. Gio. Battista Bernasconi,* Venezia, Antonio Mora. BCB.

RICCI, Pier Lionardo (1711), *Predizioni astrologiche per l'anno 1711 di Pier Lionardo Ricci. Canonico dell'insigne collegiata di S. Andrea [...] e dal medesimo dedicate al merito impareggiabile dell'illustrissimo signore Antonio*

Magliabeo, bibliotecario dell'altezza reale di Cosimo III, Gran Duca di Toscana, Lucca, Leonardo Venturini. SB.

RODRIGUES, António (1702), *Prognóstico e lunário para o ano de 1703. Com todos os aspectos da Lua com o Sol e mudanças do tempo. Dirigido ao meridiano da cidade de Lisboa, corte do reino de Portugal. Composto por António Rodrigues, natural de Figueiró*, Lisboa, Manoel Lopes Ferreira. BSB.

RODRIGUES DE SEQUEIRA, Gomes (1645), *Pronóstico e lunário do ano de 1646 com todas as conjunçõese Luas cheas, quartos crescentes e minguantes, com todos los aspectos dos planetas mais notáveis de todo o ano. Calculado e verificado para o meridiano da muy nobre e sempre leal cidade de Lisboa. Composto pelo licenciado Gomes Rodrigues de Sequeira, matemático e astrólogo natural da villa da Covilhã*, Lisboa, Antonio Alvares. BNP.

RODRIGUES DE SEQUEIRA, Gomes (1648), *Pronóstico e lunário do ano de 1649 com todas as conjunçõese Luas cheas, quartos crescentes e minguantes, com todos los aspectos dos planetas mais notáveis de todo o ano. Calculado e verificado para o meridiano da muy nobre e sempre leal cidade de Lisboa. Composto pelo licenciado Gomes Rodrigues de Sequeira, matemático e astrólogo natural da villa da Covilhã*, Lisboa, Antonio Alvares. BNP.

RODRIGUES DE SEQUEIRA, Gomes (1649), *Pronóstico e lunário do ano de 1650 com todas as conjunçõese Luas cheas, quartos crescentes e minguantes, com todos los aspectos dos planetas mais notáveis de todo o ano. Calculado e verificado para o meridiano da muy nobre e sempre leal cidade de Lisboa. Composto pelo licenciado Gomes Rodrigues de Sequeira, matemático e astrólogo natural da villa da Covilhã*, Lisboa, Antonio Alvares. BPE.

RODRIGUES DE SEQUEIRA, Gomes (1650), *Pronóstico e lunário do ano de 1651 com todas as conjunções e Luas cheas, quartos crescentes e minguantes, com todos los aspectos dos planetas mais notáveis de todo o ano. Calculado e verificado para o meridiano da muy nobre e sempre leal cidade de Lisboa. Composto pelo licenciado Gomes Rodrigues de Sequeira, matemático e astrólogo natural da villa da Covilhã*, Lisboa, Antonio Alvares. BPE.

RODRÍGUEZ, Ginés (1625), *Lunario y pronóstico general del año de 1626. Contiene las conjunciones, cuartos y llenos de Sol y Luna y de los demás planetas, que el vulgo llama luceros, con la pronosticación natural de sus efectos según muy graves autores. Y asimismo de los eclipses para el meridiano de Madrid y para la Corona de Aragón. Compuesto por Ginés Rodríguez, matemático residente en esta corte*, Barcelona, Sebastián y Jaime Matevad. BC.

ROFFENI, Giovanni Antonio (1609), *Discorso astrologico delle mutationi dei tempi, con altri notabili accidenti, sopra l'anno 1609. Del dottore Giovanni Antonio Roffeni Bolognese*, Bologna, Giovanni Battista Bellagamba. FiBN.

ROFFENI, Giovanni Antonio (1610), *Discorso astrologico delle mutazioni dei tempi. Con altri notabili accidenti, sopra l'anno MDCX. Del dottore Giovanni Antonio Roffeni Bolognese*, Bologna, eredi di Giovanni Rossi. FiBN.

ROFFENI, Giovanni Antonio (1611), *Discorso astrologico delle mutazioni dei tempi. Con altri notabili accidenti, sopra l'anno M.DC.XI. Aggiuntovi un' epistola contro la peregrinazione di Martino Horkio intorno al Sidereo nuntio dei nuovi pianeti dell'Eccellentissimo sig. Galileo Galilei. Del dottore Giovanni Antonio Roffeni bolognese. All'illustrissimo et nobilissimo Senato di Bologna*, Bologna, eredi di Giovanni Rossi. BNCR.

ROFFENI, Giovanni Antonio (1612), *Discorso astrologico delle mutazioni dei tempi ed altri notabili accidenti sopra l'anno MDCXIII. Del dottore Giovanni Antonio Roffeni Bolognese. All'Illustriss. e Reuerendiss. Sig. Padron Colendiss. Il Sig. Cardinale Piatti*, Bologna, Bartolomeo Cochi. BNCR.

ROFFENI, Giovanni Antonio (1615), *Discorso astrologico delle mutazioni dei tempi, e deglialtri accidenti dell'anno 1615. Del Dottor Giovanni Antonio Roffeni. All'Illustriss.mo e Reverendiss.mo Sig. e Patrone Colendissimo, il Signor Cardinale Capponi, Meritissimo Legato di Bologna* , Bologna, Bartolomeo Cochi. BNCR.

ROFFENI, Giovanni Antonio (1616), *Discorso astrologico delle mutazioni dei tempi e degli altri notabili accidenti dell'anno bisestile 1616. Del Dottore Giovanni Antonio Roffeni. All'Illustrissimo, & Reuerendissimo Sig. Patron mio colendiss. Monsig. Girolamo Bosio Vicelegato di Bologna*, Bologna, Bartolomeo Cochi. BUPi.

ROFFENI, Giovanni Antonio (1617), *Discorso astrologico delle mutazioni dei tempi, e degli altri accidenti dell'anno 1615. Del Dottor Giovanni Antonio Roffeni*, Bologna, Bartolomeo Cochi. RBMM.

ROFFENI, Giovanni Antonio (1618), *Discorso astrologico delle mutazioni dei tempi e degli altri notabili accidenti dell'anno M.DC.XVIII. Del Dottore Giovanni Antonio Roffeni Bolognese. All'Illustrissimo, e Reverendiss. Signore, e Patron mio Colendissimo, Monsig. Gessi Vesc. di Rimini, e Nunzio Apostolico presso la Sereniss. Republica di Venezia*, Bologna, Bartolomeo Cochi. BLFi.

ROFFENI, Giovanni Antonio (1619), *Discorso astrologico delle mutazioni dei tempi, e degli altri accidenti dell'anno 1619. Del Dottor Giovanni Antonio Roffeni*, Bologna, Bartolomeo Cochi. FiBN.

ROFFENI, Giovanni Antonio (1620), *Discorso astrologico delle mutazioni dei tempi, e degli altri accidenti dell'anno 1620. Del Dottor Giovanni Antonio Roffeni*, Bologna, Bartolomeo Cochi. FiBN.

ROFFENI, Giovanni Antonio (1621), *Discorso astrologico delle mutazioni dei tempi, e degli altri accidenti dell'Anno MDCXXI. Del Dottore Giovanni*

Antonio Roffeni. Alla Serenissima Madama Madre la Gran Duchessa di Toscana, Bologna, Bartolomeo Cochi. CALTECH.

ROFFENI, Giovanni Antonio (1622), *Discorso astrologico delle mutazioni dei tempi, e degli altri accidenti dell'anno 1620. Del Dottor Giovanni Antonio Roffeni*, Venezia, i Varischi. FiBN.

ROFFENI, Giovanni Antonio (1623), *Discorso astrologico delle mutazioni dei tempi, e degli altri accidenti dell'Anno 1623. Di Giovanni Antonio Roffeni. All'illvstriss. e Reverendiss. Sig. Padrone mio Colendissimo, il Signor Cardinale Gozadino*, Bologna, Theodoro Mascheroni y Clemente Ferroni. FiBN.

ROFFENI, Giovanni Antonio (1623), *Discorso astrologico delle mutazioni dei tempi, e degli altri accidenti dell'anno bisestile 1624. Di Giovanni Antonio Roffeni. All'illustriss. e Rever. Sig. Padrone mio colendiss. il Signor cardinale Barberino*, Bologna, Theodoro Mascheroni y Clemente Ferroni. FiBN.

ROFFENI, Giovanni Antonio (1625), *Discorso astrologico delle mutazioni dei tempi, e degli altri accidenti dell'anno 1625. Di Giovanni Antonio Roffeni. All'illustriss. et eccell.mo Sig. Padrone Mio Colendissimo, il Signor Prencipe di Venosa*, Bologna, Theodoro Mascheroni y Clemente Ferroni. BCa.

ROFFENI, Giovanni Antonio (1626), *Discorso astrologico delle mutazioni dei tempi, e degli altri accidenti dell'anno 1627. Di Giovanni Antonio Roffeni*, Bologna, Clemente Ferroni. RBMM.

ROFFENI, Giovanni Antonio (1629), *Discorso astrologico delle mutazioni dei tempi dell'anno 1629. Di Giovanni Antonio Roffeni. All'ill.mo cardinale Vidoni*, Bologna, Clemente Ferroni. NL.

ROFFENI, Giovanni Antonio (1630), *Discorso astrologico delle mutazioni dei tempi dell'anno 1630. Di Giovanni Antonio Roffeni. All'altezza serenissima di Francesco da Este duca di Modena*, Bologna, Clemente Ferroni. BCa.

ROFFENI, Giovanni Antonio (1631), *Discorso astrologico delle mutazioni dei tempi dell'anno 1630. Di Giovanni Antonio Roffeni. All'altezza serenissima di Francesco da Este duca di Modena*, Firenze, Giovanni Battista Landini. BCUB.

ROFFENI, Giovanni Antonio (1632), *Discorso astrologico delle mutazioni dell'aria. Sopra l'anno bisestile MDCXXXII. Di Giovanni Antonio Roffeni. All'illustrissimo ed eccellentissimo abate Pandolfo Stufa dei Conti del Calcione, priore di Lucca nella Sacra Religione di Santo Stefano, e cappellano maggiore del sereniss. Granduca di Toscana*, Firenze, Giovanni Battista Landini. BUPi.

ROFFENI, Giovanni Antonio (1634), *Discorso astrologico delle mutazioni dell'aria di Giovanni Antonio Roffeni*, Venezia, Francesco Baba. NL.

ROFFENI, Giovanni Antonio (1635), *Discorso astrologico delle mutazioni dell'aria dell'anno 1635 di Giovanni Antonio Roffeni. All'Eminentiss. e Reverendiss.*

Sig. Padron mio Colendiss. Il Sig. Card. Baldesco Legato di Bologna, Bologna, Clemente Ferroni. Ejemplar extraviado.

ROFFENI, Giovanni Antonio (1636), *Discorso astrologico delle mutazioni dei tempi e d'altri accidenti dell'anno bisestile 1636. Di Giovanni Antonio Roffeni*, Bologna, Clemente Ferroni. BCa.

ROFFENI, Giovanni Antonio (1637), *Discorso astrologico delle mutazioni dei tempi e d'altri accidenti dell'Anno M.DC.XXXVII. Di Giovanni Antonio Roffeni. All'Eminentiss. e Reuerendiss. Sig. il Signor Card. Di Bagno*, Bologna, Giacomo Monti. BCa.

ROFFENI, Giovanni Antonio (1638), *Discorso astrologico delle mutazioni dei tempi e d'altri accidenti dell'anno 1639. Di Giovanni Antonio Roffeni*, Bologna, Clemente Ferroni. NLS.

ROFFENI, Giovanni Antonio (1640), *Discorso astrologico delle mutazioni dei tempi e d'altri accidenti dell'anno 1640. Di Giovanni Antonio Roffeni*, Bologna, Clemente Ferroni. FiBN.

ROFFENI, Giovanni Antonio (1641), *Discorso astrologico delle mutazioni dei tempi, e d'altri accidenti dell'anno MDCXLI. Di Giovanni Antonio Roffeni [...]. All'illustrissimo ed eccellentissimo abate Pandolfo Stufa dei Conti del Calcione, priore di Lucca nella Sacra Religione di Santo Stefano, e cappellano maggiore del sereniss. Granduca di Toscana*, Bologna, Niccolò Tebaldini. BCiA.

ROFFENI, Giovanni Antonio (1641), *Discorso astrologico delle mutazioni dei tempi, e d'altri accidenti dell'anno 1642. Di Giovanni Antonio Roffeni. A gl'Illustrissimi e Revererendissimi Signori Auditori della Sacra Rota di Roma Miei Padroni colendissimi*, Bologna, Giovanni Battista Ferroni. BNF.

ROFFENI, Giovanni Antonio (1642), *Discorso astrologico delle mutazioni dei tempi e d'altri accidenti dell'anno 1642. Di Giovanni Antonio Roffeni*, Bologna, Niccolò Tebaldini. BNCR.

ROFFENI, Giovanni Antonio (1644), *Discorso astrologico delle mutazioni dei tempi, e d'altri accidenti dell'anno Bisestile M.DC.XXXXIV. Del sig. Giovanni Antonio Roffeni. All'Eminentiss. e Reverendiss. Sig. e Padron Colendissimo il Sig. Card. di Valense*, Bologna, Giovanni Battista Ferroni. BNCR.

ROMERO MARTÍNEZ ÁLVARO, Antonio (1758?), *El gigante de los astros y Piscator de la Villa. Diario de cuartos de luna, ajustado al meridiano de esta corte, para el año de 1759. Escrito por Don Antonio Romero Martínez Álvaro, colegial de Filosofía en el de Santa Catalina de la Universidad de Alcalá. Quien le dedica a la Excma. Señora Doña María Faustina Téllez Girón, condesa de Benavente, etc. Con licencia*, Ofic. de Manuel Martín, Madrid. BRAH.

ROMERO MARTÍNEZ ÁLVARO, Antonio (1759), *El Piscator de la farsa. Pronóstico y diario de cuartos de luna, ajustado al meridiano de esta corte, para el año de 1760. Su autor Don Antonio Romero Martínez Álvaro, colegial de Filosofía en el de Santa Catalina de la Universidad de Alcalá. Quien le dedica al excmo. sor. D. Pedro Zoilo Téllez Girón, duque de Osuna, etc.*, imprenta de Manuel Martín, Madrid. BNE.

ROMERO MARTÍNEZ ÁLVARO, Antonio (1760?), *La verdad disfrazada y tahúr pronostiquero. Pronóstico y diario de cuartos de luna, ajustado al meridiano de esta corte, para el año de 1761. Su autor el Bach. D. Antonio Romero Martínez Álvaro, filomatemático y colegial en el de Santa Catalina de la Real Universidad de Alcalá. Quien le dedica al excmo. señor D. Nicolás María Íñigo, conde de Tendilla y marqués de Mondéjar, etc.*, Madrid, imprenta de Manuel Martín. BNE.

ROMERO MARTÍNEZ ÁLVARO, Antonio (1761), *El escardillo del juicio y duende de la razón. Pronóstico y diario de cuartos de luna, ajustado al meridiano de esta corte, para el año de 1762. Su autor el Bachiller Don Antonio Romero Martínez Álvaro, filomatemático y colegial que ha sido en el de Santa Catalina de la Real Universidad de Alcalá de Henares. Quien le dedica al exc. señor don Joseph María Téllez, Girón, Pacheco, Pérez de Guzmán el Bueno, marqués de Peñafiel y primogénito del excelentísimo duque de Osuna, etc.*, imprenta de la viuda de Manuel Fernández, Madrid. BNE.

ROMERO MARTÍNEZ ÁLVARO, Antonio (1762?), *La cátedra del dios Momo. Pronóstico y diario de cuartos de luna, ajustado al meridiano de esta corte, para el año de 1763, con todos los sucesos y acasos políticos que podrán suceder hasta el año de 1763. Su autor el doctor Don Antonio Romero Martínez Álvaro, colegial que ha sido en la Real Universidad de Alcalá, profesor de ambos derechos, canónico y civil, maestro mayor de todos los elementos matemáticos del Rey nuestro señor (que Dios guarde) con ejercicio, y uno de los astrólogos de la España. Quien le dedica a la excma. señora doña María Josefa Téllez Girón, duquesa de Gandía, Medina de Rioseco, hija primogénita de los excelentísimos condes de Benavente*, imprenta de José Martínez Abad, Madrid. BNE.

RUBIO DE VILLEGAS, Juan (1766?), *El nuevo piscator granadino. Pronóstico diario de cuartos de Luna, con los sucesos elementales, áulicos y políticos de Europa, para el año de 1767. Compuesto por el licenciado D. Juan Rubio de Villegas, abogado de la Real Chancillería de la ciudad de Granada e individuo del M. Ilustre Colegio de los de ella. Dedícalo al Real Acuerdo de la Real Chancillería de dicha ciudad*, Granada, imprenta de la Santísima Trinidad. BNE.

RUIZ GALLIRGOS, Germán (1734?), *El Sarrabal burgalés, histórico, genealógico, político, geométrico y militar. Diario de cuartos de luna, cosecha de frutos y acontecimientos políticos, expresando diariamente el signo y grados que tiene la luna. Compendio del universo, especialmente de la Europa y más por extenso de la España, con expresión del número y nombre de los regimientos que hay, navíos que sirven y dónde fue su construcción. Su autor don Germán Ruiz Gallirgos, natural del Arzobispado de Burgos,* [s.l.], [s.i.]. BNE.

RUIZ GALLIRGOS, Germán (1735?), *El Sarrabal burgalés. Histórico, genealógico y cronológico. Diario de cuartos de luna, cosecha de frutos y acontecimientos políticos de este año de 1736. Su autor don Germán Ruiz Gallirgos, natural del Arzobispado de Burgos. Dedicado al Excelentísimo Señor Don Rodrigo de Mendoza y Caamaño y Sotomayor, marqués de Monroy y de Cusano, &c.,* Madrid, imprenta de don Gabriel del Barrio, impresor de la Real Capilla de Su Majestad. BNE.

RUIZ GALLIRGOS, Germán (1737?), *El Sarrabal burgalés, político, geométrico y cronológico. Diario de cuartos de luna, cosecha de frutos y acontecimientos elementales, establecimiento de las ordenes monásticas y religiosas, por orden los tiempos; serie de las órdenes militares que se han conocido en la Europa y fuera de ella; habitación y número de casas de la villa de Madrid y medidas de su plaza; con otras curiosidades, que verá el lector. Su autor don Germán Ruiz Gallirgos, profesor de Astronomía en la Universidad de Salamanca, quien lo dedica a la Excelentísima Señora Doña Isabel María de Ribadeneyra Bolaño Balboa Parragués de las Mariñas Junqueras Bahamonde y Saavedra, vizcondesa de Junqueras, &c.* Madrid, en la imprenta de Joaquín Sánchez. BNE.

RUIZ GALLIRGOS, Germán (1738?), *El Sarrabal burgalés. Histórico, genealógico, geométrico y militar. Diario de cuartos de luna, cosecha de frutos y acontecimiento político para este año de 1739. Compendio del universo, y especialmente de la Europa, y más por extenso de la España, con expresión del número de navíos, fragatas, paquebotes y bombardas, sus nombres y artillería que montan, y otras varias noticias históri[c]as eclesiásticas y seculares. Su autor don Germán Ruiz Gallirgos, natural del Arzobispado de Burgos. Dedicado a la Excelentísima Señora Doña María Ana Pacheco Toledo Portugal y Córdoba, condesa de Oropesa, &c.* Madrid, en la imprenta de Joaquín Sánchez. BNE.

SÁNCHEZ DE OREJA, Manuela Tomasa (1741?), *La Gran Piscatora Aureliense en el teatro de signos y planetas. Pronóstico y diario general de cuartos de luna, juicio de los acontecimientos naturales y políticos de la Europa y otras partes; para el año de 1742. Dedicado al celebérrimo, sapientísimo y eruditísimo señor doctor don Diego de Torres Villarroel, del gremio y claustro de la Universidad de Salamanca, etc. Por la Gran Piscatora de Oreja doña Manuela Tomasa Sánchez de Oreja, profesora de Matemáticas, etc.,* Madrid, por los Herederos de la Viuda de Juan García Infanzón. BNE.

SANZ, Pedro (1745?), *El encanto de Mañosa y el sacristán de Cebolla. Pronóstico diario de cuartos de Luna para el meridiano de Salamanca, con los sucesos políticos y militares de la Europa para este año de 1746. Su autor el bachiller don Pedro Sanz, profesor de filosofía y matemáticas en la Real Universidad de Salamanca, discípulo del doctor don Diego de Torres Villarroel. Quien lo dedica al señor don Félix Sánchez de Valencia, del Consejo de su Majestad, en el Tribunal de la Contaduría Mayor de Cuentas, y administrador general de rentas provinciales en la ciudad de Burgos y su partido, etc.,* Burgos, imprenta de la Santa Iglesia Metropolitana de Burgos. BNE.

SANZ, Pedro (1746a?), *El colegio del Canto de Garnica. Pronóstico diario de cuartos de Luna para el meridiano de Madrid, con los sucesos políticos y elementales de Europa, para este año de 1747. Su autor el bachiller don Pedro Sanz, profesor de filosofía y matemáticas en la Real Universidad de Salamanca, discípulo del doctor don Diego de Torres Villarroel. Quien lo dedica a la excelentísima señora doña María de Gudalupe y la Cruz, Estuardo y Portugal, duquesa de la Mirandola, princesa de san Martín y marquesa de la Concordia, dama de la reina Nra. Señora,* Burgos, imprenta de la Santa Iglesia Metropolitana de Burgos.. BNE.

SANZ, Pedro (1748), *El hospital de Rabé y el curón de Villalvilla. Pronóstico diario de cuartos de Luna para el meridiano de Madrid, con los sucesos políticos de Europa: hora en que cada día sale y se pone el Sol, crecientes y menguantes de mar, signo en que diariamente se halla la Luna y otras cosas útiles y curiosas. Para este año de 1749. Su autor el doctor D. Pedro Sanz de Dios, filomatemático y profesor médico. Discípulo del doctor don Diego de Torres Villarroel,* Madrid, [s.i.]. BNCh.

Sarrabal Disfarçado (1749?), *Pronóstico falível e proveitoso lunário para o ano de 1750. Para admiração dos leitores e censura universal de todos os mal intencionados, insípidos e presumidos críticos. Calculado nas lunações ao meridiano de Lisboa, pela altura do nosso pólo de 38 grãos e 49 min. que tem de elevação sobre o círculo imaginário do horizonte. Contém os aspectos do Sol, Lua e mais planetas e tudo mais, que no limitado espaço desta obra se achará sem nenhuma dificuldade. Composto per seu autor o doutor Sarrabal Disfarçado,* Lisboa, Pedro Ferreira. BGUC.

SCALETTA, Carlo Cesare (1721?), *Pronostici e riflessioni astrologiche fatte sopra la rivoluzione annua dell'anno 1722. Calcolate alla latitudine di Faenza. Da Arsacelecro Talascte pastor della Grecia,* Faenza,stamperia di Gioseffantonio Archi. MiU.

SCALETTA, Carlo Cesare (1722?), *Pronostici e riflessioni astrologiche fatte sopra la rivoluzione annua dell'anno 1723. Calcolate sopra le tavole degli astronomi più recenziori. Da Carlo Cesare Scaletta patrizio faentino, una volta Arsacelecro Talascte* Faenza, stamperia di Gioseffantonio Archi imp. camerale e del S. Ufficio. MiU.

SCALETTA, Carlo Cesare (1723?), *Pronostici e riflessioni astrologiche fatte sopra la rivoluzione annua dell'anno bisestile 1724. Calcolate sopra le tavole degli astronomi più recenti. Da Carlo Cesare Scaletta nobile di Faenza, e consacrate all'Illustrissimo Signore Antonio Azalli patrizio di detta città,* Faenza, stamperia di Gioseffantonio Archi imp. camerale e del S. Ufficio. MiU.

SCALETTA, Carlo Cesare (1724?), *Pronostici e riflessioni astrologiche fatte sopra la rivoluzione annua dell'anno 1725. Embolismo ecclesiastico e comune civile primo dopo il bisesto, calcolate sopra le tavole degli astronomi più recenti. Da Carlo Cesare Scaletta nobile di Faenza. Aggiuntovi l'origine ed uso del calendario romano,* Faenza, stamperia di Gioseffantonio Archi imp. camerale e del S. Ufficio. MiU.

SCALETTA, Carlo Cesare (1725?), *Pronostici e riflessioni astrologiche fatte sopra la rivoluzione annua dell'anno 1726. Embolismo ecclesiastico e comune civile secondo dopo il bisesto, calcolate sopra le tavole degli astronomi più recenti. Da Carlo Cesare Scaletta nobile di Faenza. Aggiuntovi l'origine ed uso del calendario romano,* Faenza, stamperia di Gioseffantonio Archi imp. camerale e del S. Ufficio. MiU.

SCALETTA, Carlo Cesare (1726?), *Pronostici e riflessioni astrologiche fatte sopra la rivoluzione annua dell'anno 1727 ecclesiastico, civile e comune, terzo dopo il bisesto. Calcolati sopra le tavole degli astronomi più recenti. Da Carlo Cesare Scaletta nobile di Faenza. Aggiuntovi le notizie più necessarie della chiesa e diocesi di Faenza,* Faenza, stamperia di Gioseffantonio Archi imp. camerale e del S. Ufficio. MiU.

SCALETTA, Carlo Cesare (1727?), *Pronostici e riflessioni astrologiche fatte sopra la rivoluzione dell'anno bisesto 1728. Embolismo ecclesiastico, civile e comune. Calcolati sopra le tavole degli astronomi più recenti. Da Carlo Cesare Scaletta nobile di Faenza.* Faenza, stamperia di Gioseffantonio Archi imp. camerale e del S. Ufficio. MiU.

SCALETTA, Carlo Cesare (1728?), *Pronostici e riflessioni astrologiche fatte sopra la rivoluzione dell'anno MDCCXXIX. Embolismo civile e comune ecclestiastico. Calcolati sopra le tavole degli astronomi più recenti da Carlo Cesare Scaletta nobile di Faenza,* Faenza, stamperia di Gioseffantonio Archi imp. camerale e del S. Ufficio. MiU.

SCALETTA, Carlo Cesare (1730?), *Pronostici e riflessioni astrologiche fatte sopra la rivoluzione dell'anno MDCCXXXI, terzo dopo il bisesto. Embolismo ecclesiastico e civile calcolati sopra le tavole degli astronomi più recenti da Carlo Cesare Scaletta nobile di Faenza,* Faenza, stamperia di Gioseffantonio Archi imp. camerale e del S. Ufficio. MiU.

SCALETTA, Carlo Cesare (1731?), *Pronostici e riflessioni astrologiche fatte sopra la rivoluzione dell'anno bisestile MDCCXXXII. Calcolati sopra le tavole degli astronomi più recenti da Carlo Cesare Scaletta nobile di Faenza,* Faenza, stamperia di Gioseffantonio Archi imp. camerale e del S. Ufficio. MiU.

SCALETTA, Carlo Cesare (1732?), *Pronostici e riflessioni astrologiche fatte sopra la rivoluzione dell'anno MDCCXXXIII, primo dopo il bisesto. Embolismo ecclesiastico e comune civile. Calcolati sopra le tavole degli astronomi più recenti da Carlo Cesare Scaletta nobile di Faenza*, Faenza, stamperia di Gioseffantonio Archi imp. camerale e del S. Ufficio. MiU.

Scaletta, Carlo Cesare (1733?), *Pronostici e riflessioni astrologiche fatte sopra la rivoluzione dell'anno MDCCXXXIV, secondo dopo il bisesto. Embolismo civile e comune ecclesiastico. Calcolati sopra le tavole degli astronomi più recenti da Carlo Cesare Scaletta nobile di Faenza*, Faenza, stamperia di Gioseffantonio Archi imp. camerale e del S. Ufficio. MiU.

Scaletta, Carlo Cesare (1734?), *Pronostici e riflessioni astrologiche fatte sopra la rivoluzione annua 1735, comune ecclesiastica e civile terza dopo il bisesto. Calcolati sopra le tavole degli astronomi più recenti da Carlo Cesare Scaletta nobile di Faenza*, Faenza, stamperia di Gioseffantonio Archi imp. camerale e del S. Ufficio. MiU.

Scaletta, Carlo Cesare (1735?), *Pronostici e riflessioni astrologiche fatte sopra la rivoluzione dell'anno bisestile MDCCXXXVI. Embolismo ecclesiastico e comune civile. Calcolati sopra le tavole degli astronomi più recenti da Carlo Cesare Scaletta nobile di Faenza*, Faenza, stamperia di Gioseffantonio Archi imp. camerale e del S. Ufficio. MiU.

Scaletta, Carlo Cesare (1736?), *Pronostici e riflessioni astrologiche fatte sopra la rivoluzione annua 1737. Embolismo comune civile ecclesiastico primo dopo il bisesto. Calcolati sopra le tavole degli astronomi più recenti da Carlo Cesare Scaletta nobile di Faenza*, Faenza, stamperia di Gioseffantonio Archi imp. camerale e del S. Ufficio. MiU.

Scaletta, Carlo Cesare (1737?), *Pronostici e riflessioni astrologiche fatte sopra la rivoluzione annua 1738. Ecclesiastico civile comune, secondo dopo il bisesto. Calcolati sopra le tavole degli astronomi più recenti da Carlo Cesare Scaletta nobile di Faenza*, Faenza, stamperia di Gioseffantonio Archi imp. camerale e del S. Ufficio. MiU.

Scaletta, Carlo Cesare (1738?), *Annua di diversi cosmografi, storici, pronostici e riflessioni. Pronostici e riflessioni astrologiche fatte sopra la rivoluzione di quest'anno 1739. Ecclesiastico e civile embolismico, terzo dopo il bisesto. Calcolati sopra le tavole degli astronomi più recenti da Carlo Cesare Scaletta nobile di Faenza*, Faenza, stamperia di Gioseffantonio Archi imp. camerale e del S. Ufficio. MiU.

Scaletta, Carlo Cesare (1739?), *Galleria idrocosmica di varie notizie dell'acque del Globo Terracqueo. Pronostici e riflessioni astrologiche fatte sopra la rivoluzione di quest'anno bisestile 1740. Calcolati sopra le tavole degli astronomi più recenti da Carlo Cesare Scaletta nobile di Faenza*, Faenza, stamperia di Gioseffantonio Archi imp. camerale e del S. Ufficio. MiU.

SCALETTA, Carlo Cesare (1740?), *Storia meteorologica dei venti. Pronostici e riflessioni astrologiche fatte sopra la rivoluzione di quest'anno 1741. Civile comune ecclesiastico embolismico primo dopo il bisesto secondo lo stile gregoriano. Calcolati sopra le tavole degli astronomi più recenti da Carlo Cesare Scaletta nobile di Faenza*, Faenza, stamperia di Gioseffantonio Archi imp. camerale e del S. Ufficio. MiU.

SCALETTA, Carlo Cesare (1741?), *Geografiche notizie. Pronostici e riflessioni astrologiche fatte sopra la rivoluzione dell'anno 1742. Embolismico civile secondo dopo il bisesto. Calcolati sopra le tavole degli astronomi più recenti da Carlo Cesare Scaletta nobile di Faenza*, Faenza, stamperia di Gioseffantonio Archi imp. camerale e del S. Ufficio. MiU.

SCALETTA, Carlo Cesare (1747?), *Le stravaganze della natura. Pronostici e riflessioni astrologiche fatte sopra la rivoluzione dell'anno 1748. Calcolati sopra le tavole degli astronomi più recenti da Carlo Cesare Scaletta nobile di Faenza*, Faenza, stamperia di Gioseffantonio Archi imp. camerale e del S. Ufficio. Ejemplar extraviado.

SERRANO, Gonzalo Antonio (1743?), *Almanak y pronóstico diario de cuartos de Luna para el meridiano de Madrid de este año de 1744. Compuesto por el Gran Astrólogo Andaluz don Gonzalo Antonio Serrano, filomatemático y médico en Córdoba*, [s.l.], [s.i.]. BNE.

SOUSA ALCOFORADO, Rodrigo de (1741), *Pronóstico e curioso sarrabal para o ano de 1742, segundo depois do bisexto. Contém todos os aspectos da Lua com o Sol, um discurso geral sobre a frutificação, regras medicinais, avisos aos lavradores e um regimento mui útil para conservar a saúde. Calculado ao meridiano da cidade de Lisboa por Rodrigo de Sousa Alcoforado, médico astrólogo natural da villa de Niza*, Lisboa, oficina de Miguel Rodrigues, impresor del Emin. S. Card. Patr. BGUC.

SOUSA DA RIBA, Crisanto Antonio (1746?), *La venta de S. Bernardino, y el almanak de los ciegos, pronóstico y diario de cuartos de Luna, con los sucesos elementales y políticos de la Europa para este año de 1747. Su autor el Chico Piscator de Manzanares, el bachiller don Crisanto Antonio Sousa da Riba, profesor de Matemáticas en la Universidad de Coímbra*, Madrid, [s.i.]. BNE.

SOUSA DA RIBA, Crisanto Antonio (1747?), *Sueño astrológico. Pronóstico y diario de cuartos de Luna, con los sucesos elementales y políticos de la Europa para este año de 1748. Su autor el Mediano Piscator del Manzanares, el Lic. Don Crisanto Antonio Sousa da Riba, profesor de Matemáticas en la Universidad de Coímbra y abogado de los reales consejos. Quien lo dedica a la señora doña Paula María de Cuéllar*, Madrid, imprenta del Convento de la Merced. BNE.

Suárez, Francisco (1756), *El piscator de los viejos del Barquillo para el año de 1757. Adornado de sentencias, dichos de sabios, agudezas, cuentos y otras noticias curiosas, así de agricultura, como de diversas cosas. Su autor don Francisco Suárez, vecino de esta corte. Quien lo dedica al señor don José Rodríguez de Cisneros, Mendoza, Luna, Caniego, etc.*, Madrid, oficina de Antonio Pérez de Soto. BNE.

Tolomeo Rabi d'Astripoli (1716?), *Il Girasole ossia l'orologio celeste di Tolomeo Rabi d'Astripoli, che distingue gli influssi più benefici d'ogni professore, sia di virtù, come d'Arte. Almanacco curioso sopra l'Anno 1717. Confacevole d'ogni stato di persone. In cui (oltre le orazioni e stazioni) vi sono le ore più felici de pianeti, & a chè seruir ponno, e quelle, in cui la Luna passa da un segno nell'altro, gli aspetti dei pianeti, le mutazioni de tempi, i giorni buoni alle purghe, ed altri presaggi sopra le vicende del mondo,e di più vi sono l'età d'alcuni cardinali e personaggi più celebri d'Europa*, Milano, per gli Eredi Maietta tolerati. MiBNB.

Torres, Alejos de (1734a?), *Los cuatro astrólogos peregrinos español, francés, alemán y italiano. Pronóstico y particular diario para el año 1735. Cómputos de luna, cosecha de frutos y mantenimientos, expresando diariamente el signo y grado que tiene la luna, calculado para toda España. Va añadido el nacimiento, nombres y edades de todos los príncipes y soberanos de Europa. Dedicado al Excmo. Señor marqués de Aguilar. El Gran Piscator de Europa. Su autor el Dr. D. Alejos de Torres, profesor de Matemáticas en la Escuela de don Diego de Torres. Van notados los días feriados con esta *, las fiestas colendas, ayunos, vigilias y días que se saca ánima con letra bastardilla*, Zaragoza, por José Fort. BNE.

Torres, Alejos de (1734b?), *Los doctores a pie de la Europa, político-médicos español, italiano, alemán, francés y saboyano. Medicina de mano en mano para mantener el cuerpo en sana salud sin receta para todos muy útil y provechosa. Su autor el licenciado don Alejos de Torres, profesor de Matemáticas en la Escuela de don Diego de Torres. Quien lo dedica a la reina de la salud, María Santísima del Pilar de Zaragoza*, Madrid, [s.i.]. BNE.

Torres, Alejos de (1735?), *Los seis atlantes del Zodiaco en el templo de la Fortuna, dibujados en seis astrólogos vizcaíno, portugués, alemán, español, francés e italiano. Almanak, pronóstico y diario de cuartos de luna para el año bisiesto de 1736. Juicio de los sucesos elementares y políticos de la Europa, contiene diverso número de curiosidades. Su autor el licenciado don Alejos de Torres, profesor de Matemáticas en la Escuela de don Diego de Torres. Quien lo dedica a la Excma. S. D. María Leonor López de Zúñiga, marquesa de Loriana, señora de la Casa de Zúñiga, de la de Meneses, &c.*, Zaragoza, por José Fort. BNE.

TORRES, Alejos de (1736), *El Gran Piscatori italiano, pronóstico y lunario, diario de cuartos de luna, con los juicios elementales, naturales y políticos de la Europa para el año 1737. También se contiene una geografía universal de los reinos, islas, mares y ríos de las cuatro partes del mundo y las edades de los príncipes, con otras muchas curiosidades. Dedicado al curioso, discreto y magnífico señor que diere un real de plata. Traducido por don Alejos de Torres, profesor de Matemáticas*, Zaragoza, José Fort. BUZ.

TORRES, Alejos de (1743), *Almanac y pronóstico universal para el año bisiesto del Señor de 1744. Las fiestas que son de precepto van con esta señal +, las que se pueden trabajar, oyendo Misa, con esta †, y los feriados de la Real Audiencia con este *, según lo mandado por Su Majestad en su Real Cédula de Ordenanzas de 30 de mayo de 1741. Su autor don Alejos de Torres, profesor de Matemáticas*, Barcelona, José Giralt, impresor. MFM.

TORRES, Alejos de (1746?), *El estudiante en su asno y Gran Piscator. Pronóstico, lunario y diario de cuartos de luna, eclipses y juicios naturales y políticos de los acontecimientos de toda Europa para el año de 1747. Que contiene todo lo político y militar y los nacimientos de los reyes y príncipes de Europa. Su autor D. Alejo de Torres, profesor de Matemáticas. Dedicado a don Manuel Antonio de Terán y Bustamante, caballero del Orden de Santiago, Tesorero General del Ejército y Reino de Aragón, y gobernador de la Acequia Imperial*, Zaragoza-Francisco Revilla. BCat.

TORRES VILLARROEL, Diego de (1718?), *Ramillete de los astros, almanac, kalendario y pronóstico de cuartos de Luna, ajustadas las lunaciones al meridiano de esta ciudad de Salamanca, juicio de este presente año de 1719. Enseña cual sea el tiempo oportuno para las obras del campo y avisos de sanidad por los meses, etc. Compuesto por don Diego de Torres, profesor de Astronomía y lo dedica a la señora doña María de los Remedios, Álvarez, Maldonado, Figueroa, Liébana, Jivaja y Veleterra, señora de las villas de Monleón, su castillo y fortaleza y la Florida de Liébana. Dignísima esposa del señor Domingo Antonio Guzmán Anaya y Toledo*, Salamanca, por los herederos de Gregorio Ortiz Gallardo. BRAH.

TORRES VILLARROEL, Diego de (1721?), *El embajador de Apolo y volante de Mercurio. Almanak universal para el año común de la Conjunción Magna 1722. Lo dedica a la Exma. Señora la señora doña Josefa de Figueroa, Laso de la Vega, Niño y Guzmán, condesa de los Arcos y Añover, señora de Bartres y Cuerva, comendadora de la Encomienda de la Magdalena de la Orden de Alcántara. Su autor el bachiller D. Diego de Torres, profesor de Filosofía y Matemáticas, Colegial que fue en el de S. Jerónimo (vulgo Trilingüe), Vicerrector y Consiliario de la Universidad de Salamanca, opositor y sustituto a la cátedra de Astronomía de aquella universidad y opositor a los beneficios curados en dicho obispado*, [s.l.], [s.i.]. BUN.

Torres Villarroel, Diego de (1722?), *Juicio de los políticos acontecimientos de todo el universo, general y particular diario de cuartos de Luna, para el año 1723, ajustadas las lunaciones al horizonte de Madrid. Dedícalo al señor don Jacobo de Flon y Zurbarán, gentilhombre de boca de Su Majestad de su Consejo de Hacienda, Superintendente General de la Renta del tabaco y de su Junta, ministro que ha sido de las Juntas de Salinas y Rentas Generales y dos veces Superintendente General de la Renta de tabaco de la corona. Su autor el bachiller D. Diego de Torres, profesor de Filosofía y Matemáticas y sustituto a la cátedra de Astronomía de la Universidad de Salamanca, Colegial Trilingüe y opositor a cátedras y beneficios curados, y vicerrector que fue en dicha universidad*, [s.l.], [s.i.]. BUN.

Torres Villarroel, Diego de (1724a?), *Melodrama astrológica: teatro temporal y político. Pronóstico universal y diario de cuartos de luna, con los acontecimientos de todo el universo, juicio de cosechas y carestía de frutos. Dedicado, por mano del señor don Francisco Javier de Goyeneche, caballero de la Orden de Santiago y consejero de Indias, al señor don Juan de Goyeneche, tesorero de la reina nuestra señora, etc. Su autor el bachiller D. Diego de Torres Villarroel, profesor de Filosofía y Matemáticas, y sustituto a la cátedra de Astronomía en la Universidad de Salamanca, opositor a cátedras y beneficios curados, vicerrector en dicha Universidad, Colegial Trilingüe, etc.*, Madrid, Juan de Ariztia. BNE.

Torres Villarroel, Diego de (1724b?), *Academia poética astrológica sobre el juicio del año de 1725. Almanak y kalendario de cuartos de Luna y discurso de las cosechas, carestías, abundacias, sucesos políticos y militares de toda Europa para dicho año. Dedicado al señor don Jacobo de Flon y Zurbarán, gentihombre de boca de su Majestad, de su Consejo de Hacienda, Superintendente General de la Renta del Tabaco, ministro que ha sido de Juntas de Salinas y Rentas Reales y dos veces Superintendente General de la renta de tabaco de la corona. Por su autor, el bachiller don Diego de Torres, profesor de Filosofía y Matemáticas, catedrático sustituto en la cátedra de Matemáticas de Astronomía de la Universidad de Salamanca, Colegial Trilingüe, vicerrector que fue en dicha universidad y opositor a cátedras y beneficios curados en dicho obispado*, [s.l.], [s.i.]. BUN.

Torres Villarroel, Diego de (1727c?), *Juicio nacido en la casa de la locura, el más cierto. Locura nacida en la casa del Juicio. Almanak, pronóstico y diario de cuartos de Luna para este año bisiesto de 1728. Y juicio de los acontecimientos elementares y políticos de toda Europa. Su autor D. Diego de Torres Villarroel, catedrático de prima de Matemáticas en la Universidad de Salamanca. Dedícalo al señor D. Joseph Manvel Franco, teniente coronel de los Ejércitos de Su Majestad*, [s.l.], [s.i.]. BUS.

Torres Villarroel, Diego de (1728?), *La gitana. Almanak , pronóstico y diario de cuartos de Luna para este año común de 1729. Juicio y conjetura de los acontecimientos elementales y políticos de la Europa. Su autor don Diego de Torres, catedrático de prima de Matemáticas en la Universidad de Salamanca. Dedícalo al señor don Juan de Salazar Ladrón de Guevara, caballero de la orden de Santiago y regidor perpetuo en Soria y Guadalajara, etc.*, Barcelona, José Teixidó. BNCh.

Torres Villarroel, Diego de (1729?), *El mundi novi. Almanak, pronóstico y diario de cuartos de Luna para el año común de 1730. Juicio de los sucesos elementales y políticos de la Europa. Su autor don Diego de Torres, catedrático de prima de Matemáticas de la Universidad de Salamanca. Adviértese que las fiestas que son de precepto van con esta señal + y las que se deben totalmente a oír misa con esta †*, Barcelona, José Teixidó. BCat.

Torres Villarroel, Diego de (1730b?), *Las brujas del campo de Barahona. Almanak, pronóstico y diario de cuartos de luna para el año común de 1731. Juicio de los sucesos elementales y políticos de la Europa. Dedicado al Excelentísimo señor don Antonio López de Zúñiga Avellaneda, conde de Miranda, etc. Por su autor don Diego de Torres, catedrático de prima de Matemáticas en la Universidad de Salamanca*, Madrid, Imprenta de Antonio Marín. BEsc.

Torres Villarroel, Diego de (1731?), *Los ciegos de Madrid. Almanak, pronóstico y diario de cuartos de Luna para el año bisiesto de 1732. Juicio de los sucesos elementales y políticos de la Europa. Su autor don Diego de Torres, catedrático de prima de Matemáticas en la Universidad de Salamanca. Adviértese que las fiestas que son de precepto van con esta señal + y las que se deben totalmente a oír misa con esta †*, Barcelona, José Teixidó. BNE.

Torres Villarroel, Diego de (1732?), *Delirios astrológicos del Gran Piscator de Salamanca. Almanak, pronóstico y diario de cuartos de Luna, juicio de los acontecimientos naturales y políticos de la Europa para el año presente de 1733. Por el Gran Piscator de Salamanca. El doctor don Diego de Torres, del gremio y claustro de su universidad, en ella catedrático de prima de Matemáticas. Dedícalo a doña Manuela y doña Josefa de Torres y Villarroel sus hermanas*, Coímbra, [s.i.]. BNCh.

Torres Villarroel, Diego de (1733?), *Los sopones de Salamanca. Almanak, pronóstico y diario de cuartos de Luna para el año de 1734. Juicio de los sucesos elementales y políticos de la Europa. Dedicado al excelentísimo señor D. Juan Bautista Ordanain, marqués de la Paz, etc. Por su autor el Gran Piscator de Salamanca, el doctor don Diego de Torres y Villarroel, catedrático de Matemáticas en la Universidad de Salamanca, etc.*, Coímbra, [s.i.]. BUS.

Torres Villarroel, Diego de (1734?), *El mesón de Santarén. Almanak, diario y pronóstico de los sucesos naturales de toda Europa. Dedicado al Excmo. Señor don José Patiño. Por el Gran Piscator de Salamanca. El doctor don Diego de Torres, del gremio y claustro de la Universidad de Salamanca y su catedrático de Matemáticas,* Coímbra, [s.i.]. IFESXVIII.

Torres Villarroel, Diego de (1736?), *El altillo de San Blas. Pronóstico y diario de cuartos de Luna. Juicio de los acontecimientos naturales y políticos de la Europa para este presente año de 1737. Dedicado a la felicísima memoria del Excmo. Señor don José Patiño (que Dios haya), caballero del Toisón de oro, Consejero de Estado, supremo intendente de mar y tierra, grande de España etc. Por el Gran Piscator de Salamanca. El doctor don Diego de Torres Villarroel, del gremio y claustro de la Universidad de Salamanca y su catedrático de prima de Matemáticas etc.,* Salamanca, [s.i.]. BUSC.

Torres Villarroel, Diego de (1737b), *La romería a Santiago. Pronóstico y diario de cuartos de luna: Juicio de los acontecimientos naturales y políticos de la Europa para este presente año de 1738. Dedicado al Rmo. P. Maestro fray Diego de Sosa, procurador y definidor general de la provincia del Perú de la orden del Gran Padre y Doctor de la iglesia de san Agustín, etc. Por el Gran Piscator de Salamanca, el Doctor don Diego de Torres Villarroel, del Gremio y Claustro de la Universidad de Salamanca, y su catedrático de Matemáticas,* Salamanca, [s.i.]. BNE.

Torres Villarroel, Diego de (1738b?), *El cuartel de inválidos. Pronóstico y diario de cuartos de luna, y juicio de los acontecimientos naturales y políticos de toda la Europa para este presente año de 1739. Ítem más, sale en compañía de este pronóstico un Arte de hacer kalendarios de veras y pronósticos de burlas: el uno útil a la Iglesia de Dios para sus comunidades eclesiásticas, catedrales, religiones, etc. Y el otro, no tiene más provecho que para gastar un cuarto de hora simplemente. Sale también una tabla de cómputos eclesiásticos desde el año de 1740 hasta el de 1800. Dedicado a la Excma. Señora doña Mariana de Silva y Toledo, etc. Por el Gran Piscator de Salamanca el Doctor don Diego de Torres Villarroel, del Gremio y Claustro de la Universidad de Salamanca, y su catedrático de Matemáticas, etc.,* Salamanca, imprenta de la Santa Cruz, por Antonio Villarroel y Torres. BNE.

Torres Villarroel, Diego de (1739b?), *La junta de médicos. Pronóstico y diario de cuartos de Luna y juicio de los acontecimientos naturales y políticos de toda la Europa para este presente año de 1740. Sale también con este pronóstico un Juicio de los eclipses que puedan suceder hasta el fin del mundo en un romance castellano. Dedicado al Exmo. Sr. D. Francisco de Paula, Silva, Álvarez de Toledo, Haro y Guzmán, marqués de Coria, hijo único del Excmo. Sr. Duque de Huéscar, conde de Gálvez, etc., por el Gran Piscator de Salamanca, el doct. D. Diego de Torres Villarroel, del gremio y claustro de la Universidad de Salamanca y su catedrático de prima de Matemáticas, etc.,* Salamanca, en la imprenta de la Santa Cruz, por Antonio Villarroel y Torres. BNE.

Torres Villarroel, Diego de (1741?), *La Librería del Rey y los corbatones. Pronóstico y diario de cuartos de Luna, juicio de los acontecimientos naturales y políticos de toda la Europa para este presente año de 1742. Dedicado al Excmo. Señor don Fernando de Silva y Toledo, etc., duque de Huéscar, conde de Gálvez, etc., brigadier de los ejércitos de Su Majestad y coronel del regimiento de infantería de Mallorca. Por el Gran Piscator de Salamanca. El doctor don Diego de Torres Villarroel, del gremio y claustro de la Universidad de Salamanca y su catedrático de Matemáticas, etc.*, Salamanca, imprenta de la Santa Cruz, por Antonio de Villarroel y Torres. BCat.

Torres Villarroel, Diego de (1742?), *La boda de aldeanos. Pronóstico y diario de cuartos de Luna. Juicio de los acontecimientos naturales y políticos de toda la Europa para este presente año de 1743. Dedicado a la Excma. Señora doña Ana María de Lima, Sotomayor, Masones y Castro, condesa de Crecente y de Ablitas, marquesa de Villalba de los Llanos, de Castelnau, vizcondesa de Valdeherro, baronesa de Ezpeleta y de Noallan, señora de Tavera la Maza, Murillo de las Limas, Peña, Berroizar y Almudi de Tudela, etc. Por el Gran Piscator de Salamanca. El doctor don Diego de Torres Villarroel, del gremio y claustro de la Universidad de Salamanca y su catedrático de Matemáticas, etc.*, Salamanca, imprenta de la Santa Cruz, por Antonio de Villarroel y Torres. BNE.

Torres Villarroel, Diego de (1743?), *El coche de la diligencia. Pronóstico y diario de cuartos de Luna. Juicio de los acontecimientos naturales y políticos de toda la Europa para este presente año bisiesto de 1744. Dedicado a la Excma. Señora doña Mariana de Silva y Toledo etc., duquesa de Medina Sidonia etc. Por el Gran Piscator de Salamanca. El doctor don Diego de Torres Villarroel, del gremio y claustro de la Universidad de Salamanca y su catedrático de Matemáticas, etc.*, Salamanca, por Antonio de Villarroel y Torres. BNE.

Torres Villarroel, Diego de (1744?), *Los mayorales del ganado de la Mesta. Pronóstico y diario de cuartos de Luna. Juicio de los acontecimientos naturales y políticos de toda la Europa para este presente año de 1745. Dedicado al Excmo. Señor don Zenón de Somodevilla, marqués de la Ensenada, comendador de Piedrabuena en la orden de Calatrava y de Carrizosa en la de Santiago: caballero de la distinguida orden de San Genaro, del Consejo de S.M. en el Supremo de Guerra, secretario de Estado y del despacho de las negociaciones de Guerra, Marina, Indias y Hacienda, super-intendente general del cobro y distribuciones de ella y lugar teniente general del serenísimo Sr. Infante D. Felipe en el Almirantazgo General de España, Indias, etc. Por el Gran Piscator de Salamanca el doctor don Diego de Torres Villarroel, del gremio y claustro de la Universidad de Salamanca y su catedrático de Matemáticas, etc.*, Salamanca, por Antonio de Villarroel y Torres. BNE.

Torres Villarroel, Diego de (1745?), *Los niños de la Doctrina. Pronóstico y diario de cuartos de Luna. Juicio de los acontecimientos naturales y políticos de toda la Europa para este presente año de 1746. Dedicado al Excelentísmo señor don Antonio Armando Angélico, Daydie, Riberac, conde Daydie, marqués de Vaugouber, teniente general de los ejércitos de Su Majestad, gobernador y capitán general del Ejército y fronteras de Castilla, etc. Por el Gran Piscator de Salamanca el doctor don Diego de Torres Villarroel, del gremio y claustro de la Universidad de Salamanca y su catedrático de Matemáticas, etc.,* Salamanca, por Antonio de Villarroel y Torres. BNE.

Torres Villarroel, Diego de (1746?), *La gran casa de oficios del monasterio de Guadalupe. Pronóstico y diario de cuartos de Luna con los sucesos naturales y políticos de toda la Europa para este año de 1747. Dedicado al rey Nuestro Señor Fernando VI (que Dios guarde). Por el Gran Piscator de Salamanca el doctor don Diego de Torres Villarroel, catedrático de Matemáticas en la Universidad de Salamanca,* Salamanca, por Antonio de Villarroel y Torres. BNE.

Torres Villarroel, Diego de (1747?), *Los Desamparados de Madrid. Pronóstico y diario de cuartos de Luna con los sucesos naturales y políticos de toda la Europa para este año de 1748. Dedicado al Excmo. Señor D. Francisco de Paula Silva y Toledo, etc., marqués de Coria, etc. Por el Gran Piscator de Salamanca el doctor don Diego de Torres Villarroel, del gremio y claustro de la Universidad de Salamanca y su catedrático de Matemáticas, etc.,* Salamanca, por Antonio de Villarroel y Torres. BNE.

Torres Villarroel, Diego de (1748?), *La nueva ciudad de San Fernando. Pronóstico y diario de cuartos de Luna con los sucesos naturales y políticos de toda la Europa para este año de 1749. Dedicado al Excmo. Señor Don Nicolás de Carvajal y Lancaster, comendador de Valdepeñas en la Orden de Calatrava, teniente general de los Reales Ejércitos de Su Majestad y coronel del regimiento de guardias de infantería española. Por el Gran Piscator de Salamanca el doctor don Diego de Torres Villarroel, del gremio y claustro de la Universidad de Salamanca y catedrático de prima de Matemáticas, jubilado por el tiempo y actual por su gusto y su extravagancia,* Madrid, imprenta del convento de la Merced. BNE.

Torres Villarroel, Diego de (1749?), *Los bobos de Coria. Pronóstico y diario de cuartos de Luna con los sucesos naturales y políticos de toda la Europa para este año de 1750. Dedicado al Excmo. Señor Don Fernando de Silva, Álvarez de Toledo, Baumont, Hurtado de Mendoza, etc., condestable y chanciller de Navarra, duque de Huéscar conde de Gálvez, Lerín, Morente Fuentes, etc., gentilhombre de cámara de Su Majestad con ejercicio, brigadier de sus Reales Ejércitos, capitán de la primera compañía de sus Reales Guardias del Corpus, etc. Por el Gran Piscator de Salamanca el doctor don Diego de Torres Villarroel, del gremio y claustro de la Universidad de Salamanca y catedrático de prima de Matemáticas, jubilado por el tiempo y actual por su gusto y su extravagancia*, Salamanca, en la imprenta de Pedro Ortiz Gallardo. BNE.

TORRES VILLARROEL, Diego de (1750?), *Aventuras en la abadía del duque de Alba. Pronóstico y diario de cuartos de Luna con los sucesos naturales y políticos de la Europa para este año de 1751. Dedicado al ilustrísimo señor don Francisco Díaz Santos Bullón, del Consejo de Su Majestad, gobernador del Real Consejo de Castilla, obispo de Sigüenza, etc. Por el Gran Piscator de Salamanca el doctor don Diego de Torres Villarroel, del gremio y claustro de la Universidad de Salamanca y catedrático de prima de Matemáticas, etc*, Salamanca, en la imprenta de Pedro Ortiz Gallardo. BNE.

TORRES VILLARROEL, Diego de (1751?), *Ventajas de la repostería. Pronóstico y diario de cuartos de Luna con los sucesos naturales y políticos de la Europa para este año de 1752. Dedicado al señor don Bartolomé de Valencia, del Consejo de Su Majestad, director de rentas generales y provinciales, etc. Por el Gran Piscator de Salamanca el doctor don Diego de Torres Villarroel, del gremio y claustro de la Universidad de Salamanca y catedrático de prima de Matemáticas, jubilado por el rey N.S.*, Salamanca, en la imprenta de Pedro Ortiz Gallardo. BNE.

TORRES VILLARROEL, Diego de (1752d), *Los enfermos de la fuente del Toro. Pronóstico y diario de cuartos de Luna, con los sucesos elementales y políticos de la europa en refranes castellanos para este año de 1753. Dedicado al Sr. D. Domingo Hernández Griñón, presbítero en la villa y encomienda de San Juan de Torrecilla de la Orden, etc. Por el Gran Piscator de Salamanca, el Doct. D. Diego de Torres Villarroel, del gremio y claustro de la Universidad de Salamanca y su catedrático de Matemáticas jubilado por el rey Nuestro señor*, Salamanca, imprenta de Pedro Ortiz Gómez. BNE.

TORRES VILLARROEL, Diego de (1754), *Los mendigos y pordioseros. Pronóstico y diario de cuartos de Luna, con los acontecimientos naturales y políticos de la Europa para este año de 1754. Dedicado al señor D. Vicente Pascual Vázquez Coronado, marqués de Coquilla, etc. Por el Gran Piscator de Salamanca, el Doct. D. Diego de Torres Villarroel, del gremio y claustro de la Universidad de Salamanca y su catedrático de Matemáticas jubilado por el rey Nuestro señor*, Salamanca, imprenta de Pedro Ortiz Gómez. BNE.

TORRES VILLARROEL, Diego de (1754?), *La casa del ensayo de las comedias. Pronóstico y diario de cuartos de Luna, con los acontecimientos naturales y políticos de la Europa para este año de 1755. Dedicado al señor don Juan Francisco Gaona y Portocarrero, vizconde de la Toba, conde de Valparaíso, etc. Por el Gran Piscator de Salamanca, el Doct. don Diego de Torres Villarroel, catedrático de prima de Matemáticas en la Universidad de Salamanca, jubilado por el rey N.S.*, Madrid, imprenta de Antonio Marín. BNE.

Torres Villarroel, Diego de (1755?), *Los malos ingenios. Pronóstico y diario de cuartos de Luna, y juicio de los acontecimientos naturales y políticos de toda la Europa para este año de 1756. Dedicado al señor don Francisco Javier de Torres, del Consejo de Su Majestad y alcalde de Comptos en el Real y Supremo de Navarra. Ítem, sale en compañía de este pronóstico un cuaderno de nueve pliegos, intitulado: Diversiones y utilidades del público en las pasmarotas de un lunario perpetuo, médico, rústico, político, puesta en música alegre sus coplas. Compuesto todo por el Gran Piscator de Salamanca, el Doct. don Diego de Torres Villarroel, del gremio y claustro de la Universidad de Salamanca y su catedrático jubilado por el rey N.S.*, [s.l.], [s.i.]. BNE.

Torres Villarroel, Diego de (1756?), *La casa de los linajes. Pronóstico y diario de cuartos de Luna, con los sucesos elementales y políticos de la Europa para este año de 1757. or el Gran Piscator de Salamanca, el Doct. don Diego de Torres Villarroel, catedrático de prima de Matemáticas en la Universidad de Salamanca, jubilado por el rey N.S. El que lo dedica a doña Josefa Ariño y Torres, su sobrina*, Salamanca, Antonio Villargordo. BNE.

Torres Villarroel, Diego de (1757?), *Los peones de la obra del Real Palacio. Pronóstico y diario de cuartos de Luna, con los sucesos elementales y políticos de la Europa para este año de 1758. Dedicado a la muy ínclita señora doña María Manuela Montezuma, nieto de Silva, Torres y Guzmán, marquesa de Cerralbo, de Almarza y Floresdávila y condesa de Alba, etc. Por el Gran Piscator de Salamanca, el Doct. don Diego de Torres Villarroel, del gremio y claustro de la Universidad de Salamanca y su catedrático jubilado por el rey N.S.*, Salamanca, imprenta de Antonio Villargordo. BNE.

Torres Villarroel, Diego de (1758?), *Los manchegos de la cárcel de Villa. Pronóstico y diario de cuartos de Luna, con los sucesos elementales y políticos de la Europa para este año de 1759. Dedicado a la excelentísima señora doña Mariana de Silva, Meneses, Sarmiento de Sotomayor, duquesa de Huéscar, marquesa de la ciudad de Coria, de Heliche y Tarazona, condesa de Morenta y de Fuentes, etc. Por el Gran Piscator de Salamanca, el Doct. don Diego de Torres Villarroel, del gremio y claustro de la Universidad de Salamanca y su catedrático jubilado por el rey N.S.*, Madrid, Joaquín Ibarra. BNE.

Torres Villarroel, Diego de (1759a?), *Los traperos de Madrid. Pronóstico diario de cuartos de Luna, con los sucesos elementales, áulicos y políticos de la Europa para este año de 1760. Compuesto por el Gran Piscator de Salamanca, el Doct. don Diego de Torres Villarroel, del gremio y claustro de la Universidad de Salamanca y su catedrático jubilado por el rey N.S., capellán mayor de las Venerables Madres Agustinas Recoletas de dicha ciudad, administrador de las siete villas del Estado de Monrerrey por el Excelentísimo señor Duque de Alba y de los Estados de Acevedo, propios del Excelentísimo señor conde de*

Miranda. Dedicado al señor don Fermín Ignacio García de Almarza, rector de la Universidad de Salamanca, Madrid, Joaquín Ibarra. BNE.

Torres Villarroel, Diego de (1759b?), *Los copleros de viejo y de guardilla de Madrid. Trienio astrológico para los años de 1760, 1761 y 1762. Ajustadas las lunaciones a la Ilustrísima e insigne ciudad de Lima en el Perú, y explicados los sucesos políticos, áulicos y miliares de la Europa, en letrillas, refranes castellanos, títulos de comedias y enigmas. Dedicado a la Ilustrísima e insigne ciudad y capitulares de Lima. Por el Gran Piscator de Salamanca, el Doct. don Diego de Torres Villarroel, del gremio y claustro de la Universidad de Salamanca y su catedrático jubilado por el rey N.S., capellán mayor de las Venerables Madres Agustinas Recoletas de dicha ciudad, administrador de las siete villas del Estado de Monrerrey por el Excelentísimo señor Duque de Alba y de los Estados de Acevedo, propios del Excelentísimo señor conde de Miranda,* Madrid, Joaquín Ibarra. BNE.

Torres Villarroel, Diego de (1760?), *Los carboneros de la calle de la Paloma. Pronóstico diario de cuartos de Luna para este año de 1761. Dedicado al eminentísimo señor don Francisco de Solís y Gante, cardenal presbítero de la Santa Romana Iglesia, arzobispo de Sevilla, del Consejo de S.M., etc. Compuesto por el Gran Piscator de Salamanca, el Doct. don Diego de Torres Villarroel, del gremio y claustro de la Universidad de Salamanca y su catedrático jubilado por el rey N.S., capellán mayor de las Venerables Madres Agustinas Recoletas de dicha ciudad, administrador de las siete villas del Estado de Monrerrey por el Excelentísimo señor Duque de Alba y de los Estados de Acevedo, propios del Excelentísimo señor conde de Miranda.,* Madrid, Joaquín Ibarra. BNE.

Torres Villarroel, Diego de (1761?), *El campillo de Manuela. Pronóstico diario de cuartos de Luna con los sucesos elementales, áulicos y políticos de la Europa para el año de 1762. Compuesto por el Gran Piscator de Salamanca, el Doct. don Diego de Torres Villarroel, del gremio y claustro de la Universidad de Salamanca y su catedrático jubilado por el rey N.S., capellán mayor de las Venerables Madres Agustinas Recoletas de dicha ciudad, administrador de las siete villas del Estado de Monrerrey por el Excelentísimo señor Duque de Alba y de los Estados de Acevedo, propios del Excelentísimo señor conde de Miranda. Dedicado al ilustrísimo señor don José de Franquis Laso de Castilla, del Consejo de S.M. y obispo de Málaga,* Madrid, Andrés Ortega. BNE.

Torres Villarroel, Diego de (1762), *El soto de Luzón. Pronóstico y diario de cuartos de Luna y juicio de los acontecimientos naturales y políticos de la Europa para el año de 1763. Por el Gran Piscator de Salamanca, el Doct. don Diego de Torres Villarroel, del gremio y claustro de la Universidad de Salamanca y su catedrático de prima de Matemáticas, jubilado por el rey N.S., etc.*

Dedicado al señor don Antonio Francisco de las Cabadas, doctor teólogo en la gran Universidad de Valladolid, Madrid, Andrés Ortega. BNE.

TORRES VILLARROEL, Diego de (1764), *Las vistillas de San Francisco. Dedicado al señor don Juan Felipe Castaños*, [s.l.], [s.i.]. BNE.

TORRES VILLARROEL, Diego de (1764), *Las ferias de Madrid. Pronóstico y diario de cuartos de Luna y juicio de los acontecimientos naturales y políticos de la Europa para este año de 1765. Por el Gran Piscator de Salamanca, Don Diego de Torres Villarroel, del gremio y claustro de la Universidad de Salamanca y su catedrático de prima de Matemáticas, jubilado por el rey N.S. Dedicado al excelentísimo señor marqués de Villadarias, inspector de la caballería, etc.* Madrid, Andrés Ortega. BNE.

TORRES VILLARROEL, Diego de (1765), *El santero de Majalahonda y el sopista perdulario. Pronóstico y diario de cuartos de Luna y juicio de los acontecimientos naturales y políticos de la Europa para el año de 1766. Por el Gran Piscator de Salamanca, el Doct. don Diego de Torres Villarroel, del gremio y claustro de la Universidad de Salamanca y su catedrático de prima de Matemáticas, jubilado por el rey N.S., etc. Dedicado a la Excma. Señora doña Mariana de Silva y Toledo, duquesa de Medina-Sidonia*, Madrid, Andrés Ortega. BNE.

TORRES VILLARROEL, Diego de (1766), *La tía y la sobrina. Pronóstico y diario de cuartos de Luna y juicio de los acontecimientos naturales y políticos de la Europa para el año de 1767. Por el Gran Piscator de Salamanca, el Doct. don Diego de Torres Villarroel, del gremio y claustro de la Universidad de Salamanca y su catedrático de prima de Matemáticas, jubilado por el rey N.S., etc. Dedicado al Excelentísimo Señor marqués de la Mina, etc.*, Madrid, Andrés Ramírez. BNE.

ULLOA, Bartolomé de (1764), *El piscator económico. Diario y cuartos de luna para el año de 1765 y otros muchísimos más. Que escribió Bartolomé Ulloa, mercader de libros. Dedicado a todo el mundo*, Madrid, Andrés Ortega. BNE.

ULLOA, Bartolomé de (1765), *El piscator económico. Diario y cuartos de luna para el año de 1766 y otros muchísimos más. Descúbrense los sucesos políticos de la agricultura y comercio. Y se manifiesta el estado de las fábricas y artes, con la causa de su decadencia. Escrito por Bartolomé Ulloa, mercader de libros. Quien lo ofrece a todo labrador, artesano y comerciante. Dividido en dos partes: en la primera se trata de la agricultura, y en la segunda del comercio, fábricas y oficios*, Madrid, Andrés Ortega. BNE.

VAS DE BRITO, Leonardo (1717), *Sarrabal lusitano. Com todas as mudanças do tempo do ano de 1718. Observado ao meridiano da insigne cidade de Lisboa, emporio do reino de Portugal, por Leonardo Vas de Brito, matemático natural da Villa da Ponte da Barca. Em que se han de observar os aspectos da Lua com o Sol e muitas alteraçõens aéreas pelas combinações dos planetas, tempos mais acomodados para a agricultura, avisos importantissimos para bem nos gobernar-noss na saúde, grandeza das noites e dos dias, e ainda as horas em que o Sol nasce e se sepulta, dominio dos doze signos e planetas e ultimamente o nascimento di quase todos os príncipes de Europa naquellas terras, aonde tem o seu domínio,* Lisboa, Bernardo da Costa. BGUC.

Vesta Verde, Dottor (1755?), *La Luna in corso, osservazioni astronomiche e storiche per l'anno bisestile 1756. Del Dottor Vesta Verde. Col aggiunta dei santi particolari delle Chiese Ambrosiana e di Como, con la designazione di quelle feste nelle quali per l'indulto pontificio restano permesse le opere servili con l'obbligo però della messa,* in Milano ed in Lugano, [s.i.]. SSL.

Vico, Carlos de (1736), *Teatro universal de novidades, em que se tratam conselhos de estado público e privado, congressos gerais e particulares para tratados de paz, armistícios e correios ordinários e extraordinários expeditos, movimentos de exércitos e armadas que em ocasião deste presente ano bissexto de 1736 se executarão en Europa, Ásia, África e América. Tiradas dos movimentos dos astros do globo esférico pela altura do pólo de ambas Lisboas. Por D. Carlos de Vico, presbítero do hábito de S. Pedro, professor de divinas e humanas letras, e dedicado as senhoras desta corte. Para diversão dos críticos curiosos, pelo mesmo autor,* Lisboa, Miguel Rodrigues. BGUC.

Vitali, Lodovico (1535), *Pronostico di misser Lodovico Vitali bolognese sopra l' anno M.D.XXXVI al reverendissimo in Christo padre signore S. Giovanmaria di Monte, Arcivescovo Sipontino, Vicelegato di Bologna, Governatore di tutta la Romagna, & Esarcato di Ravenna, e ai meritissimi Senatori Signori Quaranta,* Bologna, presso Vincenzo Bonardo da Parma Chartaro e Marchantonio da Carpi, compagni. BCT.

Zaccagnino Astrologo Indovino (1704?), *Il botteghino delle curiosità di Zacagnino astrologo indovino, mercante di pepe e sale, per condire le zucche de politici capricciosi, aperto sopra la Piazza dei Mercanti di Milano. Sopra l'anno 1705,* Milano, Federico Francesco Maietta. Colección privada.

Zaccagnino Astrologo Indovino (1716?), *Il botteghino delle curiosità di Zaccagnino astrologo indovino, mercante di pepe e sale, per condire le zucche dei politici capricciosi sopra l'anno 1717. Con privilegio del Senato Eccellentissimo,* Milano, per gli eredi di Maietta. MiBNB.

Zaccagnino Astrologo Indovino (1768?), *Il gran botteghino delle curiosità di Zaccagnino astrologo indovino. Mercante di pepe e sale per condire le zucche dei politici capricciosi. Almanacco ridicolo per l'anno 1769. Nel quale vi sono i santi correnti a giorno per giorno, le stazioni, l'esposizione delle SS. 40 ore, il crescer e calar della Luna e le muttazioni dei tempi ecc. Le Cabale per giocare al lotto, l'arrivo e partenza dei corrieri, la tariffa delle monete,* Milano, nella Stampa di Pietro Agnelli. MiBNB.

ZACCAGNINO ASTROLOGO INDOVINO (1775?), *Il gran botteghino di Zaccagnino astrologo indovino mercante di pepe, e sale, per condire le zucche dei politici capricciosi. Almanacco sopra l'anno bisestile 1776,* Milano, Pietro Agnelli. BGH.